U0181900

High-Performance Scientific Computing and Programming

高性能科学计算与编程

■ 潘小敏　姚裕贵

高等教育出版社·北京

内容提要

本书致力于培养高性能、大规模仿真与计算领域的优秀人才。这一领域是数学、计算机高性能编程和物理学的深度融合，是典型的交叉学科。在横向上，本书融合高性能工程仿真与科学计算中物理学、数学和计算机编程等多学科的教学内容；纵向上，贯通初级数值分析、典型物理或其他应用场景，以及现代高性能仿真计算技术。作者在消化物理学、数学和计算机科学的相关理论与技术的基础上，对这些理论与技术进行精心挑选，在适应当前教学需要的前提下，将核心理论、算法和技术完整地呈现给读者。

本书包括六大部分，分别是：基本概念和线性方程组的基本求解技术、常用的数值算法、高性能 C++ 编程的基本技术、基于多核和 GPU 的高性能算法编程技术、人工智能的基本概念和相关算法的编程加速及附录。

本书可作为高等院校理工类专业高年级本科学生的教材，也可供感兴趣的读者参考阅读。

图书在版编目（CIP）数据

高性能科学计算与编程 / 潘小敏，姚裕贵编著. -- 北京：高等教育出版社，2022.7

ISBN 978-7-04-058044-0

Ⅰ. ①高… Ⅱ. ①潘… ②姚… Ⅲ. ①程序语言-程序设计 Ⅳ. ①TP312

中国版本图书馆 CIP 数据核字（2022）第 020860 号

Gaoxingneng Kexuejisuan yu Biancheng

策划编辑 陶 铮　责任编辑 陶 铮　封面设计 赵 阳　版式设计 杨 树
插图绘制 黄云燕　责任校对 刘丽娴　责任印制 赵 振

出版发行 高等教育出版社
社 址 北京市西城区德外大街 4 号
邮政编码 100120
印 刷 天津鑫丰华印务有限公司
开 本 787mm × 1092mm 1/16
印 张 20.75
字 数 350 千字
购书热线 010-58581118
咨询电话 400-810-0598

网 址 http://www.hep.edu.cn
http://www.hep.com.cn
网上订购 http://www.hepmall.com.cn
http://www.hepmall.com
http://www.hepmall.cn

版 次 2022年 7 月第 1 版
印 次 2022年 7 月第 1 次印刷
定 价 46.20 元

物 料 号 58044-00

前言

随着高性能计算技术的发展，科学计算在各类科学与工程问题中发挥着越来越重要的作用，几乎成了科学研究和工程开发必不可少的手段。近年来，再次兴起的人工智能技术就是明证之一。在可以预见的未来，社会对高性能科学计算的需求会越来越旺盛。本书正是在这一背景下探索高性能科学计算人才培养与教学的成果。

本书瞄准的高性能科学计算是一个典型的交叉学科。从事这一领域的研究者和开发者，不仅要具备较好的物理学背景，还要有过硬的计算数学基础，同时还要能紧跟计算机技术的演进，熟练掌握各类编程优化技术。然而，相关人才培养所涉及的物理学、计算数学、高性能编程技术等专业知识分散在各专业的教材中。当前，这些教材要么重点讲解物理现象或工程应用的数学建模，要么专注于各类数值方法的严格证明，要么集中于讨论计算机技术和相关的高性能编程技巧。同时，这一领域所涉及的各个学科分支的发展也不尽相同。例如，数值分析方面的基础理论日趋完备，相关资料已经相当丰富；相对而言，数值求解技术还在不断更新；而发展变化最为显著的则是计算机技术，其发展甚至可以用“日新月异”来形容。这一现状导致了高性能科学计算教学中的两种现象。一方面，一些教学内容存在重复和冗余，虽然反复学习能夯实基础，加深对知识的理解，但会浪费教学课时；另一方面，一些先进的研究成果，例如高性能计算技术和人工智能相关的成果，没有被很好地融入高性能科学计算的教学中，导致课堂教学内容在一定程度上与应用和实践脱节，让学生对所学知识的实时性、实用性产生怀疑，甚至失去学习的兴趣和动力。很多有识之士已经认识到这些问题，并做了很多努力。这些探索与努力，正是本书编写的重要基础。

我们的教材一方面尝试横向融通相关物理学、数学和计算机编程技术等多学科交叉的教学内容; 另一方面试图纵向贯通数值分析、典型物理或其他实践应用场景, 以及现代高性能科学计算, 具体如下。第一, 在数值方法的讨论方面, 本书深度融通方法原理与编程实现方式, 帮助初学者快速克服从数学公式到软件编程的障碍, 并深入浅出地分析常用数值算法的特点和应用场景。同时, 充分考虑高性能编程技术的发展, 从当前主流并行技术的角度重新审视了一些传统算法, 选取与当前主流高性能计算相匹配的算法引入教材, 形成综合立体、前后贯通的模式, 不仅让读者在学习过程中不断巩固学习成果, 还有利于在编程实践中强化学习效果, 节省宝贵的学习时间。第二, 在计算机技术的演进方面, 本书紧扣计算机高性能计算的发展脉络, 关注与数值方法结合的相关编程技术的实际操作, 通过具体案例, 展示各类高性能编程技术的特点和适用场景。第三, 在吸收最新研究成果方面, 除了对主流并行技术的介绍, 我们还特别将人工智能技术纳入教材, 并介绍了全连接人工神经网络和卷积神经网络的并行加速。第四, 教材选用 C++ 作为主要开发语言。虽然编程语言最近几年呈现出百花齐放的局面, 但 C++ 依然在高性能科学计算软件开发和应用中起着不可替代的作用。我们认为, 对 C++ 的学习有助于读者理解高性能编程的要点与核心。选择以 C++ 为主要编程语言, 一方面是相关教学、教材建设的大胆尝试, 另一方面可以为读者深入理解高性能科学计算与编程提供良好的素材。第五, 本书提供了大量示例程序。这些示例程序不仅展示了如何将算法转换成高性能程序, 还通过具体代码介绍了 C++ 的重要语言特性。本书中很多程序稍加改造, 甚至不用修改就能应用于高性能科学计算的软件中。当然, 考虑到本书阅读的友好性, 代码往往省略了包括异常处理在内的一些非核心算法功能。

本书一般采用黑斜体大写字母表示二维向量或矩阵, 黑斜体小写字母表示一维向量, 用普通小写字母表示标量,

例如 $\boldsymbol{Z}$、$\boldsymbol{z}$ 和 z 分别表示矩阵、一维向量和标量。例外的是，希腊字母表示的矩阵和一维向量都用黑斜体，例如 $\boldsymbol{\alpha}$，用以区分标量 α；此时只能根据上下文来判断 $\boldsymbol{\alpha}$ 是一维还是其他维度的向量。超过二维的向量本书较少涉及，不做统一约定。另外，我们在展示代码时，一般使用 Doxygen 格式的注释。从软件开发的角度看，尽量清晰的注释有利于代码的维护和传承。不过，为了本书的简洁性和阅读的友好性，我们只能做出一些取舍。

本书面向物理学、数学、信息技术等相关专业的高年级本科生，亦可作为研究生教材和参考资料。教材使用者可根据需要和学科背景选择教学内容。例如，对于数学背景比较强的群体，可以略讲甚至不讲与数值方法相关的章节；而对于计算机背景的学生，则可以将教学重点设置为如何应用高性能科学计算和编程技术解决物理或工程实际问题。

在编写本书的过程中，得到了高等教育出版社物理分社的帮助，我们表示衷心的感谢。

本书虽经多次修改，但由于涉及面相对较广，而且有些技术还在不断演进的过程中，难免存在疏漏和不妥之处，我们恳请广大读者提出宝贵的批评和建议。作者邮箱：xmpan@bit.edu.cn，ygyao@bit.edu.cn。

潘小敏、姚裕贵

2021 年 5 月

目 录

第 1 章 引 言 1

2 1.1 仿真的基本过程和要素
3 1.1.1 仿真对象的数学建模
3 1.1.2 数学模型的离散
5 1.1.3 离散模型的计算机实现
8 1.2 仿真性能的指标
8 1.2.1 校模和验模
9 1.2.2 精度与误差
14 1.2.3 仿真效率
15 1.2.4 用渐进形式表示时间和空间开销
16 1.2.5 加速比、并行效率及其他并行的相关概念
18 1.2.6 阿姆达尔定律
18 课程设计

第 2 章 线性方程组的基本求解技术 21

21 2.1 矩阵的存储
21 2.1.1 行优先与列优先
22 2.1.2 用 C++ 数组存储矩阵
23 2.1.3 稠密阵的存储
25 2.1.4 稀疏阵的压缩存储
30 2.2 矩阵操作的 C++ 实现
30 2.2.1 文件 abstract_mat.h
31 2.2.2 文件 innerproduct_vec.h
32 2.2.3 文件 dense_mat_vec.h

33 2.2.4 文件 init_matrix.h
35 2.2.5 文件 csr_spmtx_vec.h
35 2.2.6 文件 abs_t.h
36 2.2.7 文件 drv_spmtx_zplx.cc
37 2.3 线性方程组的直接解法
37 2.3.1 高斯消元法和 LU 分解法
40 2.3.2 调用 LAPACK 库函数实现线性方程组 LU 求解的示例
42 2.4 迭代法
43 2.4.1 迭代终止条件与预处理
43 2.4.2 共轭梯度迭代算法
45 2.4.3 GMRES 迭代算法
47 2.4.4 迭代算法的实现
48 课程设计

第 3 章 排序、插值与参数估计 50

50 3.1 排序
52 3.2 插值的基本概念
52 3.2.1 插值
53 3.2.2 查找特定元素
54 3.3 全局多项式插值
55 3.3.1 拉格朗日多项式插值
58 3.3.2 牛顿多项式插值
60 3.4 有理函数插值
62 3.5 分段多项式插值
62 3.5.1 分段常数插值
63 3.5.2 分段线性插值
64 3.5.3 样条插值
68 3.6 多维插值
69 3.6.1 双线性插值

70 3.6.2 双立方插值
74 3.7 数据建模与参数估计
74 3.7.1 线性模型
79 3.7.2 非线性模型
84 课程设计

第 4 章
函数的数值微分与积分 85

85 4.1 函数的数值微分
85 4.1.1 一阶微分
87 4.1.2 二阶微分
88 4.2 函数的数值积分
89 4.2.1 牛顿 – 科特斯求积
92 4.2.2 高斯求积公式
96 4.2.3 高斯求积的拓展
97 4.2.4 自适应积分
98 4.2.5 异常积分的计算
99 4.2.6 多维积分
100 课程设计

第 5 章
与C++相关的高性能编程技术 102

102 5.1 模板
102 5.1.1 函数模板
103 5.1.2 类模板
105 5.1.3 模板特例化
106 5.2 多态及抽象类
106 5.2.1 基于重载实现多态
106 5.2.2 使用重写实现多态
109 5.2.3 纯虚函数与抽象类

110 5.2.4 重载多态与重写多态的区别
111 5.3 移动语义与完美转发
114 5.4 类中特种成员函数
115 5.4.1 初始化列表
115 5.4.2 C++ 特殊成员函数的创建规则
117 5.5 Lambda 表达式
117 5.5.1 捕获子句
118 5.5.2 参数列表
120 5.5.3 可变规范
120 5.5.4 异常规范
120 5.5.5 返回类型
120 5.5.6 函数体
121 5.6 智能指针
123 5.6.1 std::unique_ptr<T> 的使用
126 5.6.2 std::shared_ptr<T> 的使用
127 5.6.3 std::weak_ptr<T> 的使用
128 5.6.4 智能指针的额外开销
129 5.7 C++ 算法库及库的并行拓展
129 5.7.1 算法库
130 5.7.2 并行拓展的基本概念
131 5.7.3 函数 std::for_each()
133 5.7.4 函数 std::sort()
134 5.8 std::vector<T> 的使用
135 5.9 随机数的生成
137 课程设计

第 6 章 程序的生成与运行 138

138 6.1 可执行文件的生成
138 6.1.1 编译与链接
142 6.1.2 ELF 格式的目标文件与可执行文件

146 6.1.3 处理目标文件的工具
147 6.2 可执行文件的加载启动
149 6.3 静态库与共享库
149 6.3.1 不使用 C 的数学库生成 xhello 可执行文件
151 6.3.2 静态库
152 6.3.3 共享库
160 6.4 软件的自动构建工具
161 6.4.1 GNU make 的基本使用
167 6.4.2 GNU 的自动构建工具包
176 6.4.3 CMake
185 6.4.4 构建工具的比较
186 课程设计

第 7 章 线程级并行及编程 187

187 7.1 多处理器系统与并行
187 7.1.1 多处理器系统
189 7.1.2 线程级并行的挑战
190 7.2 多线程编程的主要方式与接口
192 7.3 Pthreads 多线程并行
196 7.4 OpenMP 多线程并行
196 7.4.1 OpenMP 概述
198 7.4.2 OpenMP 并行示例
205 7.5 std::thread 多线程并行
208 课程设计

第 8 章 通用图像处理器及其并行编程 210

210 8.1 GPU 的架构与基本编程思想
213 8.1.1 GPU 的计算单元与 SIMT 线程

217 8.1.2 GPU 存储的结构与管理
220 8.2 基于 CUDA 的图像旋转加速示例
220 8.2.1 图像旋转任意角度的后向映射算法
223 8.2.2 图像保存格式
223 8.2.3 用 C++ 实现图像旋转
225 8.2.4 示例程序的运行结果
226 8.2.5 图像旋转的 CUDA 加速
228 8.3 CUDA 编程模型和运行设置
228 8.3.1 函数前缀修饰符与核函数
229 8.3.2 软件与硬件的映射
238 8.3.3 计算能力
239 8.3.4 CUDA 的其他 C 语言拓展
240 8.4 GPU 加速的 CUDA 库
241 8.4.1 NVIDIA 提供的常用库
244 8.4.2 使用 cuBLASLt API 的示例
247 课程设计

第 9 章 全连接人工神经网络 249

249 9.1 机器学习与人工神经网络
250 9.1.1 感知器
251 9.1.2 典型的全连接网络
254 9.2 损失函数与反向传播
254 9.2.1 损失函数
255 9.2.2 Softmax 层的微分
256 9.2.3 输出层的微分
258 9.2.4 隐藏层的微分
260 9.2.5 偏置的微分
260 9.3 基于梯度的优化算法
262 9.4 过拟合及缓解过拟合的方案
262 9.4.1 欠拟合与过拟合

263 9.4.2 正则化
264 9.4.3 缓解过拟合的其他办法
265 9.5 一个全连接网络示例
265 9.5.1 MNIST 数据集
268 9.5.2 用 C++ 实现全连接网络
274 9.5.3 运行结果
275 课程设计

第 10 章 卷积神经网络 276

276 10.1 卷积神经网络的基本概念与卷积
279 10.2 池化
280 10.3 卷积神经网络实现的一些考虑
280 10.3.1 填白
281 10.3.2 步长
281 10.3.3 多通道
282 10.4 一种手写体数字识别的卷积神经网络
283 10.4.1 网络结构
285 10.4.2 前向计算过程
288 10.4.3 反向传播过程
291 10.5 手写体数字识别卷积神经网络的实现与结果
296 课程设计

第 11 章 人工神经网络的高性能实现 297

297 11.1 计算瓶颈分析
300 11.2 OpenMP 线程并行加速
306 11.3 GPU 加速
307 11.3.1 数据结构 Blob 的改变
309 11.3.2 类 Network 的改变

311 11.3.3 类 Layer 的改变
312 11.3.4 类 Layer 的派生类
313 11.3.5 运行结果
313 课程设计

参考文献 314

附 录 315

315 附录 A 文献中常提到的算法
315 附录 B 数字在计算机中的存储
315 附录 C 存储器的层次、进程、线程及虚拟内存
315 附录 D 常用数值函数库
315 附录 E 机器学习中反向传播算法的一些具体推导
315 附录 F 各章的源代码及部分图表

第 1 章 引 言

高性能科学计算是一门集计算机、数学和物理学于一体的交叉学科, 既是现代科学研究的重要手段, 也是工程开发中不可或缺的重要技术途径。

20 世纪以前, 实验观察和理论分析是人们进行科学研究和工程开发的主要手段。尤其在 19 世纪中叶前, 科学技术处于原始积累时期, 大部分科学规律都源于对日常观察和实验的归纳总结。随着科学体系的逐渐建立和发展, 理论分析及推导慢慢在科学技术发展中起重要甚至主导作用。理论分析对科学研究推动作用的一个里程碑是麦克斯韦 (J. C. Maxwell) 对电磁波的成功预言。除了统一了电、磁和光, 麦克斯韦方程组在科学史上的里程碑意义还在于, 它是人类在历史上首次完全通过理论分析而不是对实验观察数据的总结预言了新的事物, 初步展示了理论思维和归纳演绎方法的强大之处。可以说, 有别于实验科学, 理论科学相对独立, 开始形成了自然科学的另一个重要分支。20 世纪初, 量子力学和相对论的诞生, 使物理学、化学、生命科学、信息科学进入了一个全新的时代。由此自然科学正式形成了实验、理论两大分支, 二者相互促进、相互发展, 引发了 20 世纪科学技术的重大革命。

事实上, 在现代科学和工程中, 系统的复杂性体现在多个方面。在理论方面, 从单体问题转变到多体问题, 从线性系统发展到非线性系统, 从低维体系到高维体系, 从标量系统扩展到矢量系统, 从常微分方程转变到偏微分方程, 从低级微扰转变到高级微扰, 从理想化模型扩展到实际复杂模型, 从单一学科发展到综合学科的研究。面对这些复杂系统和应用, 理论分析可能完全失效。

仿真科学和技术能帮助我们走出这些困境。仿真是一个采用数学模型、定量分析方法、计算机科学技术来分析和解决科学及工程问题的研究领域 [1–5]。仿真计算使得理论研究从解析推理的束缚中解放出来, 能极大推动理论分析研究的深入。仿真技术也能促进实验科学的发展, 因为从某种角度看, 仿真本身就是一种实验, 只不过是在虚拟的、理想化的条件下完成的实验。从这个意义上说, 仿真计算的研究方法及风格更接近于实验科学。基于这一点, 人们往往把仿真等同于**数值实验**, 甚至干脆称之为**用计算机做实验**。同时, 仿真技术又是用计算机武装起来的理论学科, 也被称为**实验的理论科学**。

总之, 当前仿真已成为与实验观测、理论推导相提并论的科学研究和工程开发的三大手段之一。这种趋势在信息工程和科学领域也非常明显。例如, 以往通过一些基础理论和经验公式就能实现工程所需的天线设计, 但在天线小型化、宽带化和智能化的趋势下, 人们必须依赖高性能仿真工具才能高效地完成天线设计。通信工程、信号处理和图像处理的应用也有类似的性质。而且, 近几年随着人工智能的再次兴起, 科学计算和工程仿真的对象越来越复杂, 人们对仿真技术的依赖程度也越来越高。

1.1 仿真的基本过程和要素

仿真的基本过程包含以下六个阶段。

(1) 建模 (modeling): 社会现象或物理过程的数学建模。对所研究的问题进行分析, 抓住主要因素、忽略次要因素, 建立相应的模型。这里的建模偏重于建立一套描述社会现象或物理过程的数学方程或模型。

(2) 离散 (discretization): 选择合适的数值方法在计算机上描述数学方程或模型。这个阶段的主要任务是根据数值计算和数值分析的基础理论, 离散数学模型, 使之适合计算机求解。

(3) 实现 (realization): 选择恰当的编程语言实现计算机软件的编写。相对于仿真计算任务的需求, 计算机的计算能力往往有限, 因此这个阶段往往还需要结合计算机硬、软件的特点, 选择合适的算法和编程加速技术, 让仿真可在当前计算资源下进行, 并在合理的时间内完成。

(4) 计算 (computation): 采用编写的软件对所仿真的对象进行计算。

(5) 分析 (analysis): 对计算得到的结果进行分析, 得到有价值的信息。这一过程要考虑计算产生的误差、收敛性、稳定性等因素。

(6) 结果 (result): 一般需要将结果可视化 (visualization)、直观形象地展示出来, 供人们做出决策。有时还可根据仿真结果, 探索和总结一般性规律。

对于一般用户, 往往采用已经开发好的软件来完成仿真, 所以更关注后面三步; 对于研发人员, 面对的可能是以往没有解决过的仿真任务, 或者需要对当前已有仿真软件性能进行提升, 往往更为关注前面三步。然而, 一般用户充分了解前面三步的主要过程, 对使用已有软件也大有裨益。尤其是对于复杂系统和工程应用, 其仿真往往涉及很多专业知识和特殊技巧, 如果没有对所仿真对象和仿真软件的足够理解, 很难判断仿真结果是否满足要求, 甚至无法判断仿真结果是否正确。

1.1.1 仿真对象的数学建模

一个模型 (model) 是对一个仿真对象的数学描述。模型描述的可以是真实现象或过程, 也可以是出于某种原因而采用的真实对象的代理或替代。这些描述一般是一个或一组数学方程, 因此对所仿真对象的建模过程一般称为**数学建模**。大部分时候, 真实仿真对象往往过于复杂, 建立能描述其所有特性的模型非常困难。同时, 有些因素在系统或物理过程中所起的作用不大而可被忽略。例如, 在研究空气中钟摆的运动规律时, 往往会忽略空气阻力的影响。再如, 分析频率为几十赫兹的低频电路时, 往往采用基于长波近似的基尔霍夫电流和电压定理来描述电路特性从而建立数学方程, 而不是基于完整的麦克斯韦方程组来建立数学模型。这个过程中不但忽略了各种电路元器件本身的形状和大小, 还忽略了时变的电磁场对电子元器件的某些影响和电子元器件间的相互耦合。另外, 有时为了研究某些因素的影响, 而屏蔽其他因素的作用, 也不会采用真实对象的完整描述。

总而言之, 建立数学模型的过程就是从现实系统或物理过程抽象出主要的、人们感兴趣的因素的过程。这种抽象一般会导致**误差**。误差的引入可能是主动的, 即主动忽略某些不重要或不想关注的因素; 也可能是被动的, 即为了简化过于复杂的数学模型, 让仿真能够在当前计算资源下进行。抽象中采用的近似方法和技术, 也限定了数学模型, 以及后续仿真和计算结果的适用范围。

1.1.2 数学模型的离散

由于现代计算机只能表达**离散**的数字, 只能处理离散的或离散化了的数量关系, 因此无论计算机科学本身, 还是与计算机科学及其应用密切相关的现代科学研究领域, 都需要解决这样一个问题: 针对当前计算机建立相应的数学模型, 以及将基于连续数量关系的数学模型离散化, 从而可由计算机来处理。离散的思想和方法, 广泛地体现在计算机科学技术及相关领域, 从仿真计算到信息处理, 从计算机理论科学到计算机应用技术, 从计算机软件到计算机硬件, 从人工智能到认知系统, 无不与离散数学密切相关。研究广义的离散有一门专门的学科——**离散数学**, 它是传统的逻辑学、集合论 (包括函数)、数论基础、算法设计、组合分析、离散概率、关系理论、图论与树、抽象代数 (包括代数系统、群、环、域等)、布尔代数、计算模型 (语言与自动机) 等汇集起来的一门综合学科。其应用遍及现代科学技术的诸多领域。本书只考虑与仿真相关的离散, 更为具体的, 考虑如何将 1.1.1 节讨论的数学模型, 转换成计算机能够识别的离散模型。具体内容包括但不限于插值与反插值、微分与积分的离散、偏微分方程的离散格式、积分方程的离散等。

数学模型的离散需要考虑很多因素, 这里列举跟本书密切相关的数值**稳定性或性态**以及**误差**。如果离散模型稳定, 那么在引入误差时计算过程不会导致误差显著增大。有时也称这样的模型为**良态模型**, 即模型的性态良好, 当模型参数或激励发生微小变化时, 解的变化也非常小。反过来, 一个不稳定的模型也称为**病态模型**。使用病态模型时, 模型的解会因为模型参数或激励出现微小变化而出现较大误差。因此, 确保数学模型在离散后数值良态是一个非常重要的任务。导致模型病态的原因既有可能是数学模型本身, 也可能是不恰当的离散。例如, 计算 $\sqrt{2}$ 本身是一个良态问题, 其数值约为 1.414 21。解决这个问题的很多算法都把 $x_0 = 1.4 \approx \sqrt{2}$ 当做问题的初始猜测值, 然后通过迭代的方式得到更为准确的解 $x_1, x_2, \cdots$。其中一个著名的方法是巴比伦法 (Babylonian method), 其计算方式是 $x_{k+1} = \dfrac{1}{2}\left(x_k + \dfrac{2}{x_k}\right) (k = 0, 1, 2, \cdots)$。另外一种方法则可依据固定点迭代法, 使用迭代式 $x_{k+1} = (x_k^2 - 2)^2 + x_k (k = 0, 1, 2, \cdots)$ 来计算。表 1.1 列出了在 $x_0 = 1.4$ 和 $x_0 = 1.42$ 两种初值设定条件下, 采用两种方法经过若干次迭代后的结果。表中数据清楚地显示巴比伦法很稳定, 而不动点迭代在 $x_0 = 1.42$ 时则不稳定。

对建立在连续数量关系基础上的数学模型的离散会引入**截断误差**。例如, 采用迭代法求解方程 $3x^3 + 4 = 28$ 时, 经过 10 次迭代, 得到解为 1.99, 此时有 0.01 的截断误差。误差出现后, 往往还会在求解过程中不断传播扩散。举一个简单的例子: 先前计算 $x_1 = a + b$ 引入了误差 δx_1, 那么 δx_1 会继续存在于

表 1.1 两种迭代方法计算 $\sqrt{2}$ 的结果

	$x_{k+1}=\frac{1}{2}\left(x_k+\frac{2}{x_k}\right)$		$x_{k+1}=(x_k^2-2)^2+x_k$	
x_0	1.4	1.42	1.4	1.42
x_1	1.414 285 7···	1.414 225 35···	1.401 6	1.420 268 96
x_2	1.414 213 564···	1.414 213 562 42···	1.402 861 4···	x_2=1.420 56···
⋮	*	*	⋮	⋮
x_n	*	*	1.414 21···	7 280.228 4···

注：最后一行中 1.414 21··· 对应了 n=1 000 000 的结果，7 280.228 4··· 对应了 n=27 的结果。* 表示计算没有进行。

$x_2 = x_1 + c + d$ 的结果中。同样的, 采用梯形法计算积分的过程中, 如果能将每个梯形变得无限小, 就不会产生离散误差。可是计算机无法实现无限小的计算, 于是就产生了离散误差。同样的情形也会存在于微分的计算中。

1.1.3 离散模型的计算机实现

选定了离散模型后, 需要编写计算机软件, 实现离散模型的求解。为了实现软件的高性能仿真, 编写软件必须注意算法的选择和高性能编程技术的应用。

1.1.3.1 算法的选择

很难对算法 (algorithm) 给出一个严格意义上的定义, 一般而言, 算法是指解决某一问题方案的准确而完整的描述, 往往是用系统的方法描述解决问题的策略机制, 一般包含解决问题的一系列清晰的指令或步骤。一个算法的基本功能是, 对一定规范的输入, 能够在有限时间内给出所要求的输出。如果一个算法有缺陷或不适合于某个问题, 执行这个算法将不能有效解决这个问题。

同一问题可用不同算法解决, 而一个算法的优劣将影响仿真的效果。可从以下六个方面评价一个算法。

(1) 正确性。有时也可称为精度, 是评价一个算法优劣最重要的标准之一。

(2) 时间复杂度。它衡量了执行算法所需要的计算工作量。一般来说, 算法是问题规模 N 的函数 $f(N)$, 寻找 $f(N)$ 的精确表达往往很困难也没有必要, 因此一般采用它的某种渐进近似 $\mathcal{O}(f(N))$ 即来描述算法的时间复杂度①。例

① 我们将在 1.2.4 节讨论渐进近似。

如, 大小为 $N\times N$ 满阵的矩阵向量相乘, 其时间复杂度一般为 $\mathcal{O}(N^2)$; 当采用快速傅立叶变换或多层快速多极子加速时, 矩阵向量相乘的时间复杂度可下降为 $\mathcal{O}(N\lg N)$。

(3) 空间复杂度。算法的空间复杂度是指算法内存占用量, 由于内存占用量动态变化, 一般取内存占用量的最大值来表征空间复杂度。其计算和表示方法与时间复杂度类似, 一般都用复杂度的渐近性来表示。在仿真实践中, 空间复杂度具有跟时间复杂度一样的重要性, 因为它决定了一个仿真能否在当前计算平台上进行。满阵的矩阵向量相乘空间复杂度一般为 $\mathcal{O}(N^2)$, 采用了快速傅立叶变换或多层快速多极子加速后可下降到 $\mathcal{O}(N\lg N)$。

(4) 可扩展性。一般用来衡量并行算法, 下面将要进一步阐述。它是高性能仿真的一个重要指标。

(5) 可读性。它衡量一个算法是否容易被理解。

(6) 健壮性。它指一个算法对不合理数据输入的反应能力和处理能力, 也称为容错性。

在实践中, 在保证能正确求解问题的条件下, 人们往往更为关注一个算法的空间复杂度、时间复杂度和可扩展性。显然, 解决同一个问题, 不同算法的时间、空间复杂度有可能相差很大, 选择恰当的算法非常关键。

广义地看, 数学模型本身及其离散也属于算法。本书不严格区分算法的概念, 一般可从上下文来理解具体使用的是狭义, 还是广义的说法。

解决某一类问题时, 一种算法一定会优于另一种算法?

错误。

虽然人们希望对于一类问题有一种最优算法, 但高性能仿真实践中很难做到这一点。尤其在广义概念上, 评价一个算法优劣的几个指标往往存在矛盾。例如, 对于排序算法, 计数排序 (counting sort) 可以达到线性的复杂度, 但与具有 $\mathcal{O}(N\lg N)$ 复杂度的快速排序相比, 计数排序要求输入的数据必须是有确定范围的整数。而且, 前者更适用于输入数据有重复的情况。而如果考察算法的可扩展性, 桶排序或类似的排序可能更为有效。

1.1.3.2 高性能编程技术

从软件开发的角度看, 高性能科学计算也需要满足一般软件工程的要求, 即在给定成本、进度的前提下, 开发出具有适用性、有效性、可修改性、可靠性、可理解性、可维护性、可重用性、可移植性、可追踪性、可互操作性且满足用户需求的软件产品。追求这些目标有助于提高软件产品的质量和开发效率, 减少维护的困难。与一般软件不同, 工程仿真和科学计算一般更加注重精度和主要以时间复杂度及空间复杂度表征的效率。基于这一认识, 本书将重点讨论如何通过编程技术挖掘计算机, 尤其是现代高性能计算机平台的潜力, 从而在不损失精度的条件下, 提高仿真的效率。

回顾仿真技术的发展, 不难发现高性能仿真技术与计算机技术的发展是密不可分的。自从第一台通用电子计算机诞生以来, 计算机技术日新月异, 其发展速度可以用难以置信来形容。这些要归功于半导体技术和计算机体系结构的发展。相对于半导体技术的稳定发展, 当前计算机体系结构的发展对高性能编程影响更大。受限于芯片功耗和指令级并行瓶颈的约束, 2000 年以后, 单处理器的计算机性能增长速度低于每年 22%。2005 年左右, 提升计算机性能的手段全面转向了一芯多核。这并不是因为取得了什么突破, 而是指令级并行的天花板和芯片功率的限制 (发热过多) 导致以往的技术手段无以为继。一芯多核的技术手段使得处理器性能的提高从单纯依赖于指令级并行, 逐渐转向于包括数据级并行和线程级并行的并行技术。同时, 采用高速网络互连的集群计算机的快速发展使得进程级并行成为大规模高性能计算不可或缺的手段。可以说, 近年来高性能计算平台的主流趋势是**并行**。

从编程技术看, 并行技术可粗略地分为指令级并行、数据级并行、线程级并行和进程级并行。开发人员可以很大程度上依赖编译器等工具来完成指令级并行的优化, 但数据级、线程级和进程级并行性的优化需要开发人员介入更多。这包括但不限于利用并行性思维确定数据结构、选择并行编程模式、保证工作任务在不同计算单元 (往往是处理器核心) 间的均衡分配、尽量减少计算单元间的通信次数和消息长度等。这样, 开发人员在提升软件性能方面的作用越来越重要, 或者说软件开发人员的负担越来越重了。

从应用层面看, 并行可以被简要地分为三类: 一是物理过程的并行性, 即物理过程间不耦合; 二是数学过程的并行性, 即数学操作间不耦合; 三是软件间的并行性, 即计算任务间不耦合。在高性能仿真软件的开发中, 人们必须充分理解仿真任务的并行特性, 在此基础上选择或设计恰当的并行算法。无论是具体实现一个并行算法, 还是分析仿真任务的并行特性都不简单, 不仅涉及编程技术本身, 还涉及对所仿真对象的深入理解、对数学模型数值特性的深刻把握, 以及对不同算法性能的深度把握与掌控。更为复杂的是, 各个因素间往往存在明显或潜在的矛盾, 做出折中和平衡非常考验开发人员。不仅如此, 各种模型和技术方案还可能会产生若干个不易取舍的组合。这也是为什么对于某一类甚至某一种问题, 会存在多种解决方案、众多 (商业) 软件的重要原因。总之, 高性能仿真具有多学科深度交叉融合的特性。具体应用需要具体分析, 本书更着重于如何选择和使用恰当的编程技术保持并行算法的并行特性。

1.2 仿真性能的指标

1.2.1 校模和验模

仿真的最终目标是预测复杂系统的行为或科学过程的结果。依据这种预测, 人们既可以明确产品或系统中的决定性因素、做出工程设计选择, 也可以发现和理解新的科学现象。相较于物理实验和观察, 仿真手段往往能以较小的代价解决很多通过实验和观察无法解决的困难, 因此仿真科学发展迅猛, 成为现代科学研究和工程应用的重要组成部分。

仿真科学中一个潜在而基本的问题是依据仿真结果做出决策或选择的可信度如何, 即人们可在多大程度上相信仿真给出的预测。确定仿真可信度一般称为**校模** (validation) 和**验模** (verification)。校模和验模是正确使用仿真的基础。正如 1.1 节中讨论的, 仿真首先是对所仿真对象进行数学建模, 即采用一系列数学工具和方程来描述对应的系统或科学问题; 然后, 用离散后的数学模型方程得到计算模型并在计算机上编程实现。校模就是确定采用的数学模型是否能够准确、精确地描述仿真对象; 而验模是确定计算模型是否能准确、精确地描述数学模型。简而言之, 校模是回答**是否选择了正确的方程**, 而验模则回答**是否正确求解了方程**。

校模一般在仿真的早期开展, 其基本定义和原则依然有很多争议, 很多特性也处于争议地带, 还未形成定论。科学哲学的观点、主观决策的理论、数学和物理学的根基在校模的很多方面会发生碰撞和争论。与校模不同, 验模是较为纯粹的数学和软件实现技术过程, 包含软件工程的考量、缺陷漏洞的调试和控制、科学计算编程的依据和后验误差的估计等。

在校验和验模中, 模型数据的不确定性是一个非常复杂的因素。定义模型的数据既可源于观测, 也可来自室内实验测量或外场测试。这些数据可能在不同抽样或不同观测时刻出现变化与波动。同时, 获取数据的设备本身会引入一些无法控制的误差, 比如噪声、校对误差。而有些情况下, 缺乏仿真对象的定量信息, 或者说缺乏对仿真对象的完整准确理解, 也会导致无法获取定义可靠模型的全部参数。简单地说, 导致不确定性的因素包括仿真对象内在的不可测量的和人们还未认知的量。也有人说, 我们永远无法获取一个量的绝对确定的值, 不确定性具有客观性。无论持有哪种观点, 必须开发某些技术将不确定性纳入仿真过程和仿真结果的解释中。尽管人们对不确定性的研究已将开展了超过半个世纪, 但对大规模复杂系统的仿真中, 不确定性的研究还处在初始甚至尚未开始的状态。考虑不确定性的一般方法是将模型参数当做随机变量, 使得模型具有随机的特性, 通过统计随机量的分布, 得到仿真结果的统计。采用随机模型后, 仿真开销将海量增加, 包括数据量的大小、存储需求、计算需求和检索需求。人们也发展了很多优化技术来获取统计量, 但还未能真正得到广泛应用。

1.2.2 精度与误差

精度是刻画仿真预测结果的一个根本性指标, 反映了仿真结果与真实值的接近程度。在仿真科学中, 往往采用误差来表征精度。误差小则精度高, 误差大则精度低。

1.2.2.1 误差的来源

误差的来源大致可以可分为三类。

(1) 不可消除误差。这类误差主要指的是描述仿真对象的数学模型本身固有的误差, 又可将其分为两类: 一是数学模型中无法给出精确数据而导致的误差, 例如上面提到的不确定性; 二是由于数学模型与实际情况有所偏离而产生的误差。第二类误差的来源既可能是主动的, 也可能是被动的。

(2) 方法误差。这类误差所采用的求解方法本身常常也不是精确的, 比如第 4 章中讨论的离散格式带来的误差。

(3) 计算误差。这类误差是把数据输入计算机、进行数值运算和输出数据时舍入操作带来的误差。

为了说明上面三类误差，我们研究如图 1.1 所示的长度为 L 的单摆。假定单摆在 $t = t_0$ 时刻开始运动，要求仿真单摆的运动，并计算任意时刻 t 单摆偏离竖直线的角度 φ。首先，建立数学模型来描述这一物理过程，采用的方程为

$$
\begin{aligned}
&L\frac{\mathrm{d}^2\varphi}{\mathrm{d}t^2} + g\sin\varphi + \mu\frac{\mathrm{d}\varphi}{\mathrm{d}t} = 0,\\
&\left.\frac{\mathrm{d}\varphi}{\mathrm{d}t}\right|_{t_0} = \varphi'(t_0),\\
&\varphi(t_0) = 0.
\end{aligned}
\tag{1.1}
$$

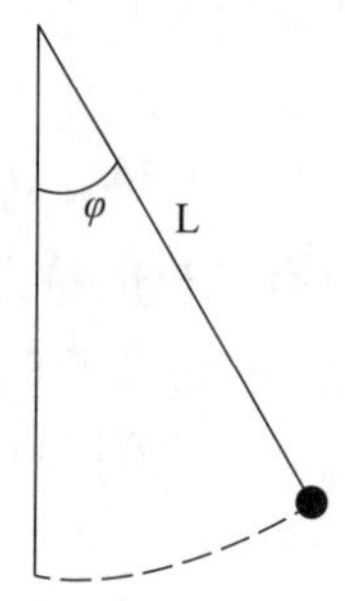

图 1.1　单摆的示意图

其中 g 为重力加速度，μ 为摩擦因数。采用方程 (1.1) 对单摆运动建立数学模型，其仿真就会包含不可消除的误差。一个原因是，方程中对摩擦力采用了 $\mu\frac{\mathrm{d}\varphi}{\mathrm{d}t}$ 这种线性的表述，这是实际情况的一种近似[①]。同时，方程 (1.1) 中多个参量可能存在测量误差，包括 L、g、μ、$\varphi(t_0)$。对摩擦力的线性化近似描述导致的误差显然是后续仿真过程无法消除的；而多个参量的测量误差也不可能在仿真过程中消除，所以它们都是**不可消除**的误差来源。

对于方法误差，通过分析我们可以知道，方程 (1.1) 没有解析解，因此只能通过数值方法或者说仿真方法来求解。此时，我们必须用离散的点 (计算机只能在离散的点上操作) 来表示微分。我们知道，微分从本质上要求抽样继续，如果采用离散的方式表示微分，本身就会带来误差。

与离散误差一样，计算误差也是由计算机本身引起的。尽管现代计算机技术突飞猛进，但计算机中数字的精度是有限的。上面算例中的角度 φ，计算过程中会涉及角度与弧度之间的单位换算，其换算公式为

$$
1^\circ = \frac{\pi}{180}, (1\ \text{的单位是度}, \pi\text{的单位是 rad}) \tag{1.2}
$$

其中 π 为一个无理数，其取值为 3.141 592 6⋯。在计算机中实现式 (1.2) 时，必须考虑 π 带来的截断误差。

不仅数字的截断会带来误差，有时候计算次序也会影响误差。编程实现下

① 该近似满足很多应用的精度需求。

面的求和

$$S_N = \sum_{n=1}^{N} \frac{1}{n^2}. \tag{1.3}$$

这里 N=1 000 000。可按照递推公式

$$S_n = S_{n-1} + \frac{1}{n^2}, \quad n = 1, 2, \cdots, N \tag{1.4}$$

实现计算。也可以按照

$$S'_n = S'_{n-1} + \frac{1}{n^2}, \quad n = N, N-1, \cdots, 1 \tag{1.5}$$

来实现计算。式 (1.4) 与式 (1.5) 在数学上完全等价。但计算机编程的结果表明, 采用式 (1.5) 的精度要高于前者, 其原因就在于计算机对数字的截断。计算机实现两个数 x 和 y 相加的过程如下: 首先, 将两个数的值相加; 然后, 对结果进行截断, 例如四舍五入, 保留 t 个有效数字。于是, $x + y$ 的误差一般不超过 $2^{-t}|x + y|$, 但在最坏的情况下, 误差可能大于 $2^{-t-1}|x + y|$。采用式 (1.4) 计算时, 每次求和的值都大于 1; 而采用式 (1.5) 计算时, 对于很多 n, 求和的结果都小于 1。这个例子也告诉我们一个提高计算精度的技巧, 即多个数字组合计算时, 先对**绝对值小**的数字进行操作。

一般来说, 在编程实现时采用精度更高的数据型别有助于降低计算误差, 例如采用双精度浮点数代替单精度浮点数, 但这样会带来内存消耗的增加。

1.2.2.2 误差的表征

如果 x 和 $\overline{x}$ 分别是某个量的近似值和精确值, 那么近似值的绝对误差可定义为

$$\Delta x = x - \overline{x}, \tag{1.6a}$$

$$|\Delta x| = |x - \overline{x}|. \tag{1.6b}$$

式 (1.6a) 与式 (1.6b) 的区别在于是否保留正负号。在很多情况下, 不知道准确值 x, 所以也无法获取误差 Δx 的准确值。但根据具体测量或仿真情况, 一般可事先估计出式 (1.6b) 所示绝对误差不能超过某个正数 ε_a。一般称 ε_a 为绝对误差的上限或简称误差限, 其具体表达为

$$|\Delta x| = |x - \overline{x}| \leqslant \varepsilon_a. \tag{1.7}$$

通过式 (1.7), 可以推算出准确值 x 的范围

$$\overline{x}-\varepsilon_a \leqslant x \leqslant \overline{x}+\varepsilon_a. \tag{1.8}$$

式 (1.8) 表明 x 位于闭合区间 $[\overline{x}-\varepsilon_a, \overline{x}+\varepsilon_a]$, 一般可用 $x=\overline{x}\pm\varepsilon_a$ 来表示精确值 x 的范围, 或者说 $\overline{x}$ 的精确度。

也可用数值精度来刻画 $\overline{x}$ 所能达到的精度。假定准确值 x 为无理数 π, 如果取 $\overline{x}=3.14$ 那么 $x-\overline{x}\approx 0.001\ 6$, 其误差限为

$$\varepsilon_a = 0.5\times 10^{-2} \geqslant 0.001\ 6 \approx |x-\overline{x}|. \tag{1.9}$$

此时, 有效数字为 3 位。类似的, 如果取 $\overline{x}=3.141\ 6$, 那么 $x-\overline{x}\approx -0.000\ 07$, 其误差限为

$$\varepsilon_a = 0.5\times 10^{-4} \geqslant 0.000\ 07 \approx |x-\overline{x}|. \tag{1.10}$$

此时, 有效数字为 5 位。

相对误差可定义为

$$\delta x = \frac{x-\overline{x}}{\overline{x}}, \tag{1.11a}$$

$$|\delta x| = \left|\frac{x-\overline{x}}{\overline{x}}\right|. \tag{1.11b}$$

式 (1.11a) 和式 (1.11b) 分别是带符号和不带符号的相对误差。同绝对误差一样, 也可类似于式 (1.7) 定义相对误差上限。

当讨论一组数据的精度时, 相较于计算各个数的误差, 人们往往更关注误差的统计分布, 例如**均值**和**方差**。对于一组数据 $\{x_1, x_2, \cdots, x_N\}$, 其均值定义为

$$x_{\mathrm{AVG}} = \frac{1}{N}\sum_{n=1}^{N} x_n \tag{1.12}$$

其方差可写为

$$x_{\mathrm{MSE}} = \frac{1}{N}\sum_{n=1}^{N} (x_n - x_{\mathrm{AVG}})^2 \tag{1.13}$$

显然, x_{MSE} 的量纲与 x_n 的不一致, 为此, 人们常常定义均方差

$$x_{\mathrm{RMSE}} = \sqrt{x_{\mathrm{MSE}}} = \sqrt{\frac{1}{N}\sum_{n=1}^{N} (x_n - x_{\mathrm{AVG}})^2} \tag{1.14}$$

均方差又称为标准差。

记数据 $\{x_1, x_2, \cdots, x_N\}$ 的仿真值为 $\{\overline{x}_1, \overline{x}_2, \cdots, \overline{x}_N\}$, 其绝对误差序列为 $\{\Delta x_1, \Delta x_2, \cdots, \Delta x_N\}$, 据此可写出误差的几种表示。

(1) 均值误差

$$(\Delta x)_{\mathrm{AVG}} = \frac{1}{N}\sum_{n=1}^{N}(x_n - \overline{x}_n) = \frac{1}{N}\sum_{n=1}^{N}\Delta x_n = x_{\mathrm{AVG}} - \frac{1}{N}\sum_{n=1}^{N}\overline{x}_n. \tag{1.15}$$

(2) 最大绝对值误差

$$(\Delta x)_{\max} = \max(|x_n - \overline{x}_n|) = \max(|\Delta x_n|)(n = 1, 2, \cdots, N). \tag{1.16}$$

(3) 平均绝对值误差

$$(\Delta x)_{\mathrm{MAE}} = \frac{1}{N}\sum_{n=1}^{N}|x_n - \overline{x}_n| = \frac{1}{N}\sum_{n=1}^{N}|\Delta x_n|. \tag{1.17}$$

(4) 方差误差

$$(\Delta x)_{\mathrm{MSE}} = \frac{1}{N}\sum_{n=1}^{N}\left[\Delta x_n - (\Delta x)_{\mathrm{AVG}}\right]^2. \tag{1.18}$$

(5) 均方根误差

$$(\Delta x)_{\mathrm{RMSE}} = \sqrt{(\Delta x)_{\mathrm{MSE}}} = \sqrt{\frac{1}{N}\sum_{n=1}^{N}\left[\Delta x_n - (\Delta x)_{\mathrm{AVG}}\right]^2}. \tag{1.19}$$

上面定义的都是绝对误差, 把上述各式总的 Δx_n 替换成 δx_n 即得到相应的相对误差。

不难看出, 均方根误差相当于 L_2 范数, 而平均绝对值误差相当于 L_1 范数。范数的阶次越高, 较大的 $\Delta x_n (1 \leqslant n \leqslant N)$ 对误差的影响越大, 较小的 Δx_n 对误差贡献越小。这就是为什么相比于平均误差, 均方根误差对异常值更敏感的原因。也就是说, 如果有一个预测值与真实值相差很大, 那么均方根误差就会很大。

很多时候, 我们取物理量的分贝 (dB) 作为单位。此时, 计算误差时需要注意: 以分贝为单位的数值相减实际上等效于原始数据的除。

测试和观测结果比仿真计算的结果更为可靠吗?

错误。

人们使用仿真软件获得所需结果后, 一般会与测试或观测结果做对比, 确定仿真的精度和效果。但并不一定意味着测试或观测结果比仿真结果更为可靠。从本质上说, 仿真是一种虚拟条件下的实验或观测。只要可靠的仿真软件得到正确地使用, 仿真过程就是一个精度可控的过程。相反, 测试或观测过程中, 很多因素具有不确定性。对于某一确定性的问题, 例如散射问题, 仿真结果与测试结果的偏差往往来源于仿真采用的几何模型与实体测量模型不完全一致 (实际加工误差导致实体模型具有的几何结构随机起伏的特性), 介质参数的不一致, 测量时的角度偏差, 测试设备的校正等。

1.2.3 仿真效率

完成一次仿真任务的效率, 可以从仿真时间和内存占用量使用两个方面来衡量。如果采用了并行技术, 往往还需要考察并行效率或加速比。

1.2.3.1 时间

很多时候, 我们会看到三类时间: 真实/时钟时间 (real/clock time), 系统 CPU 时间 (system CPU time), 用户 CPU 时间 (user CPU time)。它们的具体含义如下。

(1) 真实时间。仿真从开始执行到最后结束的时间, 包括阻塞 + 就绪 (排队等待)+ 运行的时间, 即我们真实感受到的时间。

(2) 系统 CPU 时间。仿真运行时, 计算机执行系统调用花费的时间, 包括读、写、中断等系统调用。

(3) 用户 CPU 时间。仿真运行时, 计算机执行用户指令花费的时间。

一般的, 真实时间等于系统 CPU 时间与用户 CPU 时间之和。

绝大多数操作系统会提供一些函数或工具来记录仿真运行时间。需注意的是, 多线程并行计算时, 大部分 Linux 操作系统记录的时间是所有线程用时之和[①]。

1.2.3.2 内存占用量

内存占用量指完成仿真所需的内存，往往也称为空间开销。它是一个**动态**的概念，即内存占用在仿真过程的不同时刻会发生变化。另外，内存占用应该包含仿真过程所占用的所有内存，包括：存储程序指令和常数的代码段、初始化和未初始化的数据段、内存堆、调用栈，以及保存符号表、调试数据结构、已经打开的文件、被映射到当前进程的共享库等其他数据结构所占用的内存。

空间开销可分为两部分。

(1) 仿真过程的固有开销。这部分包括可执行程序本身、仿真软件调用的静态库和静态数据对内存的消耗。

(2) 仿真过程的动态开销。这部分内存可细分为两部分。一是动态库的开销，这部分内存与仿真软件调用的共享库的数目和大小基本成正比。另一部分则是用户数据。例如对于 C++ 仿真软件，这部分内存包含编译器插入的虚函数表、对象的类型信息、仿真过程动态申请的内存和数据结构等。在大多数操作系统中，读取磁盘文件时，也会将文件内容复制，增加仿真的内存消耗。

对于大规模仿真来说，仿真软件运行的动态开销，尤其是用户数据的开销，往往绝对性地主导仿真的内存开销。

内存的单位一般采用兆字节 (megabyte, MB) 或吉字节 (gigabyte, GB)，超大规模仿真甚至采用太字节 (terabyte, TB) 或拍字节 (petabyte, PB)。

1.2.4 用渐进形式表示时间和空间开销

很多时候，人们并不关心，有时也不太可能获取算法或操作的具体时间开销和内存需求。例如，因为缓存命中率可能不同，即使两个算法的操作次数完全相同，它们的具体时间开销也可能相差很大。此时，通过严格地比较两者操作次数的方式来比较它们的实际用时开销几乎不太可能获得准确的结果。为此，人们常用渐进形式来表达时间和空间开销。常用的渐进符号 (asymptotic notations) 有三种。

(1) 符号 $\mathcal{O}$，给出了函数的上限。若 $f(n) = \mathcal{O}(g(n))$ 表示当且仅当存在正

---

① 此时，如果 T 为有 t 个线程并行运行的程序的用时，在忽略 I/O 和其他资源所消耗时间的条件下，可粗略估计仿真所用的真实时间为 T/t。第 7 章将介绍，一些多线程并行接口/库会提供专门函数来记录仿真任务对应的时间。

的常数 c 和 n_0, 使得对于所有的 $n \geqslant n_0$, 有 $f(n) \leqslant cg(n)$。该定义并未要求 $g(n)$ 为 $f(n)$ 的最小上限, 但实际应用中, 尽量使得 $g(n)$ 接近最小。

(2) 符号 $\boldsymbol{\Omega}$, 给出函数的下限。若 $f(n)=\boldsymbol{\Omega}(g(n))$ 表示当且仅当存在正的常数 c 和 n_0, 使得对于所有的 $n \geqslant n_0$, 有 $f(n) \geqslant cg(n)$。与 $\mathcal{O}$ 类似, 该定义并未要求 $g(n)$ 为 $f(n)$ 的最大下限, 但实际应用中, 尽量使得 $g(n)$ 接近最大。

(3) 符号 $\boldsymbol{\Theta}$, 适用于函数 $g(n)$ 既可以作为函数 $f(n)$ 的上限也可作为它的下限。

相对而言, 用 $\mathcal{O}$ 来表达算法开销更为常见。很多文献使用复杂度来描述算法的开销。一般来说, 一个算法的**复杂度**往往指该算法的时间开销, 其内存开销则往往被称为**空间复杂度**。

复杂度为 $\mathcal{O}(N \lg N)$ 的算法一定比 $\mathcal{O}(N^2)$ 的高效吗?

错误。

复杂度是对算法趋势的描述, 在 $\mathcal{O}(\cdot)$ 的表述中往往省略了常数项, 例如两个算法的时间开销虽然分别为 $100N \lg N$ 和 $2N \lg N$, 但都被称为具有复杂度 $\mathcal{O}(N \lg N)$。因此如果某个算法的复杂度为 $\mathcal{O}(N \lg N)$, 但其实际开销为 $100N \lg N$, 而另一个算法的复杂度为 $\mathcal{O}(N^2)$ 而其时间开销为 $0.25*N^2$, 那么当 $N < 200$ 时, 前者的实际开销大于后者的开销。

1.2.5 加速比、并行效率及其他并行的相关概念

当采用并行来加速仿真时, 往往还需考虑并行效率。

假定完成某一仿真任务, 单处理核心串行的执行时间为 T, 使用 n_p 个处理核心并行执行的时间为 T_p, 则加速比为

$$S_p = \frac{T}{T_p} \tag{1.20}$$

显然加速比与处理核心数 n_p 相关。一般来说, 理想情况下加速比 S_p 最大为 n_p。然而, 实践中会出现加速比大于 n_p 的情况, 这往往是计算机存储的分层结构及现代计算机系统自带的优化技术引起的。

并行效率的计算方式为

$$\eta_p = \frac{S_p}{n_p} \times 100\% \tag{1.21}$$

理论上, 并行效率一般小于 100%。然而, 当 $S_p > n_p$ 时并行效率大于 100%。

并行仿真计算时, 需要将任务分配到各个处理器核心。并行**粒度**反映了可独立并行执行的任务大小的度量。大粒度表示可并行执行的任务量大, 也称为**粗粒度**; 反之则称为小粒度或**细粒度**。

人们往往还用**可扩展性** (scalability) 来描述一个并行算法的性能。其核心是加速比或并行效率随着 n_p 的变化。可扩展性又可细分为**强可扩展性**和**弱可扩展性**。强扩展性指求解问题的规模不变, 但参与仿真的处理器核心数变化时, 加速比或并行效率的变化; 弱可扩展性则指每个处理器核心承担的任务规模不变化, 但问题规模随着参与仿真的处理器核心个数变化而变化时, 加速比或并行效率的变化。

前面讨论的都是仿真运行时间, 实际上, 也需要考虑内存占用量在并行条件下的变化。可以参照并行效率和加速比, 定义类似的参数反映内存占用量随 n_p 的变化。这在仿真实践中也有非常重要的意义, 因为内存占用量决定了一个仿真任务能否在当前平台下完成或者说以较高效率完成①。

并行效率高, 仿真能力一定强吗?

错误。

首先并行效率的参照是串行计算的时间, 如果串行采用了比较低效的算法, 那么即便并行效率高, 仿真能力也可能不强。例如对于可以采用快速傅立叶变换加速的矩阵向量相乘, 如果串行和并行算法都未采用快速傅立叶变换加速技术, 那么并行效率很容易达到很高, 但并行仿真的计算能力可能还不如采用了快速傅立叶变换加速的串行仿真。其次, 还要考虑内存占用量。有些并行算法为了提升并行效率, 而忽略了内存占用量问题, 导致并行计算不能完成大规模的仿真, 影响仿真能力。

① 很多计算机允许使用虚拟内存实现计算, 但使用虚拟内存后计算效率会大大下降。这也是高性能仿真一般不推荐依赖虚拟内存开展计算的原因。

1.2.6 阿姆达尔定律

阿姆达尔定律 (Amdahl's law) 反映了加速比的极限, 于 1967 年由 IBM360 系列机的主要设计者阿姆达尔首先提出。该定律指出, 系统中对某一部件/实现采用更快执行方式所能获得的系统性能改进程度, 取决于这种执行方式被使用的频率, 或所占总执行时间的比例。阿姆达尔定律实际上定义了对某个模块加速后, 可获得的性能改进或执行时间的加速比。简单来说, 慢的模块组件决定了加速比的极限。

对于固定任务情况下描述并行处理效果的加速比 S_∞, 阿姆达尔经过深入研究给出了如下公式:

$$\mathrm{S}_p|_{n_p\to\infty}=\frac{1}{1-a+a/n_p} \tag{1.22}$$

其中, a 为并行计算部分所占比例, n_p 为并行处理单元个数。这样, 当 $1{-}a=0$ 时, 即没有串行只有并行时, 最大加速比 $S_p=n_p$; 当 a=0 时, 即只有串行没有并行时, 最小加速比 S_p=1; 当 $n_p\to\infty$ 时, 极限加速比 $S_\infty\to 1/(1{-}a)$, 这也就是加速比的上限。例如, 若串行代码占整个代码的 25%, 则并行处理的加速比不可能超过 4。

在理想情况下, 开发并行仿真软件时将所有操作都并行化。然而, 实际仿真软件的有些操作本身只能串行执行。更为重要的是, 往往也没有必要对所有操作并行化。因此, 对资源消耗大的功能模块进行并行化是开发并行软件切实可行的做法。此时, 可根据阿姆达尔定律估算并行软件的并行效率。反过来, 对算法软件进行并行化前, 一定要找出影响性能的主要因素, 这样有利于提高并行效率。

显然, 阿姆达尔定律也适用于内存占用量的优化。

课程设计

1. 文件 next_prime_number.cc(F.1) 是一个寻找素数的示例程序。在命令行输入一个整数, 程序将输出一个不小于该整数的素数。该示例程序没有计时功能, 不过可以在 Linux 命令行使用 Linux 命令 time 来实现计时。请查阅命令 time 的使用方式, 在 Linux 平台下编译文件 next_prime_number.cc(F.1), 用 time 命令行为该程序计时。

2. C++ 的头文件 <ctime> 定义了多个经常出现于传统 C 语言代码的，用于计时的日期和时间函数和数据型别，包括：

(1) clock_t: 基础算术型别[①]的别名，该型别的变量主要用于短时间间隔的计时，例如若干分钟；

(2) time_t: 基础算术型别的别名，主要用于长时间间隔的计时，例如几个世纪；

(3) tm: 一个结构体，保存了从 1900 年开始的时间信息；

(4) clock_t clock(void): 一个函数返回从程序启动到 clock() 函数被调用的处理器用时 (processor time)。将返回值除以系统常量 CLOCKS_PER_SEC，可得到以秒为单位的计时，其返回值的单位在不同操作系统可能不同，有的是毫秒，对应的 CLOCKS_PER_SEC=1 000，有的则是微秒，对应的 CLOCKS_PER_SEC=1 000 000；

(5) time_t time(time_t *t): 一个函数返回当前日历时间，若指针 t 非空，则也将返回值保存于 t 指向的对象，返回值的单位是秒；

(6) double difftime(time_t time1,time_t time0): 一个函数返回 time1−time0，单位为秒。

请参照文件 get_time.cc(F.2) 给出的使用传统 C 计时的代码，给文件 next_prime_number.cc(F.1) 添加计时功能。

3. C++ 提供的标准计时功能在文件 <chrono> 中，可通过名字空间 std::chrono 来调用它们。请学习该计时功能，给文件 next_prime_number.cc(F.1) 添加计时功能。

4. 动态分配内存的数组是仿真计算中经常使用的一种数据结构。C 语言一般通过指针为数组动态分配内存，而 C++ 除了使用指针外，还有标准容器 std::vector<T> 可以实现动态数组，如文件 dynamic_array.cc(F.3) 所示。对该示例代码进行三点说明：

(1) 对于通过指针方式实现动态数组时，用 new() 来分配内存，并使用 memset() 给数组赋初值 0；

(2) 对于 std:vector<T> 容器实现的动态数组，调用构造函数时实现了数组的初始化，即给所有元素赋值 0；

(3) 无论指针还是 std:vector<T>，数组元素都保存于一段连续的内存里，

① 基础算术型别 (fundamental arithmetic type) 包含了整数和浮点数型别。

代码通过取首元素地址的方式, 将 std::vector<T> 数组转换成指针进行操作。

在熟悉指针和 std::vector<T> 的基础上, 完成以下任务:

(1) 给程序添加计时功能, 比较三种方式实现数组初始化和实现数组操作的效率;

(2) 学习遍历 std::vector<T> 数组 array_vec 的不同方式, 并分析其效率;

(3) 计算采用 std::vector<T> 实现动态数组时, 系统为数组分配的内存空间大小。

第 2 章 线性方程组的基本求解技术

很多应用的计算机仿真最后都转换成线性方程组的求解。可以说, 求解线性方程组是使用计算机解决工程与科学问题的基本且关键的手段。本章将讨论线性方程组求解的一些基本概念, 包括稀疏阵的多种压缩存储格式、线性方程组的直接求解法和迭代求解法。在简要介绍基本概念的同时, 我们还展示了如何用 C++ 实现矩阵操作和线性方程组的求解, 并给出相应的示例代码。

2.1 矩阵的存储

要求解线性方程组 $\boldsymbol{Z} \cdot \boldsymbol{x} = \boldsymbol{b}$, 首先要考虑的是如何存储矩阵 $\boldsymbol{Z}$。为了将数学公式与算法转换成高性能程序, 示例代码使用 C++ 中多种常用编程技术, 包括: std::vector<T> 容器、随机数生成、Lambda 表达式、泛型算法、移动语义、模板和抽象类等。熟练掌握这些技术不仅能加深对本书示例的理解, 也能为开发高性能程序打下良好基础。我们将在第 5 章更为系统地给出相关高性能编程技术的讨论。

2.1.1 行优先与列优先

本质上, 计算机的内存寻址过程是个线性过程, 无法直接通过矩阵的二维坐标索引来定位矩阵元素, 因此需将二维索引映射至一维内存地址空间以访问矩阵元素。一般有两种映射方式: 行优先映射与列优先映射。前者指先保存矩阵第一行, 再保存第二行, 依此类推; 而后者则先保存矩阵第一列, 再保存第二列, 依此类推。不同编程语言默认的映射方式不同, 例如 C/C++ 采用了行优先映射而 Fortran 则使用列优先映射。不同软件包默认的格式也不同, 例如基于 C++ 的 Eigen 库 [6] 默认采用列优先映射。读者在编程开发中需确认开发环境默认的映射方式。当然, 更高维度张量的映射也存在这个问题, 这里不详细讨论。

2.1.2 用 C++ 数组存储矩阵

编程语言 C++ 没有原生的二维数组和矩阵。不过, 依据行优先或列优先方式将二维矩阵映射到一维数组后, 可采用 C++ 数组实现矩阵的相关操作。数组在 C++ 中有下面几种表示方法①。

(1) 内置的静态数组, 即大小在编译期间就已知的数组, 例如定义为 int arr[20] 的数组。

(2) 动态分配内存的数组, 在 C 语言中用 malloc() 等函数分配数组的内存、free() 函数释放内存; 在 C++ 中则采用 new() 和 delete() 来分配和释放内存②; 这种内存分配是用户手动实现的, 一般被称为**裸指针**数组。

(3) 数组类模板 std::array<T>, 固定长度数组模板, 可看成内置静态数组的替代方案。

(4) 数组类模板 std::vector<T>, 支持数组长度可变的数组类模板。

裸指针在 C/C++ 中因为**容易导致漏洞**而恶名昭彰。它导致的漏洞包括: 忘记释放指针指向的内存; 代码逻辑过早结束导致释放内存的代码没有被执行; 代码运行过程中代码发生异常直接退出当前函数栈帧; 通过裸指针访问对象时无法判断对象是存活还是已被析构; 多个指针指向同一块内存时, 释放操作导致出现的失效指针。避免这些问题的一个办法是使用**智能指针**或容器, 如类模板 std::vector<T>。读者可参考 5.6 节的简要讨论或其他相关介绍进一步了解智能指针。

对于对象的指针, 用智能指针替代裸指针不会带来明显的效率问题。对于数组, 正确使用 std::vector<T> 替代裸指针基本可以达到与裸指针相当的效率③。对于需要与 Fortran 或其他语言进行数据交互的数组, 可以使用 vector<T> 支持的 data () 方法获取裸指针④。同时, 标准模板库 (STL, standard template library) 提供的很多技术可以直接用于 std::vector<T>, 比裸指针更

---

① 还有一种方式是使用 C++98 标准库提供的、面向数值计算的数组类模板 std::valarray<T>, 不过人们对它使用不多。从目前文档材料看, 该类模板不支持 C++ 并行扩展 (C++ extensions for parallelism) 。

② 使用 malloc 分配的内存不能用 delete 释放, 反之亦然。

③ 我们在 5.1 节介绍了提高 std::vector<T> 效率的几个技巧。

④ 除非特殊情况, 例如与遗留的 C 语言进行交互, 或者与其他语言混合编程, 不建议以裸指针的方式使用 std::vector<T> 数组。

方便。例如, STL 提供了很多排序算法可以直接用于 std::vector<T> 数组, 而且利用 STL 并行拓展简单修改代码就能让代码并行化或向量化。使用裸指针不一定能直接实现这些功能。再如, 使用类模板 std::vector<T> 可以让多种数据型别的计算共用一套代码, 非常适合数值分析。例如, 以 Fortran77 编写的 BLAS 库有 4 套独立的代码接口, 分别处理单精度实数、双精度实数、单精度复数和双精度复数。使用 C++ 模板类后可以只编写一套接口, 避免了维护 4 套接口的烦琐任务。简而言之, C++ 中 std::vector<T> 基本可以完全替代裸指针表示的数组, 而不会带来明显的效率问题。而且, 使用前者可以极大简化编程, 便于程序的维护。

根据矩阵中非零元素的个数, 可以将矩阵分为**稠密阵**和**稀疏阵**。对于一个 $m \times n$ 的矩阵, 如果其非零元素个数少于 $0.5 \times (mn)$ 则称之为稀疏阵, 否则称之为稠密阵。下面将首先介绍稠密阵的存储, 然后讨论稀疏阵的优化存储方式。

2.1.3 稠密阵的存储

虽然我们建议尽量避免使用裸指针, 但由于历史原因, 很多开源包和库仍使用了裸指针保存矩阵, 因此我们还是简要介绍一下矩阵的裸指针保存方式, 如文件 ptr_matrix.cc (F.4) 所示。而文件 vec_matrix.cc (F.5) 给出了我们更为推荐的以 std::vector<T> 来保存矩阵的示例代码。既可将矩阵对应的二维数组映射成一维数组, 然后用 (一级) 指针或一维 std::vector<T> 数组保存矩阵, 也可保留矩阵的二维结构, 采用二级指针①或二维 std::vector<T> 数组来保存矩阵。使用一维数组保存矩阵时, 矩阵元素将位于一段连续的内存空间, 如文件 ptr_matrix.cc (F.4) 中的 ptr_to_mat 和 vec_matrix.cc (F.5) 中的 vec1d_mat。这种内存分配方式一般被称为**连续内存**分配。采用二级指针分配内存的实现有两种。

(1) 能保证矩阵元素保存于连续内存空间的实现, 如文件 ptr_matrix.cc (F.4) 中 ptr_to_ptr_continuous。仔细观察可以发现, ptr_to_ptr_continuous 是一个保存 rows 个指针的数组, ptr_to_ptr_continuous[0] 指向保存所有矩阵元素的一维数组的内存首地址, ptr_to_ptr_continuous[i] ($i \neq 0$) 则保存矩阵其余各行数据在内存空间的首地址。这种内存分配方式只需两次内存分配操作。

① 即指向指针的指针 (pointer to pointer)。

(2) 对于另一种实现，虽然矩阵的每一行元素都在一段连续的内存空间内，但矩阵各行所在内存空间不一定连续，例如文件 ptr_matrix.cc (F.4) 中 ptr_to_ptr_incontinuous。同能保证连续内存的实现一样，ptr_to_ptr_incontinuous 保存了 rows 个指针，各指针也指向矩阵各行在内存空间的首地址。然而，由于保存各行元素的内存空间是独立申请的，所以无法保证矩阵元素保存于连续的内存空间。这种内存分配方式需要 (rows+1) 次内存申请。

不难看出，与一级指针相比，使用二级指针将多消耗 (sizeof (double*) × rows/8) 字节的内存空间，用于保存指向各行首地址的指针。

文件 vec_matrix.cc (F.5) 中 vec2d_mat 内存分配方式与 ptr_to_ptr_incontinuous 类似，只不过，前者将指针换成了 std::vector<T> 数组，这里也称之为二维 std::vector<T> 数组。使用二维 std::vector<T> 数组保存行数为 rows 的矩阵至少要调用 (rows+1) 次内存分配申请。同指针一样，使用二维 std::vector<T> 数组保存矩阵也比一维 std::vector<T> 要多消耗内存空间。从这个角度看，一级指针更为高效，尤其是当 rows≫cols 的时候。

观察两个示例文件还能看出，使用不同方式保存矩阵，访问矩阵元素的方式也不一定相同。使用一维数组，无论是裸指针还是 std::vector<T>，都需要将二维索引转换为一维索引，而使用二级指针或二维 std::vector<T> 数组则可直接使用二维索引。从这个角度看，一维数组似乎没有二级指针或二维 std::vector <T> 数组方便。C++ 提供了运算符重载 (overload) 技术，通过重载 operator () 可方便地用二维索引访问矩阵元素。因此，从索引方式看，一维指针/std::vector <T> 可以与二维指针/std::vector<T> 一样方便。事实上还有一个关键而隐蔽的因素影响人们的选择：矩阵应该按行优先，还是按列优先方式保存？上面的示例都采用 C++ 默认的行优先方式保存矩阵，但在实际应用中，列优先方式更有利于很多矩阵操作。用一维数组保存矩阵并重载 operator () 运算符可将矩阵的具体保存方式隐藏起来，无论是采用行优先，还是采用列优先方式保存矩阵都可用相同接口访问矩阵元素。重载 operator () 后，用一维数组保存矩阵同用二维数组一样简洁方便，而且将数据保存于连续的存储空间有利于不同编程语言间的数据交互，为此，相对而言用一维数组保存矩阵在高性能仿真中更为普遍。

当然，当矩阵规模很大时，可能会因为没有足够大的连续内存空间而无法为矩阵分配内存。不过，在分布式内存并行环境中，这个问题在很大程度上得到了解决，因为规模很大的矩阵往往被分割成若干个部分，然后保存于不同计算节点 (计算机) 。

2.1.4 稀疏阵的压缩存储

如果采用文件 ptr_matrix.cc (F.4) 或 vec_matrix.cc (F.5) 的方式保存稀疏阵, 那么将会造成内存的极大浪费。为此, 人们提出多种优化存储稀疏阵的方案。其主要思想是只保存非零元素及其索引信息。根据非零元素的个数和分布, 可采用不同的数据结构来压缩存储稀疏阵。不言而喻, 压缩存储会让矩阵元素的访问和矩阵的操作变得复杂, 因此需要在压缩效率和便利性之间做取舍。一般来说, 可将压缩格式分为以下几类。

(1) 支持快速修改的格式。例如字典键值 (dictionary of keys, 以下简称 DOK) 、列表的列表 (list of lists, 以下简称 LIL) 和坐标三元组列表 (coordinate list, 以下简称 COO)。这类格式方便矩阵的创建、添加, 以及删除矩阵元素。

(2) 支持快速访问矩阵的特定元素和矩阵运算的格式。例如行压缩 (compressed sparse row, 以下简称 CSR)、列压缩 (compressed sparse column, 以下简称 CSC)。

(3) 针对具有特殊结构的稀疏矩阵的方式, 例如行块矩阵压缩 (block compressed sparse row format, 以下简称 BCSR) 。

2.1.4.1 支持快速修改的格式

DOK 是一个字典, 其中每个键 (key) 由两个整数组成: 行索引和列索引; 而值 (value) 则是该索引对应非零元素的值。这种格式非常适合增删改, 如果要增加非零元素直接向字典中加一组键 – 值就行, 删除也可类似地处理; 因为键 – 值往往无序排列, 如果要查询某个位置的元素是否为零就需要遍历整个字典, 较为耗时。

LIL 采用的数据结构是列表。一种常用实现是让 LIL 的每一行都是一个列表, 对应着矩阵的一行, 该列表中的每个元素保存矩阵元素的列索引和值。可以将该列表按列索引升序 (或降序) 排序, 有利于快速查找元素。LIL 数据结构不利于矩阵的代数运算, 但能很容易转换到方便代数运算的 CSR 或 CSC 格式。

COO 是一个列表或数组, 其元素为元组, 每个元组有三个数: 行索引、列索引和值。可以让整个列表先按行排序, 再按列索引排序。这样做的好处是可以更快地查找到特定元素。这种数据结构很适合在构建矩阵的时候逐个增添元素, 以增量方式生成矩阵。

对于矩阵

$$\boldsymbol{A}=\begin{bmatrix}1.5 & 4.0 & 0.0 & 0.0 & 0.0\\0.0 & 2.3 & 3.7 & 0.0 & 0.0\\5.2 & 0.0 & 0.0 & 7.8 & 8.2\\0.0 & 0.0 & 9.3 & 0.0 & 6.5\end{bmatrix}\tag{2.1}$$

采用 COO 压缩格式, 需要存储的数据如图 2.1 中上面的方框所示[①]。可用两种方式保存实现 COO 的存储。第一种方式, 创建一个如图 2.1 左下方框所示的结构体, 然后定义一个以 Element COO 为元素的数组, 对于矩阵 $\boldsymbol{A}$, 数组的长度为 5。第二种方式, 将元素值、行索引和列索引分别保存于 3 个长度均为 9 的数组, 如图 2.1 中右下的方框所示。

需保存的矩阵元素

```
(0, 0, 1.5), (0, 1, 4.0), (1, 1, 2.3), (1, 2, 3.7), (2, 0, 5.2), (2, 3, 7.8), (2, 4, 8.2), (3, 2, 9.3),
(3, 4, 6.5)
```

保存COO三元组列表格式中单个元素的结构体

```
typedef struct
{
    unsigned _row_index, _col_index;
    float _val;
} ElementCoo;
```

用三个数组保存三元组列表格式所需数据

```
元素值数组: 1.5, 4.0, 2.3, 3.7, 5.2, 7.8, 8.2, 9.3, 6.5
列索引数组: 0,   1,   1,   2,   0,   3,   4,   2,   4
行索引数组: 0,   0,   1,   1,   2,   2,   2,   3,   3
```

图 2.1 使用 COO 压缩格式存储矩阵 $\boldsymbol{A}$ 示意图

如果采用相同的数据型别保存索引和元素值, 那么这两种实现方式所消耗的内存基本一样[②]。这两种方式根本区别在于: 前者每个非零元素的索引和值位于连续内存空间, 第二种方式则不然。

假定单精度浮点数矩阵维度为 $m\times n$, 有 p 个非零元素, 那么矩阵的稀疏度可表示为

$$\eta_{\text{sp}}=\frac{p}{m\times n}\times 100\%.\tag{2.2}$$

将该矩阵当做稠密阵保存矩阵的内存消耗 $\mathrm{M}_{\text{dense}}=4m\times n$ 字节, 这里假定每个单精度浮点数消耗 4 字节空间。而假定每个索引值消耗 4 字节空间, 那么采用 COO 格式保存该矩阵所需存储为 $\mathrm{M}_{\text{COO}}=4\times 3\times p=12p$ 字节。因此存储

① 如果没有特别说明, 本书的数组从 0 开始索引。

② 后者需要保存 3 个数组指针, 而前者只需一个。考虑到 64 位操作系统中一个指针仅需 8 个字节, 所以可以说两种实现方式消耗的存储一样。

压缩率 η_{men} 为

$$\eta_{\text{mem}} = \frac{12p}{4m \times n} \approx \frac{3p}{m \times n} = 3\eta_{\text{sp}}. \tag{2.3}$$

当然, 如果矩阵规模巨大, 可能需要长整型来保存索引。

人们往往采用支持快速修改的三种格式之一来构造或初始化稀疏矩阵, 而采用下面的 CSR/CSC 或特殊压缩格式来实现矩阵的运算。

2.1.4.2 行压缩和列压缩

仔细观察矩阵 $\boldsymbol{A}$ 的 COO 三元组, 不难发现位于同一行元素的索引有重复①, 如图 2.2 中上面的方框中波浪线所示。也就是说, 采用 COO 格式保存稀疏矩阵还存在冗余信息; 能消去这种冗余信息的一类格式就是行压缩或列压缩格式。行压缩存储 (CSR) 用三个数组来保存稀疏矩阵。

(1) 元素值数组: 按照从左往右、从上往下的次序保存所有的非零元素, 其长度等于非零元素的个数, 下面记为 mtx_elements_。

(2) 列索引数组: 保存对应值数组中元素的列索引, 下面记为 col_indices_。

(3) 行定位数组: 保存各行首个非零元素在值数组中的索引, 下面记为 row_position_。

使用行压缩格式保存矩阵 (2.1) 所需保存的数据如图 2.2 中下面的方框所示。不难看到, CSR 格式中元素值数组和列索引数组保存的信息与 COO 格式对应的数组相同。行定位数组 row_position_ 的长度为 $m+1$, 即原始矩阵的行数加 1, 示例矩阵 $m = 4$, 所以该数组长度为 5。矩阵第 i 行的非零元素个数等于 row_position_[i+1]−row_position_[i], 矩阵中非零元素个数保存于 row_position_[m]。示例矩阵 $\boldsymbol{A}$ 的非零元素个数 $p = 9$, row_position_[4]=9。

```
                        重复的索引
元素值数组: 1.5, 4.0, 2.3, 3.7, 5.2, 7.8, 8.2, 9.3, 6.5
列索引数组: 0,   1,   1,   2,   0,   3,   4,   2,   4
行索引数组: 0,   0,   1,   1,   2,   2,   2,   3,   3
```

```
                    行压缩格式所需保存的三组数据
mtx_elements_: [1.5, 4.0, 2.3, 3.7, 5.2, 7.8, 8.2, 9.3, 6.5]
col_indices_:  [0, 1, 1, 2, 0, 3, 4, 2, 4 ]
row_position_: [0, 2, 4, 7, 9]
```

图 2.2 使用行压缩格式存储矩阵 $\boldsymbol{A}$ 示意图

① 同一列的元素也有重复。

从上面的讨论发现, 行压缩存储以压缩方式保存 COO 格式中的行索引, 这是将其命名为行压缩的原因。CSC 与 CSR 非常类似, 只不过压缩的是列索引。

> Yale 格式与行压缩存储本质上等价, 唯一的区别在 Yale 格式调换了列索引数组和行定位数组的出现顺序。

2.1.4.3　行块压缩格式

当稀疏矩阵具有块矩阵的结构时, 采用块压缩格式更方便高效。块压缩格式与行压缩的非常相似, 只不过后者以单个矩阵元素为单位, 而前者以块矩阵为单位。假设块矩阵的维度为 $r_{\mathrm{b}} \times c_{\mathrm{b}}$, 那么一个 $m \times n$ 的矩阵 $\boldsymbol{A}$ 就被一个 $m_{\mathrm{b}} \times n_{\mathrm{b}}$ 块矩阵 $\boldsymbol{A}_{\mathrm{b}}$ 替代, 其中

$$m_{\mathrm{b}} = \frac{m + r_{\mathrm{b}} - 1}{r_{\mathrm{b}}}, \quad n_{\mathrm{b}} = \frac{n + c_{\mathrm{b}} - 1}{c_{\mathrm{b}}} \tag{2.4}$$

式 (2.4) 考虑了 m 不能被 r_{b} 整除, n 不能被 c_{b} 整除的情况。具体的, 当不能整除时, 矩阵 $\boldsymbol{A}_{\mathrm{b}}$ 的一些块会填充 0。表 2.1 列出了本节将着重讨论的行块压缩格式中使用的一些参数。

设置 $r_{\mathrm{b}} = c_{\mathrm{b}} = 2$, 于是 $m_{\mathrm{b}} = 2, n_{\mathrm{b}} = 3$, 可将矩阵 $\boldsymbol{A}$ 写为一个 2×3 的块矩阵 $\boldsymbol{A}_{\mathrm{b}}$①,

$$\boldsymbol{A}_{\mathrm{b}} = \begin{bmatrix} \boldsymbol{A}_{00}, & \boldsymbol{A}_{01}, & \boldsymbol{A}_{02} \\ \boldsymbol{A}_{10}, & \boldsymbol{A}_{11}, & \boldsymbol{A}_{12} \end{bmatrix} \tag{2.5}$$

其中 $\boldsymbol{A}_{02}$ 为全零块, 非零块则具体为

$$\begin{gathered} \boldsymbol{A}_{00} = \begin{bmatrix} 1.5 & 4.0 \\ 0.0 & 2.3 \end{bmatrix}, \quad \boldsymbol{A}_{01} = \begin{bmatrix} 0.0 & 0.0 \\ 3.7 & 0.0 \end{bmatrix}, \\ \boldsymbol{A}_{10} = \begin{bmatrix} 5.2 & 0.0 \\ 0.0 & 0.0 \end{bmatrix}, \quad \boldsymbol{A}_{11} = \begin{bmatrix} 0.0 & 7.8 \\ 9.3 & 0.0 \end{bmatrix}, \quad \boldsymbol{A}_{12} = \begin{bmatrix} 8.2 & 0.0 \\ 6.5 & 0.0 \end{bmatrix}. \end{gathered} \tag{2.6}$$

行块压缩格式以行压缩的方式保存非零块的索引 (i, j) 和非零块的信息, 如图 2.3 最上面方框所示。至于数组 bsr_elements_ 内的各个块矩阵, 可根据

① 改写过程可能需要填充零元素。

表 2.1 BSR 格式中的参数

参数	型别	描述
r_{b}	整型	子块矩阵的行维度
c_{b}	整型	子块矩阵的列维度
m_{b}	整型	矩阵 $\boldsymbol{A}$ 的行块数
n_{b}	整型	矩阵 $\boldsymbol{A}$ 的列块数
p_{b}	整型	非零块数
bsr_elements_	数组/指针	指向保存非零块中矩阵元素的数组, 该数组最大长度为 $p_{\text{b}} \times r_{\text{b}} \times c_{\text{b}}$。可按行压缩或列压缩方式保存非零块。可完整保存各矩阵块内的元素, 也可采用压缩方式保存它们
bsr_row_position_	数组/指针	指向长度为 p_{b} 的整型数组, 与 CSR 中的列索引数组类似, 该数组保存了每个非零块的列索引
bsr_col_indices_	数组/指针	指向长度为 $(m_{\text{b}}+1)$ 的整型数组, 与 CSR 的行定位数组类似, 该数组保存了每一个块行的首个非零块在数组 bsr_col_indices_ 和 bsr_elements_ 中的索引。如果数组索引从 0 数组/开始, 那么 bsr_row_position_[0]≡0; 而 bsr_row_position_[mb+1]=p_{b}

行块压缩格式所需保存的三组数据

```
bsr_elements_: [A00, A01, A10, A11, A12]
bsr_col_indices_: [0, 1, 0, 1, 2]
bsr_row_position_: [0, 2, 5]
```

利用行优先方式保存矩阵块时的 bcsr_elements_

```
[1.5, 4.0, 0.0, 2.3 | 0.0, 0.0, 3.7, 0.0 | 5.2, 0.0, 0.0, 0.0 | 0.0, 7.8, 9.3, 0.0 | 8.2, 0.0, 6.5, 0.0]
```

利用列优先方式保存矩阵块时的 bcsr_elements_

```
[1.5, 0.0, 4.0, 0.0 | 0.0, 3.7, 0.0, 0.0 | 5.2, 0.0, 0.0, 0.0 | 0.0, 9.3, 7.8, 0.0 | 8.2, 6.5, 0.0, 0.0]
```

图 2.3 使用行块压缩格式存储矩阵 $\boldsymbol{A}$ 示意图

需要自由选择存储格式。例如: 既可以按行优先的方式保存, 也可以按列优先方式保存。图 2.3 中下面的两个方框分别给出了按行优先和列优先方式各个块矩阵的示意图。示意图中添加了 "|" 来区分各个块的元素。当然, 如果有必要, 还可使用压缩存储格式保存各个块矩阵。

2.2 矩阵操作的 C++ 实现

表 2.2 给出了基于 std::vector<T> 来实现矩阵操作的源文件。图 F–1 给出由 Doxygen 生成的头文件依赖关系图和 main () 函数调用图。

表 2.2 矩阵表示与部分矩阵操作的 C++ 实现示例

文件名	简要说明
abstract_mat.h (F.6)	矩阵的模板抽象类
innerproduct_vec.h (F.7)	常用数值操作, 例如复数向量的内积和求 L2 范数操作
dense_mat_vec.h (F.8)	稠密阵类
init_matrix.h (F.9)	矩阵初始化
csr_spmtx_vec.h (F.10)	稀疏阵类
abs_t.h (F.11)	计算绝对值或模值
drv_spmtx_zplx.cc (F.12)	main() 函数所在文件

2.2.1 文件 abstract_mat.h

文件 abstract_mat.h (F.6) 定义了一个**模板抽象类**。我们将看到, 抽象类和模板技术允许我们用一套代码实现单精度、双精度浮点型实数或复数矩阵的运算, 简化的编程有利于软件的维护和更新。关于模板抽象类基本的概念, 读者可参考 5.1 节和 5.2 节。

抽象类模板 AbstractMat<T> 将矩阵的行数 rows_ 和列数 cols_ 设置为私有 (private) 数据成员, 并提供两个公有 (public) 属性的方法 Get Numberof Row () 和 Get Numberof Col () 来访问它们。抽象类模板 AbstractMat<T> 定义了两个虚函数: std::vector<T>operator* (vector<T> const& vec)[①]和虚析构函数; 前者是实现矩阵向量相乘的**纯虚函数**, 后者则是抽象基类必须要定义的一个特殊析构函数, 具体解释可参考 5.2 节。纯虚函数不能在基类中实现, 只能在派生类中定义函数的具体行为。不难想象, 对稠密阵、普通稀疏阵, 以及其他特殊形式的矩阵采用不同的存储方式有助于提高矩阵向量相乘等操作的计算效率, 但不同存储格式下, 矩阵向量相乘的实现方式不尽相同。没有抽象类技术, 不同矩阵存储格式下的矩阵向量相乘函数的接口也就不尽相同, 而

① 很多时候人们习惯用 const T & 表示指向常量的引用, 然而写成 T const& 更符合语法规则, 本书大部分时候遵从后者。

抽象类则让它们共享一个接口, 从而简化编程且有利于软件的维护。当程序调用矩阵向量相乘函数时, 通过**动态联编**[①]来选定矩阵向量相乘函数的恰当实现。示例中纯虚函数 std::vector<T> operator* (std::vector<T> const & vec) 申明的 const 关键字表明该方法不能修改类的数据成员, 除非数据成员被声明为 mutable。纯虚函数 std::vector<T> operator* (std::vector<T> const& vec) 还是对操作符 * 的重载。从文件 drv_spmtx_zplx.cc (F.12) 可看到, 这种重载让矩阵向量相乘操作跟伪代码/数学公式一样简洁。

构造函数使用**初始化列表** (member initialization list)[②]将 n 和 m 分别赋值给 rows_ 和 cols_, 如图 2.4 中左边的方框所示。一般来说, 编译器希望在对象创建时初始化所有数据成员。如果程序员没有提供相应的构造函数, 那么编译器自动生成一个没有参数的默认构造函数来完成初始化。如果数据成员没有出现在初始化列表中, 那么

1) 对于内置型别的数据成员, 默认构造函数不为其赋初值;

2) 对其他数据成员, 比如某个自定义类的对象, 则调用该类的默认构造函数初始化该对象。

同时, 形参列表中 $n = 0$ 和 $m = 0$ 表明, 该构造函数实际上是 3 个构造函数的简写版本, 图 2.4 中右边的方框给出了这 3 个构造函数具体形式。编译器会根据生成 AbstractMat<T> 对象的具体方式调用这 3 个构造函数中的一个。关于构造函数的更多讨论, 请参考 5.4 节。

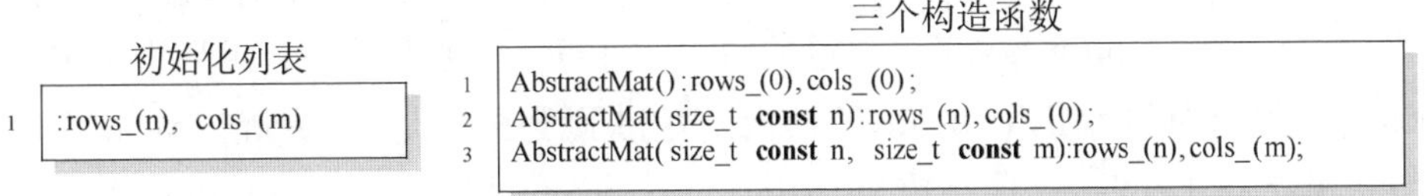

图 2.4 抽象基类 AbstractMat<T> 的构造函数与初始化列表

2.2.2 文件 innerproduct_vec.h

类模板 std::vector<T> 虽然提供了非常丰富的功能, 但缺少一些常用的数值操作, 例如涉及复数的操作。因此文件 innerproduct_vec.h (F.7) 补充了这些操作的定义和实现。

函数模板 template<typename T>inline T dot (std::vector<T> const& v1, std::vector<T>const& v2) 实现两个长度相同的 std::vector<T> 向量/数

① 具体请参见附录 5.2 节的讨论。

② 或者简称为 initialization list。

组的内积①。具体地说, 调用定义于 <numeric> 的 std::inner_product () 函数模板, 避免了手动编写内积操作代码。该函数模板是 C++ 算法库中常用的算法函数之一, 读者可在 5.7 节更详细地了解算法库。不过, 函数模板 std::inner_product() 不支持**复数型别**, 为此我们在文件 innerproduct_vec.h (F.7) 中定义 dot 函数的一个特例化版本, 实现两个长度相同的复数型别向量的内积②, 如图 2.5 中上面的方框所示。如果 T 为 float, 则对应单精度复数向量的内积; 而如果 T 为 double, 则计算双精度复数向量的内积。

部分特例化的内积函数dot()

```
template<typename T>
std :: complex<T> dot(std :: vector<std :: complex<T>> const& v1, std :: vector<std :: complex<T>> const& v2)
{
    ...
}
```

一般的norm_L2()函数模板

```
template<typename T>
T norm_L2(std :: vector<T> const & vr)
{
    ...
}
```

部分特例化的norm_L2()函数模板

```
template<typename T>
T norm_L2(std :: vector<std :: complex<T> > const & vr)
{
    ...
}
```

图 2.5　函数模板部分特例化与特例化

计算 std::vector<T> 向量 L2 范数的函数模板如图 2.5 中左下的方框所示。图 2.5 中右下的是部分特例化的函数模板用于计算单精度或双精度复数 std::vector<complex<T> 向量的内积。计算 L2 范数的两个函数均调用了 dot () 函数模板。调用已定义好的函数, 有利于程序的维护与更新。比如, 将来想要用支持并行的 STL 函数 transform_reduce() 替换 inner_product() 实现并行功能时, 更新了 dot () 函数模板就能同时更新所有基于 dot () 函数模板的 norm_L2() 函数。

2.2.3　文件 dense_mat_vec.h

文件 dense_mat_vec.h (F.8) 给出了稠密阵的具体实现, 稠密阵类 DenseMat<T> 以公有方式继承模板抽象类 AbstractMat<T>, 并添加一个私有成员 std::vector<T>　mtx_elements_ 保存所有矩阵元素, 同时重写 (override)

① 定义模板的 typename 关键字也可以替换为 class, 大部分时候两者通用, 但 typename 适用范围更广泛。我们推荐使用 typename。

② 或者说是部分特例化, 具体讨论请参考 5.1 节。

矩阵向量相乘算子 std::vector<T> operator* (std::vector<T> const& vec) 给出稠密阵的矩阵向量相乘的具体实现。

使用 std::vector<T> 数组的好处是避免出现裸指针, 减少程序漏洞, 但用 std::vector<T> 简单地替代裸指针, 有时会因为填充矩阵过程中多次重新分配内存而导致开销增加。如 5.8 节指出, 已知数组长度的条件下, 直接指定数组长度就能避免多次分配内存。本示例中矩阵规模已知, 数组长度可提前确定, 利用这一点, 我们可以在稠密阵类 DenseMat<T> 的构造函数初始化列表中指定数组 mtx_elements_ 的大小, 以提高效率。

构造函数 DenseMat (size_t const n=0, size_t const m=0): AbstractMat <T> (n, m), mtx_elements_ (n*m) 接收两个输入参数 n 和 m 的同时, 使用初始化列表实现对象的初始化。初始化列表调用抽象类 AbstractMat<T> 的构造函数给数据成员 rows_ 和 cols_ 赋值, 然后根据矩阵的维度为数组 mtx_elements_ 分配内存。构造函数调用定义于文件 init_matrix.h (F.9) 的函数 initmtx_sym 来具体填充矩阵元素。2.2.4 节将进一步讨论函数 template<T> void InitMatrixSymetric()。

针对所采用的稠密阵存储方式, 文件 dense_mat_vec.h (F.8) 重写了矩阵向量相乘算子 std::vector<T> operator* (vector<T> const& vec) 。具体的, 示例代码调用定义于 <numeric> 的 std::inner_product() 函数模板实现向量相乘。需要指出, 矩阵相乘算子返回的是一个 std::vector<T>, 当数组规模很大时, 调用该函数可能需要复制并多次构造、析构一个大 std::vector<T> 数组, 导致矩阵向量相乘效率低下。好在从 C++11 开始, C++ 提供了**移动语义**技术。只要满足条件, 编译器会默认自动采用移动语义避免数组的复制、构造与析构。关于移动语义的讨论可参考 5.3 节。

这里需要说明的是, DenseMat 类还有很多功能没有完善, 例如, 其他形式的构造函数、通过二维索引获取矩阵元素, 以及加、减、乘、除等其他操作的重载等。

2.2.4 文件 init_matrix.h

文件 init_matrix.h (E.9) 给出了初始化矩阵的函数模板 template<T> void InitMatrixSymetric(), 以及对应的复数部分特例化重载版本。由于采用一维数组保存矩阵元素, 而且没有重载 operator () 通过二维索引访问矩阵元素, 这里只能根据行索引 i 和列索引 j 计算出矩阵元素在一维数组中的索引, 通过这个索引操作矩阵元素。为简化代码, 这里将矩阵设置为对称阵, 由此带来的限制是示例程序的矩阵只能为**方阵**。同时, 为方便比较矩阵向量相乘的结果, 这里只是以稀疏阵的格式来保存稠密阵。有兴趣的读者可自行修改代码来实现自己想要的功能。

除了模板的部分特例化, 该文件还应用了 C++ 中随机数生成、泛型算法、lambda 表达式和 STL 提供的并行策略等技术。例如, 使用定义于 <random> 的标准库函数生成均匀分布的随机数给矩阵赋值, 具体方式如图 2.6 中上面的方框所示。方框内第一行定义一个种子为 0 的基于梅森旋转法的**随机数生成引擎** mre, 第二行则定义一个均匀分布的双精度实数的**随机数生成器** urd。为了让生成的稠密阵和稀疏阵相同, 示例代码把随机数种子固定为 0; 如果没有这种需求或者希望让每次运行时得到的矩阵不同, 则可用图 2.6 中下面的方框的语句替换上面方框中的第一行。其中 random_devicerd 定义了一个随机数种子生成器, 程序每次运行时就能生成不同的随机数种子, 从而得到的随机数也不相同。关于 C++ 中随机数库函数的使用方式请参考 5.9 节, 这里不展开说明。

给矩阵赋值随机数的具体实现

```
1 std::mt19937_64 mre(0);
2 std::uniform_real_distribution <double> urd(0.0, 1.0);
3 for (size_t i = 0; i < rows_; i++)
4     for_each_n(std::execution::seq, arr.begin()+i*cols_, i+1, [&urd, &mre](auto& e){ e = urd(mre); } );
```

每次运行得到不同随机数的做法

```
1 random_device rd;
2 mt19937_64 mre(rd());
```

图 2.6　给矩阵赋值随机数的代码

为了让矩阵对称, 函数 template<T> void InitMatrixsymetric() 先给矩阵的下三角赋值。赋值过程使用了 C++ 泛型算法库函数 std::for_each_n 和 lambda 表达式。这里的 std::for_each_n 函数和文件 drv_spmtx_zplx.cc (F.12) 使用的 std::for_each 函数, 可简单地看成是 for 的替代。串行环境下它们效率的效率不输于 for。使用它们的好处是避免 for 循环中经常出现的数组越界, 而且并行环境下, 它们的重载版本可接收一个额外的实参, 指定**执行策略**并调用 STL 提供的并行版本。因为 std::for_each_n 的执行策略为 std::execution::seq, 即串行执行策略, 程序将串行运行。使用其他并行执行策略可让程序利用 C++ 标准库提供的并行加速技术加快计算。读者可以在 5.7 节中了解关键字 std::

execution::seq 的具体含义及 C++ STL 提供的并行技术[①]。

文件 init_matrix.h (F.9) 中 for_each_n 函数的第四个实参是 Lambda 表达式, 每次循环该表达式调用 urd 生成一个随机数赋值给数组 arr。Lambda 表达式中的 [&urd,&mre] 表示以引用的方式捕获变量 urd 和 mre, 参数列表 (auto & e) 表明 lambda 表达式通过获取数组各元素的引用给数组赋值, auto 则实现矩阵数据型别的自动推断。关于 C++ 中 lambda 表达式的基本概念和使用方式请参考 5.5 节。

与文件 innerproduct_vec.h (F.7) 类似, 文件 init_matrix.h (F.9) 也将部分特例化技术应用于函数 template<T> void InitMatrixsymatric(), 使之可以对复数型别的矩阵赋值。

2.2.5 文件 csr_spmtx_vec.h

文件 csr_spmtx_vec.h (F.10) 给出了以行压缩格式 (CSR) 保存稀疏阵的 C++ 实现。稀疏阵类 SparseMat<T> 也采用共有方式继承抽象类 AbstractMat<T>。除了私有数据成员 mtx_elements_ 外, 与稠密阵类 DenseMat<T> 相比, 这里还添加了两个私有成员数据 row_position_ 和 col_indices_, 分别对应着 2.1.4.2 节的 row_posistion_ 和 col_indices_。

同文件 abstract_mat.h (F.6) 一样, 类 SparseMat<T> 也给出了构造函数的简洁形式 SparseMat (size_t const n=0, size_t const m=0, size_t constl=0): AbstractMat<T> (n, m), row_pos_ (n+1), col_indices_ (l), mtx_elements_ (l)。该构造函数调用定义于文件 init_matrix.h (E.9) 中的函数 template<T> void InispaceMatrixsymetric() 填充矩阵。前面已经指出, 这里生成的稀疏阵实际上是一个对称的稠密阵。

根据稀疏阵的存储格式, 文件 csr_spmtx_vec.h (E.10) 重写了矩阵向量相乘算子 std::vector<T>operator* (vector<T>const&vec) 。稀疏阵的特殊存储格式不允许直接调用算法库函数 std::inner_product<T> 实现向量相乘, 因此我们手动实现了矩阵向量相乘。同稠密阵类 DenseMat<T> 一样, SparseMat<T> 类还有很多功能没有完善。

2.2.6 文件 abs_t.h

我们知道, C++ 标准库提供的 std::abs () 支持整型、单精度浮点数和复

---

① 特别指出, 在作者的 GCC-9.3 测试环境下, 需要安装 TBB 库并在链接选项中加入-ltbb 才能正确生成可执行文件。

数, 而 std::fabs () 则支持双精度。为了让代码同时支持单精度和双精度浮点数, 文件 abs_t.h (F.11) 定义了一个名为 template<T> inline T AbsT() 的模板函数, 通过**模板特例化** (template specialization) 和**部分特例化** (partial specialization) 技术让该函数同时支持包括单精度、双精度浮点数和复数等多种数据型别。

2.2.7 文件 drv_spmtx_zplx.cc

文件 drv_spmtx_zplx.cc (F.12) 给出测试上面代码的简单实现。该文件重载了 operator-=, 完成了两个向量的减法操作, 保持了代码的简洁。这里结合算法库函数 std::generate() 与 lambda 表达式给数组赋值, 同时组合 std::for_each 和 lambda 表达式计算 L1 范数。使用算法库函数 std::generate() 和 std::for_each 一样, 以后很容易实现并行化, 具体可参考 5.7 节。

文件 drv_spmtx_zplx.cc (F.12) 还展示了 using 关键字的使用。图 2.7 中左边的方框中的语句申明默认名字空间为 std, 因此可省略标准库函数和关键字前的名字空间修饰符, 例如 std::vector<T> 可被简化为 vector<T>。不过, 一般不建议在头文件中使用 using namespace 申明默认名字空间, 以免导致混淆。一个较好的折中方案是, 只在.cc 文件或指定的代码块中申明默认名字空间。同时, 代码还通过如图 2.7 中间方框所示语句把 ZPLX 作为 complex<double> 的**别名** (alias) 。这个技巧除了简化名称, 还能让某个型别具有明确的意义, 提高代码的可读性, 如图 2.7 中右边的方框所示, 别名让我们可用 LengthUnit 替代 double 型别表示长度的单位。

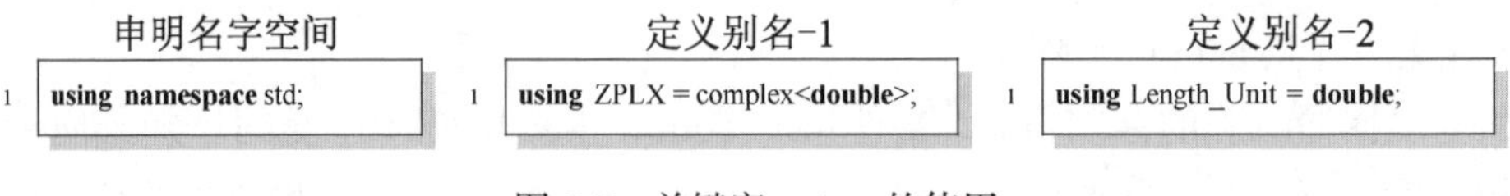

图 2.7 关键字 using 的使用

假定编译文件 abstract_mat.h (F.6) 、innerproduct_vec.h (F.7) 、dense_mat_vec.h (F.8) 、init_matrix.h (F.9) 、csr_spmtx_vec.h (F.10) 、abs_t.h (F.11) 和 drv_spmtx_zplx.cc (F.12) 所得的可执行文件为 xzplx_spmtx_vec, 图 F–2 给出了命令行执行的方式和所得的输出。

2.3 线性方程组的直接解法

2.3.1 高斯消元法和 LU 分解法

当矩阵 $\boldsymbol{Z}$ 为方阵且满秩时, 可直接求出逆矩阵 $\boldsymbol{Z}^{-1}$, 通过 $\boldsymbol{x}=\boldsymbol{Z}^{-1}\cdot\boldsymbol{b}$ 得到解向量。下面, 在介绍高斯 (Gaussian) 消元法的基础上, 重点讨论更为常用的 LU 分解法。

首先, 写出线性方程组系统 $\boldsymbol{Z}\cdot\boldsymbol{x}=\boldsymbol{b}$ 的展开形式,

$$\begin{bmatrix} Z_{00} & Z_{01} & Z_{02} & \cdots & Z_{0(N-1)} \\ Z_{10} & Z_{11} & Z_{12} & \cdots & Z_{1(N-1)} \\ \vdots & \vdots & \vdots & \ddots & \vdots \\ Z_{(N-1)0} & Z_{(N-1)1} & Z_{(N-1)2} & \cdots & Z_{(N-1)(N-1)} \end{bmatrix} \begin{bmatrix} x_0 \\ x_1 \\ \vdots \\ x_{N-1} \end{bmatrix} = \begin{bmatrix} b_0 \\ b_1 \\ \vdots \\ b_{N-1} \end{bmatrix}. \tag{2.7}$$

此方程组对应的增广矩阵为

$$\boldsymbol{Z}^{(0)}=\begin{bmatrix} Z_{00} & Z_{01} & Z_{02} & \cdots & Z_{0(N-1)} & b_0 \\ Z_{10} & Z_{11} & Z_{12} & \cdots & Z_{1(N-1)} & b_1 \\ \vdots & \vdots & \vdots & \ddots & \vdots & \vdots \\ Z_{(N-1)0} & Z_{(N-1)1} & Z_{(N-1)2} & \cdots & Z_{(N-1)(N-1)} & b_{N-1} \end{bmatrix}. \tag{2.8}$$

高斯消元的第一步是保持式 (2.8) 中第一行不变, 通过初等行列式变换对第 1 列消元, 得到矩阵,

$$\boldsymbol{Z}^{(1)}=\begin{bmatrix} Z_{00} & Z_{01} & Z_{02} & \cdots & Z_{0(N-1)} & b_0 \\ 0 & Z_{11}^{(1)} & Z_{12}^{(1)} & \cdots & Z_{1(N-1)}^{(1)} & b_1^{(1)} \\ \vdots & \vdots & \vdots & \ddots & \vdots & \vdots \\ 0 & Z_{(N-1)1}^{(1)} & Z_{(N-1)2}^{(1)} & \cdots & Z_{(N-1)(N-1)}^{(1)} & b_{N-1}^{(1)} \end{bmatrix}. \tag{2.9}$$

在上面的变换中, $Z_{11}^{(1)}\;=Z_{11}-Z_{01}*Z_{10}\;/Z_{00}$。其余元素可由类似方式计算得出。然后, 保持式 (2.9) 中矩阵的前面两行不变, 实现第二列的消元, 得到

$$\boldsymbol{Z}^{(2)}=\begin{bmatrix} Z_{00} & Z_{01} & Z_{02} & \cdots & Z_{0(N-1)} & b_0 \\ 0 & Z_{11}^{(1)} & Z_{12}^{(1)} & \cdots & Z_{1(N-1)}^{(1)} & b_1^{(1)} \\ 0 & 0 & Z_{22}^{(2)} & \cdots & Z_{2(N-1)}^{(2)} & b_2^{(2)} \\ \vdots & \vdots & \vdots & \ddots & \vdots & \vdots \\ 0 & 0 & Z_{(N-1)2}^{(2)} & \cdots & Z_{(N-1)(N-1)}^{(2)} & b_{N-1}^{(2)} \end{bmatrix}. \tag{2.10}$$

重复上面的过程, 直至完成第 $(N-1)$ 列的消元, 得到矩阵

$$\boldsymbol{Z}'=\begin{bmatrix} Z_{00} & Z_{01} & Z_{02} & \cdots & Z_{0(N-1)} & b_0 \\ 0 & Z'_{11} & Z'_{12} & \cdots & Z'_{1(N-1)} & b'_1 \\ 0 & 0 & Z'_{22} & \cdots & Z'_{2(N-1)} & b'_2 \\ \vdots & \vdots & \vdots & \ddots & \vdots & \vdots \\ 0 & 0 & 0 & \cdots & Z'_{(N-1)(N-1)} & b'_{N-1} \end{bmatrix}. \tag{2.11}$$

为了简化符号, 上面式子中将上标改为 "′"。根据式 (2.11) 所示的矩阵, 可得到

$$\boldsymbol{x}=\begin{bmatrix} (b_0-\sum\limits_{k=1}^{N-1} Z'_{0k}\cdot x_k)/Z_{00} \\ (b'_1-\sum\limits_{k=2}^{N-1} Z'_{1k}\cdot x_k)/Z'_{11} \\ (b'_2-\sum\limits_{k=3}^{N-1} Z'_{2k}\cdot x_k)/Z'_{22} \\ \vdots \\ b'_{N-1}/Z^{N-1}_{(N-1)(N-1)} \end{bmatrix}. \tag{2.12}$$

在上面的消元过程中, 必须保证对角线元素 $Z_{kk}^{(k-1)}$ 不为零。考虑到截断误差的存在, 为了保证高斯消元的健壮性, 一般在每一步消元前对矩阵做初等行列式变换, 保证 $Z_{kk}^{(k-1)}$ 为第 k 列中绝对值最大的元素。这就是所谓的**主元高斯消元法**。

从矩阵操作的角度观察高斯消元法, 可得到 LU 分解的一种实现。将式 (2.8) 中矩阵 $\boldsymbol{Z}^{(0)}$ 变换为式 (2.9) 中矩阵 $\boldsymbol{Z}^{(1)}$ 的操作可写为

$$\boldsymbol{Z}^{(1)}=\boldsymbol{M}^{(0)}\cdot\boldsymbol{Z}^{(0)} \tag{2.13a}$$

$$\boldsymbol{M}^{(0)}=\begin{bmatrix} 1 & 0 & 0 & \cdots & 0 \\ -Z_{10}/Z_{00} & 1 & 0 & \cdots & 0 \\ -Z_{20}/Z_{00} & 0 & 1 & \cdots & 0 \\ \vdots & \vdots & \vdots & \ddots & \vdots \\ -Z_{(N-1)0}/Z_{00} & 0 & 0 & \cdots & 1 \end{bmatrix}. \tag{2.13b}$$

同样的, $\boldsymbol{Z}^{(2)}=\boldsymbol{M}^{(1)}\cdot\boldsymbol{Z}^{(1)}$, 可由下面的矩阵变换完成

$$\boldsymbol{M}^{(1)}=\begin{bmatrix}1 & 0 & 0 & \cdots & 0\\ 0 & 1 & 0 & \cdots & 0\\ 0 & -Z_{21}^{(1)}/Z_{11}^{(1)} & 1 & \cdots & 0\\ \vdots & \vdots & \vdots & \ddots & \vdots\\ 0 & -Z_{(N-1)1}^{(1)}/Z_{11}^{(1)} & 0 & \cdots & 1\end{bmatrix}. \tag{2.14}$$

通过类似方式定义矩阵 $\boldsymbol{M}^{(k)}$, 有

$$\boldsymbol{Z}'=\boldsymbol{M}^{(N-2)}\cdot\boldsymbol{M}^{(N-1)}\cdots\boldsymbol{M}^{(1)}\cdot\boldsymbol{M}^{(0)}\cdot\boldsymbol{Z}^{(0)}. \tag{2.15}$$

显然把 $\boldsymbol{Z}'$ 和 $\boldsymbol{Z}^{(0)}$ 最后一列去掉, 不影响式 (2.15) 的计算。方便起见, 把去掉最后一列的 $\boldsymbol{Z}'$ 记为 $\boldsymbol{U}$, 有

$$\boldsymbol{U}=\boldsymbol{M}^{(N-2)}\cdot\boldsymbol{M}^{(N-1)}\cdots\boldsymbol{M}^{(1)}\cdot\boldsymbol{M}^{(0)}\cdot\boldsymbol{Z}. \tag{2.16}$$

或者

$$\boldsymbol{Z}\ =\left(\boldsymbol{M}^{(N-2)}\cdot\boldsymbol{M}^{(N-3)}\cdots\boldsymbol{M}^{(1)}\cdot\boldsymbol{M}^{(0)}\right)^{-1}\cdot\boldsymbol{U}=\boldsymbol{L}\cdot\boldsymbol{U} \tag{2.17}$$

通过简单的矩阵计算, 我们知道, $\left(\boldsymbol{M}^{(N-2)}\cdots\boldsymbol{M}^{(1)}\cdot\boldsymbol{M}^{(0)}\right)^{-1}=\left(\boldsymbol{M}^{(0)}\right)^{-1}\cdot\left(\boldsymbol{M}^{(1)}\right)^{-1}\cdots\left(\boldsymbol{M}^{(N-2)}\right)^{-1}$ 是上三角矩阵, 即 $\boldsymbol{L}$ 为下三角矩阵, 可写成

$$\boldsymbol{L}=\begin{bmatrix}1 & 0 & 0 & \cdots & 0\\ L_{10} & 1 & 0 & \cdots & 0\\ L_{20} & L_{21} & 1 & \cdots & 0\\ \vdots & \vdots & \vdots & \ddots & \vdots\\ L_{(N-1)0} & L_{(N-1)1} & 0 & \cdots & 1\end{bmatrix}. \tag{2.18}$$

而从式 (2.11) 可知, $\boldsymbol{U}$ 为上三角矩阵。于是, 式 (2.17) 中 $\boldsymbol{Z}=\boldsymbol{L}\cdot\boldsymbol{U}$ 将矩阵 $\boldsymbol{Z}$ 分解为一个上三角矩阵和一个下三角矩阵之积。

根据 LU 分解, 可将原线性矩阵系统 (2.7) 写为

$$\boldsymbol{L}\cdot\boldsymbol{U}\cdot\boldsymbol{x}=\boldsymbol{b} \tag{2.19}$$

令 $\boldsymbol{U}\cdot\boldsymbol{x}=\boldsymbol{y}$, 有 $\boldsymbol{L}\cdot\boldsymbol{y}=\boldsymbol{b}$。利用 $\boldsymbol{L}$ 的上三角形式, 可得

$$y_i=\begin{cases}b_i, & i=0\\ b_i-\displaystyle\sum_{j=0}^{i-1}L_{ij}y_j, & N>i>0\end{cases} \tag{2.20}$$

其中 y_i 是向量 $\boldsymbol{y}$ 的分量。再根据 $\boldsymbol{Ux}=\boldsymbol{y}$ 求解出 $\boldsymbol{x}$, 具体为

$$x_i=\begin{cases} y_i/U_{ii}, & i=N-1 \\ \left(y_i-\sum\limits_{j=N-1}^{i+1}U_{ij}x_j\right)/U_{ii}, & i<N-1 \end{cases} \tag{2.21}$$

这里 U_{ij} 是矩阵 $\boldsymbol{U}$ 中的矩阵元素。

同高斯消元法一样, LU 分解时, 需要保证作为分母的对角线元素不为零。因此, 为了保证 LU 分解的可靠性, 一般也采用选取主元的策略。

对比 LU 分解与高斯消元可以看到, 在高斯消元过程中, 右端项也一起进行运算, 而在 LU 分解中, 只对矩阵 $\boldsymbol{Z}$ 进行操作; 因为 LU 分解的实现过程中, 可以重复使用保存在 $\boldsymbol{Z}$ 的内存空间来存储 $\boldsymbol{L}$ 和 $\boldsymbol{U}$, 所以当右端项个数比较多时, LU 分解所需内存更少; 另外, LU 分解把矩阵分解和右端项的求解分开, 有利于模块化编程。

一般来说, LU 分解的消元操作都在列的方向上进行, 所以按照列优先的方式存储矩阵比行优先的方式有更高的**缓存命中率**。需要注意, 列优先的矩阵存储格式不利于交换矩阵的行, 不过考虑到一般来说, 矩阵元素交换的次数可能不多, 因此选择列优先的存储格式效率往往更高。

2.3.2 调用 LAPACK 库函数实现线性方程组 LU 求解的示例

LU 分解是求解中小规模矩阵的常用手段, 很多软件包、库都提供其高性能实现。调用 LAPACK 库基于 LU 分解求解器函数接口, 文件 colmajor_lu_lapacke.cc (F.13) 和 rowmajor_lu_lapacke.cc (F.14) 给出了实现线性方程组 $\boldsymbol{A}\cdot\boldsymbol{X}=\boldsymbol{B}$ 求解的示例。这里 $\boldsymbol{B}$ 为矩阵表明, 这个线性方程组有多个右端项, 矩阵 $\boldsymbol{X}$ 为对应解向量组成的矩阵。显然, 式 (2.7) 描述的一个右端项的方程组是多右端项线性系统的特例。图 F–3 给出由 Doxygen 生成的、文件 colmajor_lu_lapacke.cc (F.13) 对应的依赖关系图和 main () 函数调用图。

我们知道, LAPACK 基于 Fortran 语言编写, 示例代码涉及 C++ 对 Fortran 函数的调用。不过, LAPACK 包本身提供了名为 LAPACKE 的封装, 方便 C++ 用户调用 LAPACK 中 Fortran 函数, 本示例直接使用了该封装。具体的, 示例调用 LAPACKE 接口为 LAPACKE_dgesv() 的 LAPACK 库函数 dgesv(), 实现双精度实数的矩阵系统求解。

矩阵的存储方式是 Fortran 和 C/C++ 混合语言编程要注意的一个重要

方面。C/C++ 默认以行优先方式保存矩阵, 而 Fortran 的默认方式为列优先, 为展示存储方式对程序开发的影响, 示例给出了两种矩阵存储对应的实现。其中文件 colmajor_lu_lapacke.cc (F.13) 展示了按列优先方式存储矩阵的情况, 而文件 rowmajor_lu_lapacke.cc (F.14) 则给出按行优先方式保存矩阵的实现。对比它们不难发现, 除了矩阵存储方式不同, 变量 ldb 的值也不同。如果我们阅读分析 LAPACKE 源码还能发现更深层次的不同。在作者使用的 LAPACK3.9.0 中, LAPACKE 库函数 lapack_int LAPACKE_dgesv() 将调用定义于文件 lapacke_dgesv_work.c 的函数 LAPACKE_dgesv_work()。根据文件 lapacke_dgesv_work_part.c (F.16) 中给出的 lapacke_dgesv_work.c 的部分源码不难看出, 当输入矩阵以 C/C++ 默认的行优先方式存储时, LAPACKE 会将其转换成 Fortran 默认的列优先格式。这个转换需要额外的存储空间保存矩阵, 所以采用行优先方式保存矩阵时程序运行的峰值内存大约是列优先情况的 2 倍。尽管有时候矩阵存储格式转换的时间开销几乎可忽略不计, 但对于大规模线性系统, **峰值内存的增长**极可能成为计算的瓶颈。从这个角度看, 调用 LAPACK 或 LAPACKE 时直接使用**列优先**方式保存矩阵更适合高性能大规模仿真的应用场景[①]。

示例代码中, 矩阵和向量都使用 std::vector<T> 数组替代裸指针。如文件 dense_mat_vec.h (F.8) 一样, 为降低组装矩阵开销, 在定义矩阵 $\boldsymbol{A}$ 和 $\boldsymbol{B}$ 及向量 ipiv 时就通过构造函数指明了数组的长度。而且矩阵 $\boldsymbol{A}$ 和 $\boldsymbol{B}$ 均被赋予随机值, 其赋值方式与文件 init_matrix.h (F.9) 中的类似, 这里不再重复。另外, 文件 colmajor_lu_lapacke.cc (F.13) 和 rowmajor_lu_lapacke.cc (F.14) 都使用定义于文件 utilities_sc.h (F.15) 的 Timer 来计时。该类使用头文件 <chrono> 中定义的 C++ 计时工具, 后面章节的示例程序将经常使用它来计时。

文件 colmajor_lu_lapacke.cc (F.13) 和 rowmajor_lu_lapacke.cc (F.14) 使用同样的方式处理命令行输入参数。为避免使用裸指针, 示例先调用定义于文件 utilities_sc.h (F.15) 的函数 Arguments () 将命令行信息转换为 std::string 后再加以处理。和计时类一样, 本书大部分示例都会调用函数 Arguments () 转换命令行参数。为保持代码简洁, 这里没有处理输入不合法的情况, 诸如输入了非指定范围的字符、负数等情况, 后续章节的示例大都也忽略这些。

假定编译文件 colmajor_lu_lapacke.cc (F.13) 和 rowmajor_lu_lapacke.cc

---

① 附录 D.1.1 讨论的矩阵乘法可利用存储格式与矩阵表达本身的内在联系避免矩阵转置操作, 这里的矩阵 LU 分解无法利用这些。

(F.14) 所得的可执行文件分别为 xcolmajor_LU 和 xrowmajor_LU, 图 F–4 给出了运行它们的方式和对应的输出。

> LU 分解及其变体非常适合求解中小规模的线性方程组。对于大规模线性系统, LU 分解则受限于 $\mathcal{O}(N^3)$ 的复杂度和存储需求而可能失败。尤其对于稀疏阵系统, 保存矩阵本身的内存需求往往只有 $\mathcal{O}(N)$, 但在消元过程中, 非零矩阵元素的填充让 LU 分解算法无法有效利用矩阵的稀疏特性。概括地说, 有两类技术途径可用来解决这些问题: 一是采用结合了加速矩阵向量相乘的快速算法的迭代法, 二是开发快速直接分解方法替代 LU 的分解。当然, 针对稠密阵和稀疏阵, 这两类技术途径的具体实施方式很不相同。总体而言, 这两类技术途径都是当前大规模科学计算和工程仿真技术研究的热点和难点问题。

2.4 迭代法

与直接法不同, 迭代方法并不计算原始矩阵的逆, 而是从未知向量的近似或某个猜测解开始, 并在每次迭代中尝试最小化残差矢量 [2,7,8]。迭代的核心在于更新操作,

$$\boldsymbol{x}_{k+1} = \boldsymbol{x}_k + \alpha_k\ \boldsymbol{u}_k, \tag{2.22}$$

此处对于解 $\boldsymbol{x}_{k+1}$ 的估计来自第 k 次迭代的 x_k 和更新向量 (也叫搜索解的方向) $\boldsymbol{u}_k$, 而 α_k 是一个常数。对应的残差为

$$\boldsymbol{r}_{k+1} = \boldsymbol{Z} \cdot \boldsymbol{x}_{k+1} - \boldsymbol{b}. \tag{2.23}$$

迭代法的主要开销是各迭代步的一次或多次矩阵向量相乘, 因此迭代法的内存消耗为 $\mathcal{O}(N^2)$, 而其时间复杂度则为 $\mathcal{O}(N_{\rm iter}N^2)$, 其中 $N_{\rm iter}$ 为迭代步数。当 $N_{\rm iter} < N$ 时, 迭代法求解线性方程组的复杂度就低于直接法。同时, 很多应用可采用快速傅立叶变换等特定加速技术将矩阵向量相乘的时间复杂度和内存消耗都缩减为 $\mathcal{O}(N\lg N)$, 从而使得迭代法的空间开销和时间复杂度缩减为 $\mathcal{O}(N\lg N)$ 和 $\mathcal{O}(N_{\rm iter}N\lg N)$。如果矩阵稀疏, 那么矩阵向量相乘的时间复杂度

和内存消耗均可低至 $\mathcal{O}(N)$, 对应的迭代求解时间开销为 $\mathcal{O}(N_{\text{iter}}N)$。因此与普通直接法相比, 很多大型线性方程组的求解往往更多依赖于迭代法。

基本的迭代方法包括雅可比法 (Jacobi), 高斯 – 赛德尔法 (Gauss-Seidel) 和逐次超松弛法 (succesive over relaxation, SOR) 等。这些方法实现起来较为简单, 这里不做详细介绍。下面在介绍迭代终止条件后, 讨论两类更为常用且收敛性能好的迭代方法, 以及它们的 C++ 实现。

2.4.1 迭代终止条件与预处理

迭代方法需要给出终止迭代的条件。由于事先不知道解向量 $\boldsymbol{x}$ 的真实解, 无法通过 $\boldsymbol{e}_i = \boldsymbol{x} - \boldsymbol{x}_i$ 去计算误差向量。通常的替代方案是计算残差范数 ϵ_e

$$\epsilon_e = \frac{\| \boldsymbol{r}_n \|}{\| \boldsymbol{b} \|} = \frac{\| \boldsymbol{Z} \cdot \boldsymbol{x}_i - \boldsymbol{b} \|}{\| \boldsymbol{b} \|} \tag{2.24}$$

当残差范数低于一个事先设定好的, 往往被称为**迭代精度**的阈值时就停止迭代, 如 10^{-3}。当然, 现实问题的迭代求解不一定总能收敛, 其表现往往是当超过一定迭代步数后残差就不再下降或不断起伏振荡。此时, 继续计算往往也不能得到想要的正确解, 所以一般还需要为迭代法设定计算所允许的最大迭代步数, 一旦迭代求解步数超过一定数值就终止求解, 避免无效计算。

有时候, 迭代收敛所需次数会很多, 加速收敛的一个办法是采用**预处理**①技术。即构造一个矩阵 $\boldsymbol{M} \approx \boldsymbol{Z}$, 能够以较低的开销求出其逆矩阵 $\boldsymbol{M}^{-1}$。如果采用左预处理, 所求解矩阵系统可写为 $\boldsymbol{M}^{-1} \cdot \boldsymbol{Z} \cdot \boldsymbol{x} = \boldsymbol{M}^{-1} \cdot \boldsymbol{b}$。显然, 不带预处理的迭代器可以看成带预处理的迭代器的一种特殊情况, 即 $\boldsymbol{M}^{-1}$ 是一个单位矩阵。因此下面讨论具体迭代算法时, 默认应用了预处理。

2.4.2 共轭梯度迭代算法

共轭梯度 (conjugate gradient) 算法是介于最速 (最陡) 下降法 (steepest descent method) 与牛顿法之间的一个方法。它仅需利用一阶导数信息, 但克服了最速下降法收敛慢的缺点, 又避免了牛顿法需要存储和计算海森② (Hessian) 矩阵并求逆的缺点。它不仅是解决大型线性方程组最有用的方法之一, 也是求解大型非线性优化问题最有效的算法之一。算法 1 给出了带预处理的共轭梯度的基本过程。

① 也被称为预条件。

② 在有些文献中, 也被写作黑塞矩阵。

算法 1: 带预处理的对称正定矩阵的 CG 算法流程

1 /* 初始化 */

2 设定迭代标志位 bool=1, 迭代精度 ϵ_e, 最大收敛步数 M 和预处理矩阵 $\boldsymbol{M}^{-1}$;

3 给定初值 $\boldsymbol{x}_0$, 计算残差 $\boldsymbol{r}_0 = \boldsymbol{b} - \boldsymbol{Z} \cdot \boldsymbol{x}_0$ 和 $\boldsymbol{p}_0 = \boldsymbol{v}_0 = \boldsymbol{M}^{-1} \cdot \boldsymbol{r}_0$;

4 /* 进入迭代 */

5 代入计步器 l=0;

6 **while** bool==1 && $j < M$ **do**

7 　计算向量 $\boldsymbol{w}_j := \boldsymbol{Z} \cdot \boldsymbol{p}_j$, 计算系数 $\alpha_j = \boldsymbol{p}_j^\dagger \cdot \boldsymbol{r}_j / (\boldsymbol{p}_j^\dagger \cdot \boldsymbol{w}_j)$;

8 　更新向量 $\boldsymbol{x}_{j+1} := \boldsymbol{x}_j + \alpha_j \boldsymbol{p}_j$ 和 $\boldsymbol{r}_{j+1} := \boldsymbol{r}_j - \alpha_j \boldsymbol{w}_j$;

9 　/* 重启动或退出迭代 */

10 　**if** $|\boldsymbol{r}_{j+1}|_2 < \epsilon_e |\boldsymbol{b}|_2$ **then**

11 　　bool=0, 退出迭代过程;

12 　**else**

13 　　$\boldsymbol{v}_{j+1} := \boldsymbol{M}^{-1} \cdot \boldsymbol{r}_{j+1}$;

14 　　$\beta_j = (\boldsymbol{v}_{j+1}^\dagger \cdot \boldsymbol{r}_{j+1}) / (\boldsymbol{v}_j^\dagger \cdot \boldsymbol{p}_j)$;

15 　　$\boldsymbol{p}_{j+1} = \boldsymbol{v}_{j+1} + \beta_j \boldsymbol{p}_j$;

16 　**end**

17 　l++;

18 **end**

算法 1 中, 上标 † 表示共轭转置操作, $\boldsymbol{M} \approx \boldsymbol{Z}$ 是预处理矩阵。这里特别指出, 如算法 1 第 10 行所示, 相对误差向量的范数被用于判断终止迭代与否, 以免解向量范数的绝对大小给迭代过程带来不利影响。

共轭梯度法要求 $\boldsymbol{Z}$ **对称且正定**。它在迭代的每一步中生成一系列与 $\boldsymbol{Z}$ 正交的、相互共轭的搜索向量序列, 实现二次误差函数的最小化。对于既不对称, 也不正定的一般矩阵, 不能直接应用 CG 算法。不过, 可以将 CG 应用到称为**正规**的系统中, 如式 (2.25) 所示,

$$\boldsymbol{Z}^\dagger \cdot \boldsymbol{Z} \cdot \boldsymbol{x} = \boldsymbol{Z}^\dagger \cdot \boldsymbol{b} \tag{2.25}$$

显然, $\boldsymbol{Z}^\dagger \cdot \boldsymbol{Z}$ 对称且正定。此时, 算法每次迭代需要进行两次矩阵向量相乘, 一次是与 $\boldsymbol{Z}$ 相乘, 另一次是与 $\boldsymbol{Z}^\dagger$ 相乘。

2.4.3 GMRES 迭代算法

GMRES (generalized minimum residual) 算法由萨德 (Y. Saad) 和舒尔茨 (M. H. Schultz) 发表于 1986 年 [9], 是目前最成功的线性方程组迭代方法之一。与 CG 不同, 它不要求矩阵正定, 被广泛地应用于各种求解偏微分方程和线性系统的软件、软件包中 [5,7,10]。假定 $\boldsymbol{x}$ 的初值为 $\boldsymbol{x}_0$, 其对应的残差 $\boldsymbol{r}_0=\boldsymbol{b}-\boldsymbol{Z}\cdot\boldsymbol{x}_0$, 经过 m 次迭代后, 采用 GMRES 方法得到的 $\boldsymbol{x}$ 的近似为

$$x_m = x_0 + \boldsymbol{V}_m \cdot y, \tag{2.26}$$

其中矩阵 $\boldsymbol{V}_m$ 的列是一组正交向量, 这些正交向量组成了克雷洛夫 (Krylov) 子空间 $K_m = \operatorname{span}\{r_0, \boldsymbol{Z}\cdot\boldsymbol{r}_0, \cdots, \boldsymbol{Z}^{m-1}\cdot\boldsymbol{r}_0\}$ 的正交基。向量 $\boldsymbol{y}$ 则使得 $\boldsymbol{r}_m = \boldsymbol{b}-\boldsymbol{Z}\cdot\boldsymbol{x}_m$ 相对于子空间 K_m 最小。子空间 K_m 的正交基 $\boldsymbol{V}_m$ 通过阿诺尔迪 (Arnoldi) 过程计算得到。矩阵 $\boldsymbol{Z}$ 到 K_m 的正交投影将生成一个维度为 m 的上三角海森伯 (Heisenberg) 矩阵 $\boldsymbol{H}_m=\boldsymbol{V}_m^+\cdot\boldsymbol{Z}\cdot\boldsymbol{V}_m$。Arnoldi 过程满足下面的关系

$$\boldsymbol{Z}\cdot\boldsymbol{V}_m = \boldsymbol{V}_{m+1}\cdot\tilde{\boldsymbol{H}}_m, \tag{2.27}$$

其中 $\tilde{\boldsymbol{H}}_m$ 是一个 $(m+1)\times m$ 的矩阵, 它在 $\boldsymbol{H}_m$ 的基础上添加了一个行向量, 该行向量只有一个非零元素。$\tilde{\boldsymbol{H}}_m$ 可写成

$$\tilde{\boldsymbol{H}}_m = \begin{bmatrix} & & \boldsymbol{H}_m & \\ 0 & \cdots & 0 & H_{m,m-1} \end{bmatrix}, \tag{2.28}$$

其中 $H_{m,m-1}$ 为 $\boldsymbol{H}_{m+1}$ 中行索引为 m、列索引为 $m-1$ 的元素 (从 0 开始索引) 。

令 $\beta=|\boldsymbol{r}_0|_2, \boldsymbol{v}_0=\boldsymbol{r}_0/\beta$, 式 (2.26) 定义的残差向量可写成

$$\begin{aligned}\boldsymbol{r}_m &= \boldsymbol{b}-\boldsymbol{Z}\cdot\boldsymbol{x}_m = \boldsymbol{b}-\boldsymbol{Z}\cdot(\boldsymbol{x}_0+\boldsymbol{V}_m\cdot\boldsymbol{y})\\ &= \boldsymbol{r}_0-\boldsymbol{Z}\cdot\boldsymbol{V}_m\cdot\boldsymbol{y}\\ &= \beta\boldsymbol{v}_0-\boldsymbol{V}_{m+1}\cdot\tilde{\boldsymbol{H}}_m\cdot\boldsymbol{y}\\ &= \boldsymbol{V}_{m+1}\cdot(\beta\boldsymbol{e}_0-\tilde{\boldsymbol{H}}_m\cdot\boldsymbol{y})\end{aligned} \tag{2.29}$$

这里 $\boldsymbol{e}_0 = \{1,0,\cdots,0\}^T$, 上标 ^{T} 表示转置操作。由于 $\boldsymbol{V}_{m+1}$ 中每一列都正交归一, 所以 $|\boldsymbol{r}_m|_2=|\beta\boldsymbol{e}_0-\tilde{\boldsymbol{H}}_m\cdot\boldsymbol{y}|_2$。于是求残差向量范数 $|\boldsymbol{r}_m|_2$ 等价于求解线性最小二乘问题

$$\min|\beta e_0-\tilde{\boldsymbol{H}}_m\cdot y|_2. \tag{2.30}$$

假定 $\boldsymbol{y}_m$ 为最小二乘问题 (2.30) 的解, $\boldsymbol{x}_m = \boldsymbol{x}_0 + \boldsymbol{V}_m \cdot \boldsymbol{y}$ 就是方程 $\boldsymbol{Z} \cdot \boldsymbol{x} = \boldsymbol{b}$ 的近似解。此时, 残差在相对于子空间 K_m 取最小值。

在应用 GMRES 的过程中, 迭代的步数可能很多, 即 m 可能很大。于是保存子空间 K 正交向量的 $\boldsymbol{V}_m$ 就会很大, 导致 GMRES 因内存消耗太大而无法进行迭代求解。为解决这一问题, 人们提出了 GMRES 的重启动 (restarted) 变体。假定重启动 GMRES 中重启动参数为 m, 迭代器开始计算后, 得到一系列 $\boldsymbol{x}_j$。如果 $\boldsymbol{x}_j$ 满足精度要求, 则停止迭代; 否则, 当 $j = m$ 后, 停止当前迭代, 赋予 $\boldsymbol{x}$ 一组新的猜测值开始迭代。这组新的猜测值的初始值一般可选择为 $\boldsymbol{x}_0 = \boldsymbol{x}_m$。一般把重启参数为 m 的 GMRES 记为 GMRES (m)。算法 2 给出 GMRES (m) 的基本过程。

算法 2: GMRES 算法流程

/* 初始化 */

标志位 bool=1, 迭代精度 ϵ_e, 最大迭代步数 M, 迭代计步器 l=0, 重启参数 m;

给定初值 $\boldsymbol{x}_0$, 计算残差 $\boldsymbol{r}_0 = \boldsymbol{b} - \boldsymbol{Z} \cdot \boldsymbol{x}_0$, 参数 $\beta := |\boldsymbol{r}_0|_2$;

定义 $(m+1) \times m$ 的矩阵 $\tilde{\boldsymbol{H}} = \{H_{i,j}\}$ 和保存子空间 K_m 正交向量的 $N \times m$ 的矩阵 $\boldsymbol{V}_m = \{\boldsymbol{v}_0^T, \cdots, \boldsymbol{v}_m^T\}$, 设置 $H_{i,j} = 0$, 向量 $\boldsymbol{v}_0 : = \boldsymbol{r}_0/\beta$, $\boldsymbol{v}_i := 0(i > 1)$;

while bool==1 && $p < M$ **do**

  for $j = 0; j < m; j{+}{+}$ **do**

    计算 (临时) 向量 $\boldsymbol{p} := \boldsymbol{M}^{-1} \cdot \boldsymbol{Z} \cdot \boldsymbol{v}_j$;

    for $i = 0; i < j; i{+}{+}$ **do**

      $H_{i,j} := \boldsymbol{p}^\dagger \cdot \boldsymbol{v}_i$;

      $\boldsymbol{p} := \boldsymbol{p} - H_{i,j}\boldsymbol{v}_i$;

    end

    更新矩阵元素 $H_{j+1,j} = |\boldsymbol{v}_j|_2$;

    if $H_{j+1,j} \neq 0$ && $(j+1) < m$ **then**

      $\boldsymbol{v}_{j+1} := \boldsymbol{p}/H_{j+1,j}$;

    else

      bool=0, 并退出 for 循环;

    end

  end

$l{+}{+}$, 求解 $\min|\beta \boldsymbol{e}_0 - \tilde{\boldsymbol{H}}_m \cdot \boldsymbol{y}|_2$ 得到其解 $\boldsymbol{y}_m$, 更新解向量 $\boldsymbol{x}_m = \boldsymbol{x}_0 + \boldsymbol{V}_m \cdot \boldsymbol{y}_m$;
/* 重启动或退出迭代 */
计算 $\boldsymbol{r}_m = \boldsymbol{b} - \boldsymbol{Z} \cdot \boldsymbol{x}_m$;
if $|r_m|_2 < \epsilon_e$ **then**
  bool=0 (停止迭代, 退出) ;
else

> 除了上面介绍来的 GMRES 和共轭梯度法, 还有很多迭代器, 而且 GMRES 和共轭梯度法还有不少变体, 这里不一一介绍。

2.4.4 迭代算法的实现

表 2.3 给出了 CG 和 GMRES 的 C++ 实现的代码列表。图 F–5 给出由 Doxygen 生成的头文件依赖关系图和 main() 函数调用图。假定编译程序所得的可执行文件名为 xdouble_iter_vec, 执行程序的命令行及所得输出如图 F–6 所示。

表 2.3 迭代法 CG 和 GMRES 的 C++ 实现的文件列表

文件名	简要说明
abstract_mat_precond.h (F.17)	矩阵的模板抽象类
dense_mat_precond.h (F.18)	稠密阵类
csr_spmtx_precond.h (F.19)	稀疏阵类
iterator.h (F.20)	迭代器类
operator_vec.h (F.21)	常用运算的重载
drv_double_iterator.cc (F.22)	main() 函数所在文件
innerproduct_vec.h (F.7)	常用数值操作, 例如复数向量的内积和求 L2 范数操作
init_matrix.h (F.9)	矩阵初始化
abs_t.h (F.11)	计算绝对值或模值

为了在迭代中应用预处理, 如图 2.8 所示, 基于文件 abstract_mat.h(F.6) 给出的抽象矩阵类, 文件 abstract_mat_precond.h (F.17) 添加了一个纯虚函数作为实施预处理器的接口。

```
virtual std::vector<T> ApplyPreconditioiner(std::vector<T> const& r, int i = 0) const = 0;
```

图 2.8　以抽象基类 AbstractMat<T> 为基础添加的纯虚函数

文件 dense_mat_precond.h (F.18) 是对 2.2.3 节中文件 dense_mat_vec.h (F.8) 的拓展, 即添加了预处理的实现; 类似的, 文件 csr_spmtx_precond.h (F.19) 则在 2.2.5 节中文件 csr_spmtx_vec.h (F.10) 的基础上添加了预处理。从预处理的具体实现可以看出, 模板类 **Iterator<T>** 通过私有成员数据 preconditioner_type_ 来选择预处理器的类型, 即没有预处理和对角预处理。迭代过程中每次调用 Apply precond tioner() 函数都要构造一次预处理, 这样显然比较低效。更恰当的做法是将 $\boldsymbol{M}^{-1}$ 计算并保存, 迭代过程的预处理只需完成 $\boldsymbol{M}^{-1}\cdot\boldsymbol{x}$ 这一矩阵向量相乘操作即可。相关代码的具体实现留作习题, 这里不详细讨论。模板类 Iterator<T> 的成员函数 CG 和 GMRES 分别实现了 CG 迭代器和 GMRES 迭代器。它们通过型别为 AbstractMat<T> 的引用将线性系统的矩阵传递到函数内部, 程序在运行过程中通过动态联编[①]选择适用于稠密阵或稀疏阵的矩阵向量相乘操作, 从而避免为稠密阵和稀疏阵分别编写代码, 这正是采用抽象类给我们带来的好处。还有一个隐藏的好处是, 单精度运算与双精度运算也共用了一套代码。

文件 iterator.h (F.20) 给出的 GMRES 实现中, 需要多次判断矩阵元素是否为零。由于机器误差, 无论单精度还是双精度数都不一定严格等于零, 代码通过元素的绝对值/模值是否小于某一个阈值来判断该元素是否为零。为支持不同数据型别的求模操作, 示例调用定义于文件 abs_t.h (F.11) 的模板函数 **Abs T ()**。需要说明: GMRES 中还可采用吉文斯 (Givens) 变换来求解最小二乘问题。

课程设计

1. 很多时候, 人们先用三元组格式生成稀疏阵, 然后将其转换成其他稀疏存储格式。请完成下面的任务:

(1) 参照文件 csr_spmtx_vec.h (F.10) 写出了三元组压缩稀疏阵类的具体实现;

(2) 把三元组格式的矩阵转换成行压缩格式的矩阵;

(3) 把三元组格式的矩阵转换成列压缩格式的矩阵。

① 参见 5.6 节。

2. 参照文件 csr_spmtx_vec.h (F.10) 写出列压缩稀疏阵类的具体实现。

3. 参考 2.4.4 节中的示例代码, 请根据式 (2.25) 编写非对称正定矩阵 CG 算法的 C++ 代码, 并测试 CG 对于复数非对称矩阵矩阵系统的求解能力。

4. 文件 dense_mat_precond.h (F.18) 和 csr_spmtx_precond.h (F.19) 中给出的预处理存在效率低下的问题, 请改写程序, 使得迭代过程的预处理只需完成 $\boldsymbol{M}^{-1} \cdot \boldsymbol{x}$ 这一矩阵向量相乘的操作。

5. Eigen 和 Armadillo 是两种用 C++ 编写的高性能数值库, 试用它们分别实现线性系统的 CG 和 GMRES 迭代求解。

6. 先进的预处理技术是当前高性能仿真技术的核心研究内容之一。目前常用的高性能代数预处理技术包括: 基于不完全 LU 分解的预处理, 例如 ILU、ILUT; 稀疏近似逆预处理 (sparse approximate inverse, SAI) ; 基于区域分解技术的预处理技术。请查阅相关文献, 并参考 2.4.4 节中的示例代码, 初步实现上面三种预处理技术。

第 3 章 排序、插值与参数估计

寻找简洁、有效的数据表达方式是深入认识科学问题并对其进行各种处理的基础。例如对一组数据排序后, 可更快速地查找数据; 而插值则是可让人们依据已有抽样对未知采样的数据进行预测; 参数估计则是包括特征提取、模式识别与分类、数据压缩等在内很多应用中一个非常基本的、重要的操作。本章将分别介绍常用的排序、插值及参数估计技术。

3.1 排序

所谓排序, 就是根据某个或某些关键字把一串记录按一定规则排列。**快速排序**算法被评为 20 世纪最伟大的十大算法之一, 足见排序的重要性。毫不夸张地说, 排序是任何一个优秀高性能算法软件必不可少的基本模块, 熟练地使用排序算法也是一个优秀的软件开发者必须具备的技能。表 3.1 列举了一些常用的排序算法, 并给出了它们的时间复杂度和内存消耗, 不失一般地, 这里假定数组长度为 N。附录 A.1 对常见的十大排序算法给予了简要说明。

随着多核处理器、GPU 甚至分布式内存计算平台越来越普及, 人们越来越多关注排序算法在并行环境下的性能。这里将介绍一种能在并行环境下能保持良好性能的排序算法, 即**归并排序** (merge sort)。并行的一个重要思想是分而治之, 归并排序是典型的**分治算法**, 其基本思想是将无序序列分成一系列有序的子序列, 合并后得到完整的有序序列。若每次将两个有序序列合并成一个, 称为 2–路归并; 若将 k 个有序序列合成一个, 称为 k–路归并。既可采用递归 (从上至下, top–down) 的方式, 也可使用迭代 (从下至上, bottom–up) 的方式实现归并排序。以 2–路归并为例, 递归方式中算法递归地把序列划分为两个子序列, 一直递归到序列中只有一个元素; 然后再调用一个函数实现合并/归并操作, 即把两个子序列按一定规则排序。可以看到，排序操作是在合并/归并操作中完成的。在迭代方式中，首先将序列每相邻两个元素进行归并操作，形成 $N/2$[①] 个序列，这里 N 为序列长度；排序后每个序列包含 2 个或 1 个元素；然后将上述序列再次归并，形成 $N/4$ 个序列，每个序列包含 4 个或 3 个元素；重复这个过程，直到所有元素排序完毕。归并排序遍历一次序列的时间复杂度是 $\mathcal{O}(N)$，整个排序需要遍历序列 $\lg N$ 次，因此归并排序的时间复杂度为 $\mathcal{O}(N \lg N)$。归并排序算法需要保存原有输入数组和排序后的数组，其空间复杂度为 $\mathcal{O}(N)$。使用递归实现时，还要使用一定的堆栈空间，但在 N 很大的情况下，这部分存储往往可忽略不计。

表 3.1 常见排序算法的特点总结

排序算法	时间复杂度	辅助空间	是否稳定	适用场景
冒泡排序	$\mathcal{O}(N^2)$	$\mathcal{O}(1)$	是	小数据量
选择排序	$\mathcal{O}(N^2)$	$\mathcal{O}(1)$	否	小数据量
插入排序	$\mathcal{O}(N^2)$	$\mathcal{O}(1)$	是	小数据量
希尔排序	$\mathcal{O}(N^{1.5})$	$\mathcal{O}(1)$	否	中小数据量
快速排序	$\mathcal{O}(N * \lg N)$	$\mathcal{O}(\lg N)$	否	中等数据量，串行
堆排序	$\mathcal{O}(N * \lg N)$	$\mathcal{O}(1)$	否	中等数据量，串行
归并排序	$\mathcal{O}(N * \lg N)$	$\mathcal{O}(N)$	是	大数据量，并行
计数排序	$\mathcal{O}(N + K)$	$\mathcal{O}(N + K)$	是	最大/小值易确定
桶排序	$\mathcal{O}(N + K)$	$\mathcal{O}(N + K)$	是	大数据量，并行
基数排序	$\mathcal{O}(N * K)$	$\mathcal{O}(N + K)$	是	大数据量，并行

注：表中 N 为需排序数组或序列长度，K 为分组个数。

基于**模板** (template) 技术，文件 drv_seq_mergesort.cc(F.23) 和 seq_mergesort.h(F.24) 给出了归并排序的 C++ 递归实现的串行版本，其并行版本将在 7.4.2 节介绍。示例程序还调用了文件 utilities_sc.h(F.15) 中的计时函数。图 F–7 给出由 Doxygen 生成的头文件依赖关系图和 main() 函数调用图。

示例程序可在命令行输入设定数组或序列的长度；如果没有在命令行中指定，则默认的数组长度为 50。main() 函数中定义了两个长度为 size 的 std::vector <double> 数组：input_vec 和 temp_vec。前者作为输入时保存未排序的数组，完成排序后则保存排序好的数组；后者则是排序过程的临时内存空间。

① 不能整除则向上取整。

从文件 seq_mergesort.h(F.24) 给出的具体实现不难看出, 代码实际上混合了归并排序与插入排序。在归并排序的递归执行过程中, 当数组的长度小于一个阈值——代码中的常量 kSmall 时, 就采用插入排序替代归并排序。由于使用了模板技术, 示例代码能完成不同型别数据的排序。细心的读者能发现, 文件 seq_mergesort.h(F.24) 中的几个函数把迭代器的型别作为模板参数。这样导致一个问题: 在需要提取数组元素时, 无法知道数组元素的型别, 即示例中 double。示例使用 auto 这种自动型别来解决这个困难①。

假定所得的可执行文件为 xmerge_recursive, 图 F–8 给出了运行程序所得的输出。

3.2 插值的基本概念

3.2.1 插值

我们知道 $y = f(x)$ 可描述一条曲线, 但很多时候函数 $y = f(x)$ 的具体形式需要根据实验或观测数据来确定。假定已知区间 $[a, b]$ 内一系列被称为**抽样**的函数值 $y_i = f(x_i)(x_i \in [a, b], i = 0, 1, 2, \cdots)$ ②, 插值的任务就是根据抽样 (x_i, y_i) 估计一个函数 $\varphi(x)$, 使得 $\varphi(x_i)= y_i = f(x_i)$; 当 $x \neq x_i$ 时, $\varphi(x)$ 能近似替代 $f(x)$, 从而可根据 $\varphi(x)$ 来计算 $[a, b]$ 内任意点 x 的函数值。一般来说, x_i 递增/递减排列, 当 x 位于 x_i 的最小和最大范围内时, 称为**内插**, 否则称为**外插**。

3.3 节、3.4 节和 3.5 节将介绍一维全局多项式插值、有理式插值和分段多项式插值, 3.6 节将讨论多维插值。找到 x 位于哪个 $[x_i, x_{i+1}]$ 区间是插值过程的一个重要步骤, 任何一个高效插值算法都会内置一个高性能搜索算法确定 i。因此, 我们在 3.2.2 节展示如何用 C++ 算法库函数实现查找与搜索。

---

① 一种看起来更为直观的做法是使用 std::vector<T>::iterator 作为模板参数, 然而当前的 C++ 不允许这种做法, 编译时无法推导出模板参数。

② 也可以为开域 (a,b)、半开域 [a,b) 或 (a,b]。除非有必要, 本书下面的讨论并不严格区分区间的开与闭。

插值与**函数近似**既有相同点, 也有不同点。后者的任务是寻找一个已知复杂函数 $f(x)$ 的近似表达, 其目的往往是使得计算变得容易。插值是通过一些列抽样 (x_i, y_i) 来估计未知函数 $f(x)$ 的近似表达; 函数近似是根据已知的 $f(x)$ 表达获取其近似。

3.2.2 查找特定元素

C++ 标准库提供了一系列可从给定数组搜索满足一定条件元素的函数。文件 drv_find_position.cc(F.25) 给出了使用 std::find_if() 函数模板实现搜索的代码。图 F–9 给出由 Doxygen 生成的头文件依赖关系图和 main() 函数调用图。图 F–10 给出了命令行执行的方式和所得的输出。

与上一节归并排序的示例一样, 本示例也可从命令行设定数组或序列的长度。如果接收到设定数组长度的命令行参数, 则通过标准库函数 atol() 将输入字符串转换为整型数; 否则设置数组长度为默认的 200。为了代码简洁, 示例也没有处理不合法输入, 诸如输入了非数字的字符、负数等情况。程序生成 10 个用变量 x 表示的数来测试查找功能是否正常。当 x 位于数组 x_vec 范围内时, 调用 C++ 算法库函数 std::find_if() 定位 x 所在的区间; 否则调用如图 3.1 中上面的方框所示的代码。

数值超过数组 x_vec 元素范围的处理方式

```
if (x > x_vec[N-1])
{
    j = N-1;
    cout<<setw(12)<<x<<setw(7)<<guess<<setw(7)<<j<<setw(13)<<x_vec[j]<<setw(13)<<"元素上限 \n";
}else if (x < x_vec[0])
{
    j = 0;
    cout<<setw(12)<<x<<setw(7)<<guess<<setw(7)<<j<<setw(13)<<"元素下限"<<setw(13)<<x_vec[j]<<"\n";
}
```

利用上次搜索结果的方式

```
guess = j;                                                              // 记录上次的搜索结果
iter = find_if( iter , x_vec.end(), [x](double e){return e > x; } ); // 利用上次的搜索结果
j = distance (x_vec.begin(), iter ) - 1;
```

图 3.1 查找序列表的一些说明

有时查找寻找多个连续、单调变化 (例如单调增长) 的 x 在序列中的位置。如果此时 x_vec 中元素按升序排列, 那么可将前面的搜索结果作为后续搜索的

起始点, 文件 drv_find_position.cc(F.25) 实现了这个功能, 如图 3.1 中下面的方框所示。利用前面所搜结果的关键点在于迭代器 iter; 作为函数 std::find_if() 的输入 iter 既是搜索起点, 同时作为返回值它保存了 std::find_if() 的搜索结果。于是循环调用时, 上一次的搜索结果就成为下一次搜索的起点。注意到 iter 的型别为 auto, 编译器能根据 x_vec 的具体型别自动确定 iter 的具体型别, 极大提升了泛型编程的便利性。由于函数 std::find_if() 返回值是一个迭代器, 而不是数组索引, 示例代码使用 <iterator> 中的 std::distance() 方法来将迭代器转换成索引。

需要指出, std::find_if() 允许从指定元素开始遍历数组寻找满足条件的元素, 因此也适用于**无序数组**。当然, 当数组无序, 且有多个单调变化的数值需要查找时, 无法利用前次的寻找结果来缩短搜索开销。假定数组长度为 N, std::find_if() 的时间复杂度最好为 $\mathcal{O}(1)$, 最坏则为 $\mathcal{O}(N)$。事实上:std::find_if() 更适合无序数组, 对于有序数组, 推荐使用基于二分法的, 名为 std::lower_bound() 的函数; 后者可让搜索时间复杂度低至 $\mathcal{O}(\lg N)$。使用 std::lower_bound() 的方式基本与 std::find_if() 类似, 这里将其具体实现留作习题。

3.3 全局多项式插值

多项式插值是一种直观的、全局线性插值方法。不失一般地, $N-1$ 阶多项式插值可写为

$$g(x;a_0,a_1,\cdots a_{(N-1)})=\sum_{i=0}^{N-1}a_i\varphi_i(x),\tag{3.1}$$

其中 $\varphi_i(x)$ 为关于 x 的某一确定函数, 系数 a_i 可由插值节点对应的 $y_i=f(x_i)$ 来确定。例如,

$$f(x_j)=g(x_j;a_0,a_1,\cdots,a_{(N-1)})=\sum_{i=0}^{N-1}a_i\varphi_i(x_j),\quad j=0,\cdots,M-1.\tag{3.2}$$

$\varphi_i(x)$ 的一种简单有效的形式是 $\varphi_i(x)=x^i$。从式 (3.1) 容易看到, 插值多项式是关于系数 a_i 的线性函数, 这就是为什么将对应的插值称为线性插值的原因。将 $\varphi_i(x)$ 代入式 (3.2) 就得到一组线性方程组。假定 M 为插值节点 (x_i,y_i) 的总数, 此时所得线性方程的个数为 M。让 $N=M$, 求解未知系数 a_i 的问题变成了求解一个 $M\times M$ 的线性方程组问题。只要 $x_i\neq x_j(i,j=0,\cdots,M-1)$,

式 (3.2) 对应的线性方程组就存在唯一解。这也从另外一方面证明了式 (3.1) 对应的插值多项式的存在性和唯一性。当 $N < M$ 时, 式 (3.2) 对应的线性方程组为超定方程, 依然可求解出系数 a_i。

即便 M 相对不大, 式 (3.2) 对应的矩阵往往性态不好, 求出的系数 a_i 也可能因计算误差让插值出现明显偏差。实践表明, M 增大到几十后插值效果就可能很差。为此, 这种简单的插值多项式构造方式并不常用。相较而言, 拉格朗日 (Lagrange) 插值是个更好的选择。拉格朗日插值公式如下:

$$L_N(x) = \sum_{i=0}^{N-1} y_i \left(\prod_{j=0,j\neq i}^{M-1} \frac{x - x_j}{x_i - x_j} \right). \tag{3.3}$$

将 $x = x_i$ 代入式 (3.3), 能容易得到 $L_N(x_i) = y_i$。不难看出, 令 $a_i = y_i, \varphi_i = \prod\limits_{j=0,j\neq i}^{M-1} \dfrac{x - x_j}{x_i - x_j}$并代入式 (3.3), 就得到式 (3.1)。这就很直观地解释了拉格朗日插值的工作原理: 在给出了插值多项式 φ_i 具体形式的同时, 确定了多项式系数 a_i。显然, 与式 (3.1) 给出的插值多项式相比, 拉格朗日插值多项式 (3.3) 避免了求解线性方程组的开销和求解过程中的计算误差。当 φ_i 不变化, 但 a_i 或者说 y_i 变化时, 拉格朗日插值法可以重复利用已有的插值系数完成多次计算。但当 M 变化, 或 x_i 取值变化时, 就需要重新计算 φ_i。拉格朗日插值的一个缺点是, 式 (3.3) 的计算开销随着 M 变大而快速增长, 因此往往也只适用于 M 不大的情形。

3.3.1 拉格朗日多项式插值

为了提高拉格朗日插值的效率, 一般采用更为高效的内维尔 (Neville) 算法。为讨论该算法, 先介绍几个基本定义。

(1) 记 $P_0(x)$ 为通过插值节点 (x_0, y_0) 的 0 阶多项式, 即 $P_0(x) = y_0$; 同样, 定义 $P_1(x) = y_1, P_2(x) = y_2, \cdots$。

(2) 令 $P_{01}(x)$ 为通过插值节点 (x_0, y_0) 和 (x_1, y_1) 的, 唯一的 1 阶多项式; 类似的 $P_{12}(x)$ 为通过插值节点 (x_1, y_1) 和 (x_2, y_2) 的, 唯一的 1 阶多项式, 依此类推定义 $P_{23}(x), P_{34}(x), \cdots$。

(3) 采用类似方式, 定义更高阶的多项式, 通过所有 M 个插值节点的, 唯一的阶数最高的多项式可写为 $P_{012\cdots(M-1)}(x)$。

显然, 插值多项式的最高阶数 N 小于插值节点数 M。对于 $M=4$ 的情况, N 最大等于 3, 对应的多项式可写为

$$
\begin{array}{lllll}
x_0: y_0 = P_0(x) & & & & \\
 & P_{01}(x) & & & \\
x_1: y_1 = P_1(x) & & P_{012}(x) & & \\
 & P_{12}(x) & & P_{0123}(x) & \\
x_2: y_2 = P_2(x) & & P_{123}(x) & & \\
 & P_{23}(x) & & & \\
x_3: y_3 = P_3(x) & & & &
\end{array} \tag{3.4}
$$

多项式插值的内维尔算法基于下面的递推关系 [4]

$$
P_{k(k+1)\cdots(k+q)}(x) = \frac{P_{(k+1)(k+2)\cdots(k+q)}(x)(x-x_k) - P_{k(k+1)\cdots(k+q-1)}(x)(x-x_{k+q})}{x_{k+q}-x_k}, \tag{3.5}
$$

通过下面几步可以证明式 (3.5)。

(1) 当 $q=0$ 或 $q=1$ 时, 递推关系式显然成立, 因此只需考虑 $q>1$ 的情况。

(2) 根据定义知道 $P_{(k+1)(k+2)\cdots(k+q)}(x)$ 为经过节点 $(k+1),(k+2),\cdots,(k+q)$ 的唯一多项式, 因此 $P_{(k+1)(k+2)\cdots(k+q)}(x_i)=y_i(i=k+1,k+2,\cdots,k+q)$; 同理 $P_{k(k+1)\cdots(k+q-1)}(x_i)=y_i(i=k,k+1,\cdots,k+q-1)$。

(3) 因此对于任意 $i\in[k+1,k+2,\ \cdots,k+q-1], P_{k(k+1)\cdots(k+q)}(x_i)=y_i$。

(4) 将 $x=x_k$ 和 $x=x_{k+q}$ 代入式 (3.5), 显然成立。

因此, 对于任意 $i\in[k,k+2,\cdots,k+q], P_{k(k+1)\cdots(k+q)}(x_i)=y_i$ 成立。由于多项式的唯一性, 式 (3.5) 递推关系式恒成立。

从右向左看, 式 (3.4) 组成一个根节点为 P_{0123} 的树结构, 最左边的列为树的叶子节点。内维尔算法从左往右, 以递归的方式每次填充一**列**, 也就是树结构的一**层**, 由 q 阶插值多项式得到 $q+1$ 阶的插值多项式, 直至生成阶数最高的插值多项式, 最后利用阶数最高的多项式获取插值点对应的值。

具体实现时, 还可定义两个变量

$$
\begin{aligned}
C_{q,i} &\equiv P_{i\cdots(i+q)} - P_{i\cdots(i+q-1)}, \\
D_{q,i} &\equiv P_{i\cdots(i+q)} - P_{(i+1)\cdots(i+q)}.
\end{aligned} \tag{3.6}
$$

从式 (3.5) 可得到

$$C_{q+1,i} = \frac{(x_i - x)(C_{q,i+1} - D_{q,i})}{x_i - x_{i+q+1}}$$

$$D_{q+1,i} = \frac{(x_{i+q+1} - x)(C_{q,i+1} - D_{q,i})}{x_i - x_{i+q+1}}. \tag{3.7}$$

将式 (3.4) 中的节点替换为式 (3.5) 中的 $C_{q+1,i}$ 和 $D_{q+1,i}$, 最终由式 (3.7) 给出了由第 q 层节点生成第 $q+1$ 层节点系数的方式。于是, 插值时得到阶数最高的插值多项式的过程就是从树结构中寻找一条从左到右的路径, 让 y_i 的值乘以节点上的 $C_{q+1,i}$ 或 $D_{q+1,i}$。不难看出, 系数 $C_{q+1,i}$ 或 $D_{q+1,i}$ 也可以当做 q 阶插值多项式的误差余项。

文件 neville_poly_intp.h(F.26) 和 drv_neville_poly_intp.cc(F.27) 给出基于模板技术的内维尔算法实现。文件 test_func_sin.h(F.28) 给出生成插值节点的测试函数。图 F–11 给出由 Doxygen 生成的头文件依赖关系图和 main() 函数调用图。假定编译所得的可执行文件为 xneville_polintp, 图 F–12 给出了命令行执行的方式和所得的输出。

示例将插值节点 (x_i, y_i) 保存于 std::vector<T> 数组 x_vec 和 y_vec。主函数 main() 完成命令行参数处理后, 调用 std::for_each() 方法和 std::transform() 方法给 x_vec 和 y_vec 赋值, 前者调用 lamda 表达式, 后者调用自定义的 Test-TestFuncSin<T>() 函数。读者可以根据需要调整 y_vec 的获取/生成方式。文件 neville_poly_intp.h(F.26) 是算法的主体。其中, 两个局域 std::vector<float> 数组 c_vec 和 d_vec 将树结构中不同层的系数 $C_{q,i}$ 和 $D_{q,i}$ 当做临时变量。代码调用 std::lower_bound() 与 std::distance() 定位 x 所在区间后进入 for 循环, 根据式 (3.6) 计算保存于数组 c_vec 和 d_vec 的系数 $C_{q,i}$ 和 $D_{q,i}$ 同时完成插值。插值余项保存于变量 dy, 该变量作为函数接口的实参将结果返回给调用程序。

因为没有保存所有层的系数 $C_{q,i}$ 和 $D_{q,i}$, 插值过程中也就没有保存各阶多项式 $P_{01}\ldots$, 所以当 x 变化时整个插值过程需要重新计算。然而, 内维尔算法中的系数与 y_i 无关, 因此 y_i 的变化不会增加计算开销。实际上, 内维尔算法的设计目标是高效计算单个 x 对应的多个不同 $f(x)$, 不适合插值点很多的情况。

3.3.2 牛顿多项式插值

牛顿多项式插值又称为带差分的牛顿插值 (Newton's divided differences)。与拉格朗日插值一样, 对于给定的 M 个插值节点, 牛顿插值法也生成了阶数不超过 $N = M - 1$ 的多项式。

方便起见, 把一阶差分记为①

$$f[x_k, x_{k+1}] = \frac{f(x_k)}{\mathrm{d}x} = \frac{f(x_{k+1}) - f(x_k)}{x_{k+1} - x_k}. \tag{3.8}$$

而二阶差分则写为

$$\begin{aligned} f[x_k, x_{k+1}, x_{k+2}] &= \frac{f^2(x_k)}{\mathrm{d}x^2} = \frac{\mathrm{d}f(x_{k+1})/\mathrm{d}x - \mathrm{d}f(x_k)/\mathrm{d}x}{x_{k+2} - x_k} \\ &= \frac{f[x_{k+2}, x_{k+1}] - f[x_k, x_{k+1}]}{x_{k+2} - x_k}. \end{aligned} \tag{3.9}$$

同理, 可写出 l 阶差分为

$$\begin{aligned} f[x_k, x_{k+1}, \cdots, x_{k+l}] &= \frac{f^l(x_k)}{\mathrm{d}x^l} \\ &= \frac{f[x_{k+l}, x_{k+l-1,}, \cdots, x_{k+1}] - f[x_{k+l-1,}, x_{k+l-2,}, \cdots, x_k]}{x_{k+l} - x_k}. \end{aligned} \tag{3.10}$$

上述差分的一个重要性质是对称性, 即任意改变差分 $f[\,\cdot\,]$ 中自变量的顺序, 差分本身不变, 例如

$$f[x_k, x_{k+1}, x_{k+2}] = f[x_{k+1}, x_k, x_{k+2}] = f[x_{k+2}, x_k, x_{k+1}]. \tag{3.11}$$

根据上面的差分 $f[\cdot]$, 有 $N + 1$ 个插值节点的牛顿插值多项式可写为

$$\begin{aligned} N_{012\cdots N}(x) &= f(x_0) + (x - x_0)\frac{f(x_0)}{\mathrm{d}x} + \cdots + \\ &\quad (x - x_0)(x - x_1)\cdots(x - x_{N-1})\frac{f^N(x_0)}{\mathrm{d}x^N} \\ &= f[x_0] + \omega_1 f[x_0, x_1] + \cdots + \omega_N f[x_0, x_1, \cdots, x_N] \\ &= \sum_{i=0}^{N} \omega_i f[x_0, \cdots, x_i]. \end{aligned} \tag{3.12}$$

① 更多差分格式可参考 4.1.1 节。

上式中 $\omega_0 = 1, f[x_0] = f(x_0), \omega_i = \prod_{k=0}^{i-1}(x - x_k)$。

基于模板技术, 文件 newton_intp.h(F.29) 和 drv_newton_intp.cc(F.30) 给出了牛顿插值的实现。生成插值节点的测试函数也由文件 test_func_sin.h (F.28) 给出。图 F–13 给出由 Doxygen 生成的头文件依赖关系图和 main() 函数调用图。图 F–14 给出了命令行执行的方式和所得的输出。

跟基于内维尔算法的多项式插值一样, 示例代码分别用 std::vector<T> 数组 x_vec 和 y_vec 保存插值节点 (x_i, y_i)。除此之外, 这里还使用 std::vector<T> 数组 c_vec 保存不同阶数微分 $f[x_k, x_{k+1}, \cdots, x_{k+l}]$ 的结果。本示例 main() 函数的结构基本与文件 drv_neville_poly_intp.cc(F.27) 的相同, 不过这里使用了 do–while 循环来完成多个 x 的插值计算。文件 newton_intp.h(F.29) 有三个函数, 分别是 SetNewtonIntpCoef<T>()、PrintNewtonIntpCoef<T>() 和 GetInterpolatedValueByNewtonIntp<T>()。函数 SetNewtonIntpCoef<T>() 根据递推微分/差商公式 (3.10) 来计算微分的值, 也就是式 (3.12) 中的插值系数; 函数 GetInterpolatedValueByNewtonIntp<T>() 则根据式 (3.12) 和输入的 x 值计算出所需的插值结果; 函数 PrintNewtonIntpCoef<T>() 则输出牛顿插值的插值系数。从式 (3.10) 可发现, n 阶插值只需保存 $n \times (n-1)/2$ 个微分结果, 因此 c_vec 的长度为 $n \times (n-1)/2$。计算微分时需要仔细确定不同插值节点、不同阶数微分在数组中的位置。

插值阶数相同时, 拉格朗日插值和牛顿插值对应的多项式和余项都一样, 但实现方式的不同, 使得它们适用于不同场景。正如前面提到, 拉格朗日插值适用于插值节点 $x_i(i = 0, 1, 2, \cdots)$ 和插值点 x 不变但 $y_i(i = 0, 1, 2, \cdots)$ 变化的情况。与此不同, 牛顿插值法保存了构造插值多项式的所有系数 $f[x_k, x_{k+1}, \cdots, x_{k+l}]$。从文件 drv_newton_intp.cc(F.30) 不难看到, 最消耗计算资源的子函数 SetNewtonIntpCoef<T>() 在 do–while 循环体外, 因此当插值系数构建完成后, 对于所有不同 x 只需调用计算量小的 newton_val() 函数。这也是为什么牛顿插值更适用于插值点 x 比较多的原因。当然, 如果 x_i 和 y_i 变化了, 那么就需要重新构建 c_vec。也就是说, 让牛顿插值发挥其算法优势的条件是插值节点 $(x_i, y_i)(i = 0, 1, \cdots)$ 不变化。

前面提到的三种插值多项式 (3.1)、式 (3.3) 和式 (3.12) 使用了不同的插值基函数, 与此对应, 所得的插值系数本身和获取插值系数的方式也不同。比较而言, 式 (3.1) 需求解一个性态往往不好的线性方程组, 计算误差一般较大。拉格朗日和牛顿插值多项式成功避免了插值系数的求解过程, 也能节省计算量。与拉格朗日插值法相比, 牛顿插值多项式可利用迭代公式, 巧妙利用低阶次多项式的计算结果完成高阶次多项式的计算, 计算效率更高。同时, 牛顿插值可根据高阶次多项式对插值精度的贡献动态自适应地调节插值阶数。然而, 牛顿插值多项式提高计算效率的方式依赖于递归公式 (3.10), 如何在现代多核 CPU 的计算机上, 充分利用多核并行实现递推计算并不简单①。

除了内维尔算法和牛顿插值多项式, 还有一种称为埃尔米特 (Hermite) 多项式的插值方法。与前者不同, 埃尔米特多项式插值中, 不仅匹配插值节点上的函数值, 还匹配插值节点上的 m 阶导数。于是对于每个插值节点, 就需要知道 $(m+1)$ 个值, 具体地说除了函数值本身, 还有从 1 到 m 次导数的值。在实际应用和工程中, 很难获得数据的导数, 所以埃尔米特多项式插值应用不多。

3.4 有理函数插值

多项式有时不能很好地近似某些函数, 此时采用有理函数 (rational functions) 可能效果更好。有理函数实际就是多项式的商。给定 $m+1$ 个插值节点 $x_j(j=i,i+1,\cdots,i+m)$, 假定 μ 和 ν 为整数, 且满足

$$m+1=\mu+\nu+1, \tag{3.13}$$

那么, 经过这 $m+1$ 个点的插值有理函数可写为

$$R_{i(i+1)\cdots(i+m)}=\frac{P_\mu(x)}{Q_\nu(x)}=\frac{p_0+p_1x+\cdots p_\mu x^\mu}{q_0+q_1x+\cdots+q_\nu x^\nu}, \tag{3.14}$$

其中 $p_j(j=0,1,\cdots,\mu)$ 和 $q_j(j=0,1,\cdots,\nu)$ 为待定未知系数。当被模拟的函数本身存在极点时, 有理函数插值的性能就会优于基于多项式的插值。另外一种较为常见的情况是, 当 x 为非无穷大实数时, 函数 $f(x)$ 的值有限, 不过当 x 为复数时, $f(x)$ 在某些 x 附近的复平面上虽然连续但有极点。即便限定 x 为实数, 这些极点依然会导致多项式插值的性能恶化, 只有当 x 离那些极点足够远时, 多项式插值才能正常工作。与此不同, 从式 (3.14) 可以看到, 只要分母多项式中 ν 足够大, 有理函数就能很好地模拟极点, 也就是分母多项式为零的点。

① 后面将要提到, 由于龙格现象, 插值精度并不随着插值阶数 N 的增大而单调增大。一般大型仿真中往往使用局域插值算法, 在各个子域使用低阶插值基, 从这个角度看大部分时候不需要并行版本的高阶多项式插值。

为具体实现有理函数插值，布利尔施 (Bulirsch) 和斯托尔 (Stoer) 提出了所谓的布利尔施 – 斯托尔算法 [4]。它与内维尔算法相似，可同时得到插值有理函数和误差估计。然而，即使被插值函数没有极点，基于布利尔施 – 斯托尔算法的有理插值函数也可能在插值节点间产生位置不可预测的极点，而且构造的有理插值函数有时还不经过所有节点。这两个固有缺陷导致布利尔施 – 斯托尔算法不能在实际中得到广泛应用 [11]。为解决这些问题，施奈德 (C.Schneider) 和维尔纳 (W.Werner)、弗洛特 (Floater) 和霍尔曼 (Hormann) 分别提出了**基于重心的有理函数插值** (barycentric rational interpolation)。后者提出的，也就是被称为弗洛特 – 霍尔曼算法的方案，因为速度快、稳定可靠而被广泛应用。给定插值节点 $x_0, \cdots, x_{M-1}$ 对应的函数值 $y_i = f(x_i), d(0 < d < M)$ 为弗洛特 – 霍尔曼算法中多项式阶数，那么弗洛特 – 霍尔曼有理插值函数可写为 [12]

$$R(x) = \frac{\displaystyle\sum_{i=0}^{M-1} \frac{\omega_i}{x - x_i} y_i}{\displaystyle\sum_{i=0}^{M-1} \frac{\omega_i}{x - x_i}}, \tag{3.15}$$

其中，

$$\omega_k = \sum_{\substack{i=k-d \\ 0 \leqslant i < M-d}}^{k} (-1)^k \prod_{\substack{j=i \\ j \neq k}}^{i+d} \frac{1}{x_k - x_j}. \tag{3.16}$$

弗洛特 – 霍尔曼有理插值算法有三个优点。一是，分子和分母多项式的阶数不超过 M；二是，在实轴上没有极点；三是，假定 $h = \max(x_j - x_{j-1})$，插值误差为 $\mathcal{O}(h^{d+1})$。从原理看，d 越大，插值的精度会越高。然而，实际上由于机器截断误差，如果 d 过大，精度不会提高甚至会下降。一般来说，当 $3 \leqslant d \leqslant 8$ 时，式 (3.15) 的插值性能比较好。当 $\dfrac{\mathrm{d}f^k(x)}{\mathrm{d}x^k}$ 不随 k 增大而显著增大，且 d 取值大时，插值精度会高于 d 小的情形。如果不知道被插值函数的基本形式，默认选择 $d = 3$ 比较合适。与 3.5.3 节将要讨论的样条插值相比，基于重心的有理插值往往精度更高且插值函数无限光滑。

基于模板技术，文件 baryrat_intp.h(F.31) 和 drv_baryrat_intp.cc(F.32) 给出弗洛特 – 霍尔曼有理插值算法的示例实现。图 F–15 给出由 Doxygen 生成的头文件依赖关系图和 main() 函数调用图。图 F–16 给出了命令行执行的方式和所得的输出。同前面的插值算法实现一样，插值节点 (x_i, y_i) 保存于数组

x_vec 和 y_vec。另外, std::vector<T> 数组 weights 保存了式 (3.16) 中的系数 ω_k。从文件 drv_baryrat_intp.cc(F.32) 可看出, 弗洛特 – 霍尔曼有理插值分为两步: 1) 根据式 (3.16) 计算有理函数的系数, 相关计算由 SetBaryrational-IntpCoef<T>() 函数完成; 2) 根据式 (3.15) 计算 x 对应的函数值, 相关计算由函数 GetInterpolatedValueByBaryrationalIntp<T>() 函数完成。不同的 x 可重复使用已有插值系数, 因此 GetInterpolatedValueByBaryrationalIntp<T>() 函数只需调用一次。

3.5 分段多项式插值

从基函数的定义域看, 上面讨论的多项式插值和有理函数插值均属于全域插值。随着插值节点个数的增加, 这些插值方法的精度会因为多项式阶数 n 或 d 的变大而降低。例如多项式插值, 随着 N 增大, 尽管插值多项式能保证被插函数的连续性, 但因为**龙格现象**[①]的存在而不能保证会收敛到被插值函数。于是, 人们转而寻求局域多项式插值方法, 在局域/子段采用简单的、低阶多项式插值来构造插值方法。

3.5.1 分段常数插值

最简单的分段插值方式是让 y 在各个子区间 $[x_i, x_{i+1}]$ 为一个常数, 典型的插值方式可写为

$$y(x) = \begin{cases} y_i, & x \in [x_i, x_{i+1}]; \\ 0, & \text{其他}. \end{cases} \tag{3.17}$$

这种插值形式的插值基函数一般称为脉冲 (pulse) 函数。其本质是, 用 y 在 x_i 的值 y_i 近似表达其在区间 $[x_i, x_{i+1}]$ 的值。当 y 随 x 的变化与 $(x_{i+1} - x_i)$ 相比很小时, 这种插值的效果很好。由于这种插值方式非常简单, 开销也很低, 因此应用非常广泛。例如在处理图片时, 可使用这种简单的插值实现图片的缩放、旋转等操作。而在求解包括泊松方程、亥姆霍兹方程等在内的数理方程时, 很多时候, 人们用分段常数插值来展开未知的物理量。

---

① 一般把多项式次数越高而插值结果越偏离原函数的现象称为龙格现象。龙格现象是龙格 (C.Runge) 在 1901 年发表的论文中提出的。该现象告诉我们, 在不熟悉曲线变化趋势时, 不要轻易使用高次插值。

分段常数插值是求解满足一定边界条件的静态电场分布的常用选择，这里以求解积分方程为例简要说明。我们先基于库仑定理将泊松方程转换成对应的积分方程形式，将求解区域分割成足够小的子域，每个子域上的电荷为待求解的未知量。如果假定每个子域上的电荷为一个常量，那么就可用式 (3.17) 或者其拓展表达电荷分布。将电荷分布代入积分方程并结合边界条件就得到一组线性方程组。通过求解线性方程组就能得到电荷分布，并得到任意位置的电场分布。

3.5.2 分段线性插值

分段常数插值中的基函数可看成零阶多项式。当 y 随 x 变化不那么缓慢时，要保证分段常数插值的精度就必须让 $(x_{i+1}-x_i)$ 很小。此时，使用更高阶数的插值基函数能在 $(x_{i+1}-x_i)$ 较大的情况下保证插值的精度。常用的高阶多项式包括一阶和三阶多项式。

使用一阶多项式的分段插值一般又称为分段线性插值。简单地说，就是将各紧邻节点用直线连起来，如此形成的一条折线就是分段线性插值函数。假定有 $(M+1)$ 个插值节点，相应的插值函数可用 M 个线段来表示，具体可写为

$$\begin{aligned} I(x) &= \sum_{j=0}^{M-1}(A_j y_j + B_j y_{j+1}), \\ A_j &= \frac{x_{j+1}-x}{x_{j+1}-x_j}, \qquad \text{if } x_j \leqslant x \leqslant x_{j+1}, \text{else } A_j = 0; \\ B_j &= 1 - A = \frac{x-x_j}{x_{j+1}-x_j}, \qquad \text{if } x_j \leqslant x \leqslant x_{j+1}, \text{else } B_j = 0. \end{aligned} \tag{3.18}$$

文件 piecewise_intp.h(F.33) 和 drv_piecewise_intp.cc(F.34) 给出了基于模板技术的分段线性插值的示例程序。生成插值节点的测试函数同样由文件 test_func_sin.h(F.28) 给出。图 F–17 给出由 Doxygen 生成的头文件依赖关系图和 main() 函数调用图。假定编译所得的可执行文件为 xpiecewise_intp，图 F–18 给出了命令行执行的方式和所得的输出。同前面的插值算法实现一样，插值节点 (x_i, y_i) 保存于数组 x_vec 和 y_vec。从文件 piecewise_intp.h(F.33) 可看出，分段线性插值的实现也比较简单，分为两步：第一步找到 x 在数组

$[x_0, x_1, \cdots]$ 的位置或者说区间; 第二步根据式 (3.18) 计算系数 A、B 及 y 的值。

改变 M 运行代码可以发现, M 越大, 分段越多、插值误差越小, 分段线性插值具有良好的收敛性。从式 (3.18) 可知, 分段线性插值的导数在段与段的连接处不连续。如果不仅要求插值函数在节点处与未知函数同值, 还要求它与未知函数有相同的一阶、二阶甚至更高阶的导数值, 那么就要采用其他插值方法, 例如分段埃尔米特插值。正如 3.3 节指出的, 埃尔米特插值需要知道未知函数的导数, 实际应用和工程中比较难以满足这个条件。克服这一问题的一个办法是使用**样条 (spline) 插值**。

3.5.3 样条插值

对于区间 $[a, b]$ 给定了待插值函数 $f(x)$ 在 $(M+1)$ 个插值节点 $[x_0, x_1, \cdots, x_M]$ 的值 $f(x_i)$, 如果函数 $S(x)$ 满足:

(1) 在每个小区间 $[x_i, x_{i+1}]$ 上, $S(x)$ 都是 k 次多项式;

(2) $S(x_i) = f(x_i), i = 0, 1, \cdots, M$;

(3) $S(x)$ 在 $[a, b]$ 上具有 $k-1$ 阶连续导数;

则称 $S(x)$ 为 k 次样条函数, 称对应的线条为 k 次样条曲线。在实际应用中, 最常用的是 $k = 2$ 和 $k = 3$ 的情况, 即为二次样条函数和三次样条函数。

以常用的三次样条为例, 记第 $j(0 \leqslant j \leqslant M)$ 个子段 $[x_j, x_{j+1}]$ 中的插值函数为 $S_j(x)$, 则 $S_j(x)$ 的二阶导数满足分段线性插值公式 (3.18), 即

$$S_j''(x) = \frac{x_{j+1} - x}{x_{j+1} - x_j} y_j'' + \frac{x - x_j}{x_{j+1} - x_j} y_{j+1}''. \tag{3.19}$$

其中 $y_j'' = \dfrac{\mathrm{d}f^2(x_j)}{\mathrm{d}x^2}$ 是函数 $f(x)$ 在插值节点 x_j 处的二阶导数。对式 (3.19) 积分两次, 有

$$\begin{aligned} S_j(x) = \quad & a_j + b_j x + \frac{y_j''}{6(x_{j+1} - x_j)} (x_{j+1} - x)^3 + \\ & \frac{y_{j+1}''}{6(x_{j+1} - x_j)} (x - x_j)^3. \end{aligned} \tag{3.20}$$

根据 $S_j(x_j)=y_j$ 和 $S_j(x_{j+1})=y_{j+1}$ 容易求得

$$
\begin{aligned}
a_j &= \frac{y_j x_{j+1}-y_{j+1}x_j}{x_{j+1}-x_j}+\frac{y''_{j+1}x_j-y''_j x_{j+1}}{6}(x_{j+1}-x_j),\\
b_j &= \frac{y_{j+1}-y_j}{x_{j+1}-x_j}-\frac{y''_{j+1}-y''_j}{6}(x_{j+1}-x_j).
\end{aligned}
\tag{3.21}
$$

将式 (3.21) 代入式 (3.20) 并做简单变换有

$$
\begin{aligned}
S_j(x) &= \frac{y_j x_{j+1}-y_{j+1}x_j}{x_{j+1}-x_j}+\frac{y''_{j+1}x_j-y''_j x_{j+1}}{6}(x_{j+1}-x_j)+\\
&\quad\left[\frac{y_{j+1}-y_j}{x_{j+1}-x_j}-\frac{y''_{j+1}-y''_j}{6}(x_{j+1}-x_j)\right]x+\\
&\quad\frac{y''_j}{6(x_{j+1}-x_j)}(x_{j+1}-x)^3+\frac{y''_{j+1}}{6(x_{j+1}-x_j)}(x-x_j)^3\\
&= A_j y_j+B_j y_{j+1}+C_j y''_j+D_j y''_{j+1},
\end{aligned}
\tag{3.22}
$$

其中 A_j 和 B_j 在式 (3.18) 中定义, 而

$$
C_j=\frac{1}{6}(A_j^3-A_j)(x_{j+1}-x_j)^2,\quad D_j=\frac{1}{6}(B_j^3-B_j)(x_{j+1}-x_j)^2. \tag{3.23}
$$

因为系数 A_j、B_j、C_j 和 D_j 均已知, 只要有了 $y''_j(j=0,1,\cdots,M)$ 的值, 就能根据式 (3.22) 计算出任意点 $x\in[x_0,x_M]$ 对应的函数值, 因此式 (3.22) 可视为三次样条插值的**通用**插值公式。然而, 一般情况下 y''_j 为未知量, 所以三次样条插值转换成了求解 $M+1$ 个节点上的二阶导数 y''_j 的问题。

我们知道, 相邻区间、相同节点的一阶导数必须相等。具体的, 当 $0<j<M$ 时, 对于区间 $[x_{j-1},x_j]$ 和 $[x_j,x_{j+1}]$, 根据区间 $[x_{j-1},x_j]$ 对应的样条函数 $S_{j-1}(x)$ 计算所得的 y'_j 和由区间 $[x_j,x_{j+1}]$ 对应的样条函数 $S_j(x)$ 计算所得的 y'_j 必须相等。根据这一事实, 可以构造线性方程组求解 y''_j。由式 (3.22) 计算一阶导数, 有

$$
y'=\frac{y_{j+1}-y_j}{x_{j+1}-x_j}-\frac{3A_j^2-1}{6}(x_{j+1}-x_j)y''_j+\frac{3B_j^2-1}{6}(x_{j+1}-x_j)y''_{j+1}. \tag{3.24}
$$

对于 $0<j<M$ 的区间, 根据条件 $S'_{j-1}(x_j)=S'_j(x_j)$, 有

$$
\begin{aligned}
&(x_j-x_{j-1})y''_{j-1}+2(x_{j+1}-x_{j-1})y''_j+(x_{j+1}-x_j)y''_{j+1}\\
&=6\left(\frac{y_{j+1}-y_j}{x_{j+1}-x_j}-\frac{y_j-y_{j-1}}{x_j-x_{j-1}}\right).
\end{aligned}
\tag{3.25}
$$

因为 $M+1$ 个插值节点只能生成 M 个插值区间, 也就产生 $M-1$ 个中间点, 式 (3.25) 只能提供 $M-1$ 个方程。所需的另外两个方程一般是通过设定端点 x_0 和 x_M 上的边界条件来获取。通常, 采用的边界条件有四种。

(1) 令端点处一阶导数 y_0' 和 (或)y_M' 等于某特定的值, 如果此特定值为 0, 所得的样条插值称为自然三次样条。

(2) 令端点处二阶导数 y_0'' 和 (或)y_M'' 等于某特定的值, 使得 y_0' 和 (或)y_M' 满足某特定条件。

(3) 周期边界条件。例如假定被插值函数 $f(x)$ 是以 x_M-x_0 为周期的周期函数且 $f(x_0)=f(x_M)$。应用此条件可得到两个方程 $y_0'=y_M'$ 和 $y_0''=y_M''$。

(4) 其他假定。例如要求区间 $[x_0,x_1]$ 与 $[x_1,x_2]$ 使用同一个三次多项式, 而区间 $[x_{M-2},x_{M-1}]$ 与 $[x_{M-1},x_M]$ 使用同一个三次多项式。

采用上面任何一种条件, 都能得到两个方程, 从而与前面提到的 $M-1$ 个方程一起求出 $M+1$ 个插值节点上的 $y_j''(j=0,1,\cdots,M)$, 最终代入式 (3.22), 得到三次样条插值多项式。

例如, 如果给定了节点 0 和 M 的一阶导数值分别为 y_0' 和 y_M', 那么两个端点处对应的方程分别为

$$2(x_1-x_0)y_0''+(x_1-x_0)y_1''=6\left(\frac{y_1-y_0}{x_1-x_0}-y_0'\right), \tag{3.26}$$

$$(x_M-x_{M-1})y_{M-1}''+2(x_M-x_{M-1})y_M''=6\left(y_M'-\frac{y_M-y_{M-1}}{x_N-x_{M-1}}\right), \tag{3.27}$$

记 $h_j=x_{j+1}-x_j$, 可把式 (3.25)、式 (3.26) 和式 (3.27) 写成矩阵方程

$$\begin{bmatrix} 2h_0 & h_0 & 0 & \cdots & 0 \\ h_0 & 2(h_0+h_1) & h_1 & \cdots & 0 \\ 0 & \cdots & \cdots & \cdots & 0 \\ \vdots & \vdots & \vdots & \ddots & \vdots \\ 0 & \cdots & h_{M-2} & 2(h_{M-2}+h_{M-1}) & h_{M-1} \\ 0 & \cdots & 0 & h_{M-1} & 2h_{M-1} \end{bmatrix} \begin{bmatrix} y_0'' \\ y_1'' \\ \vdots \\ \vdots \\ y_{M-1}'' \\ y_M'' \end{bmatrix}$$

$$
= 6 \begin{bmatrix} \left(\dfrac{y_1 - y_0}{h_0} - y_0'\right) \\ \dfrac{y_2 - y_1}{h_1} - \dfrac{y_1 - y_0}{h_0} \\ \vdots \\ \vdots \\ \dfrac{y_M - y_{M-1}}{h_{M-1}} - \dfrac{y_{M-1} - y_{M-2}}{h_{M-2}} \\ \left(y_M' - \dfrac{y_M - y_{M-1}}{x_M - x_{M-1}}\right) \end{bmatrix}. \tag{3.28}
$$

当边界条件为其他形式时, 可根据边界条件, 修改第一个和最后一个方程。例如, 给定了两端的二阶导数时, 所需求解的方程组的个数就要减少 2。

基于模板技术, 文件 test_func_exp.h(F.35)、spline_intp.h(F.36) 和 drv_spline_intp.cc(F.37) 给出了当已知两端节点处一阶导数时三次样条插值的一种实现。图 F–19 给出由 Doxygen 生成的头文件依赖关系图和 main() 函数调用图。假定编译所得的可执行文件为 xspline_intp, 图 F–20 给出了命令行执行的方式和所得的输出。

同前面一样, 插值节点 $(x_i, y_i)(i = 0, 1 \cdots)$ 保存于数组 x_vec 和 y_vec。除此之外, dy0 和 dyM 分别为下边界和上边界的一阶导数值, 数组 ddy_vec 为保存二阶导数的数组。从文件 drv_spline_intp.cc(F.37) 不难看出, 样条插值分为三步。

(1) 求解 $y_j''(j = 0, 1, \cdots, N)$, 这一计算由子函数 SetSplineIntpCoef<T>() 完成;

(2) 根据式 (3.18) 和式 (3.23) 计算插值系数, 相关计算由函数 GetInterpolatedValueBySplineIntp<T>() 完成;

(3) 计算插值点 x 处的函数值。

因为不同的输入 x 可重复使用计算所得的插值系数, 因此 SetSplineIntpCoef <T>() 函数只需被调用一次。

从式 (3.28) 可以看出, 示例样条插值所需求解的矩阵是一个三对角矩阵。在文件 spline_intp.h(F.36) 中, 该矩阵的下对角、对角线和上对角元素分别保存在 std::vector<T> 数组 lower_diagonal、diagonal 和 upper_diagonal 中。根据 T 的具体型别，程序将调用 LAPACKE 的三对角矩阵系统的求解器 LAPACKE_dgtsv 或 LAPACKE_sgtsv。由于使用了模板技术，我们希望编译期间就能绑定正确的线性方程组求解器，为此示例将 LAPACKE 求解器封装到一个名为 SolveEquation<T> 的模板函数并将其特例化，分别支持 float 和 double 型别线性方程组的求解。读者可参照示例添加对其他数据型别的支持。作为函数 LAPACKE_dgtsv() 或 LAPACKE_sgtsv() 的输入，数组 ddy_vec 保存了矩阵系统的右端项，而作为输出时，则是所需的各节点上的二阶导数①。

示例代码只实现了给定两端一阶导数的情况，得到式 (3.28) 所给的矩阵方程。对于其他情形，则需根据两个端点处的边界条件，相应地修改矩阵方程和右端项。

3.6 多维插值

前面讨论的被插值函数的自变量只有一维，对应的是一维插值。当被插值函数的 (独立) 自变量个数 $r > 1$ 时，对应的插值为 r 维插值。以二维插值为例，假定 $\boldsymbol{x}_1$ 为第一个维度上长度为 M_1 的向量，$\boldsymbol{x}_2$ 为第二个维度上长度为 M_2 的向量，(x_{1i}, x_{2j}) 表示节点 $(i,j)(i=0,1,2,\cdots,M_1-1, j=0,1,2,\cdots,M_2-1)$ 对应的自变量取值，那么被插值函数在节点 (i,j) 上的值记为 $y_{ij}=f(x_{1i},x_{2j})$，插值的任务是对于任意一个插值点 $(\tilde{x}_1,\tilde{x}_2)$，求得其函数值 $f(\tilde{x}_1,\tilde{x}_2)$。

不难想到，可将前面讨论的一维插值技术拓展到多维插值。事实上，从一维插值拓展到二维、三维甚至更高维度的基本思路相同。基于这种认识，本节主要以二维 (r=2) 插值为例说明多维插值的基本思想。从原理上看，前面讨论的一维插值技术均可拓展到多维插值中。然而，无论从效率，还是从精度上看，全局插值技术的表现一般都不如局域插值方法，因此这里只讨论基于局域插值的多维插值拓展。最简单且直接的二维插值算法是将分段常数插值拓展到二维，读者可参照 3.5.1 节自行完成算法的拓展。下面我们将在 3.6.1 和 3.6.2 两小节介绍两种常用的二维插值算法：双线性插值和双立方插值。如它们的名称所示，它们在两个维度上采用的插值基函数的阶数分别为 1 和 3。

---

① 从效率来看，示例代码并不是最优的。例如文献 [11] 采用的不显示保存矩阵的做法，能减少插值所消耗的内存。

3.6.1 双线性插值

同前面讨论的一维插值一样, 假定 x_{1i} 和 x_{2j} 递增排列。可以把这些节点 (x_{1i}, x_{2j}) 想象成一组二维网格的坐标。对于内插问题, 每个被插值节点 $(\tilde{x}_1, \tilde{x}_2)$ 有 4 个近邻节点。方便起见, 假定

$$x_{1i} \leqslant \tilde{x}_1 \leqslant x_{1(i+1)}, \quad x_{2j} \leqslant \tilde{x}_2 \leqslant x_{2(j+1)}. \tag{3.29}$$

即按逆时针顺序, 4 个近邻节点分别为 (x_{1i}, x_{2j})、$(x_{1(i+1)}, x_{2j})$、$(x_{1(i+1)}, x_{2(j+1)})$ 和 $(x_{1i}, x_{2(j+1)})$, 如图 3.2 所示。把对应的函数值用 0—3 进行编号, 即

$$y_0 = y_{ij}, \quad y_1 = y_{(i+1)j}, \quad y_2 = y_{(i+1)(j+1)}, \quad y_3 = y_{i(j+1)}. \tag{3.30}$$

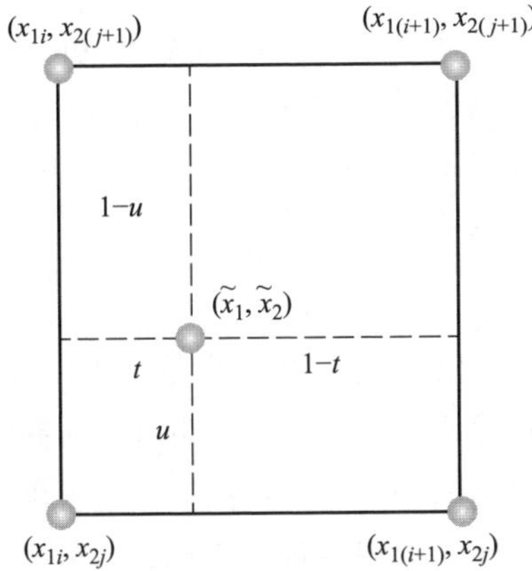

图 3.2 双线性插值的网格示意图

基于图 3.2 所示的网格, 双线性插值可写为

$$y(\tilde{x}_1, \tilde{x}_2) = (1-t)(1-u)y_0 + t(1-u)y_1 + tuy_2 + (1-t)uy_3, \tag{3.31}$$

其中

$$t \equiv \frac{\tilde{x}_1 - x_{1i}}{x_{1(i+1)} - x_{1i}}, \quad u \equiv \frac{\tilde{x}_2 - x_{2j}}{x_{2(j+1)} - x_{2j}}. \tag{3.32}$$

不难看出, 从一个网格移动到邻近网格时插值所得的函数值连续, 但其梯度在网格边界一般不连续。

基于模板技术, 文件 test_func_2d_gaussian.h(F.38)、bilinear_intp.h(F.39) 和 drv_bilinear_intp.cc(F.40) 给出了双线性插值的实现。图 F–21 给出由 Doxygen 生成的头文件依赖关系图和 main() 函数调用图。假定编译得到可执行文件 xbilinear_intp, 图 F–22 给出了命令行执行的方式和所得的输出。

示例的双线性插值分为三步。

(1) 寻找 x1p 和 x2p 在数组 x1_vec 和 x2_vec 的位置区间, 即定位插值点 (x1p,x2p) 所在的网格点;

(2) 根据式 (3.32) 计算插值系数 t 和 u;

(3) 根据式 (3.31) 计算插值点 (x1p,x2p) 对应的函数值。

由于 C++ 没有原生矩阵型别, 示例使用 Eigen 的矩阵类 [6] 来保存矩阵。文件 bilinear_intp.h(F.39) 利用 using 关键字定义 Eigen 二维满阵的别名 Mat<T>。由于 Eigen 默认使用列优先格式保存矩阵, 而示例代码根据 C++ 的默认规则采用行优先格式, 因此定义 Mat<T> 时需显式地指明采用的保存格式。模板函数 BilinearIntp<T>() 中, std::vector<T> 数组 x1_vec 和 x2_vec 分别保存两个维度上的自变量, Mat<T> 对象 y_mat 保存已知节点上的函数值, (x1p,x2p) 保存了插值点坐标。当插值点 (x1p,x2p) 相同而函数值不同时, 可保存 t 和 u 避免重复计算。

3.6.2 双立方插值

从本质上看, 双线性插值就是在两个维度上都采用一次多项式。显然, 也可在所有维度上都采用高阶多项式, 这样的插值称为**高阶多项式**多维插值。实现高阶多项式插值的策略有两种: 一是提高插值精度但不保证节点间梯度和更高阶导数的连续性/光滑性; 二是只保证插值函数的光滑性而忽略精度。正如一维插值, 二维或多维插值时单纯提高插值多项式的阶数同样无法避免龙格现象, 也就是说使用更高阶多项式并不能保证良好的插值效果, 因此阶数较低的双三次样条插值 (一维样条的二维拓展) 和双立方插值 (bicubic interpolation) ①在二维插值应用中比较常见。双三次样条插值的基本思路如下。

(1) 首先, 定位插值点 $(\tilde{x}_1, \tilde{x}_2)$ 所在的网格, 例如点 (x_{1i}, x_{2j}) 所在的网格;

(2) 然后, 沿着 $\boldsymbol{x}_2$ 的方向进行 M_1 次一维三次样条插值, 得到点 $(x_{1i}, \tilde{x}_2)$ $(i = 0, 1, \cdots, M_1 - 1)$ 对应的函数值 $y(x_{1i}, \tilde{x}_2)$;

(3) 根据插值节点 $y(x_{1i}, \tilde{x}_2)$, 沿着 $\boldsymbol{x}_1$ 方向构造三次样条插值, 从而得到 $(\tilde{x}_1, \tilde{x}_2)$ 处对应的函数值。

双三次样条插值中, 沿着 $\boldsymbol{x}_2$ 方向构造一个三次样条插值的开销为 $\mathcal{O}(M_2)$, 第二步中构造 M_2 个三次样条插值的复杂度达到了 $\mathcal{O}(M_2 \times M_1)$。因此, 当 M_1

① 又称为双三次插值。

和 M_2 变大时, 双三次样条插值的开销急剧增长, 此时, 人们大多倾向于使用能在效率和精度间取得良好平衡的双立方插值。

双立方插值拥有与双三次样条插值一样的光滑性质, 但与后者不同, 前者局域性更强。利用局域特性, 可提前计算出插值系数, 然后再计算插值点的函数值。每个插值点函数值的计算开销由两部分组成：一是定位插值点所在网格; 二是根据插值系数计算函数值, 后者为常数项。如忽略常数项, 双立方插值的复杂度一般为 $\mathcal{O}(P(\lg M_1+\lg M_2))$, P 为插值点的个数。当然, 计算开销低的代价是算法实现变得复杂。双立方插值有两个特点：1) 在网格节点上, 被插值函数值和插值多项式的值相等, 它们的一阶偏导也相等, 并且交叉二阶偏导 $(\partial^2 y/\partial x_1\partial x_2)$ 也相等; 2) 被插值函数的值及其导数在相邻网格间连续。

需要强调的是, 双立方插值只要求插值多项式在对应节点上的函数值和导数值与输入值相等, 而不关心网格节点上偏导准确与否。换言之, 从高阶插值实现策略看, 双立方插值只保证插值函数的光滑性而不保证其精度。如何获取网格节点上的偏导需要用户来指定。显然, 导数越准确, 插值的效果越好。无论是通过解析的方式, 还是数值的方式, 如果能获取插值节点 $(x_{1i},x_{2j})(i=0,\cdots,M_1-1;j=0,\cdots,M_2-1)$ 的一阶和交叉二阶偏导的准确值, 那么将使插值效果最好。次优情况是, 通过插值节点的函数值计算出各个节点的一阶偏导和交叉二阶偏导。双三次样条插值可以视为双立方插值的一种特殊情况, 因为双三次样条插值采用了一种特殊的方式指定节点的偏导。

同双线性插值一样, 双立方插值也可通过三步来实现：定位网格、计算系数和实现插值。除了定位 $(\tilde{x}_1,\tilde{x}_2)$ 所在的网格, 双立方插值中后面两步的具体实现方式与双线性插值的有所不同。如图 3.3 所示, 定位了 $(\tilde{x}_1,\tilde{x}_2)$ 所在网格后, 双立方插值需计算 4×4 个网格节点。完成系数矩阵的填充后, 就可进行第三步, 即计算 $(\tilde{x}_1,\tilde{x}_2)$ 处的函数值和相应的导数, 具体地,

$$
\begin{aligned}
y(\tilde{x}_1,\tilde{x}_2) &= \sum_{i=0}^{3}\sum_{j=0}^{3} c_{i,j}t^i u^j\\
y_1'(\tilde{x}_1,\tilde{x}_2) &= \frac{\mathrm{d}y(\tilde{x}_1,\tilde{x}_2)}{\mathrm{d}x_1} = \sum_{i=0}^{3}\sum_{j=0}^{3} i c_{i,j}t^{i-1}u^j\frac{\mathrm{d}t}{\mathrm{d}x_1}\\
y_2'(\tilde{x}_1,\tilde{x}_2) &= \frac{\mathrm{d}y(\tilde{x}_1,\tilde{x}_2)}{\mathrm{d}x_2} = \sum_{i=0}^{3}\sum_{j=0}^{3} j c_{i,j}t^{i}u^{j-1}\frac{\mathrm{d}u}{\mathrm{d}x_2}\\
y_{12}''(\tilde{x}_1,\tilde{x}_2) &= \frac{\mathrm{d}^2 y(\tilde{x}_1,\tilde{x}_2)}{\mathrm{d}x_1\mathrm{d}x_2} = \sum_{i=0}^{3}\sum_{j=0}^{3} ij c_{i,j}t^{i-1}u^{j-1}\frac{\mathrm{d}t}{\mathrm{d}x_1}\frac{\mathrm{d}u}{\mathrm{d}x_2},
\end{aligned}
\tag{3.33}
$$

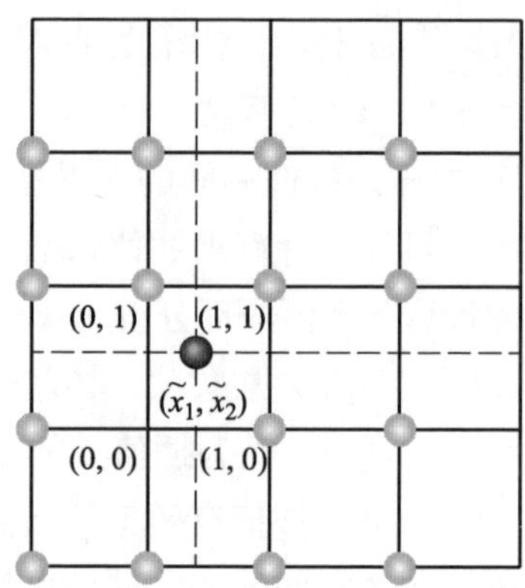

图 3.3　双立方插值的网格示意图

其中 t 和 u 的定义如式 (3.32) 所示, t 和 u 的上标为多项式的阶数, 而 i 和 j 则是图 3.3 所示网格节点的局域索引。式 (3.33) 中 $c_{i,j}$ 是插值系数, 该系数的计算可看成一个有些复杂但标准化的线性变换, 我们将在示例文件 bicubic_intp.h(F.42) 中给出其具体计算方式。

表 3.2　双立方插值 C++ 实现的源文件列表

文件名	简要说明
common_bicubic_intp.h(F.41)	共用定义、申明和函数
bicubic_intp.h(F.42)	BicubicIntp<T> 的模板类
apply_bicubic_intp.cc(F.43)	应用双立方插值
drv_bicubic_intp.cc(F.44)	main 函数所在文件

表 3.2 列出了基于模板技术的双立方插值 C++ 实现的源文件。图 F–23 给出由 Doxygen 生成的头文件依赖关系图和 main() 函数调用图。假定编译所得的可执行文件为 xbicubic_intp, 图 F–24 给出了命令行执行的方式和所得的输出。同双线性插值类似, 示例中 x1_vec 和 x2_vec 分别保存已知插值节点两个维度上的自变量, Mat<T> 对象 y_mat 保存插值节点上的函数值, (x1p,x2p) 表示插值点。双立方插值所需的一阶和二阶偏导保存于 Mat<T> 对象 y1_mat, y2_mat 和 y12_mat; 其中 y1_mat 和 y2_mat 分别保存 $\boldsymbol{x}_1$ 和 $\boldsymbol{x}_2$ 方向上的一阶偏导, y12_mat 保存二阶偏导。

相对而言, 双立方插值比前面的插值都更为复杂, 因此示例为其定义名为 BicubicIntp<T> 的模板类。表 3.3 给出了模板类 BicubicIntp<T> 的成员数据和方法。其中方法 BicubicIntp<T>::ReadGrid() 调用了定义于文件 common_ bicubic_intp.h(F.41) 的内联函数 inline wid　ObtainValuesOfInterpolants<T>()。

表 3.3 模板类 BicubicIntp<T> 的变量和方法

变量/方法	简要说明
std::array<T, 4>y_, y1_, y2_, y12_;	分别保存网格四个节点上的已知函数值、$\boldsymbol{x}_1$ 方向上的偏微分、$\boldsymbol{x}_2$ 方向上的偏导和交叉二阶偏导
T c44[4][4];	型别为 T 的 4×4 矩阵, 保存了计算所得插值系数
void ReadGrid(Mat<T> const &y_mat, Mat<T> const &y1_mat, Mat<T> const &y2_mat, Mat<T> const &y12_mat, size_t const xi, size_t const xj)	调用内联函数 ObtainValuesOfInterpolants<T>(), 将四个节点上的函数值及其导数读入 y_, y1_,y2_ 和 y12_
void ComputeBicubicCoefficients (T const x1p, T const x2p)	计算插值系数矩阵
int InterpolatedValue (T const x1l, T const x1u, T const x2l, T const x2u, T const x1p, T const x2p, std::array<T, 3>&ansy)	根据式 (3.33) 计算插值所得的值

双立方插值算法并没有规定获取插值节点上函数偏导的方式, 用户可根据实际情况选择合适的方式来计算或设置导数的值。本示例程序为了演示方便, 根据生成测试数据的函数的微分解析表达式直接计算出插值节点上的导数。示例代码非常适合计算每个 ($\tilde{x}_1, \tilde{x}_2$) 只计算一次的情况, 但当需要反复插值计算一组点时, 往往把插值系数保存为一个稀疏阵, 插值时使用稀疏阵的矩阵向量相乘操作。

反插值

有时候读者还会在文献上看到反插值, 即由 y 的值来获取 x 的值。其实现有两种方式, 一是跟插值一样先构造函数 $y = f(x)$, 利用所构造的 $f(x)$ 完成反插值; 一是假定 $f^{-1}(x)$ 存在, 对函数 $f^{-1}(x)$ 对进行插值。

3.7　数据建模与参数估计

在包括特征提取、模式识别与分类、数据压缩等在内的很多应用中, 一个非常基本且重要的操作是：根据一组数据寻求一个**参数可调的**、可以很好**拟合**该组数据的模型, 这里称这种操作为**数据建模**。有时候, 数据建模相对来说比较简单, 例如对于一组 $(x_i, y_i)(i = 0, \cdots, M-1)$ 数据, 使用多项式或高斯函数就能描述自变量 x 与因变量 y 之间关系 $y = f(x)$。从这个角度看, 数据建模与前面几节讨论的插值很相似, 但在插值问题中, 所有插值节点 (x_i, y_i) 都满足 $y = f(x)$, 也就是说曲线通过所有节点 (x_i, y_i); 但数据建模所得曲线则不然。这是因为数据一般并不精确, 或者说, 数据包含了误差。即便所建模型完全正确, $y = f(x)$ 一般也无法与数据完全匹配。一般来说, 数据建模需选择或设计一个度量函数来度量已知数据和所构建模型之间的一致性。从统计学频率学派 (frequentist) 的观点看, 设计度量函数的准则是: 该函数的值越小, 所构建的模型与实际数据吻合的程度越好; 而贝叶斯学派 (Bayesianist) 则让描述所构建模型的参数以最大的概率接近真实情况, 因此度量函数越大越好。无论哪种观点, 都涉及描述模型的参数的选择, 这里称之为**参数估计**。参数估计的目标就是获取拟合程度最好的一组参数, 这往往涉及优化技术, 即多维度最小值问题。

下面分别介绍几种基本数据建模的方式。

3.7.1　线性模型

记 $\boldsymbol{c} = \{c_0, c_1, \cdots\}$ 为 P 个需要被估计的参数, 拟合模型 $Y(x\,|\boldsymbol{c})$ 的一般形式为

$$Y(x\,|\boldsymbol{c}) = \sum_{k=0}^{P-1} c_k \varPhi_k(x), \tag{3.34}$$

这里, $\varPhi_k(x)(k = 0, \cdots, P-1)$ 是选定的关于 x 的任意函数, 往往被称为**基函数**。如果知道数据满足的函数或其近似表达, 据此选择基函数可以提高数据模型与观察数据的拟合度。比如, 对于呈现周期波动的数据选择正弦函数或余弦函数为基函数一般会得到好的效果。假定一组数据 $(x_i, y_i)(i = 0, 1, 2, \cdots, M-1)$ 可以用多项式描述, 此时把 x^k 作为基函数 $\varPhi_k(x)$ 较好, 建立的拟合模型 $Y(x|\boldsymbol{c})$

可写为

$$Y(x\,|\boldsymbol{c}) = c_0 + c_1 x + c_2 x^2 + \cdots + c_{P-1} x^{P-1}. \tag{3.35}$$

不难看出, $P-1$ 为多项式的最高阶数。

与式 (3.1) 给出的插值类似, 虽然函数 $\Phi_k(x)$ 可以是关于 x 的任意形式函数, 包括非线性函数, 但式 (3.34) 和式 (3.35) 描述的模型是参数 c_i 的线性函数, 所以对应的模型一般被称为**线性模型**。线性模型的参数估计可通过**最小二乘法** (least square) 来完成 [3,11]。为此, 定义优值函数作为度量函数 (merit function)

$$\mathscr{E}(\boldsymbol{c}) = \sum_i w_i (y_i - Y(x_i\,|\boldsymbol{c}))^2, \tag{3.36}$$

其中 w_i 是第 i 个数据点对应的权重。假定在第 i 个观察点上, 观察数据的均方根误差为 $1/\sigma_i$, 让 w_i 等于 $1/\sigma_i^2$, 式 (3.36) 就是文献 [11] 给出的 χ^2 函数①, 具体地,

$$\mathscr{E}(\boldsymbol{c}) = \sum_i \left(\frac{y_i}{\sigma_i} - \frac{\sum\limits_{k=0}^{P-1} c_k \Phi_k(x_i)}{\sigma_i} \right)^2 = \sum_i (\boldsymbol{b} - \boldsymbol{A}\cdot\boldsymbol{c})^2, \tag{3.37}$$

其中矩阵 $\boldsymbol{A}$ 被称为拟合问题的**设计矩阵** (design matrix), 其矩阵元素为

$$A_{ik} = \frac{\Phi_k(x_i)}{\sigma_i}. \tag{3.38}$$

矩阵 $\boldsymbol{A}$ 的维度为 $M \times P$. 在一般情况下, 观察数据的个数大于多项式的阶数, 所以有 $M > P$。而式 (3.37) 中的向量 $\boldsymbol{b}$ 的长度为 M, 其中第 i 个元素为 $b_i = y_i/\sigma_i$。

为求解式 (3.37) 描述的最小值问题, 可以对所有 c_k 求偏导并让导数为零, 即

$$0 \equiv \frac{\partial \mathscr{E}(\boldsymbol{c})}{\partial c_k} = \sum_i \frac{1}{\sigma_i^2} \left[y_i - \sum_{j=0}^{P-1} c_j \Phi_j(x_i) \right] \Phi_k(x_i), \quad k = 0, 1, \cdots, P-1. \tag{3.39}$$

式 (3.39) 可简写为

$$\sum_{k=0}^{P-1} \alpha_{kj} c_k = \beta_j, \quad \text{或,} \quad \boldsymbol{\alpha}\cdot\boldsymbol{c} = \boldsymbol{\beta}, \tag{3.40}$$

① 参见文献 [11] 第 15 章式 (15.1.6)。

上标 T 表示转置, 矩阵 $\boldsymbol{\alpha}$ 和向量 $\boldsymbol{\beta}$ 为

$$\begin{aligned}\alpha_{kj} &= \sum_{i=0}^{M-1} \frac{\Phi_k(x_i)\Phi_j(x_i)}{\sigma_i^2}, \quad \text{或} \quad \boldsymbol{\alpha} = \boldsymbol{A}^T \cdot \boldsymbol{A}, \\ \beta_j &= \sum_{i=0}^{M-1} \frac{\Phi_k(x_i)y_i}{\sigma_i^2}, \quad \text{或} \quad \boldsymbol{\beta} = \boldsymbol{A}^T \cdot \boldsymbol{b}.\end{aligned} \tag{3.41}$$

这里 $\boldsymbol{\alpha}$ 为一个 $P \times P$ 的矩阵, 而 $\boldsymbol{\beta}$ 为一个长度为 P 的向量。需要指出, 对于复数问题, 式 (3.36) 的平方应为 L_2 范数的平方, 而式 (3.41) 中的转置为共轭转置。式 (3.40) 被称为最小二乘问题的**正规方程** (normal equation)[3,11], 其解就是式 (3.35) 的最小二乘解。因为方程 (3.40) 是一个标准的线性方程组, 既可使用 LU 分解等直接求逆的方式求解, 也可通过迭代法求解。矩阵 $\boldsymbol{\alpha}$ 的逆 $\boldsymbol{\alpha}^{-1}$ 往往被记为 $\boldsymbol{C}$, 即**协方差矩阵**, 它描述了参数 $\boldsymbol{c}$ 的不确定性, 具体讨论可参阅文献 [11] 的 15.4 节。

使用高斯 – 约旦消去法求解正规方程时, 可以一次性完成估计 $\boldsymbol{c}$ 和获取协方差矩阵 $\boldsymbol{C}$ 的计算任务, 而使用 LU 分解法时, 求解过程不会生成协方差矩阵 $\boldsymbol{C}$。虽然 LU 分解的计算操作次数是高斯 – 约旦消去法的 1/3, 但需要额外的操作来完成矩阵求逆, 所以既要估计参数, 还要得到协方差矩阵时, LU 分解与高斯约旦消去法的理论计算量相当。

基于模板技术, 文件 drv_lsfit.cc(F.45)、generate_data.h(F.46) 和 linear_LS_fit.h(F.47) 给出了使用最小二乘问题法实现线性模型的 C++ 代码示例。示例还调用了文件 utilities_sc.h(F.15) 中的计时函数。图 F–25 给出由 Doxygen 生成的头文件依赖关系图和 main() 函数调用图。假定编译所得的可执行文件为 xls_fit, 图 F–26 给出了命令行执行的方式和所得的输出。需要注意的是, 虽然示例代码本身支持复数运算, 但没有实现计算矩阵 $\boldsymbol{\alpha}$ 所需的共轭转置操作。

表 3.4 给出了示例代码中主要变量的型别和简要说明。表 3.4 中 Mat<T> 和 Vec<T> 分别是基于 Eigen 列优先格式的满阵和列向量的别名 (alias)。同插值示例程序一样, 文件 drv_lsfit.cc(F.45) 首先根据命名行参数得到数据点的个数和模型参数的个数, 然后调用函数 GenerateObservationData<T>() 生成包含噪声的观察点数据和保存于数组 c_vec 的生成模型所用的参数 $\boldsymbol{c}$, 最后调用函数 LinearModelFittingByLs<T>() 完成数据建模后, 计算 $\mathscr{E}(\boldsymbol{c})$ 的值。

表 3.4 参数估计线性模型的最小二乘法求解示例中的变量说明

变量	简要说明
std::vector<double> x_vec, y_vec;	保存观察点和观察点对应的函数值，长度为 num_observation_points
std::vector<double> sigma;	保存每个观察点对应的均方根误差，长度为 num_observation_points
std::vector<double> c_vec;	描述数据模型的参数，长度为 total_num_model_coef，在当某些参数被固定，即所谓的**受限参数估计**问题中，数组 c_vec 的长度大于所需估计参数的个数
std::vector<bool> prescribed;	记录哪些参数需要被估计，长度为 total_num_model_coef，元素为 true 时表示该元素需要被估计，否则直接使用真值或近似真值
std::vector<double> phi_vec;	各个观察点上基函数的值，长度为 total_num_model_coef
Mat<T> alpha(num_coef_to_be_estimated, num_coef_to_be_estimated);	维度为 num_coef_to_be_estimated×num_coef_to_be_estimated 的满阵 $\boldsymbol{A}^T\cdot\boldsymbol{A}$，num_coef_to_be_estimated 为所需估计的参数个数，num_coef_to_be_estimated $\leqslant$ total_num_model_coef。示例代码采用 Eigen 默认的列优先方式保存矩阵
Vec<T> beta(num_coef_to_be_estimated);	保存所需估计的 num_coef_to_be_estimated 个参数
double chi_square	$\mathscr{E}(\boldsymbol{c})$ 的值

为了便于确定模型的准确度，定义于文件 generate_data.h(F.46) 中的函数 GenerateObservationData<T>() 采用参数模型中的基函数来生成观察数据。基函数的具体形式为

$$\varPhi_k=\begin{cases}1, k=0,\\ x, k=1,\\ \sin[(k-1)x]+\cos[(k+1)x], k>1.\end{cases}\tag{3.42}$$

从文件 generate_data.h(F.46) 可看出，这里先设置观察点 $x_i=0.1(i+1)(i=$

$0, 1, \cdots$), 然后调用函数 SetPhi<T>() 生成 x_i 对应的 P 个基函数的值 $\varPhi_k(x_i)$, 保存于数组 phi_vec 中; 紧接着根据式 (3.34) 生成 y_i, 在此过程中, 假定 $c_k = k+1$。也就是说, 示例中所需估计的参数 c_k 的真值等于 $(k+1)$, 这是判断所得数据模型有效性的依据。示例代码还给观察点数据 y_i 添加了均值为 0、方差为 0.1 的高斯噪声, 该噪声由 C++ 标准库随机数生成器生成。关于 C++ 中随机数生成的基本方式, 请参考 5.9 节。

文件 linear_LS_fit.h(F.47) 是建模的主体部分。程序先确定数据模型的参数个数 total_num_model_coef 和所需估计参数的个数 num_coef_to_be_estimated, 并据此定义类 Mat<T> 的对象 alpha 和数组 beta, 分别保存式 (3.40) 中的 $\boldsymbol{\alpha}$ 和 $\boldsymbol{\beta}$。接下来的 for 循环根据式 (3.41) 填充矩阵 $\boldsymbol{\alpha}$, 并用两个 if 判断屏蔽已知固定参数对 $\boldsymbol{\alpha}$ 的贡献。根据式 (3.37), $\boldsymbol{A}$ 的大小为 num_observation_points× num_coef_to_be_estimated, 而矩阵 $\boldsymbol{\alpha}$ 的维度为 num_coef_to_be_estimated×num_coef_to_be_estimated。一般来讲, num_observation_points≫total_num_model_coef≈num_coef_to_be_estimated, 因此直接填充 $\boldsymbol{\alpha}$ 而非先填充 $\boldsymbol{A}$ 再计算 $\boldsymbol{A}^T \cdot \boldsymbol{A}$ 能降低计算的峰值内存。根据后续处理的要求, 填充过程中以列优先格式保存矩阵 alpha。文件 linear_LS_fit.h(F.47) 使用了 Eigen 库提供的 Cholesky 分解 (类 Eigen::LLT) 来求解正规方程。Cholesky 分解是 LU 分解的变体, 效率高于通用的 LU 分解。正规方程的 Cholesky 分解没有生成协方差矩阵。如果需要协方差矩阵, 则需计算 $\boldsymbol{\alpha}$ 的逆, 感兴趣的读者可参照上面的代码添加这一功能。

一般来说, 设计矩阵 $\boldsymbol{A}$ 为病态矩阵, 矩阵 $\boldsymbol{\alpha}$ 的条件数等于设计矩阵 $\boldsymbol{A}$ 的平方, 因此正规方程的最小二乘求解对截断误差很敏感。一个替代方案是对矩阵 $\boldsymbol{A}$ 做 QR 分解。当采用 QR 分解也失效时, 采用 SVD 分解可能可以得到正确的解 [11]。

上面讨论的数据模型为一维变量的函数, 当 y_i 依赖于多个变量时, 需要将标量 x 替换为向量 $\boldsymbol{x}$。在多维情况下, $\mathscr{E}(\boldsymbol{c})$ 的定义可写为

$$\mathscr{E}(\boldsymbol{c}) = \sum_i \left(\frac{y_i}{\sigma_i} - \frac{\displaystyle\sum_{k=0}^{P-1} c_k \varPhi_k(\boldsymbol{x}_i)}{\sigma_i} \right)^2, \tag{3.43}$$

与式 (3.37) 相比, 仅仅是将 x_i 替换为 $\boldsymbol{x}_i$。相应代码的实现也比较简单, 这里不

详细讨论。

3.7.2 非线性模型

当数据模型为参数 $\boldsymbol{c}$ 的非线性函数时, 依然可以根据式 (3.36) 定义误差函数, 但无法使用类似的方式求解最小二乘问题。下面介绍几种常用的针对非线性模型的算法。

3.7.2.1 牛顿法

非线性函数的极值问题可以通过**牛顿法**来求解。假定极值出现在 $\boldsymbol{c}_0$ 附近[①], 那么函数 $\mathscr{E}(\boldsymbol{c})$ 在该点的泰勒展开可写为

$$\begin{aligned}\mathscr{E}(\boldsymbol{c}) &= \mathscr{E}(\boldsymbol{c}_0) + \sum_i \frac{\partial \mathscr{E}(\boldsymbol{c})}{\partial \boldsymbol{c}_i}|_{\boldsymbol{c}_0}\, \delta c_i + \frac{1}{2}\sum_i \frac{\partial^2 \mathscr{E}(\boldsymbol{c})}{\partial c_i \partial c_j}|_{\boldsymbol{c}_0}\, \delta c_i \delta c_j + \cdots \\ &\approx e_0 - \boldsymbol{b}\cdot\delta\boldsymbol{c} + \frac{1}{2}\delta\boldsymbol{c}\cdot\boldsymbol{H}\cdot\delta\boldsymbol{c}.\end{aligned} \tag{3.44}$$

其中 δc_i 为 $\delta\boldsymbol{c} = \boldsymbol{c} - \boldsymbol{c}_0$ 中的第 i 个分量, 另外还有

$$e_0 \equiv \mathscr{E}(\boldsymbol{c}_0), \quad \boldsymbol{b} \equiv -\nabla\mathscr{E}|_{\boldsymbol{c}_0}, \quad H_{ij} = \frac{\partial^2 \mathscr{E}(\boldsymbol{c})}{\partial c_i \partial c_j}|_{\boldsymbol{c}_0}. \tag{3.45}$$

矩阵 $\boldsymbol{H}$ 一般被称为函数 $\mathscr{E}(\boldsymbol{c})$ 在 $\boldsymbol{c}_0$ 处的**海森矩阵** (Hessian matrix)。对式 (3.44) 求梯度, 有

$$\nabla\mathscr{E}(\boldsymbol{c}) = \boldsymbol{H}\cdot\delta\boldsymbol{c} - \boldsymbol{b}. \tag{3.46}$$

如果函数 $\mathscr{E}(\boldsymbol{c})$ 在点 $\boldsymbol{c}_0$ 处有极值, 那么 $\nabla\mathscr{E}(\boldsymbol{c}_0) = 0$, 于是式 (3.46) 可写成

$$0 = \boldsymbol{H}\cdot\delta\boldsymbol{c} - \boldsymbol{b}. \tag{3.47}$$

从式 (3.47) 可得到一种求解优值函数极小值的办法, 即从某个猜测点 $\boldsymbol{c}_0$ 开始, 求解方程 (3.47) 获取增量 $\delta\boldsymbol{c}$ 修正 $\boldsymbol{c}_0$, 并将其作为下一步迭代的起点, 直至得到 $\mathscr{E}$ 的极值。不失一般地, 记 $\boldsymbol{c}_n$ 为第 n 次迭代时 $\boldsymbol{c}$ 的值, 那么

$$\begin{aligned}\delta\boldsymbol{c}_n &= \boldsymbol{H}^{-1}\cdot\boldsymbol{b}, \\ \boldsymbol{c}_{n+1} &= \boldsymbol{c}_n + \delta\boldsymbol{c}_n.\end{aligned} \tag{3.48}$$

① 通过坐标平移的线性变换, 不难让极值点出现在坐标原点, 所以有的文献假定极值点位于原点。

这就是牛顿法的基本思路。然而, 上面的迭代过程要求每一次迭代中的海森矩阵正定; 而且每次迭代计算海森矩阵的开销很大, 因此不适合规模较大的应用。**高斯 – 牛顿法**能简化海森矩阵的计算从而有效降低牛顿法的开销, 因此比牛顿法更为常用。

3.7.2.2 高斯 – 牛顿法

高斯 – 牛顿法实际上是牛顿法在求解非线性最小二乘问题时的一个特例。它使用下面将要讨论的 $\boldsymbol{J}^T \cdot \boldsymbol{J}$ 代替了过于消耗计算资源的海森矩阵。非线性问题中的优值函数 $\mathscr{E}(\boldsymbol{c})$ 具有与式 (3.36) 一样的形式。这里重新写出最小二乘问题的优值函数

$$\mathscr{E}(\boldsymbol{c}) = \sum_i w_i (y_i - Y(x_i\,|\boldsymbol{c}))^2 = \sum_i r_i^2, \tag{3.49}$$

其中, $r_i = w_i\,[y_i - Y(x_i\,|\boldsymbol{c})]$。函数 $\mathscr{E}(\boldsymbol{c})$ 梯度的第 j 个分量可写为

$$\frac{\partial \mathscr{E}(\boldsymbol{c})}{\partial c_j} = 2\sum_i r_i \frac{\partial r_i}{\partial c_j}, \tag{3.50}$$

于是, 梯度可写为

$$\nabla \mathscr{E}(\boldsymbol{c}) = \boldsymbol{J}^T \cdot \boldsymbol{r}, \tag{3.51}$$

其中上标 T 表示转置, $\boldsymbol{J}$ 被称为**雅克比矩阵** (Jacobi matrix), 其矩阵元素可写为

$$J_{ij} = \frac{\partial r_i}{\partial c_j}. \tag{3.52}$$

直接在式 (3.50) 给出的梯度向量上求导计算海森矩阵的元素

$$H_{ij} = 2\sum_i \left(\frac{\partial r_i}{\partial c_i} \frac{\partial r_i}{\partial c_j} + \frac{\partial^2 r_i}{\partial c_i \partial c_j} \right). \tag{3.53}$$

如果与一阶导数相比 $\partial^2 r_i / \partial c_i \partial c_j$ 很小, 那么式 (3.53) 右边的第二项可以忽略, 于是

$$H_{ij} \approx 2\sum_i \left(\frac{\partial r_i}{\partial c_i} \frac{\partial r_i}{\partial c_j} \right). \tag{3.54}$$

忽略**二次偏导**是高斯 – 牛顿法的技巧。将式 (3.54) 写为矩阵的形式,

$$\boldsymbol{H} \approx 2\boldsymbol{J}^T \cdot \boldsymbol{J}, \tag{3.55}$$

将式 (3.51) 和式 (3.55) 代入式 (3.47) 有,

$$\boldsymbol{J}^T \cdot \boldsymbol{J} \cdot \delta \boldsymbol{c} = \boldsymbol{J}^T \cdot \boldsymbol{r} \tag{3.56}$$

于是描述牛顿法的式 (3.48) 可写为

$$\begin{aligned} \delta \boldsymbol{c}_n &= \left(\boldsymbol{J}^T \cdot \boldsymbol{J}\right)^{-1} \cdot \boldsymbol{J}^T \cdot \boldsymbol{r}, \\ \boldsymbol{c}_{n+1} &= \boldsymbol{c}_n + \delta \boldsymbol{c}_n. \end{aligned} \tag{3.57}$$

式 (3.57) 就是高斯 – 牛顿法的基本迭代过程。

3.7.2.3 LM 方法

高斯 – 牛顿法有时会在迭代过程中发散。有两种解决方法解决这个问题:调整下降幅度或调整下降方向。对于调整下降幅度, 可将式 (3.57) 中更新 $\boldsymbol{c}_{n+1}$ 的过程改为

$$\boldsymbol{c}_{n+1} = \boldsymbol{c}_n + \gamma \delta \boldsymbol{c}_n. \tag{3.58}$$

这里 $0< \gamma <1$, 为调节下降步长的因子。而调整下降方向的实现则可由本节要讨论的 LM(Levenberg–Marquardt) 方法 [11,13] 实现。

当可以获得 $\boldsymbol{c}_0$ 的良好估计时, LM 方法非常有效。该方法有时也被称为马奎特 (Marquardt) 方法, 它已成为事实上的非线性最小二乘问题的标准解法。其迭代过程可写为

$$\begin{aligned} \delta \boldsymbol{c}_n &= \left(\boldsymbol{J}^T \cdot \boldsymbol{J} + \lambda \boldsymbol{I}\right)^{-1} \cdot \boldsymbol{J}^T \cdot \boldsymbol{r}, \\ \boldsymbol{c}_{n+1} &= \boldsymbol{c}_n + \gamma \boldsymbol{c}_n. \end{aligned} \tag{3.59}$$

其中 $\boldsymbol{I}$ 为单位矩阵, λ 为一个常数。不难看出, LM 方法与高斯 – 牛顿法的不同点在于, 矩阵 $(\boldsymbol{J}^T \cdot \boldsymbol{J})$ 被替换为 $(\boldsymbol{J}^T \cdot \boldsymbol{J} + \lambda \boldsymbol{I})$。如果 $\boldsymbol{c}$ 下降得太快, 使用较小的 λ, 使之更接近高斯 – 牛顿法; 否则使用较大的 λ, 使之更接近梯度下降法。

从上面的讨论不难看出, LM 方法本质上是一个下坡搜索 (downhill search), 比较适合参数估计的最后阶段。一般实际应用中, 采用某些粗略的, 有时候是依赖于具体问题的方法来获取 $\boldsymbol{c}_0$, 保证 LM 方法在一个良好的初始参数范围展开搜索。

表 3.5 列出了 LM 方法求解非线性最小二乘问题示例代码的源文件, 这里也使用了模板技术。图 F–27 给出由 Doxygen 生成的头文件依赖关系图和

main() 函数调用图。假定编译所得的可执行文件为 xlm_nolinear, 图 F–28 给出了命令行执行的方式和所得的输出。

表 3.5 采用 LM 方法求解非线性最小二乘问题示例代码源文件

文件名	简要说明
generate_data_nl.h(F.48)	生成观察点数据
nonlinear_lm.h(F.49)	非线性模型的 LM 方法
normal_equation.h(F.50)	建立正规方程
drv_lm_nonlinear.cc(F.51)	main() 函数
utilities_sc.h(F.15)	计时函数等

代码中的主要变量与 3.7.1 节中线性模型示例程序的类似, 但由于功能变化, 这里也引入了一些新的变量。例如 std::vector<T> 数组 c_ref 和 c_guess, 分别保存模型参数 $\boldsymbol{c}$ 的准确和初始估计值; std::vector<T> 数组 Jacobi, 用来保存雅克比矩阵的一行。文件 drv_lm_nonlinear.cc(F.51) 中 main() 函数也与线性模型示例程序类似, 首先根据命名行参数得到数据点的个数和模型参数的个数, 然后生成包含噪声的观察点数据和保存于数组 c_vec 的生成模型所用的参数 $\boldsymbol{c}$, 最后完成数据建模。示例所需拟合的数据模型为

$$\begin{aligned} y(x) &= \sum_{i}^{K} \varPhi_i(x), \\ \varPhi_i(x) &= c_i \mathrm{e}^{\left(\frac{x-c_{i+1}}{c_{i+2}}\right)^2}. \end{aligned} \tag{3.60}$$

因为每个基函数 $\varPhi_i$ 需要 3 个参数来描述, 所以本例中数据模型的参数个数必须是 3 的倍数。文件 generate_data_nl.h 用常量 kNumExp 来代替 3。

文件 nonlinear_LM.h(F.49) 实现 LM 方法的迭代求解, 文件 normal_equation.h(F.50) 则填充高斯 – 牛顿法中的矩阵 $\boldsymbol{\alpha} = \boldsymbol{J}^T \cdot \boldsymbol{J}$、向量 $\boldsymbol{\beta}$ 并更新 $\mathscr{E}(\boldsymbol{c})$。前者通过调用定义于后者的函数 SetupNormalEquation<T>() 根据输入的 $\boldsymbol{c}$ 来计算矩阵 $\boldsymbol{\alpha}$、向量 $\boldsymbol{\beta}$ 和 $\mathscr{E}(\boldsymbol{c})$, 然后进入迭代求解过程。迭代停止的条件为 iteration_state 为 false 且迭代次数不超过 20。迭代中, 先根据式 (3.59) 来计算 $\boldsymbol{\alpha} = (\boldsymbol{J}^T \cdot \boldsymbol{J} + \lambda \boldsymbol{I})$ 并调用 Eigen 库函数求解出 $\boldsymbol{\beta}$; 然后再次调用函数 SetupNormalEquation<T>() 更新矩阵 $\boldsymbol{\alpha}$、向量 $\boldsymbol{\beta}$ 和 $\mathscr{E}(\boldsymbol{c})$, 比较当前迭代步的 $\mathscr{E}(\boldsymbol{c})$ 和上一步中的 $\mathscr{E}(\boldsymbol{c})$, 确定是否继续迭代; 如果退出迭代则将 iteration_state 设置为 false, 否则根据前后两步的 $\mathscr{E}(\boldsymbol{c})$ 修改参数 λ, 继续下一

次迭代。文件 nonlinear_LM.h(F.49) 还将迭代求解过程中的 $\mathscr{E}(\boldsymbol{c})$ 输出到文件 chisq.txt, 方便后续处理。

图 3.4 给出当有 400 个观察数据和 100 个观察数据时, 求解的参数和迭代过程中 χ^2 的变化。案例中, 需要拟合的参数为 9 个, 这 9 个参数的正确值为 1.0、2.0、8.0、5.0、6.0、3.0、1.0、7.0、7.0。图中的参数索引为 1 到 9。从图中可以看到, 观察数据变多时, LM 方法的效果变好, 不仅迭代收敛更快, 而且拟合参数的精度也变高。同时, 还可以看到, LM 方法收敛并不能保证解是最优的。

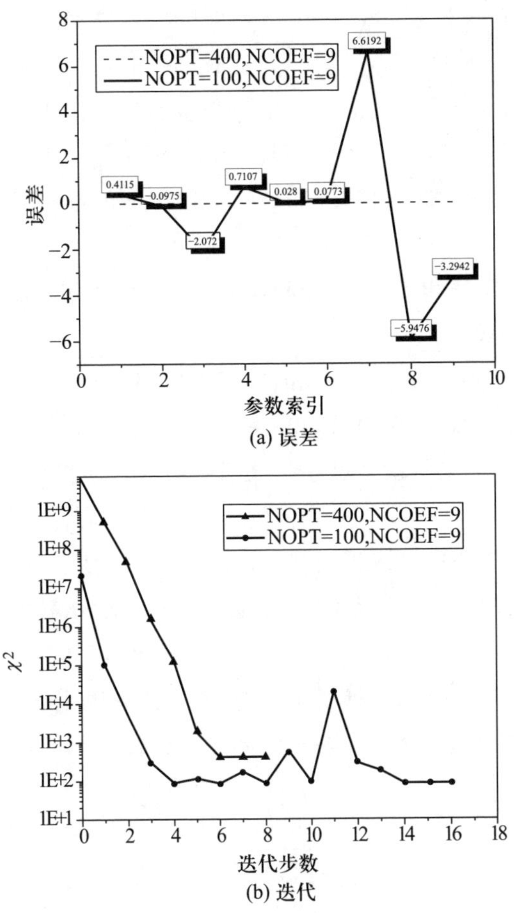

图 3.4 当模型的参数为 9 时, 观察数据为 400 和 100 个时拟合的误差

当知道模型的基本信息, 比如适合使用某种形式的基函数 Φ 并能给出参数的一个良好的近似时, 使用 LM 方法能以很低的开销实现参数的正确估计。然而, 在实际应用中, 例如目标分类、识别等领域, 往往无法满足这些条件, 此时利用机器学习可能是更好的选择。

课程设计

1. 参照文件 drv_find_position.cc (F.25), 使用 std::lower_bound() 在升序数组中查找特定元素。考虑是否可以组合 std::find_if() 与 std::lower_bound() 加速多个元素的逐次检索, 这里假定被检索的各个数值 $x_i(i = 0,1,\cdots)$ 按升序排列。

2. 根据式 (3.3) 写出直接实现拉格朗日多项式插值的程序。比较与牛顿多项式插值在精度和效率上的差别。

3. 参照文件 neville_poly_intp.h(F.26) 和 drv_neville_poly_intp.cc (F.27), 采用递归的方式实现内维尔算法。

4. 推导采用 QR 分解求解最小二乘问题的具体过程, 编写程序测试算法实现的性能。

5. 基于 3.7.1 节给出的线性模型示例, 添加获取协方差矩阵的功能。

6. 试调用 LAPACKE 中的 Cholesky 分解和 LU 分解实现线性最小二乘问题的求解。

7. 参照 3.7.1 节给出的线性模型示例, 编写采用高斯 – 约旦法求解二维和三维线性最小二乘问题的代码, 与一维情况对比计算开销和性能上的差异。

第 4 章

函数的数值微分与积分

函数的微积分也就是函数求导和积分，其计算有解析和数值两种方式。在大量实际应用中，往往无法获得函数积分的显式表达式，从而不能通过解析方式来计算微积分，数值计算成为获取微分与积分的唯一方式。因此，在科学计算与工程仿真中，函数的数值微分与积分是经常碰到的基本操作。本章将介绍函数微分和积分常用的数值算法。

4.1 函数的数值微分

4.1.1 一阶微分

假定函数 $f(x)$ 在 x_0 处 n 次可微，其泰勒 (Taylor) 展开可写为

$$f(x_0+h)=f(x_0)+h\frac{\mathrm{d}f(x_0)}{\mathrm{d}x}+\frac{h^2}{2}\frac{\mathrm{d}^2f(x_0)}{\mathrm{d}x^2}+\frac{h^3}{6}\frac{\mathrm{d}^3f(x_0)}{\mathrm{d}x^3}+\ldots+\frac{h^n}{n}\frac{\mathrm{d}^nf(c)}{\mathrm{d}x^n}, \tag{4.1}$$

其中 $h\to 0$，c 在 x_0 和 x_0+h 之间取值。根据式 (4.1) 可得到两点微分形式

$$\frac{\mathrm{d}f(x_0)}{\mathrm{d}x}=\frac{f(x_0+h)-f(x_0)}{h}-\frac{h^2}{2}\frac{\mathrm{d}^2f(x_0)}{\mathrm{d}x^2}+O\left(h^3\right), \tag{4.2}$$

其中 $O(h^3)$ 为 h 的三阶小量，推广到一般，$O(h^n)$ 表示误差的阶数为 n。显然，计算机无法满足 $h\to 0$ 的条件，但当 h 很小时，式 (4.2) 右边的第一项是微分的良好近似。通常使用的两点微分格式为

$$\frac{\mathrm{d}f(x_0)}{\mathrm{d}x}\approx\frac{f(x_0+h)-f(x_0)}{h}. \tag{4.3}$$

从式 (4.2) 可看到, 忽略高阶小量后, 式 (4.3) 的误差跟 h 成正比, 或者说其误差为 $O(h)$。人们往往称式 (4.3) 为 $\frac{\mathrm{d}f(x_0)}{\mathrm{d}x}$ 的一阶近似。

把式 (4.1) 中的 h 换为 $(-h)$ 有

$$\begin{aligned} f(x_0-h) &= f(x_0)+(-h)\frac{\mathrm{d}f(x_0)}{\mathrm{d}x}+\frac{(-h)^2}{2}\frac{\mathrm{d}^2f(x_0)}{\mathrm{d}x^2}+ \\ &\quad \frac{(-h)^3}{6}\frac{\mathrm{d}^3f(x_0)}{\mathrm{d}x^3}+\ldots+\frac{(-h)^n}{n!}\frac{\mathrm{d}^nf(c)}{\mathrm{d}x^n}. \end{aligned} \tag{4.4}$$

通过与式 (4.2) 和式 (4.3) 类似的近似处理, 可得到另外一种两点微分格式,

$$\frac{\mathrm{d}f(x_0)}{\mathrm{d}x} \approx \frac{f(x_0)-f(x_0-h)}{h}. \tag{4.5}$$

它也是 $\frac{\mathrm{d}f(x_0)}{\mathrm{d}x}$ 的一阶近似。一般, 称式 (4.3) 为 $\frac{\mathrm{d}f(x_0)}{\mathrm{d}x}$ 的**前向**差分, 而式 (4.5) 为 $\frac{\mathrm{d}f(x_0)}{\mathrm{d}x}$ 的**后向**差分。

通过式 (4.1)—式 (4.4), 还可得到一种差分格式

$$\frac{\mathrm{d}f(x_0)}{\mathrm{d}x} = \frac{f(x_0+h)-f(x_0-h)}{2h} - \frac{h^2}{6}\frac{\mathrm{d}^3f(x_0)}{\mathrm{d}x^3} + O\left(h^4\right). \tag{4.6}$$

即,

$$\frac{\mathrm{d}f(x_0)}{\mathrm{d}x} \approx \frac{f(x_0+h)-f(x_0-h)}{2h}. \tag{4.7}$$

式 (4.7) 一般被称为**中心**差分, 其截断误差为二阶。

上面的前向、后向和中心一阶微分格式很容易推广到多变量函数和矢量函数。文件 deri_forward.cc(F.52) 给出了计算函数 $f(x)=\sin(x)$ 的一阶微分示例。假定编译所得的可执行文件为 xderi_forward, 图 F–29 给出了命令行执行的方式和所得的输出。

从前面的推导看, 似乎 h 越小, 截断误差会越小, 但实际并非如此。当 h 小到一定程度时, 运行结果显示误差稳定不变, 甚至会变大。导致这一现象的根本原因在于截断误差只是误差来源的一部分。例如, 对于微分操作, 截断误差只描述了舍弃泰勒展开的若干项带来的误差, 而计算时还存在舍入误差, 即只取有限位数字进行计算而带来的误差。对于有些函数, 例如 e^x, 当 h 小时, 微分的计算对舍入误差也恰好非常敏感, 此时, h 变小不一定能提高计算精度。

4.1.2 二阶微分

通过式 (4.1)—式 (4.4), 可得到二阶微分为

$$\frac{\mathrm{d}^2 f\left(x_0\right)}{\mathrm{d}x^2}=\frac{f(x_0+h)-2f\left(x_0\right)+f(x_0-h)}{h^2}-\frac{h^2}{12}\frac{\mathrm{d}^4 f\left(x_0\right)}{\mathrm{d}x^4}+O\left(h^6\right). \quad (4.8)$$

忽略 $O(h^2)$ 小量, 得到二阶微分的差分格式,

$$\frac{\mathrm{d}^2 f\left(x_0\right)}{\mathrm{d}x^2}\approx\frac{f(x_0+h)-2f\left(x_0\right)+f(x_0-h)}{h^2}. \quad (4.9)$$

可以看到, 计算二阶差分需要 $f(x)$ 在 (x_0+h)、x_0 和 (x_0-h) 三个点的值。

对于二维直角坐标系 (x,y) 下的拉普拉斯算子, 根据式 (4.9) 很容易写出其在点 (x_0,y_0) 的差分,

$$\Delta f(x_0,y_0)=\nabla^2 f(x_0,y_0)\approx\frac{f(x_0+h_x,y_0)-2f(x_0,y_0)+f(x_0-h_x,y_0)}{h_x^2}+\frac{f(x_0,y_0+h_y)-2f(x_0,y_0)+f(x_0,y_0-h_y)}{h_y^2}. \quad (4.10)$$

上式中 h_x 和 h_y 分别为 x 和 y 方向上的步进 h。此时, 需要 $f(x,y)$ 在 5 个点的值才能计算出其二阶差分。

如果 $h_x=h_y=h$, 则有

$$\Delta f(x_0,y_0)\approx\frac{1}{h^2}[f(x_0+h,y_0)+f(x_0-h,y_0)+f(x_0,y_0+h)+f(x_0,y_0-h)-4f(x_0,y_0)]. \quad (4.11)$$

文件laplacian_op.cc(F.53) 给出了计算高斯函数 $f\left(x,y\right)=\mathrm{e}^{\frac{(x-\mu_x)^2+(y-\mu_y)^2}{2\sigma^2}}$ 的示例代码。假定编译所得的可执行文件为 xlaplacian, 图 F–30 给出了命令行执行的方式和所得的输出。

式 (4.11) 是标准的 5 点中心差分格式, 还可采用 5 点对角线差分格式

$$\Delta f(x_0,y_0)\approx\frac{1}{h^2}[f(x_0+h,y_0+h)+f(x_0-h,y_0+h)+f(x_0-h,y_0+h)+f(x_0-h,y_0-h)-4f(x_0,y_0)]. \quad (4.12)$$

式 (4.11) 和式 (4.12) 均为二阶截断误差。要降低截断误差, 还可以将式 (4.11) 和式 (4.12) 组合起来, 得到 9 点差分格式。

参照上面的讨论, 不难写出三维及更高维空间中的一阶和二阶微分, 这里不做详细讨论, 留做习题。

4.2 函数的数值积分

由于许多复杂函数的不定积分没有闭合形式或难以求解, 数值积分在科学计算中有十分重要的地位。以最简单的一维积分 $\int_a^b f(x)\,\mathrm{d}x$ 为例, 称 $f(x)$ 为**积分核**, a 和 b 分别为积分下限和上限。如果积分需要用到积分核函数在 $x{=}a$ 和 $x{=}b$ 的值 $f(a)$ 和 $f(b)$, 则称积分为**闭域积分**, 否则称为**开域积分**。采用数值方式计算积分 $\int_a^b f(x)\,\mathrm{d}x$的基本思想是将积分区域 $[a,b]$ 分成不一定等长的 N 段[①], 例如 $[x_0,x_1]$、$[x_1,x_2]$、$[x_2,x_3]$、$\cdots$、$[x_{N-1},x_N]$; 根据每个节点上积分核函数的值 $f(x_i)(i=0,\cdots,N)$ 计算各子区间对积分的贡献; 最后得到数值积分结果 $\int_a^b f(x)\,\mathrm{d}x \approx \sum_{j=0}^{N} c_j f(x_j)$ 这里 c_j 为特定系数。一般有 $x_0=a, x_N=b$, 且称 $x_j(j=0,\cdots,N)$ 为求积节点。数值积分的一个重要原则是采用最小的 N 实现最精确的积分。

考虑函数 $g(x)$ 的带权重函数 $V(x)$ 的积分$\int_a^b g(x)V(x)\,\mathrm{d}x$, 当 $g(x)$ 是一个多项式时, 可找到一组积分节点 $x_j(j=0,\cdots,N)$, 使得

$$\int_a^b g(x)V(x)\,\mathrm{d}x = \sum_{j=0}^{N} v_j g(x_j), \tag{4.13}$$

严格成立, 这里 v_j 为特定系数。令 $f(x){=}g(x)V(x)$, 则 $I(f)=\int_a^b f(x)\,\mathrm{d}x$ 可写为

$$I(f)=\int_a^b f(x)\,\mathrm{d}x=\int_a^b V(x)g(x)\,\mathrm{d}x \approx \sum_{j=0}^{N} v_j g(x_j)=\sum_{j=0}^{N} w_j f(x_j)\,. \tag{4.14}$$

其中 $w_j=v_j/V(x_j)$。基于式 (4.14) 有两大类积分方法: **牛顿 – 科特斯 (Newton–Cotes) 求积**和**高斯 (Gaussian) 求积**。前者, $V(x)\equiv 1$ 并且区间等间隔 $h=(b-a)/N\equiv x_{j+1}-x_j(j=0,\cdots,N)$; 后者则同时考虑 $V(x)$ 的形式和积分节点位置的选取。

① 开域积分亦可用类似方式分段。

4.2.1 牛顿 – 科特斯求积

假定函数 $f(x)$ 在区间 $[a,b]$ 有定义, 均匀分布的 $(N+1)$ 个求积节点为 $x_i(i=0,\cdots,N)$, 且 $x_0=a$, $x_N=b$; 则 $h=(x_N-x_0)/N=(b-a)/N$, $x_i=ih+x_0$。于是, 基于已知的函数值 $f(x_i)$ 可写出闭合 N 阶牛顿 – 科特斯求积公式,

$$\int_a^b f(x)\,\mathrm{d}x \approx \sum_{i=0}^{N} w_i f(x_i), \tag{4.15}$$

其中 w_i 是依赖于 $x_i(i=0,\cdots,N)$ 而不是 $f(x)$的权重系数。一般可通过拉格朗日插值多项式来求 w_i。令 $L(x)=\sum\limits_{i=0}^{N} f(x_i)\,l_i(x)$为基于 $(x_0,f(x_0)),\cdots,(x_N,f(x_N))$ 的拉格朗日插值多项式, 那么

$$\int_a^b f(x)\,\mathrm{d}x \approx \int_a^b L(x)\,\mathrm{d}x = \int_a^b \left(\sum_{i=0}^{N} f(x_i)\,l_i(x)\right)\mathrm{d}x = \sum_{i=0}^{N} f(x_i)\underbrace{\int_a^b l_i(x)\,\mathrm{d}x}_{w_i}. \tag{4.16}$$

表 4.1 给出了 1 到 4 阶闭合牛顿 – 科特斯公式的计算方式、常用名称和误差。表中, $0\leqslant i\leqslant N, x_i=a+i\dfrac{b-a}{N}=a+ih, \xi\in(a,b)$, f_i 是 $f(x_i)$ 的简写形式。表格显示积分误差正比于步长 h 的幂次方。如果函数 $f(x)$ 存在 N 阶导数, 那么 N 阶多项式能让相应求积规则下的数值积分误差为 0。基于这种关系, 人们往往把分段数 N 称为牛顿 – 科特斯求积的阶数。观察表 4.1 还可以发现, 阶数增加时, 表征不同求积法则误差中的 $f(x)$ 导数的阶数以 2 递增。

表 4.1 典型的闭合牛顿 – 科特斯求积

阶数 N	步长 h	法则名称	计算公式	误差
1	$h=(b-a)$	梯形法则	$\dfrac{h}{2}(f_0+f_1)$	$-\dfrac{h^3}{12}f^{(2)}(\xi)$
2	$h=\dfrac{(b-a)}{2}$	辛普森法则	$\dfrac{h}{3}(f_0+4f_1+f_2)$	$-\dfrac{h^5}{90}f^{(4)}(\xi)$
3	$h=\dfrac{(b-a)}{3}$	$\dfrac{3}{8}$ 辛普森法则	$\dfrac{3}{8}h(f_0+3f_1+3f_2+f_3)$	$-\dfrac{3h^5}{80}f^{(4)}(\xi)$
4	$h=\dfrac{(b-a)}{4}$	布尔法则①	$\dfrac{2h}{45}(7f_0+32f_1+12f_2+32f_3+7f_4)$	$-\dfrac{8h^7}{945}f^{(6)}(\xi)$

① 因为早期文献的笔误, 布尔 (Boole) 法则有时被误称为博德 (Bode) 法则。

开域积分的 N 阶牛顿 – 科特斯求积公式可写为

$$\int_a^b f(x)\mathrm{d}x \approx \sum_{i=1}^{N-1} w_i f(x_i), \tag{4.17}$$

其权重系数可通过类似于式 (4.16) 的方式计算得到。表 4.2 给出了 2 到 5 阶闭域和开域牛顿 – 科特斯公式的计算方式、常用名称和误差。

表 4.2 典型的开域牛顿 – 科特斯求积

阶数 N	步长 h	法则名称	计算公式	误差
2	$\frac{b-a}{2}$	中心法则	$2hf_1$	$\frac{1}{3}h^3 f^{(2)}(\xi)$
3	$h=\frac{(b-a)}{3}$	梯形法则	$\frac{3}{2}h(f_1+f_2)$	$\frac{1}{4}h^3 f^{(2)}(\xi)$
4	$h=\frac{(b-a)}{4}$	米尔恩法则	$\frac{4}{3}h(2f_1-f_2+2f_3)$	$\frac{28}{90}h^5 f^{(4)}(\xi)$
5	$h=\frac{(b-a)}{5}$	无名称	$\frac{5}{24}h(11f_1+f_2+f_3+11f_4)$	$\frac{95}{144}h^5 f^{(4)}(\xi)$

下面分别给出闭域梯形求积和辛普森求积的具体公式和代码示例。

4.2.1.1 梯形求积

当式 (4.16) 中 $N=1$ 时, 对应的求积法则往往成为梯形求积, 此时需要两个求积节点上函数值和相应的权重系数 w_0 和 w_1, 分别为

$$\begin{aligned} w_0 &= \int_a^b l_0(x)\mathrm{d}x = \int_a^b \frac{x-b}{a-b}\mathrm{d}x = \frac{b-a}{2}, \\ w_1 &= \int_a^b l_1(x)\mathrm{d}x = \int_a^b \frac{x-a}{b-a}\mathrm{d}x = \frac{b-a}{2}. \end{aligned} \tag{4.18}$$

由此可知, 梯形求积中 $w_0=w_1=h/2$。于是, 梯形求积的具体表达式为

$$\int_a^b f(x)\mathrm{d}x \approx h[f(a)+f(b)]/2. \tag{4.19}$$

4.2.1.2 辛普森求积

当式 (4.16) 中 $N=2$ 时, 需要三个求积节点上的函数值, 此时的求积方法被称为辛普森 (Simpson) 求积。此时, $h=(b-a)/2$, 三个权重系数分别为 $w_0=1/3$, $w_1=4/3$ 和 $w_2=1/3$。辛普森求积法则的表达式为

$$\int_a^b f(x)\mathrm{d}x \approx h\left[\frac{1}{3}f(a)+\frac{4}{3}f\left(\frac{a+b}{2}\right)+\frac{1}{3}f(b)\right]. \tag{4.20}$$

4.2.1.3 示例代码

基于模板技术, 文件 newton_cotes.h(F.54) 和 drv_newton_cotes.cc(F.55) 给出了梯形求积和辛普森求积的实现。图 F–31 给出由 Doxygen 生成的头文件依赖关系图和 main() 函数调用图。假定编译所得的可执行文件为 xnewton_cotes, 图 F–32 给出了命令行执行的方式和所得的输出。示例用三种方式实现牛顿 – 科斯特求积。

(1) 以 for 循环的方式调用定义于文件 newton_cotes.h(F.54) 的函数 TrapezoidalBasic(), 如文件 drv_newton_cotes.cc(F.55) 所示。该函数根据输入的积分点个数, 按式 (4.19) 计算求积结果, 并允许新增积分节点修正已有积分结果。由文件 drv_newton_cotes.cc(F.55) 调用 TrapezoidalBasic() 函数的方式可知, 第 $(i+1)$ 次循环所用的积分节点是第 i 次的 2 倍, h 则减小为原来的 1/2, 结合式 (4.19) 能方便地利用这种规则变化, 把新增积分节点对积分的贡献累加到原有积分节点对积分的贡献上, 从而得到完整的积分结果。

(2) 如函数 TrapezoidalThresh() 所示, 通过 while 循环调用函数 TrapezoidalBasic()。其基本思路与文件 drv_newton_cotes.cc(F.55) 中 for 循环基本相同, 区别在于前者通过比较两次连续 TrapezoidalBasic() 函数调用得到的积分结果, 当结果差异小于阈值 (例如程序中的 eps) 时, 计算结束, 否则继续循环。

(3) 通过调用函数 SimpsonThresh()。函数 SimpsonThresh() 同 TrapezoidalThresh() 一样, 比较连续两次积分的结果, 判断是否结束计算。不同的是, SimpsonThresh() 基于辛普森求积公式 (4.20), 而 TrapezoidalThresh() 函数则基于式 (4.19)。

函数 TrapezoidalThresh() 适合于积分核不那么光滑的情况。某种程度上, 它调整了积分点个数。需要注意的是, 计算精度也受计算机舍入误差的影响, 对于单精度计算, 积分精度阈值不要小于 10^{-6}, 因为单精度浮点计算只能提供 10^{-7} 左右的精度。同理, 函数 SimpsonThresh() 中控制积分点个数的精度阈值也需要考虑舍入误差对计算精度的影响。

不难看出, 对于上面的示例, 辛普森积分的效果最好, 能在最短时间内完成计算并给出所需精度的积分结果, 而其他两种方案均没能给出所需精度的积分结果。

> 文件 newton_cotes.h(F.54) 和 drv_newton_cotes.cc(F.55) 给出的牛顿 – 科斯特求积实现在串行平台上非常高效。观察代码实现不难看出, 积分过程中下一步的计算完全依赖于前一步的计算结果, 从后续章节我们将了解到, 这种依赖关系让算法难以并行化。不过, 对并行有利的是当 N 比较大时算法热点为 TrapezoidalBasic() 中计算不同节点处函数值的 for 循环, 可通过并行化该循环来缩短计算时间。

只要函数 $f(x)$ 的 N 阶导数存在, 理论上可以构造 N 阶牛顿 – 科特斯求积公式实现数值求积获取高精度的数值积分。然而, 由于龙格现象, 高阶牛顿 – 科特斯求积的精度往往并不理想。在实际使用中, 人们往往采用基于非均匀采样格点的高斯求积或克伦肖 – 柯蒂斯 (Clenshaw–Curtis) 求积 [14]。

4.2.2 高斯求积公式

高斯求积①的主要思想是综合考虑求积节点的位置 (步长 h 可变) 和权重系数。与牛顿 – 科特斯求积方法相比, 高斯求积多了一个可调节的自由度, 即求积节点的位置。采用同样数目的求积节点, 高斯求积的阶数是牛顿 – 科特斯求积的两倍②。

高斯求积的一般形式为

$$\int_a^b W(x)f(x) \approx \sum_{j=0}^{N-1} w_j f(x_j), \tag{4.21}$$

其中 $W(x) = [w_0, w_1, \cdots, w_{N-1}]$ 为权重系数, x_j 为积分节点, 是某个正交多项式的零点。高斯求积中, x_j 不是均匀分布在求积区间的。一般的, 权重系数 w_j 与 x_j 密切相关, 而 $W(x)$ 的形式也反过来影响着 x_j 的计算方式和具体取值。表 4.3 列举了高斯求积的不同形式所采用的权重函数 $W(x)$ 和正交多项式。

① 高斯求积不是高斯积分, 后者也被称为概率积分, 是高斯函数 e^{-x^2} 在整个实数轴上的积分 $\int_{-\infty}^{\infty} \mathrm{e}^{-x^2}\mathrm{d}x$。

② 需要注意的是, 高阶并不意味高精度。只有当积分核足够光滑时, 高阶才带来高精度。

表 4.3 高斯求积的不同形式

积分区间	权重函数	正交多项式
$[-1,1]$	1	勒让德多项式
$[0,\infty)$	e^{-x}	拉盖尔多项式
$(-\infty,\infty)$	e^{-x^2}	埃尔米特多项式
$(-1,1)$	$(1-x)^{\alpha}(1+x)^{\beta},\quad \alpha,\beta>-1$	雅可比多项式
$(-1,1)$	$1/\sqrt{1-x^2}$	第一类契比雪夫多项式
$[-1,1]$	$\sqrt{1-x^2}$	第二类契比雪夫多项式

一旦确定了高斯求积中的正交多项式, 则可根据下式计算权重系数 w_j,

$$w_j = \frac{< p_{N-1}|p_{N-1} >}{p_{N-1}(x_j)p'_N(x_j)}, \tag{4.22}$$

其中 $p_i(x)(i=0,1,\cdots,N)$ 为 x 的 i 阶多项式, x_j 为多项式 $p_N(x)$ 的第 j 个零点, $p'_N(x_j)$ 则表示 N 阶多项式 p_N 在 x_j 处的导数。这里 $\langle\cdot|\cdot\rangle$ 定义为

$$< f(x)|g(x) > \equiv \int_a^b W(x)\,f(x)\,g(x)\,\mathrm{d}x. \tag{4.23}$$

下面列举一些常用的积分形式和对应的高斯求积公式。

4.2.2.1 高斯 – 勒让德求积

高斯 – 勒让德 (Gauss–Legendre) 求积适合计算积分

$$\int_{-1}^{1} f(x)\,\mathrm{d}x, \tag{4.24}$$

此时 $W(x)=1$。采用的正交多项式为勒让德多项式 $P_N(x)$, 并归一化使得 $P_N(1)=1$, x_j 是 $P_N(x)$ 的第 j 个零点。当实际所需积分区域为 $[a,b]$ 时, 应用高斯 – 勒让德求积公式前必须将积分区域变换到 $[-1,1]$。一种变换方式为

$$\int_a^b f(x)\,\mathrm{d}x = \frac{b-a}{2}\int_{-1}^{1} f\left(\frac{b-a}{2}x+\frac{a+b}{2}\right)\mathrm{d}x. \tag{4.25}$$

相应的高斯 – 勒让德求积为

$$\int_a^b f(x)\,\mathrm{d}x \approx \frac{b-a}{2}\sum_{j=0}^{N-1} w_j f\left(\frac{b-a}{2}x_j+\frac{a+b}{2}\right), \tag{4.26}$$

其中 x_j 为高斯 – 勒让德 $P_N(x)$ 的零点, 权重系数 w_j 可由式 (4.22) 计算, 其在高斯 – 勒让德求积中的具体形式可写为 [11]

$$w_j = \frac{2}{(1-x_j^2)\left[P_N'(x_j)\right]^2}. \tag{4.27}$$

4.2.2.2 高斯 – 拉盖尔求积

高斯 – 拉盖尔 (Gauss–Laguerre) 求积适合计算积分 [15]

$$\int_0^{+\infty} \mathrm{e}^{-x} f(x)\,\mathrm{d}x, \tag{4.28}$$

此时 $W(x)=\mathrm{e}^{-x}$。对应的求积公式为

$$\int_0^{+\infty} \mathrm{e}^{-x} f(x)\,\mathrm{d}x \approx \sum_{j=0}^{N-1} w_j f(x_j). \tag{4.29}$$

其中, x_j 是 N 阶拉盖尔多项式的零点①, 权重系数

$$w_j = \frac{(n!)^2}{L_N'(x_j)\,L_N(x_j)}. \tag{4.30}$$

如要计算积分 $\int_0^{\infty} f(x)\,\mathrm{d}x$, 可做如下变换

$$\int_0^{\infty} f(x)\,\mathrm{d}x = \int_0^{\infty} f(x)\,\mathrm{e}^{x}\mathrm{e}^{-x}\mathrm{d}x = \int_0^{\infty} g(x)\,\mathrm{e}^{-x}\mathrm{d}x. \tag{4.31}$$

其中 $g(x)=\mathrm{e}^{x}f(x)$。显然, 式 (4.32) 中第二个等号右边的积分就是标准的高斯 – 拉盖尔积分。注意: 这种变换有时会导致积分不稳定。推广的高斯 – 拉盖尔求积形式为 $\int_0^{\infty} x^{\alpha}\mathrm{e}^{-x} f(x)\,\mathrm{d}x = \sum_{j=0}^{N-1} w_j f(x_j)$, 这里 α 为大于 -1 的实数。

4.2.2.3 高斯 – 雅克比及高斯 – 契比雪夫求积

高斯 – 雅克比 (Gauss–Jacobi) 求积方法适用于积分

$$\int_{-1}^{1} (1-x)^{\alpha}(1+x)^{\beta} f(x)\,\mathrm{d}x, \quad \alpha,\beta > -1, \tag{4.32}$$

---

① n 阶拉盖尔多项式可写为

$$L_n(x) = \mathrm{e}^{x}\frac{\mathrm{d}^n}{\mathrm{d}x^n}\left(x^n\mathrm{e}^{-x}\right) \quad (n=0,1,2,\cdots). \tag{4.30}$$

即 $W(x)=(1-x)^{\alpha}(1+x)^{\beta}$。当 $\alpha=\beta=0$ 时, 积分 (4.33) 退化为高斯 – 勒让德积分。式 (4.33) 对应的求积公式为

$$\int_{-1}^{+1}(1-x)^{\alpha}(1+x)^{\beta}f(x)\,\mathrm{d}x\approx\sum_{j=0}^{N-1}w_j f(x_j), \tag{4.33}$$

当 $\alpha=\beta=-\dfrac{1}{2}$ 时, 积分 (4.34)被称为**第一类高斯 – 契比雪夫** (Gauss–Chebyshev) 求积, 适用于积分 $\displaystyle\int_{-1}^{+1}\frac{f(x)}{\sqrt{1-x^2}}\mathrm{d}x$。对应的积分公式为

$$\int_{-1}^{+1}\frac{f(x)}{\sqrt{1-x^2}}\mathrm{d}x\approx\sum_{j=0}^{N-1}w_j f(x_j), \tag{4.34}$$

其中, x_j 和 w_j 具有解析解, 具体为

$$\begin{aligned} x_j&=\cos\left[\frac{\pi\left(j+\dfrac{1}{2}\right)}{N}\right],\\ w_j&=\frac{\pi}{N}. \end{aligned} \tag{4.35}$$

当 $\alpha=\beta=\dfrac{1}{2}$ 时, 积分 (4.34) 被称为**第二类高斯 – 契比雪夫**求积。显然, 第二类高斯 – 契比雪夫积分适用于积分 $\displaystyle\int_{-1}^{+1}\sqrt{1-x^2}f(x)\,\mathrm{d}x$, 其积分公式为

$$\int_{-1}^{+1}\sqrt{1-x^2}f(x)\,\mathrm{d}x\approx\sum_{j=0}^{N-1}w_j f(x_j), \tag{4.36}$$

其中,

$$\begin{aligned} x_j&=\cos\left[\frac{\pi(j+1)}{N+1}\right],\\ w_j&=\frac{\pi}{N+1}\sin^2\left[\frac{\pi(j+1)}{N+1}\right]. \end{aligned} \tag{4.37}$$

4.2.2.4 高斯 – 勒让德求积的示例代码

文件 gaussian_legendre.h(F.57) 和 drv_gaussian_legendre.cc(F.57) 给出了高斯 – 勒让德求积的实现。图 F–33 给出由 Doxygen 生成的头文件依赖关系

图和 main() 函数调用图。假定编译所得的可执行文件为 xgaussian_legendre, 图 F–34 给出了命令行执行的方式和所得的输出。

文件 gaussian_legendre.h(F.57) 中, 首先调用函数GaussianLegendreQuadrature() 计算高斯求积点和权重, 保存于 std::vector<T> 的数组 abscissas 和 weights 中, 然后调用函数 GaussianLegendreIntegration() 完成积分计算。一般来说, 几乎所有的高斯求积方法都可按照这样的流程实现计算。示例程序实际完成了 num_interval 次积分计算, 各次积分的下限都是 0.0, 上限则以步进 delt 逐次增长, 直到 10.0。这里, 每次积分使用同一套积分点, 即 order_quadrature 点的高斯 – 勒让德求积对应的积分点。函数 GaussianLegendreIntegration() 的输入包括: 积分核函数、积分区间 $[x_b, x_u]$ 和积分点个数, 其返回值为计算所得积分。因为对积分的上、下限进行了归一化且积分节点数 order_quadrature 不变, 所以对于 num_interval 次积分只需调用一次 GaussianLegendreQuadrature() 函数生成求积节点位置和权重系数。函数 GaussianLegendreQuadrature() 根据输入的积分区间 $[x_b, x_u]$, 将 order_quadrature 点的高斯 – 勒让德积分点和对应的权重系数保存于数组 abscissas 和 weights。观察文件 gaussian_legendre.h(F.57) 可发现, 积分点和权重系数具有对称性, 所以只需计算 $1+N/2$ 个积分点和权重系数。示例代码计算了两种积分核的积分:

1) 积分 $\displaystyle\int_{x_b}^{x_u} x\mathrm{e}^{-x}\mathrm{d}x$, 对应解析积分结果为 $-(1.0+x_u)\mathrm{e}^{-x_u}+(1.0+x_b)\mathrm{e}^{-x_b}$;

2) 积分 $\displaystyle\int_{x_b}^{x_u} \mathrm{e}^{\mathrm{j}x}\mathrm{d}x$, 对应解析积分结果为 $-\mathrm{j}(\mathrm{e}^{\mathrm{j}x_u}-\mathrm{e}^{\mathrm{j}x_b})$, 其中 $\mathrm{j}=\sqrt{-1}$。

为了实现复数函数的积分, 示例使用模板特例化技术重载了函数 GaussianLegendreIntegration()。

高斯 – 拉盖尔积分、高斯 – 勒让德积分、高斯 – 雅克比积分及高斯 – 契比雪夫积分的实现作为习题留给感兴趣的读者。

4.2.3 高斯求积的拓展

有很多种途径可以拓展高斯求积 [11]。其中一种重要的拓展方式是, 求积节点中必须包含某些点, 这些点往往被称为**固定/已知节点**。此时, 高斯求积过程需要求解固定节点对应的权重系数, 以及其他节点的位置和对应的权重。高斯 – 拉道求积在这类拓展中最常见。该求积中积分区间的端点有一个必须是求积节点。另一种常见的情形则是积分区间的两个端点都必须是求积节点，这种拓展被称为高斯 – 洛巴托求积。

另外一种拓展被称为高斯 – 柯朗罗德求积。它可以解决上一节讨论的高斯求积中存在的一个问题。假定对于某个积分，使用了 m 个节点的高斯求积，发现精度不够，需要增加 n 个节点。如果使用前面讨论的高斯求积，需要重新计算所有 $n+m$ 个求积节点的位置 x_j 和对应的系数 w_j。而高斯 – 柯朗罗德求积则可重复使用 m 个节点的 x_j，只需计算原有的 m 个节点的权重和新的 n 个节点的位置和权重。于是，所需求解的系数个数从 $2(n+m)$ 减少为 $2n+m$。

4.2.4 自适应积分

自适应积分的思想本身比较简单。不失一般，假定

$$I=\int_a^b f(x)\,\mathrm{d}x, \tag{4.38}$$

的参考结果为 I_{ref}。数值积分过程中，得到数值积分结果 I_a 后，根据 $\epsilon=|I_{\text{ref}}-I_a|$ 来判断 I_a 是否满足要求。如果 ϵ 小于一定阈值，则将 I_a 当做满足精度的计算；否则，将式 (4.38) 分成两个积分

$$I=\int_a^m f(x)\,\mathrm{d}x+\int_m^b f(x)\,\mathrm{d}x,\quad m=(a+b)/2, \tag{4.39}$$

并按照上面的思路分别计算它们。对于每个积分，通过比较计算值与参考值①的差别 ϵ 来判断是否继续将积分区域一分为二进行积分。这个过程一直重复，直到积分结果满足精度要求。从计算流程来看，自适应比较适合递归实现。

一般无法事先得到积分的准确结果，因此自适应积分往往让积分参考值等于上一次计算的结果，通过比较前后两次积分的差异来判断是否继续递归积分计算。这种做法的合理性在于一个大部分时候都成立的假设：当积分计算结果能够收敛到正确结果时，前后两次积分的结果应该相差很小。但理论上看，积分的结果依赖于积分核 $f(x)$ 在一组有限个积分点的取值，存在一些积分，无论如何改变积分点的分布，自适应积分结果不能趋近于真实积分结果。也就是说，上面的假设并不总是成立，因此不可能设计出一种对所有积分核都有效的自适应积分方式。当然，对于实际应用中的绝大部分积分，自适应积分能够趋近于真实值。

① 对每个积分都设置一个参考值。

文件 simpson_adaptive.h(F.58) 和 drv_simpson_adaptive.cc(F.59) 给出了自适应辛普森求积的实现, 用于计算积分 $\int_a^b \frac{\cos(1/x)}{x}\mathrm{d}x$。示例还调用了文件 newton_cotes.h(F.54) 中的函数 SimpsonThresh() 作为比较。图 F–35 给出由 Doxygen 生成的头文件依赖关系图和 main() 函数调用图。假定编译所得的可执行文件为 xadaptive_simpson, 图 F–36 给出了命令行执行的方式和所得的输出。从运行结果可看到, 自适应辛普森积分能大幅度提高精度并节省计算时间。

文件 simpson_adaptive.h 中函数 SimpsonBasic() 的实现与文件 newton_cotes.h(F.54) 的有所不同, 前者直接根据式 (4.20) 编写, 后者则采用更简洁的变化形式编写。如代码所示, 退出自适应递归的两个准则是: 1) 前后两次积分的结果的差异, 差异小于阈值则退出; 2) 递归深度, 即代码中的常量 kMaxLevel。当递归计算超过了规定的递归深度时, 表明计算无法收敛, 只能强行退出。

我们注意到, 代码中常量 kMaxLevel 的选择具有一定任意性。在实际应用中, 为了让代码更合理, 还需保证递归过程中逐渐缩小的积分区间的大小不能小于浮点数的精度阈值, 同时也需考虑堆栈溢出。关于精度阈值, 不但需要考虑计算本身的需要, 还要考虑计算机的舍入误差及积分核函数本身的震荡特性。观察积分 $\int_a^b \frac{\cos(1/x)}{x}\mathrm{d}x$ 不难发现, 当 $a = 0$ 时, 积分核 $\frac{\cos 1/x}{x}$ 会变成无穷大, 因此 a 越小, 积分越难以收敛。本示例采用了双精度数据类型, 积分精度阈值最小可设置为 10^{-15}, 但计算表明, 选择精度阈值为 $1.0\mathrm{e}^{-10}$ 时, 计算就难以在合理的时间内完成。

4.2.5　异常积分的计算

异常积分或**瑕积分**一般指积分出现下面情况中的任何一种。

(1) 积分核在上、下积分边界的极限都为有限值, 但在边界点却不易计算, 例如函数 $\frac{\sin x}{x}$ 在 $x = 0$ 处;

(2) 积分的上限为 ∞, 或者下限为 $-\infty$;

(3) 积分核在上或下边界有可积的奇异点, 例如 $\int_0^1 x^{-1/2}\mathrm{d}x$ 在 $x = 0$ 处。

(4) 积分核在积分区间内某个确定的位置处存在奇异点, 例如积分

$\int_{-1}^{1} x^{-1}\mathrm{d}x$ 在 $x = 0$ 处。

(5) 积分核在上或下边界之间不确定的位置处存在奇异点。

注意：结果为无限的积分，如 $\int_{1}^{\infty} x^{-1}\mathrm{d}x$，以及极限不存在的积分，例如 $\int_{-\infty}^{\infty} \cos x\mathrm{d}x$, 均被称为**不可积**的积分, 而不是异常积分。

对于积分限存在无穷或负无穷的情况, 一般是采用变量替换的方式, 将无穷的积分限变为有限的。对于积分核在积分限边界或积分区间内有奇异点的情况, 一般有两种处理办法。

(1) 奇异点提取技术。该方法一般将积分核中的奇异部分提取出来, 从而将积分分为奇异和非奇异两个部分。对于前者，一般采用解析形式处理; 而对后者, 则通过数值积分技术来计算。将两部分的积分结果相加, 从而得到总的数值结果。以三维空间的格林函数为例, 可将格林函数分解为两项：

$$G = \frac{1}{4\pi R} + \frac{1}{4\pi R}(\mathrm{e}^{-\mathrm{j}kR} - 1), \tag{4.40}$$

其中 R 为三维空间中两个点的距离, $\mathrm{j} = \sqrt{-1}$, k 为波数; 对于电磁波 $k = \frac{2\pi}{\lambda}$, λ 为波长。式 (4.40) 的第一项对应奇异部分, 通过解析表达式计算; 第二项通过泰勒级数展开可得到非奇异的表达, 采用常规数值积分处理即可。

(2) 基于变量替换或坐标变换的奇异点消除技术。有的文献把奇异点消除技术细分为更多种类型, 这里将它们归为一类。

4.2.6 多维积分

与一维积分相比, 高维积分困难得多。首先, 直接采用多重一维积分或多维高斯求积法时, 积分抽样点增长得非常快。假定 N_i 是维度 i 所需的抽样点个数, 那么 r 维积分所需抽样点个数为 $\prod_{1}^{r} N_i$。对于一个 6 维空间积分, 如果每一维需要 100 个抽样点, 那么积分抽样点达到 100^6。其次, 积分限的确定：一维积分只需要两个标量, 即上限和下限, 就能确定积分区间。但对于多维积分, 确定每一个维度的积分限都还需要其他 $r-1$ 个维度上的积分限信息。因此, 计算多维积分的一个原则是, 尽量降低积分的维度, 利用诸如变量间对称性等依赖关系, 或者变量替换和坐标变换等技巧, 降低积分的维度。例如, 如果三维积分的积分区间是一个球, 那么可以将积分转换到球坐标系, 使得积分的维度由 3 维变成 1 维。

另外, 积分区域边界简单与否、积分核在积分区域内光滑与否、积分所要求的精度因素等, 对积分方法的恰当选择也很重要。如果积分区域很复杂, 积分核在求积子域间没有很显著的峰值, 而且积分精度要求不高时, 采用蒙特卡洛 (Monte Carlo) 积分法比较合适。如果积分区域比较简单, 积分核在积分区间相对光滑, 则将多维积分转换为多重一维积分或者多维高斯求积比较合适。而积分精度要求不高时, 即便积分核存在振荡, 上面两种方法基本也能满足要求。

很多数值方法中, 将积分区域分成很多小的子域, 使积分区域相对简单, 而且积分核也相对比较光滑, 因此采用多重一维积分或多维高斯求积往往能满足要求。

课程设计

1. 参考代码 deri_forward.cc(F.52) 写出计算一维函数的一阶后向差分和中心差分的程序, 并以余弦函数作为例子, 改变微分步进 h, 测试差分格式的精度。

2. 在课程设计 1 的基础上, 编写二维函数的一阶后向差分和中心差分的程序, 并以高斯函数作为例子, 测试差分格式的精度。

3. 采用函数 new() 分配动态内存的方式改写程序 laplacian_op.cc(F.53), 并比较两者的效率。

4. 用待定系数法建立一维求积公式的一个实例。采用一维求积公式

$$\int_{-1}^{1} f(x)\mathrm{d}x \approx S(f) = c_1 f(-1) + c_2 f(0) + c_3 f(1) \tag{4.41}$$

计算积分 $\int_{-1}^{1} f(x)\mathrm{d}x$, 其误差 $R(f) = \int_{-1}^{1} f(x)\mathrm{d}x - S(f)$ 可视为一个线性函数, 且当 $f = \sum_{j=0}^{m} a_j x^j$ 时有

$$R(f) = \sum_{j=0}^{m} a_j R(x^j) \tag{4.42}$$

只要在 l 尽可能大的情况下满足等式

$$R(1) = 0, \cdots, R(x^l) = 0.$$

就能求出 $c_i(i = 1, 2, 3)$。试根据上面给出的思想, 求出 $c_i(i = 1, 2, 3)$[①]。

① 对于三次多项式, 式 (4.42) 严格成立, 这时称此式为辛普森公式。

第 5 章

与 C++ 相关的高性能编程技术

随着各种高性能计算技术的快速发展, 相关编程语言也百花齐放。传统高级编程语言 C++ 在保持原有特色的基础上, 也与时俱进, 提供了丰富的新功能。事实上, 由于历史原因和语言本身的特色, 要在 C++ 中实现程序的高性能编写, 有很多技术和细节需要注意, 本章将列举这方面的一些常用技术和相关语法。

5.1 模板

模板 (template) 指 C++ 中把型别作为参数的程序设计方式。使用模板, 一个函数或类可以被用于不同的数据型别, 而无须为每个型别编写独立的代码。模板是**泛型编程** (generic programming) 的基础, 泛型编程是一种以独立于任何特定型别的方式编写代码的编程模式。在有些场合, 人们错误地把模板与泛型编程当成同义词, 混为一谈。从根本上讲, 泛型编程是一种在保证程序正确性的条件下, 把可用性最大化的编程模式/理念, 模板技术是实现这种编程模式的一种主要方式 [16]。C++ 标准库提供的许多函数都结合了模板技术。

5.1.1 函数模板

函数模板 (function template) 也被称为模板函数 (template function), 根据 C++ 标准, 前者更为准确。本书中, 我们有时候混用这两个名称。下面以向量内积为例来说明函数模板的概念和使用。对于某种型别, 例如单精度浮点数 float, 实现向量内积的函数 dot() 如图 5.1 所示。这里的 dot() 函数实现了 float 型别的向量内积, 但如果是其他型别, 如 int、double 等, 则需要编写新的 dot()

函数。新函数代码和上述代码除了型别不同,其他基本一样。这时,采用模板就能复用支持不同型别的代码,从而简化编程。一般的,函数模板的声明形式如图 5.2 所示。在这里,type 是函数所使用型别的占位符名称,它可在函数定义中使用。关键字 typename 可替换成 class,但推荐使用 typename。

```
float dot(const std :: unique_ptr &v1 , const std :: unique_ptr &v2, std :: siz_t n)
{
    float tmp = 0.0;
    for(std :: size_t i=0; i< n; ++i) tmp += v1[i]*v2[i ];
    return tmp;
}
```

图 5.1 单精度浮点数 float 型别的 dot() 函数

```
template <typename type> function_declaration ;
```

图 5.2 函数模板声明的一般方式

文件 dot.cc(F.60) 的第 10 行到第 16 行给出了 dot<T>() 函数模板的具体实现。由于编译器决定了模板函数被调用时的型别,对于开发人员来讲,模板函数的使用非常简单,如文件 dot.cc(F.60) 第 28 行所示。当函数实参的型别非常明确时,不需要用尖括号来指定函数模板的型别,因此上面文件中的语句 dot(arr1, arr2, n) 无须指定型别。

这里需要指出,对于整数数组的内积,包括 int 和 long 型别,上面文件中的函数 dot<T>() 可能存在数据溢出的问题,这里不详细讨论。

5.1.2 类模板

与函数模板相似,类模板的声明格式如图 5.3 所示。同样的,typename 关键字可以替换为 class,但这里依然推荐优先使用 typename。

```
template<typename T>
class Classname
{
    ...
};
```

图 5.3 类模板的声明格式

这里给出一个用类模板 std::vector<T> 来实现堆栈类模板的例子, 如文件 stack.h(F.61) 所示。代码给出了一个型别为 Stack<T> 的类, 其中 T 是模板参数。除了 T 已知的情况外, 在其他场合使用该类时应该把 Stack<T> 当成一个整体。因此, 当在类定义区域外给出方法的具体实现时, 应使用 template<typename T>Stack<T>::, 而不是用 Stack:: 来指明方法所归属的域, 如本例中的方法 pop 和 top。当将方法以内联的方式置于类定义区域内部, 其语法与普通类中方法的语法基本相同。

如果需要自定义 Stack<T> 的构造函数, 如图 5.4 所示, 以上两种方式均可以。也就是说, 在类定义区域内部, 既可以使用 Stack<T>, 也可以只用 Stack。因为 <T> 用来标记对模板参数的特别处理, 所以此时一般推荐使用 Stack。

不带<T>修饰符

```
template<typename T>
class Stack
{
    ...
    Stack(Stack const &);                        // 复制构造函数
    Stack& operator=(Stack const &);     // 赋值操作符
    ...
};
```

带<T>修饰符

```
template<typename T>
class Stack
{
    ...
    Stack(Stack<T> const &);                     // 复制构造函数
    Stack& operator=(Stack<T> const &); // 赋值操作符
    ...
};
```

图 5.4 类模板的构造函数

与普通类不同, 不能在函数或块区域内部定义或声明模板类。一般地, 只能在全局/某个名字空间或类中来定义/声明模板类。

文件 drv_stack.cc(F.62) 给出了调用模板类 Stack<T> 的示例。从代码可以看出, 调用过程非常直接, 与普通类不同之处在于要在调用时指定 T 的型别。

无论是函数模板还是类模板, 均可有多个模板参数。图 5.5 给出了有两个模板参数的类模板的声明方式。类似地, 可以实现包含多个模板参数的类模板。从

C++11 开始, 模板的模板参数个数可以变化, 一般称之为**可变参数模板** (variadic template), 感兴趣的读者可参考文献 [17]。

```
template<typename T1, typename T2>
class Classname
{
      ...
};
```

图 5.5 包含两个模板参数的类模板的声明方式

函数模板和类模板中, 模板参数不必是型别。对于文件 stack.h(F.61) 的堆栈模板, 可增加一个模板参数来限定堆栈的最大长度, 其具体在文件 stack_maxsize.h(F.63) 给出。在这个模板类 Stack 中, 因为最大长度已知, 所以用固定长度的数组 std::array<T, max_size> 替换了文件 (F.61) 中的可变长度数组 std::vector<T>。文件 drv_stack_maxsize.cc(F.64) 给出了使用该模板类的例子。

5.1.3 模板特例化

模板特例化 (template specialization) 是让函数/类模板针对特定的型别执行不同于通用的代码。模板特例化的应用场景包括但不限于: 1) 对于某些型别, 通用代码效率低下; 2) 对于特定型别, 通用代码的某些操作没有定义或定义错误。例如, 当 T 为复数型别时, 文件 dot.cc(F.60) 定义的函数 dot<T>() 会给出错误的内积结果。其原因在于, 函数 dot<T>() 没有处理复数内积所需的共轭操作。可以通过模板特例化来解决这个问题。文件 cplx_dot.cc(F.65) 给出了对应的模板特例化实现, 该文件第 19 行到第 25 行是针对 complex<float> 型别的特例化, 而第 27 行到第 33 行则是针对 complex<double> 型别的特例化。特例化定义中, 使用关键字 template<> 作为前缀。特例化的模板的使用方式跟普通模板一样。

观察文件 cplx_dot.cc(F.65) 发现, complex<float> 和 complex<double> 特例化的区别仅仅在于 float 与 double 的不同, 代码还可以继续简化。简化后的代码在文件 partial_cplx_dot.cc(F.66) 中给出。不难看出, 该文件第 19 行到第 25 行的代码既不是纯粹的函数模板, 也不是特例化的函数模板, 一般称之为**部分特例化** (partial specialization)。如该示例显示, 部分特例化依然需要模板参数 T, 但将其特例化为 complex<T> 型别。

当模板具有多个模板参数时, 针对其中一个或多个参数实现特例化, 也称为部分特例化。显然, 对于类模板, 也可采用类似方式特例化或部分特例化。

5.2 多态及抽象类

多态 (polymorphism) 是指同一方法的行为随上下文而异。也可以说, 同样的消息传递给不同型别对象时会导致不同的行为。所谓消息是指对类成员函数的调用, 不同的行为是指不同的实现, 也就调用不同的函数。多态允许用同样的接口访问功能不同的函数, 从而实现**一个接口、多种方法**。当类之间存在层次结构且类之间有继承关系时, 就可能用到多态。封装可使得代码模块化, 继承可扩展已存在的代码, 它们的目的都是为了代码重用。而多态的目的则是为了**接口重用**, 即不论传递过来的是类的哪个对象, 函数都能通过同一个接口调用恰当的方法。C++ 支持两种多态: 编译时多态和运行时多态。这两种多态的实现方式不同, 前者通过重载函数实现, 后者则通过**虚函数** (virtual function) 和**重写**实现。

5.2.1 基于重载实现多态

重载指在同一个作用域内的两个或多个名字相同但参数不同的函数。文件 overload.cc(F.67) 给出了重载的例子。该文件定义了一个类 OverloadClass, 类中有两个名字为 display 的成员函数, 其中一个不需要输入参数, 另外一个接收 int 型别的参数。

事实上, C++ 标准库中很多算法都使用了重载, 例如各类运算符 (operator) 的重载, 感兴趣的读者可以查阅标准库中的算法。需要注意, 除了在一个类中实现重载, 还可以在某一个名字空间下, 例如全局空间, 实现函数的重载。

5.2.2 使用重写实现多态

实现多态的另外一种方法是重写①。通过在子类中重写定义于父类的虚函数, 从而实现继承关系之间的多态。在类的成员函数定义前添加 virtual 关键字, 该函数就被作为**虚函数**。虚函数被继承后仍为虚函数。虚函数的具体形式如图 5.6 所示。

① 也称为覆盖。

```
virtual 函数类型 函数名(参数表);
```

图 5.6 虚函数的具体形式

在 C++ 中, 使用关键字 override 明确地表示一个函数是对基类中一个虚函数的重写。换言之, override 确保该函数为父类的虚函数并重写该函数。如果父类中该函数不是虚函数, 则会提示编译错误。重写必须满足两个条件: 一是该函数在父类是虚函数; 二是父类中的虚函数与子类中的重写函数的函数签名 (signature) 一致。图 5.7 给出了重写不正确时将会出现的编译错误的示例。需要注意, override 是在成员函数声明符之后使用时才拥有特殊含义的标识符, 其他情况下它不是 C++ 保留的关键字。一般来说, 重写中关键字 override 可以省略, 但在编程实践中推荐保留该关键字, 提高代码的可读性。

```
struct A
{
    virtual void foo();
    void bar();
};
struct B : A
{
    void foo() const override;   // 错误: B::foo() 和 A::foo() 的函数签名不同
    void foo() override;         // 正确: B::foo() 重写 A::foo()
    void bar() override;         // 错误: A::bar() 不是虚函数
};
```

图 5.7 正确与错误重写的示例

文件 override.cc(F.68) 给出了通过重写实现多态的例子。该代码重写了基类中的虚函数 display()。正如前面提到的, 函数名后的关键字 override 可以省略, 不影响代码的编译和运行。代码采用多种方式调用了 demon() 成员函数, 包括 1) 类 SonClass 的对象, 2) 指向 SonClass 对象的 BaseClass 指针, 3) 解引用后的指向 SonClass 对象的 BaseClass 指针, 4) 指向 BaseClass 对象的 BaseClass 指针, 5) 解引用后的指向 BaseClass 对象的 BaseClass 指针。

假定编译文件 override.cc(F.68) 得到的可执行文件为 xoverride, 运行该文件得到的输出如图 F−37 所示。观察输出可以看到, 除了最后两种情况外, 程序能正确调用在类 SonClass 被重写的方法 display()。通过类 SonClass 的对象或对象的指针调用 display() 的重写版本符合一般预期; 但通过指向 SonClass 对象的 BaseClass 指针调用 display() 的重写版本则是虚函数机制的效果。显然, 如果没有虚函数, base_ptr_son_obj−>demon() 语句将调用定义于基类的 display()。而这里的虚函数机制让编译器判断出 base_ptr_son_obj 所指涉对象的型别为 SonClass 并调用 display() 位于 SoncClass 类的重写版本。也就是说, 虚函数的使用使得父类指针可以调用定义于子类的方法。如果基类 BaseClass 有多个子类, 不同子类按照自己的方式重写了 display(), 那么通过父类指针可以调用不同子类的 display() 重写版本。于是, 通过相同型别的指针, 即定义虚函数的基类指针, 虚函数与重写实现不同的行为 (虚函数的子类重写版本) 的调用。

文件 override.cc(F.68) 所示的代码遗留了一个漏洞。为了更好地展示这个漏洞, 这里对文件 override.cc(F.68) 进行一点修改, 如文件 deconstructor.cc (F.69) 所示。具体来说, 给 SonClass 类添加了两个成员数据: 一个 std::vector <int> 的数组 vec 和一个指向 double 型别数据的智能指针 uptr。同时给类 BaseClass 和 SonClass 都添加了只有一个输出语句的析构函数, 方便查看析构函数被调用的情况。根据 C++ 语法, SonClass 对象被析构时, 会自动调用相应的析构函数, 释放 std::vector<int> 数组和智能指针所占用的内存资源。尽管如此, 文件 deconstructor.cc(F.69) 依然可能导致内存泄露。这里使用 valgrind 查看内存泄露。假定编译得到的可执行文件名为 xmemory_leakage, 使用 valgrind 命令行工具查看内存泄露的命令行和得到的输出如图 F−38 和图 F−39 所示。阅读源码可以知道, 成员数据数组 vec 占用 12 字节, 成员数据 uptr 智能指针占用 8 字节。valgrind 的输出显示, 数据成员 vec 和 uptr 智能指针分别导致 12 字节和 8 字节的内存泄露, 也就是说内存泄露的原因在于少调用了一次 SonClass 的析构函数。查看析构函数的输出, 可以发现 SonClass 的析构函数只被调用一次, 这也证实了内存的泄露是缺少一次 SonClass 析构函数的调用导致的。实际上, 造成内存泄露的原因是, 程序使用 BaseClass 型别的智能指针来指涉 SonClass 对象。编译器根据智能指针指涉对象的型别, 让程序在退出之前自动调用 BaseClass 的析构函数。虽然事实上智能指针指涉的对象为 SonClass 型别, 但编译器的默认动作导致 SonClass 的析构函数不会被调用。解决问题的方案是将 BaseClass 的析构函数声明为虚函数, 如文件 deconstructor.cc(F.69) 的注释行所示。这样程序在调用 BaseClass 的析构函数之前, 会先调用 SonClass 的析构函数, 从而释放内存资源。

顺便指出, 如果用 SonClass 型别的指针指涉 SonClass 对象, 即便 BaseClass 的析构函数不是虚函数, 也不会发生内存泄露。

5.2.3 纯虚函数与抽象类

在很多情况下，创建基类的对象并不合理。例如，定义一个动物基类可派生出老虎、孔雀等子类，但创建动物基类的对象却明显不合常理。为解决上述问题，C++ 引入了**纯虚函数** (pure virtual function) 概念。纯虚函数除了有 virtual 关键字外，还用"=0"来修饰，其声明方式如图 5.8 所示。纯虚函数在基类中没有定义具体操作，但要求各派生类根据实际需要定义自己的版本。含有纯虚拟函数的类称为**抽象类** (abstract class)。C++ 不允许创建抽象类的对象。也就是说，抽象类不能被实例化，必须派生新类，对抽象基类中声明的所有纯虚函数提供实际定义之后，才能实例化派生类。在面向对象的编程中，通过抽象类，可对一系列看上去不同，但是本质相同的具体概念进行抽象，从而通过重复使用代码来简化编程。从本质上说，抽象类的作用是将数据和行为组织在一个继承层次结构中，保证派生类具有基类所规定的行为，把暂时无法确定具体实现方式的函数声明为纯虚函数，留给派生类去实现。一个典型的抽象类就是文件 abstract_mat.h(F.6) 所给出的抽象矩阵类 AbstractMat<T>。抽象类中也能包含普通方法，例如类 AbstractMat<T> 成员方法 GetNumberofRow() 和 GetNumberofCol()。

```
virtual 函数类型 函数名(参数表)=0;
```

图 5.8 纯虚函数的声明方式

我们可以从以下五个方面来理解虚函数和纯虚函数。

(1) 虚函数和纯虚函数可定义在同一个类中，含有纯虚函数的类被称为抽象类，而只含有虚函数的类不能被称为抽象类。

(2) 虚函数可被直接使用，也可被子类重载以后以多态的形式调用，而纯虚函数必须在子类中被实现以后才能被使用，因为纯虚函数在基类只有声明，而没有定义。

(3) 虚函数和纯虚函数不能被关键字 static 修饰。原因在于被 static 修饰的函数在编译时候要求**静态绑定** (static binding)，而虚函数却是**动态绑定** (dynamic binding) 的；而且静态绑定和动态绑定函数的生命周期也不一样。下面将继续讨论静态绑定与动态绑定的概念。

(4) 纯虚函数不一定要在父类中被实现。与此不同，虚函数必须在父类中被实现, 否则编译器将报错。程序运行时, 具体调用虚函数的父类还是子类版本, 由动态绑定来确定。

(5) 纯虚函数在子类中被实现后, 子类的子类即孙子类可以覆盖该纯虚函数。程序中具体调用哪个版本, 由动态绑定在程序运行时来确定。

当一个抽象基类没有定义**虚析构函数**时, 那么用一个指涉到该基类的指针调用派生类的析构函数的操作是没有定义的行为。解决这个问题的办法是, 为抽象类定义一个虚析构函数。这是模板基类函数体为空的虚析构函数必须存在的根本原因。

5.2.4 重载多态与重写多态的区别

重载和重写实际上是 C++ 实现函数**绑定** (binding)[①]的不同方式。将源代码中的函数调用解释为执行特定的函数代码块被称为函数绑定。多态与非多态的实质区别就是函数地址是早绑定, 还是晚绑定。如果函数的调用, 在编译器编译期间就可以确定函数的调用地址, 并且对应的代码是静态的, 就是说地址是早绑定的。而如果函数调用的地址不能在编译器期间确定, 只能在运行时才能确定, 就属于晚绑定。

重载属于静态绑定, 又称为静态联编或早期联编。重载函数在程序编译连接阶段被绑定。当重载函数相关的绑定工作是在程序运行之前完成的, 这是称对应的绑定为静态或早期联编的原因。静态绑定的优点是速度快、效率高, 但灵活性不够。

重写属于称动态绑定, 又称为动态联编或晚期联编。程序运行时, 根据上下文确定调用被重写函数的具体实现。实现重写的条件有三个: 一是要有继承性; 二是要有虚函数; 三是通过基类的对象指针或引用访问虚函数。继承是动态联编的基础, 虚函数是动态联编的关键, 虚函数经过派生之后, 就可实现运行过程中的多态。动态联编要求在运行时解决程序中的函数调用与执行该函数代码间的关系, 程序在运行过程中才能确定调用虚函数的对象的具体型别, 然后据此绑定函数的恰当重写版本。使用重写实现多态的优点是灵活性强, 但效率稍低。

> 可以这么说, 类的继承既能继承数据, 也能继承接口。抽象类和重写实现了接口的继承。

① 也被译为联编。

5.3 移动语义与完美转发

移动语义 (move semantics) 和**完美转发** (perfect forwarding) 是能有效提高程序性能的重要语言特性。移动语义的本质是将一段内存的所有权从一个对象转移到另外一个对象，从而避免效率低下的数据拷贝。类似于操作系统给文件重命名，只修改与该文件相关的记录而不实际移动文件。完美转发就是让被转发的对象保持原有属性不变。这里的转发是指通过一个函数将参数转交给另一个函数，原参数可能是右值，可能是左值，如果还能继续保持参数的原有属性，那么它就是完美的。**右值引用** (rvalue references) 将移动语义和完美转发的语言特性结合起来的底层语言机制，是实现移动语义和完美转发的基础 [18]。

在 C++11 及之后的标准中，每个表达式有两个属性：型别 (type) 和值类型 (value category)，后者包括 3 个基本类型：lvalue、prvalue 与 xrvalue，其中 prvalue 与 xrvalue 又被统称为 rvalue。lvalue 就是所谓的**左值**，可以用它来标识一个对象或函数，也可以把它当做可以获取地址的量。因此很多时候，人们把具有左值属性的变量、对象或函数等简称为左值。rvalue 就是所谓的**右值**，可简单地认为，所有不是左值的量就是右值。要准确区分出 prvalue 和 xrvalue 并不容易，简单地说，前者就是纯粹的右值，比如字面量 (literals)；后者指的是可被重用的临时对象。假定 T 为型别，D 为变量，定义左值引用和右值引用的方式如图 5.9 所示。需要注意，发生型别推导的时候，T&& 表示型别 T 的**转发引用** (forwarding reference) 或**万能引用** (universal reference) 而不是右值引用，下面讨论完美转发时会进一步介绍转发引用。

```
T& D;   // D 为型别 T 的左值引用
T&& D;  // D 为型别 T 的右值引用
```

图 5.9 定义左值引用和右值引用的方式

为具体展示左值与右值的概念，示例文件 lvalue_rvalue.cc(F.70) 给出值类型的简单示例。该文件中函数 CharInString() 有两个参数：std::string& s 和 std::size_t n，对应的参数传递方式分别为左值引用传递和值传递。也就是说，前者只传递变量 s 的首地址，后者传递 n 的拷贝。显然，如果对象占用的存储资源少，例如 int、double 等简单型别的对象，值传递不会给运行效率带来实质性影响。但对于占用存储较多的对象，例如大数组、长字符串等，则一般推荐使用效率更高的引用传递。然而，左值引用无法接收一个常量作为实参，所以文件

lvalue_rvalue.cc(F.70) 被注释的第 32 行代码无法通过编译。采用右值引用可解决这个问题。如文件 lvalue_rvalue_fixed.cc(F.71) 所示, 添加函数 CharInString() 的重载版本 char&　CharInString(std::string&&　s, std::size_t n) 后, CharInString(“Test”, 0) 这个函数调用可以被正确编译并执行。

文件 lvalue_rvalue_fixed.cc(F.71) 中调用 CharInString(“Test”, 0) 实现移动语义的前提是传入的第一个实参必须为右值, 但有时人们需要对左值实施移动语义。例如已经知道某左值将不再被使用, 那么将左值转化为右值会提高程序效率。这个功能由 std::move() 模板函数提供。文件 reference_move.cc(F.72) 中有三处调用 std::move()。结合 5.4 节将要介绍的构造函数, 读者对照注释和运行结果不难理解 std::move() 的功能。需要注意: std::move() 仅能保证将对象转换为右值, 且不包含移动操作。并且, 一个对象即便被 std::move() 转换为右值, 也**不能**保证所得的右值具有移动能力。例如, 一个被 const 修饰的对象被 std::move() 转换为右值后, 对所得右值的移动操作将被**自动**替换成复制操作。

下面以文件 forward.cc(F.73) 为例, 展示完美转发的工作机制。运行对应的可执行文件得到如图 F−40 所示输出。完美转发往往需要结合模板函数 std::forward() 和转发引用。这里先讨论 std::forward()。可将 std::forward() 和 std::move() 看成是执行强制型别转换的模板函数。两者的不同在于, 后者无条件地将对象转换为右值, 而前者则仅在特定条件下才执行转换。文件 forward.cc(F.73) 的示例中, 函数 foo() 有分别接收右值引用和左值引用实参的两个重载版本。为显示实参传入函数 wrapper() 后的型别变化, 示例调用了 boost 库的模板函数 type_id_with_cvr<T>() 提取 s 的型别。函数 wrapper() 以三种不同方式调用 foo(), 区别是 foo() 的实参分别为 s、forward<T>(s) 和 move(s)。这里的三种参数传递方式仅仅是为了展示完美转发的概念。主函数的调用 wrapper(forward<string>(s2)) 会导致对转发引用实施 std::move()。由于可能导致左值遭到意外改动, 一般来讲, 实际开发中禁止这类操作。

从图 F−40 可看到, 无论传入函数 wrapper() 的实参是左值还是右值, 它在函数体内一定会变为左值, 其原因在于 C++ 规定**移动语义不具备传递性**。示例中字面量 Test 作为实参有两种情况: 1) 字面量本身作为实参以右值引用的方式传入函数 wrapper(), 2) 通过 move(“Test”) 作为实参传入函数 wrapper()。进入 wrapper() 函数体内后, 两种情况下实参均变为 char const(&)[5] 的左值引用型别。观察示例还能发现, std::forward() 可以在一定程度上保持输入参数的值属性, 例如第二种情况下, std::forward() 函数让输入的字面量保持了右值属性。实际上, 实参传入 wrapper() 后, 该参数的值属性信息被编码到模板形参 T 中, 该信息被 std::forward() 恢复, 从而恢复了实参的值属性。综合上面的讨论可知, 正如文献 [18] 提到的, std::move() 和 std::forward() 这两个函数除了进行一次型别转换, 什么都没有做。

除了 std::forward(), 完美转发还需**转发引用**来配合, 如文件 forward.cc(F.73) 中第 12 行的形参所示。转发引用的一般形式为 T&&, 它一般用来转发对象, 这也是为什么 C++17 将其命名为转发引用的原因。斯科特 · 迈耶斯 (Scott Meyers) 也称为**万能引用**[18], 理由是它具有无与伦比的灵活性。转发引用绑定的对象可以是可改变的 (mutable), 也可以是不可改变的 (immutable) ①, 还可以是可移动 (movable) 的。换言之, 它几乎可以绑定到所有对象上。从形式上看, 转发引用与右值引用一样均为 T&&。它们的区别在于, 转发引用的条件是涉及型别推导, 而右值引用则不涉及型别推导, 一个简单右值引用的形式为 int&& x。右值引用只能绑定到一个可移动对象, 它往往是可变的, 其指向的值可以被取走, 而引用本身变成没有定义的变量。大多数时候, 转发引用出现在模板中。从图 F–40 可清楚地看到配合转发引用, 程序实现了完美转发。需要强调的是: 涉及模板时 T&& 也不一定就是转发引用。例如图 5.10 中函数 void push_back(T&& x) 的形参声明就是对型别 T 的右值引用而非转发引用。其原因在于型别推导在 vector 的实例化过程中已被完成, 函数 push_back 作为 vector 的一部分不涉及型别推导。

```
template<class T, class Allocator = allocator <T>> /* 来自C++ 标准库 */
class vector
{
    public:
        void push_back(T&& x);
        // ...
};
```

图 5.10 位于模板内但不是万能引用的 T&&

右值引用出现在表达式中后会变成左值引用, 可通过 std::is_rvalue_reference<decltype(())> 函数来查看。

① 例如被 const 修饰的对象。

根据 C++ 的重载解析规则，转发引用的重载版本几乎能与任何实参匹配，显然有时候，我们不希望按照转发引用的版本实现匹配，此时使用 std::enable_if<> 是一种很好的选择，这里不详细展开相关讨论，感兴趣的读者可参考文献 [17, 18]。

5.4　类中特种成员函数

编译器会在需要的时候隐式地创建一些**特种成员函数**。

(1) 默认构造函数一般指不接收任何参数，也不执行任何操作的构造函数，简称为无参构造函数。只要所有参数都有默认值，带参数的构造函数也可以是默认构造函数。

(2) 拷贝构造函数用于将一个对象复制到新创建的对象中，它接收一个指向该类对象的常量引用。

(3) 移动构造函数类似于拷贝构造函数，但把拷贝操作替换为移动操作，只适用于 C++11 及以后的版本。

(4) 复制赋值运算符实现对象的复制。

(5) 移动赋值运算符类似于复制赋值运算符，但把拷贝操作替换为移动操作，只适用于 C++11 及以后的版本。

(6) 析构函数。

如果没有提供任何构造函数，C++ 将创建默认构造函数。也就是说，编译器将提供一个不接收任何参数、也不执行任何操作的构造函数，这个构造函数一般被称为**默认的**默认构造函数。声明对象时没有提供任何参数，将调用无参的默认构造函数。编译器自动创建的方法中，构造函数和赋值运算符按照成员变量的声明次序，完成构造或赋值，析构函数则按相反的次序析构或删除相应的数据成员变量。C++ 提供了两个关键字来控制编译器的自动创建方式，分别是 default 和 delete。如名称所示，default 关键字告诉编译器按照默认的方式创建函数；而 delete 关键字则指示编译器不创建被它修饰的函数。被 default 关键字修饰的函数被称为用户自定义的函数。图 5.11 给出了使用 default 和 delete 关键字告知编译器不创建拷贝构造函数和拷贝赋值函数的类。

```
class MoveOnly
{
    public:
        MoveOnly() = default;
        MoveOnly(const MoveOnly&) = delete;
        MoveOnly(MoveOnly&&) = default;
        MoveOnly& operator=(const MoveOnly&) = delete;
        MoveOnly& operator=(MoveOnly&&) = default;
        ~MoveOnly() = default;
        // ...
};
```

图 5.11　使用 default 和 delete 关键字的示例

5.4.1　初始化列表

构造函数可使用**初始化列表** (member initialization list) [①]给成员数据赋值, 如图 2.4 中左边的方框所示。如果数据成员没有出现在初始化列表中, 那么 1) 对于内置型别的数据成员, 默认构造函数不为其赋初值; 2) 对其他数据成员, 比如某个自定义类的对象, 则调用该类的默认构造函数初始化该对象。

5.4.2　C++ 特殊成员函数的创建规则

特殊成员函数的创建规则相当繁杂, 这里列举几条。

规则 1: 类必须有析构函数, 要么由编译器创建, 要么由用户自定义。

规则 2: 大三律 (rule of three)。如果声明了复制构造函数、复制赋值运算符或析构函数中的任何一个, 那么就同时声明它们三个。其内在原因为: 如果有改写复制操作的需求, 往往意味着该类需要执行某种资源管理, 于是, 在一种复制操作中进行的任何资源管理, 也极有可能出现在另一种复制操作中。同时, 该类的析构函数会以释放资源的方式参与资源管理。一种典型的资源就是内存, 这就是为什么标准库中用以管理内存的类都会遵从大三律。依据大三律, 如果存在用户定义的析构函数, 那么复制操作就不应该被自动生成[②]。

规则 3: 隐式创建移动构造和移动赋值运算符的条件。仅当下面三者同时成立时, 编译器才自动或者说隐式创建移动构造和移动赋值运算符: 1) 该类未声明任何复制操作, 2) 该类未声明任何移动操作, 3) 该类未声明任何析构函数。

① 或者简称为 initialization list。

② 在 C++98 和 C++11 中, 即使用户声明的析构函数存在, 编译器也可能自动生成复制赋值运算符。其原因在于, 严格遵从大三律会破坏很多历史遗留代码。

图 5.12 给出的示例中, 因为使用 default 修饰了复制构造函数, 因此编译器不会自动创建移动构造函数和移动赋值运算符。

```
class Tray
{
    public:
        Tray(const Tray&) = default;
        // Tray(Tray) = delete; //不会自动创建移动构造函数
        // Tray operator=(Tray) = delete; //不会自动创建移动赋值运算符
        // ...
};
```

图 5.12 存在用户自定义的复制操作时, 编译器不隐式创建移动构造函数和移动赋值运算符

需要注意: 当没有移动操作时, 有的编译器会自动将移动操作匹配为复制操作。具体的, 移动复制构造会被匹配为拷贝赋值构造, 移动赋值被匹配为拷贝赋值。有两种办法可避免这种隐式转换可能带来的漏洞。一是显式地在移动构造函数中调用复制构造函数, 在移动赋值运算符中调用复制赋值运算符; 二是将移动构造函数和移动赋值运算符设置为 delete 型。选择后者, 可能会导致编译报错。

规则 4: 大五律 (rule of five)。如果根据规则 3, 编译器不自动创建移动构造函数和移动赋值运算符, 而用户又需要移动语义支持, 那么用户需要声明所有的析构函数、复制构造函数、移动构造函数、复制赋值运算符和移动赋值运算符这 5 个特殊成员函数。有的地方还提到所谓的零规则 (rule of zero), 其本质与大五律相同, 即要么定义全部 5 个特殊成员函数, 要么全部不定义。

规则 5: 只创建类数据成员和父类允许的那些方法。我们以图 5.13 给出类 Tray 为例, 说明本规则。类中 mobj_ 为 MoveOnly 对象, 因为类 MoveOnly 禁止了复制构造函数和复制赋值运算符, 因此类 Tray 也就不能有复制构造函数和复制函数。同样的, 对于两个为父子继承关系的类, 如果父类没有复制构造函数, 那么子类也不能有复制构造函数。简单地说, 规则 5 具有**递归性**。

总之, 编译器自动隐式创建上述 6 个特殊成员函数的规则很复杂, 因此尽量显式地指定这些函数的创建方式有利于提高代码的可读性, 减少不易察觉的漏洞。对于不会使用到的函数, 可以只声明但不给出其具体定义, 因此除非以后会用到, 否则不用给出相应函数的定义。

文件 rule_of_three.cc(F.74) 和 rule_of_five.cc(F.75) 分别给出了测试大三律和大五律的示例。通过运行示例, 读者可体会到, 特殊成员函数的内在本质, 以及移动语义对效率的提升作用。

```
class Tray
{
    public:
        Tray(unsigned s= 0):v_(s) {}
        std :: vector<float> v_;
        std :: set<int> s_;
        MoveOnly mobj_;
        // ...
};
```

图 5.13 类 Tray 的定义

5.5 Lambda 表达式

在 C++11 和更高版本中, Lambda 表达式是定义**匿名函数** (anonymous function) 对象的简便方法, 通常用于封装传递给算法或异步方法的少量代码行。图 5.14 给出了 Lambda 表达式的基本语法形式, 下面分别介绍。

Lambda表达式的基本语法

```
[ capture list ] ( params list ) mutable exception -> return type { function body };
```

Lambda 表达式基本语法的简要说明

```
capture list, 捕获子句, 用于捕获外部变量, 也称为 lambda 引导。
params list, 参数列表, 也称为 lambda 声明符, 可以没有。
mutable, 可变规范可有可无。
exception, 异常规范; 该规范可有可无。
return type, 返回类型, 可以没有。
function body, 函数体。
```

图 5.14 Lambda 表达式的基本语法和简要说明

5.5.1 捕获子句

捕获子句 (capture list) 也被称为外部变量访问方式说明符, 是 Lambda 表达式的开头, 用于指定 Lambda 表达式所需捕获的变量及捕获的方式。根据 C++ 的约定, 一对花括号 {} 所定义的区域是定义/使用 Lambda 表达式的**块**, 即 Lambda 表达式的作用域, 或者称为上下文。通过捕获子句, Lambda 表达式可以访问或捕获其作用域内的变量。常用的捕获方式有以下六种。

(1) [ ]: 捕获子句为空, 表明不从作用域捕获任何局部变量, 这种 Lambda 表达式只能访问参数列表中的变量和非局域变量。

(2) [&]: 隐式地按引用捕获作用域内所有局域变量。

(3) [=]: 隐式地按值捕获作用域内所有局域变量。

(4) [capture–list]: capture–list 为作用域内变量名, 显式地捕获其中列出的所有变量 ; 如果变量前用 & 修饰则按引用捕获, 否则按值捕获 ; capture−list 可以包含 this 和..., 前者是类的 this 指针, 后者为个数可变的参数。

(5) [&, capture−list]: 以按值的方式捕获 capture−list 中列出的局域变量, 而隐式地以引用的方式捕获其他局域变量。

(6) [=, capture–list]: 以按引用的方式捕获 capture–list 中列出的局域变量, 而隐式地以按值的方式捕获其他局域变量。

如果捕获子句的默认模式为 &, 则该捕获子句中不能以 & 模式捕获某个变量; 同样, 如果捕获子句的默认模式为 =, 则不能以 = 模式捕获某个变量。图 5.15 中第一个文本框的代码片段给出了不同捕获方式的示例; 第二个文本框则给出了使用省略号来捕获个数可变的参数的示例。在使用捕获子句时, 尤其在多线程环境下, 有三点需要注意: 1) 引用捕获可用于修改外部变量, 而值捕获却不能; 2) 引用捕获会反映外部变量的更新, 而值捕获却不会; 3) 引用捕获引入生存期依赖项, 而值捕获却没有此依赖。如果在多线程环境下 Lambda 表达式通过引用捕获本地变量, 该本地变量将很可能在 Lambda 表达式运行时消失, 从而导致运行时访问冲突。

从 C++14 开始, 可以在捕获子句中引入并初始化新变量, 不要求这些变量存在于 Lambda 表达式的闭包内。初始化能以任意表达式表示, 且可根据该表达式推断新变量的类型。这个功能的一个好处是, 可从作用域捕获只能被移动的变量并在 Lambda 表达式中使用它们, 例如 std::unique_ptr<T>。图 5.15 中第三个文本框的代码片段给出了一个相关示例。

5.5.2 参数列表

除了捕获变量, Lambda 表达式还可接收输入参数。参数列表 (parameter list) 是可选的, 在大多数情况中, 与函数的参数列表类似, 如图 5.16 中第一个文本框的代码片段所示。从 C++14 开始, 如果参数类型是泛型, 则可使用 auto 关键字。此时, 编译器为函数调用创建模板。参数列表中的每个 auto 实例等效于一个型别, 如图 5.16 中第二个文本框的代码片段所示。Lambda 表达式可将另一个 Lambda 表达式作为其自变量。由于参数列表为可选项, 因此如果不将参数传递给 Lambda 表达式，并且 Lambda 声明符不包含异常规范、尾随返回类型或可变类型，则可省略空括号。

不同捕获方式的示例

```
struct S { void f(int i); };
void S::f(int i)
{
    [&, i]{};        // 正确
    [&, &i]{};       // 错误，默认按引用捕获，无需在 i 前添加&
    [=, this]{};     // 错误，默认按值捕获，this 为指针
    [=, *this]{};    // 正确，从 C++17 开始支持
    [i, i]{};        // 错误，重复捕获 i
}
```

捕获个数可变的参数

```
template<class ... Args>
void f(Args ... args)
{
    auto x = [args ...] { return g(args ...) ; };
    x();
}
```

捕获只能被移动的变量

```
uptr_nums = std :: make_unique<vector<int>>(nums);
// ...
auto a = [ ptr = std :: move(uptr_nums)]()
{
    // use ptr
};
```

图 5.15 Lambda 表达式的捕获列表

输入参数

```
auto y = [] (int first , int second)
{
    return first + second;
};
```

使用auto关键字

```
auto y = [] (auto first , auto second)
{
    return first + second;
};
```

图 5.16 Lambda 表达式的参数列表

5.5.3　可变规范

通常, Lambda 表达式的函数调用运算符是按值进行的, 但可变关键字的使用会改变这一属性。利用可变指示符 (mutable), Lambda 表达式的函数体可以修改通过值捕获的变量。不过, Lambda 表达式调用结束后, 该变量的值保持与调用前相同。

5.5.4　异常规范

此处的关键字或子句说明如何处理异常。可以使用 noexcept 来指示 Lambda 表达式不引发任何异常。

5.5.5　返回类型

Lambda 表达式可以自动推导返回类型, 除非指定尾随返回类型 (return type), 否则不必使用 auto 关键字来指定 Lambda 表达式的返回值类型。尾随返回类型类似于普通方法或函数的返回类型部分, 但是返回类型必须跟在参数列表的后面, 且在返回类型前面包含 trailing−return−type 关键字 −>。如果 Lambda 体仅包含一个返回语句或其表达式不返回值, 则可以省略 Lambda 表达式的返回类型部分。当 Lambda 体包含单个返回语句, 但没有指定返回值类型时, 编译器将从返回表达式的类型推导返回类型, 否则编译器会将返回类型推导为 void。图 5.17 的代码片段说明了这一原则。另外, Lambda 表达式可以生成另一个 Lambda 表达式作为其返回值。

```
auto x1 = []( int i) { return i; };    // 正确，返回数据型别为 int
auto x2 = []{ return { 1, 2 }; };      // 错误，根据型别推断，返回值的型别为 void
```

图 5.17　Lambda 表达式的返回值

注: 示例第二行返回的是一个初始化列表。

5.5.6　函数体

Lambda 表达式的函数体 (function list) 可以包含普通方法或普通函数体可包含的任何内容。普通函数和 Lambda 表达式的函数体均可访问以下变量类型: 从作用域捕获的变量、参数列表中的变量、本地声明的变量、类数据成员①、

① Lambda 表达式在类中声明时。

静态存储的任何变量[1]。如图 5.18 中的 Lambda 表达式修改静态变量以生成下一个元素的值。

```
/* 调用Lambda表达式改变next_value的值
// 警告: 示例代码不能保证线程安全 */
void FillVector (std :: vector<int>& v){
    static int next_value = 1;      // 定义静态变量
    std :: generate (v.begin() , v.end(), [] { return next_value++; } );
}
```

图 5.18 Lambda 表达式修改静态变量

文件 captures_lambda_expression.cc(F.76) 给出通过值显式捕获某个变量 n 并通过引用隐式捕获另一个变量 m 的示例, 图 E–41 给出了运行对应程序所得的输出。示例将 Lambda 表达式的定义与调用合并到一个语句, 从调用可看到输入参数 a 的值为 4。变量 n 是通过值捕获的, 调用 Lambda 表达式后其值保持 0 不变。但是 mutable 可变指示符允许在 Lambda 表达式内修改 n, 因此其在 Lambda 表达式内的值为 1。实际上, 如果没有 mutable 关键字, 编译中会因为不允许 ++n 操作而报错。Lambda 表达式通过引用捕获变量 m, 调用结束后其值为 1+a, 最终为 5。尽管 Lambda 表达式只能捕获具有自动存储持续时间的变量, 但可在 Lambda 表达式的函数体中使用具有静态存储持续时间的变量。以下示例使用 std::generate 函数和 Lambda 表达式为 std::vector<int> 对象中的每个元素赋值。

本书的示例程序大量使用了 Lambda 表达式, 这里不再列举更多示例。

5.6 智能指针

指针是 C++ 语言的一个重要部分, 它指向一个地址, 通常称为**裸** (naked) 指针, 又被称为**原生**指针。裸指针可以指向自动变量、静态变量或堆上的变量。当指针指向的动态对象不再使用时, 代码必须显式地销毁它们。C++ 通过一对操作 new 和 delete 来管理动态内存, new 在动态内存中为对象分配一块空间并返回一个指向该对象的指针, delete 则销毁对象并释放与之关联的内存。由于 C++ 语言没有自动内存回收机制, 使用 new 和 delete 来管理内存经常会出现两种问题: 一种是忘记释放内存而造成内存泄漏; 另一种是尚有指针引用

[1] 例如全局变量。

内存的情况下就释放了它，从而产生引用非法内存的指针。为了更加容易、更加安全地使用动态内存，C++ 引入了**智能指针**的概念。智能指针是一个可模仿裸指针的类模板，其行为类似常规指针，但负责自动释放所指向的对象。大部分时候，智能指针与裸指针在使用上没有差别，但有些情况下，它们有两点不同：1) 智能指针只能用来指向堆上的内存地址，2) 不能对智能指针进行自加和自减操作。

C++ 标准库提供了三种智能指针。

(1) std::unique_ptr<T>。std::unique_ptr<T> 对象/变量就像一个指向型别 T 的裸指针，并**唯一**拥有其所指对象。通过禁止拷贝语义、只允许移动语义，C++ 不允许多个 unique_ptr<T> 变量指向同一个对象或地址。相比于原始指针，unique_ptr<T> 变量利用 RAII(resource acquisition is initialization)①特性，使得在出现异常的情况下，动态资源能得到释放。unique_ptr<T> 指针本身的生命周期是从 unique_ptr<T> 变量创建时开始，直到离开作用域。离开作用域时，若其指向对象，则将其所指对象销毁 (默认使用 delete 操作，用户可指定使用其他操作)。unique_ptr<T> 指针与其所指对象的关系：在智能指针生命周期内，可以改变智能指针所指对象，如创建智能指针时，通过构造函数指定，通过 reset() 方法重新指定、通过 release() 方法释放所有权，通过移动语义转移所有权。

(2) std::shared_ptr<T>。std::shared_ptr<T> 对象与 std::unique_ptr <T> 对象一样，也是一个指向型别 T 的对象的指针。不同之处在于，多个 std::shared _ptr<T> 变量可以指向同一个地址，这也是 std::shared_ptr<T> 名称的由来。类模板 shared_ptr<T> 中有一个引用计数，记录了有多少个 shared_ptr<T> 变量指向同一个地址。当一个 shared_ptr<T> 不再指向当前地址时，引用计数就会减 1，直到没有 shared_ptr<T> 对象指向该地址，引用计数变为 0，该地址指向的内存会被释放。所有指向同一地址的 shared_ptr<T> 变量都能得到引用计数的当前值。

(3) std::weak_ptr<T>。它是为了配合 shared_ptr<T> 而引入的一种智能指针，可从一个 shared_ptr<T> 对象或另一个 weak_ptr<T> 对象创建，指向的地址与 shared_ptr<T> 对象指向的相同。创建一个 weak_ptr<T> 对象

① 中文译文为：源获取就是初始化。它是 C++ 一种管理资源、避免泄露的惯用法。C++ 标准保证任何情况下，已构造的对象最终会销毁，即它的析构函数最终会被调用。简单地说，RAII 的做法是使用一个对象，在其构造时获取资源，在对象生命期控制对资源的访问使之始终保持有效，最后在对象析构的时候释放资源。

不会改变 shared_ptr<T> 对象的引用计数, 因此 weak_ptr<T> 对象的创建与销毁不影响其指向内存的释放。反过来, weak_ptr<T> 在其指向的内存被释放后依然可以存活。也就是说, 它不具有普通指针的行为。它最大的作用在于协助 shared_ptr<T> 工作, 像旁观者那样观测资源的使用情况。

C++98 曾经使用过 auto_ptr<T>, 但是由于缺乏移动语义等语言特性, 这种指针难以理解并且容易出错, 因此基本被弃用。

5.6.1 std::unique_ptr<T> 的使用

智能指针 std::unique_ptr<T> 适用于不需要多个指针共同指向一个地址的情况, 其对象有两种形式。第一种形式的对象指向的地址是单个对象的指针, 其声明形式如图 5.19 所示。生成指向一个对象的 std::unique_ptr<T> 指针有两种方式, 如图 5.20 的第一个文本框所示。第一种方式先调用 std::string 的构造函数在堆上申请的内存空间保存一个 std::string 型别的数据, 然后把指向 std::string 数据的裸指针当做初值定义智能指针 std::unique_ptr<T> 对象, 该智能指针对象替代来原来的裸指针, 指向 std::string 数据。第二种方式采用了 auto 关键字和 make_unique<T>() 函数来创建智能指针, 是我们推荐使用的方式。实际上 std::string 有多个构造函数, 我们也可以使用其他构造函数生成 std::string 对象, 然后定义指向该对象的智能指针 std::unique_ptr<T>。智能指针的解引用方式与裸指针一样, 如图 5.20 的第二个文本框所示。

```
std :: unique\_ptr<T> uptr;
```

图 5.19 std::unique_ptr<T> 的声明方式

创建std::unique_ptr<T>对象的两种方式

```
std :: unique_ptr<std :: string > uptr_str {new std :: string {"hello world"}};
// 或者
auto uptr_str2 = std :: make_unique<std:: string >("hello world");
```

std::unique_ptr<T>对象的解引用

```
std :: cout << *uptr_str << "\n";                                   // 打印 hello world 到标准输出设备
std :: cout << "length = "<<uptr_str->length() << "\n";  // 输出 hello world 字符串的长度
```

图 5.20 std::unique_ptr<T> 对象的创建和解引用

智能指针 std::unique_ptr<T> 对象的第二种形式是指向数组的，此时声明和定义中的 T 应该替换为 T[]，如图 5.21 的第一个文本框所示。该文本框的两条指令创建了一个指向长度为 n=10 的 int 型别的动态数组，并让智能指针对象 uptr_arr 指向该数组。也可使用 make_unique<T[]> 函数来完成 uptr_arr 指针的创建，如图 5.21 的第二个文本框所示。std::unique_ptr<T[]> 指针的引用方式与普通裸指针的一样，如图 5.21 的第三个文本框所示。

创建指向数组的std::unique_ptr<T>对象

```
size_t n{10};
std :: unique_ptr<int[]>  uptr_arr  {new int[n]};
```

使用make_unique<T[]>()创建指向数组的智能指针

```
size_t n{10};
auto uptr_arr  = std :: make_unique<int[]>(n);
```

引用指向数组的std::unique_ptr<T>指针对象

```
for( size_t  i{};  i  < len;  ++i)  uptr_arr [ i ]  = i*i;
```

图 5.21　创建和引用指向数组的 std::unique_ptr<T> 对象

显然，对于指向单个对象的智能指针，无法使用 operator[] 进行索引。这里也特别强调，在可以使用 std::array<T>、std::vector<T> 和 std::string<T> 的情况下，就不必使用 unique_ptr<T[]> 智能指针，因为相比这些标准库提供的类模板，std::unique_ptr<T[]> 并未带来更多的好处。当用户使用了自定义的删除器 (delete 或 delete[]) 时，在声明和定义 std::unique_ptr 需要特别指定，具体的语法可参考文献 [19]。当使用自定义的删除器时，智能指针对象所占用的内存空间会增加。

当需要将 std::unique_ptr<T> 指针对象传入一个函数时，必须以引用的方式传递该对象，因为 std::unique_ptr<T> 指针不支持拷贝，无法通过传值的方式实现参数传递。作为函数的返回值，C++ 允许以移动语义 ①的方式返回 std::unique_ptr<T> 对象。同样，因为不能被拷贝，当一个容器保存一组 std::unique_ptr<T> 对象时，必须以移动语义或生成的方式给容器赋值。当需要取出指针时，可用 std::unique_ptr<T> 类模板中的方法 get()，如图 5.22 的

① 5.3 节。

第一个文本框的代码所示。要注意: 采用 get() 方法获取裸指针后, std::unique_ptr<T> 对象继续拥有原有内存地址的管理权。另外, std::unique_ptr<T> 模板类还定义了完备的比较运算符, 用于比较两个 std::unique_ptr<T> 对象或将 std::unique_ptr<T> 对象与 nullptr 做比较。比较 std::unique_ptr<T> 对象的本质是比较对象所指向的地址。同时, std::unique_ptr<T> 对象可隐式地转换为 bool 值。图 5.22 的第二个文本框的操作可用于判断 std::unique_ptr<T> 对象是否指向空地址。std::unique_ptr<T> 模板类中还定义了一些常用的方法。

从unique_ptr<T>对象取出指针

```

int *naked_ptr = uptr_arr . get();
```

判断unique_ptr<T>对象是否指向空地址

```



if( ! uptr_str )
    cout << "uptr_str is a nullptr.\n";
```

图 5.22 从 std::unique_ptr<T> 对象提取指针及判断智能指针对象是否指向空地址

(1) reset() 方法。该方法可以重置 std::unique_ptr<T> 对象。调用一个无参的 reset() 会释放 std::unique_ptr<T> 对象指向的内存并让 std::unique_ptr<T> 对象指向空地址, 此时 std::unique_ptr<T> 对象本身没有被析构; 也可以将一个新生成的指向 T 型别的地址作为实参传递给 reset() 函数, 使得 std::unique_ptr<T> 对象原来指向的内存被释放, 然后指向实参对应的地址。需要注意: 传入 reset() 实参的地址对象, 其型别必须和之前存放于智能指针对象的型别一致, 或者可以隐式地转换成所需型别。同时, 不能将 get() 返回的裸指针作为实参传递给 reset()。

(2) release() 方法。该方法与 reset() 类似, 让 std::unique_ptr<T> 对象指向空地址。不同的是, release() 方法不释放 std::unique_ptr<T> 原来所指地址对应的内存, 而是以裸指针的方式返回该地址。

(3) swap() 方法。该方法可以交换指向相同型别对象的 std::unique_ptr<T> 对象。

文件 unique.cc(F.77) 给出了如何使用 std::unique_ptr<T> 的简单例子。

5.6.2 std::shared_ptr<T> 的使用

智能指针 std::shared_ptr<T> 是目前使用最多、最广泛的智能指针, 它通过引用计数让多个智能指针对象指向同一块内存, 在最后一个对象被释放时, 指向的内存才释放, 这也是和 std::unique_ptr<T> 最大的区别。当指针指向单个对象时, 上面声明和创建 std::unique_ptr<T> 对象的方式也适用于 std::shared_ptr<T> 对象。与 std::unique_ptr<T> 对象不同的是, std::shared_ptr<T> 对象允许拷贝, 因此可用图 5.23 的第一个文本框所示代码来生成 std::shared_ptr<T> 对象。当然, 根据 std::shared_ptr<T> 类模板的定义, 上面的复制操作会增加引用计数。在默认情况下, std::shared_ptr<T> 对象指向的动态内存由标准库提供的删除器 delete 来释放。如果用户自定义了删除器, 需要在声明和创建 std::shared_ptr<T> 对象时指定。

在 C++20 以前, std::shared_ptr<T> 对象不能指向数组的指针。虽然通过图 5.23 的第二个文本框所示代码能够创建一个指向数组的 std::shared_ptr<int> 对象, 但却无法采用 operator[] 来索引数组。一个解决办法是使用 get() 方法来获取裸指针, 然后对裸指针实现索引操作。但这样做显然**不是设计并使用智能指针的本意**。因此, 截至 C++20, 不建议使用 std::shared_ptr<T> 对象指向数组。

以拷贝方式创建std::shared_ptr<T>对象

```
std :: shared_ptr <double> sptr_dbl{ new double{139.0} }; //  创建shared_ptr<double>对象 */
std :: shared_ptr <double> sptr_dbl2;  //  声明一个指向空地址的shared_ptr<double>对象 */
sptr_dbl2 = sptr_dbl ;                 //  拷贝, 两个shared_ptr<double>对象指向同一个地址 */
std :: cout<<*sptr_dbl2 <<", "<< *sptr_dbl<<"\n";      //  输出 */
```

创建和索引一个指向数组的shared_ptr对象

```
std :: shared_ptr <int> sptr_arr (new int[n], []( int * p) {delete [] p;} );
for( size_t i{}; i<n; ++i) sptr_arr .get()[i] = i * i;
```

图 5.23 std::shared_ptr<T> 的使用

常用的类模板 std::shared_ptr<T> 方法还有 use_count()[①]。方法 use_cout() 返回引用计数的个数, 在**多线程**时, 其返回值不一定为准确值。文件 shared.cc(F.78) 给出了使用 std::shared_ptr<T> 的例子。

① 查阅文档还可发现一个从 C++20 之后就要被弃用的方法 unique()。该方法返回一个 bool 值, 如果 std::shared_ptr<T> 对象的引用数为 1, 则方法 unique() 返回 bool 值 true, 否则返回 false。

> 当用智能指针指向数组时, 如果用户重载了 new[] 和 delete[] 操作符, 那么需要显式地告诉智能指针需要采用重载后的 delete[] 来释放内存。

5.6.3 std::weak_ptr<T> 的使用

如文件 ref_circle.cc(F.79) 所示, 类 A 引用了类 B 的对象, 类 B 引用了类 A 的对象, std::shared_ptr<T> 对象 spa 和 spb 的引用计数永远大于等于 1, 所以直到程序退出前它们所指向的内存都不会被释放这种相互引用被称为循环引用。有时候, 在正常的业务逻辑中循环引用是不可避免的, 而解决循环引用最有效的方式就是改用 std::weak_ptr<T>。出现循环引用的原因是使用 std::shared_ptr<T> 引用一个指针时, 会导致引用计数 +1, 从此, 该指针的生命周期就会取决于该 std::shared_ptr<T> 对象的生命周期。然而, 有些情况下, 我们在一个类 A 里只是想引用一下另外一个类 B 的对象, 类 A 本身不会创建也无须管理类 B 对象, 此时使用 std::weak_ptr<T> 指针就很合适。把 std::shared_ptr<T> 对象赋值给一个 std::weak_ptr<T> 对象不会增加 std::shared_ptr<T> 对象的引用计数, 取而代之的是增加一个弱引用计数 (weak_count), 而弱引用计数不会影响指针的生命周期。这就解开了循环引用。

可以从一个 std::shared_ptr<T> 对象来创建 std::weak_ptr<T> 对象, 也可从 std::weak_ptr<T> 对象来生成一个 std::weak_ptr<T> 对象。由于 std::weak_ptr<T> 对象不负责裸指针的生命周期, 也就无法直接操作裸指针, 为此对 std::weak_ptr<T> 对象进行操作时, 需先将其转化为 std::shared_ptr<T> 对象。一般来说, std::weak_ptr<T> 有两个功能: 1) 查询它所指向的对象是否存在, 也就是说, 是否还有 std::shared_ptr<T> 对象指向它; 2) 从一个 std::weak_ptr<T> 对象生成 std::shared_ptr<T> 对象。第一个功能需要调用方法 expired() 来完成, 当 std::weak_ptr<T> 对象指向的对象存在, 则返回 true, 否则返回 false。第二个功能则通过方法 lock() 来完成, 该方法返回一个 std::shared_ptr<T> 对象, 该 std::shared_ptr<T> 对象指向 std::weak_ptr<T> 指向的对象。图 5.24 给出了上述两个功能的具体实现。

```
shared_ptr<int> spa = make_shared<int>(10);
weak_ptr<int> spb = spa;        /* 无法直接使用裸指针创建weak_ptr<T>对象 */
if (!spb.expired())             /* 判断是否过期，使用expired()或use_count()方法，前者更快 */
{
    *spb.lock() += 10;          /* 将weak_ptr<T>转化为shared_ptr<T>对象后再操作所指向的对象 */
}
cout << *spa << "\n";           /* 输出为20 */
```

图 5.24 std::weak_ptr<T> 的两个功能

5.6.4 智能指针的额外开销

与裸指针相比, 不同智能指针类型, 所需额外开销不同。

对于 std::unique_ptr<T>, 如果采用默认删除器 (delete), 可以认为 std::unique_ptr<T> 对象所占空间与裸指针相同。使用了自定义的删除器后, 情况有所不同。如果删除器是函数指针, 那么 std::unique_ptr<T> 对象的大小会增加 2 或 4 个字节; 如果删除器是函数对象, 则导致所占空间的增加取决于函数对象中有多少状态需要存储。没有状态的函数对象不增加 std::unique_ptr<T> 对象的大小。

std::shared_ptr<T> 智能指针采用共享所有权的方式来管理智能指针对象指向的内存。指向同一内存地址的各 std::shared_ptr<T> 对象通过引用计数来确定自己是否是最后一个指涉到该内存的对象。创建一个 std::shared_ptr<T> 对象时, 该计数会增加 1, 而销毁一个 std::shared_ptr<T> 对象时, 该计数减 1。两个 std::shared_ptr<T> 对象的赋值运算 sp1=sp2 则会让引用计数加减相消。引用计数对程序性能有一定的影响。

(1) 引用计数的递增或递减操作必须具有原子性, 这是因为不同线程可能并发地读写该引用。显然, 原子性操作会使效率降低。

(2) 与 std::unique_str<T> 对象不同, 使用自定义的删除器不会增加 std::shared_ptr<T> 对象所占用的空间。无论删除器是什么, std::shared_ptr<T> 对象本身所占用的空间都是裸指针的两倍。其原因在于, 除了 std::shared_ptr<T> 对象本身指向的裸指针外, std::shared_ptr<T> 对象还保存一个裸指针, 该裸指针指向一个控制块。控制块中有引用计数器、删除器, 以及其他可能的附加数据。虽然这不是 C++ 标准的规定, 目前大多数 C++ 编译器就是这么实现的。需要指出: 大部分时候使用 std::shared_ptr<T> 的额外开销并不大, 例如当使用默认删除器时, 控制块本身所需的内存空间仅为 6 个字节。

除了上面讨论的, 一般推荐使用 std::make_unique<T>() 和 std::make_shared<T>() 来生成智能指针。make 系列函数可把实参完美转发给智能指针对象。完美转发是提高 C++ 性能的关键之一, 5.3 节有详细讨论。同时, make 系列函数能避免某些情况下出现的异常, 详细讨论可参考文献 [18]。

5.7 C++ 算法库及库的并行拓展

5.7.1 算法库

C++ 算法库提供一些计算和分析函数, 例如查找、排序、计数等操作。它们在元素范围上操作[①]。这些函数大部分定义于头文件 <algorithm>, 而其余一些则分散在 <numeric> 和 <memory> 中。

算法库函数有两个共同特点: 一是它们都使用模板来提供泛型, 二是它们都使用迭代器来访问容器中的数据。通过模板技术、迭代器、算符重载及函数对象, 算法函数适用于任何序列。当然, 一个前提是能通过迭代器访问数组元素且算法所进行的操作能作用到数组元素上。我们可以将算法库中的函数分为以下四组。

(1) 非修改式序列的操作。该类型的操作作用于区间中的每个元素但不改变元素, 例如 std::find()、std::find_each()。

(2) 修改式序列的操作。该类型的操作作用于区间中的每个元素并可能改变元素, 例如 std::copy()、std::transform()。

(3) 排序及相关操作。该类型的操作包括 std::sort() 等。

(4) 通用数值运算。这是指对序列元素进行数值操作, 包括 std::accumulate()、std::inner_product()。

很多泛型算法假定序列的元素定义了 operator=()、operator==()、operator!=()、operator<() 或 operator>() 等算符, 在调用这些算法函数前, 开发人员需要检查序列元素是否支持这些运算。

这些算法一般会随着 C++ 标准的更新而不断被调整与修改。例如, C++20 在命名空间 std::ranges 中提供大多数算法的有制约版本, 能由迭代器——哨位对或单个 range 参数指定范围, 并且支持投影和指向成员指针可调用对象。另外, C++20 还更改了大多数算法的返回类型, 以返回算法执行过程中计算的所有潜在有用信息。

---

① 注意范围定义为 [first, last), 其中 last 指代要查询或修改的最后元素的后一个元素。

5.7.2 并行拓展的基本概念

为充分利用 CPU 的并行架构, 从 C++17 开始, 人们对标准库进行了并行扩展 (C++ Extensions for Parallelism)。多个算法增加了参数, 指示算法是否使用, 以及如何使用并行。当然, 标准库依然支持原有的串行接口, 用户不用担心代码的兼容性。同时, 一些支持并行的新算法也被纳入标准库。C++ 标准库的并行扩展使用**执行策略** (execution policy) 来指定算法的执行方式。执行策略是一个描述标准库中方法执行方式的对象, 通过此对象库函数判决以何种方式执行计算任务。C++17 提供了三种执行策略: std::execution::seq(顺序)、std::execution::par(并行) 和 std::execution::par_unseq(并行向量化); 而 C++20 则增加了 std::execution::unseq(向量化并行) 策略, 如表 5.1 所示。所有并行算法在遇到异常时, 会调用 C++ 的异常处理函数 std::terminate(), 但不同的编译器可能会采用不同的方式来处理异常。

表 5.1 定义于头文件 <execution> 的类、常量和模板

sequenced_policy parallel_policy parallel_unsequenced_policy unsequenced_policy	执行策略类型 (类)
std::execution::seq std::execution::par std::execution::par_unseq std::execution::unseq	全局执行策略对象 (常量)
is_execution_policy	测试类是否表示执行策略 (类模板)

上述四种执行策略用于消除并行算法重载歧义。

(1) std::execution::seq 是唯一用于指明并行算法的执行可以不并行化的策略。使用此策略调用并行算法时, 数组元素被访问的顺序是非确定的。严格地说, 使用 std::execution::seq 执行策略所调用算法的版本与纯粹串行版本①并不一定完全相同。例如, 使用了 std::execution::seq 执行策略时所调用的 for_each 版本的返回值是 void; 而串行版本的返回值是 UnaryFunction②或 constexpr UnaryFunction③。

① 即没有执行策略这个参数的版本, 一般是 C++17 以前的标准库的方法。

② C++20 以前的标准库中。

③ 从 C++20 开始的标准库中。

(2) std::execution::par 是唯一用于指明并行算法的执行可以并行化的策略。使用此策略调用并行算法时, 数组元素被访问的顺序是非确定的。开发者要保证没有数据竞争和死锁。与下面的 std::execution::par_unseq 不同, 使用 std::execution::par 执行策略时, 线程只有在完成当前元素的计算后才会开始对下一个元素进行处理。

(3) std::execution::par_unseq 是唯一用于指明并行算法的执行可以并行化和 SIMD(single instruction multiple data) 向量化的策略。使用此策略调用并行算法时, 数组元素被访问的顺序是非确定的。相比 std::execution::par, 使用 std::execution::par_unseq 需要数据间的依赖更少以实现 SIMD 向量化并行。例如, std::execution::par_unseq 可能采用循环展开, 将几个循环操作合并成一个 SIMD 操作实现并行加速。同样, 程序需要保证并行计算的安全性, 即没有数据竞争、死锁, 并且计算适合 SIMD 并行。

(4) std::execution::unseq 是唯一用于指明并行算法的执行可以 SIMD 向量化的策略, 例如使用单个线程并行地操作多个数据元素。开发者要保证操作的 SIMD 安全性。

需要强调: 即便使用了执行策略并行算法也不会处理包括数据竞争和死锁在内的安全性问题。也就是说, 标准库并行拓展将安全性问题留给了开发者。图 5.25 给出的代码片段中, std::push_back() 将数据添加到 std::vector<int> v 的尾部, 不可避免会出现不同进程同时更新数组 v 的情形, 从而导致数据竞争。读者还需注意: 选择拓展库实施并行计算并不一定总会提高计算效率, 5.7.3 节将给出相关具体案例。另外, 目前使用 std::execution::par、std::execution::par_unseq 和 std::execution::unseq 策略时, 不能同时指定线程个数或 SIMD 的具体实现。

下面给出两个使用标准库并行拓展的例子。

```
int a[] = {0,1};
std :: vector<int> v;
std :: for_each(std :: execution :: par, std :: begin(a), std :: end(a), [&](int i){ v.push_back(i*2+1); }); // 错误，有数据竞争
```

图 5.25 使用执行策略时出现数据竞争的示例

5.7.3 函数 std::for_each()

定义于头文件 <algorithm> 的 std::for_each() 函数的功能是依次应用给定函数对象 UnaryFunction f 到 [first, last) 范围内每个迭代器所指涉的对象。

它有 3 个版本, 如图 5.26 所示。第三个版本是所谓的并行版本, 其返回值为 void; 前面两个重载版本为串行版本, 它们的返回值分别为 UnaryFunction 和 constexpr UnaryFunction。并行版本根据参数 policy 实施不同类型的并行计算, 这里把 std::execution::seq 当做并行的一种特殊情况。无论是串行, 还是并行版本, UnaryFunction f 能否修改迭代器指涉的对象取决于迭代器的可变属性①。

```
template< class InputIt , class UnaryFunction >                          // C++20
UnaryFunction for_each( InputIt  first , InputIt  last , UnaryFunction f );

template< class InputIt , class UnaryFunction >                          // C++20 起
constexpr UnaryFunction for_each( InputIt  first , InputIt  last , UnaryFunction f );

template< class ExecutionPolicy , class ForwardIt, class UnaryFunction2 > // C++17 起
void for_each( ExecutionPolicy&& policy, ForwardIt  first , ForwardIt  last , UnaryFunction2 f );
```

图 5.26　函数 std::for_each() 的 3 个版本

文件 foreach.cc(F.80) 给出使用 std::for_each() 的示例。示例还调用了定义于 utilities_sc.h(F.15) 的计时函数。示例的主函数接收一个命令行参数以设置数组长度; 如果没有提供命令行参数, 则默认数组长度为 1000。数组的元素是型别为 Data 的对象。以串行方式调用 std::for_each() 给数组元素的 value 成员赋值后, 分别以 std::execution::seq 和 std::execution::par 执行策略调用 std::for_each() 计算数组各个元素的平方根。为避免单次计算可能存在的计时误差, 示例重复多次实施计算。具体地, 在函数 RepeatTest() 里重复调用 std::for_each() 函数 5 次。特别指出, 截至当前的 C++ 版本, 使用并行拓展标准库时需要 TBB(threading building blocks) 的支持, 所以编译时需要指定 tbb 头文件的路径和相应库函数的路径。

假定编译示例得到可执行文件 xfor_each, 图 F−41 和图 F−42 给出了改变编译优化选项和数组长度时运行 xfor_each 的几次计算结果。容易看出, 当数组长度较短时, 并行计算可能慢于串行计算。而且, 重复计算时串行算法的计算时间基本相同, 而并行计算的时间则可能在较大范围内变化。导致这一现象的主要原因在于并行的额外开销, 包括启动并行环境的开销和调度计算任务的开销。一般来说, 这两类开销都依赖于计算平台。使用 −g 编译选项时编译器不会做优化, 而 −O2 编译选项则允许编译器实施自动优化, 因此编译选项往往

① 例如, 有没有被 const 修饰。

对计算效率有显著影响。图 F−41 和图 F−42 的计算结果充分展示了这一点。

5.7.4 函数 std::sort()

排序是一个基本且常用的操作。我们在第 3 章给出了一个典型排序算法——归并排序——的串行实现, 且将在第 7 章给出该算法的 OpenMP 并行实现。实际上, 标准库也有排序函数 std::sort()。早期的 std::sort() 采用快速排序, 其平均复杂度为 $\mathcal{O}(N \lg N)$ 而最坏情况下为 $\mathcal{O}(N^2)$, 这里 N 为待排序元素的个数。最新版的 std::sort() 库函数采用了内省排序[①], 使得算法的平均复杂度和最坏情况下的复杂度均低至 $\mathcal{O}(N \lg N)$。

图 5.27 列出了 std::sort() 函数的 6 个版本。前 3 个版本是没有给定比较器 comp 的版本, 此时, std::sort() 函数以升序方式对 [first, last) 范围内的元素实施排序; 排序不保证相等元素的顺序与原序列的相同。后 3 个版本则由用户指定比较器 comp, std::sort() 函数根据 comp 对象对 [first, last) 范围内的元素进行排序。从 C++17 开始, 标准库提供了带有参数 ExecutionPolicy&& policy 的 std::sort()。同 std::for_each() 函数一样, 这里称带执行策略参数的版本为并行版本, 而把不带该参数的版本称为串行版本。我们仔细观察就能发现, std::sort() 的并行版本的返回值为 void, 而串行版则不一定。

```
template< class RandomIt >  // 直到 C++20
void sort( RandomIt first , RandomIt last );

template< class RandomIt >  // C++20 起
constexpr void sort( RandomIt first , RandomIt last );

template< class ExecutionPolicy , class RandomIt >   // C++17 起
void sort( ExecutionPolicy&& policy, RandomIt first , RandomIt last );

template< class RandomIt, class Compare >            // 直到 C++20
void sort( RandomIt first , RandomIt last , Compare comp );

template< class RandomIt, class Compare >            // C++20 起
constexpr void sort( RandomIt first , RandomIt last , Compare comp );

template< class ExecutionPolicy , class RandomIt, class Compare >   // C++17 起
void sort( ExecutionPolicy&& policy, RandomIt first , RandomIt last , Compare comp );
```

图 5.27 标准库中 std:sort() 函数的 6 个版本

① 对应的英文名为 Introsort, 由穆瑟 (D. Musser) 在 1997 年设计开发。该排序算法从快速排序开始, 当递归深度超过一定深度后转为堆排序; 此处深度为待排序元素个数的对数 $\lg N$ 。采用这个组合, 内省排序既能在常规数据集上保证快速排序的高性能, 又能在最坏情况下仍保持 $\mathcal{O}(N \lg N)$ 的时间复杂度。

文件 tbb_sort.cc(F.81) 给出了使用 std::sort() 的示例。该示例也调用了定义于文件 utilities_sc.h(F.15) 的计时函数。与文件 foreach.cc(F.80) 类似, 这里也通过命令行参数改变数组长度, 而且也通过重复计算来降低时间统计误差。与 std::for_each() 示例不同的是, 这里采用了从 C++11 标准开始提供的另外一种方式来给数组赋值, 称为基于范围的 for 循环 (range based for loop)。假定编译示例得到可执行文件 xtbb_sort, 图 F−43 和图 F−44 列举了几种不同参数组合情况下运行 xtbb_sort 所得的输出。文件 foreach.cc(F.80) 的并行计算仅涉及平方根和赋值操作, 相较而言, 文件 tbb_sort.cc(F.81) 中 std::sort() 的操作更为复杂, 这是后者并行加速效果好于前者的重要原因。

5.8　std::vector<T> 的使用

一般来说, 我们尽量使用 std::vector<T> 或智能指针替代裸指针保存数组或基于数组的数据结构, 例如矩阵、张量等。然而, 要保证 std::vector<T> 的性能, 需要注意一些问题和技巧, 下面列举几点。

(1) std::vector<T> 的两个成员方法 resize() 与 reserve() 的区别。函数 resize(n) 的功能是给 std::vector<T> 对象**分配**至少能保存 n 个 T 型别数据的内存空间, 并让数组的长度为 n; 而 reserve(n) 的功能是为 std::vector<T> 对象**保留**至少能保存 n 个 T 型别数据的内存空间, 但数组的长度为 0。也就是说, 使用 resize(n) 后, 调用类成员方法 size() 得到 n, 而使用 reserve(n) 后再调用 size() 得到的是 0。

(2) 无论是 resize() 还是 reserve(), 系统为 std::vector<T> 对象分配/保留的内存大小一般为 $2^m(2^{m-1} \geqslant n \geqslant 2^m)$, 这里 m 是一个整数。可通过类成员方法 capacity() 来查看系统为对象分配的空间大小。一般来说, 方法 size() 的返回值小于或等于方法 capacity() 的返回值。为节省内存, 可以在矩阵/数组填充完毕后调用类成员方法 shrink_to_fit() 释放多余的内存。

(3) 类成员函数 emplace_back() 和 push_back() 均可以在数组尾端添加元素, 并且使得数组的长度增加 1。两者的区别在于前者支持移动语义, 而后者不支持, 因此前者能避免不必要的构造与析构, 当构造 T 型别对象的开销较大时, 使用前者效率远高于后者。同理, 应当优先使用方法 emplace(), 而不是 insert()。

(4) 在知道数组大小的前提下, 可使用 reserve() 来保留内存空间, 然后用

emplace_back() 和 push_back() 来添加数组元素; 或者使用 resize() 来申请数组的内存空间, 通过数组索引直接给数组赋值。一般要避免在没有调用 reserve() 的情况下用 emplace_back() 和 push_back() 来添加数组元素。因为调用这两个类成员方法添加元素的过程中, vector<T> 对象的内存空间以 2 的幂次增长, 可能需多次代价很高的内存分配操作。

(5) 类成员函数 clear() 可清空 std::vector<T> 数组使得 size() 返回值为 0, 但没有彻底释放 std::vector<T> 数组占用的内存空间。也就是说, 无论是否调用 clear() 方法, capacity() 的返回值相同。如果想清空数组元素的同时释放其占用的存储空间, 可使用类成员方法 swap()。该方法交换两个型别相同的 std::vector<T> 对象。例如, 先定义了长度为 10 的单精度浮点数数组 std::vector<float>float_vec(10), 通过语句 float_vec.swap(std::vector<T>()) 即可清空 float_vec 数组的内容并释放其占用的内存。

(6) std::vector<T> 对象保存 T 型别数组的内存空间是连续的, 可使用 data() 成员方法获得指向保存数组元素内存的地址 (裸指针)。因此, 可以方便实现 C++ 与其他语言的混合语言编程, 例如将 std::vector<T> 对象对应的数组传递给 FORTRAN 函数。

5.9 随机数的生成

受限于精度, 本质上看计算机无法生成完全随机的序列, 因此有时候也把计算机生成的随机数叫做**伪随机数**。使用 C++ 标准库生成满足一定分布随机数的步骤为: 1) 定义 std::random_device 对象, 得到随机数种子; 2) 选择随机数生成引擎, 将 std::random_device 的随机结果传入作为种子, 得到服从均匀分布的随机数序列。引擎的种类包括默认、线性、梅森、滞后的斐波那契 (Fibonacci) 几种。3) 根据所需的随机分布, 创建分布对象, 将引擎的返回值作为输入, 让分布对象输出随机数。

回顾 2.2.4 节中图 2.6 给出的随机数生成过程, 可看到这三个步骤的具体实现过程。如该图上面的方框所示, 第一行定义一个种子为 0 的基于梅森旋转法的**随机数生成引擎** mre, 第二行则定义一个均匀分布的双精度实数的**随机数生成器** urd。显然, 示例代码将第一步和第二步合并到一行代码中。而图 2.6 下部的方框则是将第一步和第二步分开的一种实现方式。正如 2.2.4 节指出的, 使用图 2.6 上面的方框中的代码时, 每次运行程序所得随机数不变化, 而下部方框的代码则让生成随机数不一样。

对于随机数种子的选取, 最简单的办法是任意选取一个整型数。不过, 每次运行时随机数的种子不会发生变化, 得到的随机数序列也可能保持不变。解决这一问题的办法有两个。一是调用库函数 std::time() 获取当前时间对应的秒读数作为种子; 二是利用 std::random_device 对象生成一个随机数作为种子。2.2.4 节的示例给出了上面两种方式生成种子的具体实现。如果对随机数序列的随机性有更高要求, 那么可使用 C++ 标准库提供的 std::seed_seq 类结合 std::random_device 生成一组种子数。不同随机引擎对种子个数的要求不同, 需要查阅相关算法, 以了解具体情况。

目前, C++ 中提供了下面几种常用的基本方法, 生成伪随机引擎模板类。1) linear_congruential_engine: 线性同余法, 因为其速度最快, 所以最常用; 2) mersenne_twister_engine: 梅森旋转法, 该方法生成的随机数质量比较高; 3) substract_with_carry_engine: 滞后的斐波那契法。

C++ 标准规定了上面几类算法的接口, 同时也预先提供了一些实现。例如 linear_congruential_engine 的两种实现 minstd_rand 和 minstd_rand0, mersenne_twister_engine 的两种实现 mt19937 和 mt19937_64, 以及 substract_with_carry_engine 的两种实现 ranlux24_base 和 ranlux48_base。同时, C++ 还提供了一个默认随机引擎 default_random_engine 供用户使用, 该引擎的实现由编译器提供商决定。

C++ 提供的随机分布模板类相当多, 包括均匀分布、正态分布、泊松分布、伯努利分布、抽样分布等。这些模板类都已在标准库中实现, 可直接调用。

需要注意, 随机数引擎是记录了状态信息的随机性源 (stateful source of randomness), 它们能根据预先指定的最大和最小值范围生成均匀分布的随机无符号数。每次被调用, 它们都生成一个新的无符号数并**更新内部状态**, 为下一次被调用做准备。一般地, 引擎生成的数并不能直接当做随机数使用, 其原因可以通过 C 库函数 rand() 来解释。人们往往使用 rand()%n 这种取余数方式生成 n 个随机数。通过取余数方式得到随机数序列有两个缺陷。首先, 当 n 较小时, 这种技术得到的序列往往不具有随机性。例如, 当 n=2 时, 由于 rand() 生成的序列可能是一组奇偶相间的数, 取余数后只能得到 0 和 1 相间的序列。其次, 当 n 很大时, 一些余数出现的频次可能高于其他数。n 越大, 这个问题越突出。因此, 一般来说, 上面讨论的随机数生成三部曲的第三步并不能被省略。

> 一些文献或技术文档经常提到的随机数生成器 (random−number generator) 容易导致混淆。根据上下文, 它一般有两种不同的含义。一种是跟随机数引擎同义, 指随机性源。如上面讨论的随机引擎生成的序列不能直接当做随机数, 不过在特定情况下, 把该序列当做随机数也能得到正确结果。另一种是指生成随机数的机制, 即某个随机数引擎与随机数分布对象的组合。一般来说, 后者才是人们使用术语生成器更为常用的含义。

课程设计

1. 根据 5.8 节针对 std::vector<T> 的讨论, 编写程序测试保证 std::vector<T> 效率的技巧。

2. 结合课程设计 1 的测试程序和 5.3 节中关于移动语义的讨论, 编写程序测试当需要传递大数组给函数时, 移动语义对运行效率的提升。

3. 基于第 2 章矩阵类的示例, 结合 5.1 节和 5.2 节的模板和多态技术, 完善矩阵类。

4. 文件 rule_of_three.cc(F.74) 和 rule_of_five.cc(F.75) 中的默认构造函数为有参函数和无参函数的联合体。请尝试将联合体函数分拆为独立的有参构造函数和无参构造函数。

5. 参照文件 foreach.cc(F.80) 和 tbb_sort.cc(F.81), 编写程序测试其他并行拓展库函数, 尝试在不同架构的计算机上运行并观察并行效率。

第 6 章

程序的生成与运行

本章介绍如何从源代码生成可执行文件, 以及启动可执行文件的基本过程。首先介绍程序编译与链接的基本过程, 然后介绍静态库与共享库, 最后讨论适用于大型项目开发, 易移植的自动构建方法和工具。

6.1 可执行文件的生成

对于高性能计算来讲, 完成计算密集型任务的程序或功能的模块往往都是由编译型语言编写的。这类程序需经过编译、汇编和链接, 才能生成可执行文件, 或者说可执行程序。下面将介绍由源代码生成可执行文件的基本过程。

6.1.1 编译与链接

计算机诞生之初, 开发者直接使用 0 和 1 序列组成的机器指令编写程序。这样的程序无须翻译, 从纸带打孔输入即能执行并得到结果。后来, 为了方便记忆, 人们用符号替代 0、1 序列表示的机器指令。这些与机器指令一一对应的助记符就是所谓的汇编指令, 汇编指令的集合组成了一种被称为**汇编语言**的编程语言。无论是机器指令, 还是汇编指令都直接面向机器, 被统称为**低级语言**。助记符的具体形式一般依赖于特定机器, 即便完成同样功能, 不同机器 (CPU 体系结构) 的汇编语言也可能不同。汇编语言要翻译成机器指令才能执行, 这就催生了将运行在某一种机器上的汇编语言翻译成能在另一种机器上运行的机器指令的技术。这种技术一般被称为**交叉汇编技术**, 它让程序获得一定的可移植性。

高级编程语言遵从人类的逻辑思维, 与汇编语言相比, 其抽象程度大大提高。一般来说, 一条高级语言的语句等同于若干条机器指令。由高级语言编写的程序需要被翻译成特定机器上的机器语言或者说目标代码才能被执行，因此高级语言很大程度上不依赖于编写程序所在的特定计算机，具有更好的可移植性。换言之，为不同机器生成不同目标代码的机制，让高级语言摆脱了对机器的依赖。虽然都具有可移植性，但对于开发者来讲，使用高级语言开发程序显然要比用汇编语言方便得多。

编译实际上是一种转换，把某个数据[①]从一种格式转换成另外一种格式。编译过程把文本形式的源代码翻译为机器语言形式的目标文件；链接过程把目标文件、操作系统的启动代码和用到的库文件组合在一起生成可执行代码，得到所谓的可执行文件。虽然从 C 和 C++ 源代码生成可执行文件的步骤基本一样，但比较而言 C++ 语言更为复杂，除了与 C 基本相同的基本过程外，还包括了烦琐的符号管理[②]等处理。为凸显生成可执行文件的基本概念，本章以 C 语言为主展开讨论。如果没有特别强调，开发环境的操作系统为 Ubuntu 20.04，gcc 版本为 9.3.0。图 6.1 给出了用 gcc 命令编译文件 hello.c (F.82) 生成可执行文件 xhello 的四个阶段：预处理、编译、汇编、链接。

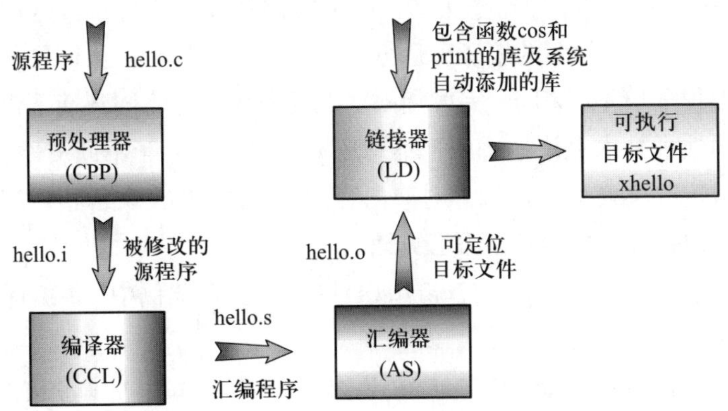

图 6.1 用 gcc 命令编译 C 源码的四个阶段

① 数据是一个经常被混淆使用的词汇。在很多场合，人们把指令、符号和数字等都看做数据；而在另外一些场景，人们将数据严格区分为不可修改的指令/代码和可修改的数据。好在大多数时候，读者可根据上下文辨识数据的含义。

② 强大而复杂的 C++ 拥有类、继承、虚机制、重载、名字空间等特性，使得符号管理 (例如避免函数名冲突) 更为复杂。为了支持这些复杂特性，人们发明了符号修饰 (name decoration) 或符号改编 (name mangling) 机制。

操作案例

$ gcc–E hello.c–o hello.i

$ gcc–S hello.i–o hello.s

$ gcc–c hello.s–o hello.o

$ gcc hello.o–lm–o xhello

上面四个阶段分别对应着预处理、编译、汇编和链接。链接阶段出现了“–lm”这是因为编译过程调用了程序所需的数学函数 cos 在共享库 libm.so 中的实现。我们将在 6.3.3 节讨论库的使用。

6.1.1.1 预处理

这是生成可执行文件的第一个阶段, 在正式编译之前进行。该阶段将根据源代码的预处理指令来修改源文件, 输出文件的默认后缀为.i。例如, 碰到 *#include* 指令后, 预处理器把头文件的内容添加到.i 文件中。这增加了编程开发的灵活性, 降低程序的编译和运行对开发环境的依赖。不同硬件或操作系统对应的编程环境不尽相同, 完成相同功能所需代码在不同环境下也就可能存在差异。预处理技术允许把适用于不同环境的代码保存于不同文件, 编译时依据源代码对这些文件的引用添加对应内容, 使得输出的.i 文件适应当前编译和运行环境。预处理主要包括以下五方面。

(1) 宏定义指令, 如 *#define item1 item2*。在此例中, 预编译器将所有 item1 替换成 item2[①]。

(2) 条件编译指令, 如 *#ifdef*, *#ifndef*, *#else*, *#elif*, *#endif* 等。顾名思义, 条件编译指令告诉编译器对哪些代码进行处理, 从而过滤掉不必要的指令或操作。

(3) 头文件包含指令, 如 *#include* “*file*” 或者 *#include* < *file* > 等。头文件的后缀通常为.h 或.hpp。一般地, 头文件中定义了各种宏, 同时包含有各种外部符号的声明。不同源文件通过引用头文件来共享宏和符号, 从而避免对它们的重复定义。预编译器把头文件中的定义统统加入它所创建的输出文件中。包含到源代码的头文件可以是系统提供的, 也可以是用户自己定义的。前者一般被放在 */usr/include* 目录下或环境变量指定的目录下, 其约定俗成的引用方

① 作为例外, 以字符串常量出现的 item1 不会被替换。

式为 $\#include < file >$; 后者一般与源码文件在同一目录或用户指定的目录下, 对应的引用方式为 $\#include$ “$file$”。

(4) 删除注释, 如//和/**/。

(5) 特殊符号, 预编译器可识别的一些预定义的特殊符号。C/C++ 中有一些特殊的预定义符号能提供一些非常有趣或有用的信息, 例如: 1) _FILE_, 指代进行编译的源文件; 2) _LINE_, 文件被编译的当前行号; 3) _DATE_, 文件被编译的日期; 4) _TIME_, 文件被编译的时刻; 5) ##, 将两个字符串连接起来, 例如 $A\#\#B$ 将会输出 AB。文件 special_notation.c (F.83) 给出了使用特殊符号的例子。

简单地说, 预编译器是按照编程语言的约定**替代**源代码中的特定语句, 输出一个没有宏定义、没有条件编译指令、没有特殊符号的文件。跟没有经过预处理的源文件相比, 预编译输出的文件只改变代码的表现形式而不改变代码所表达的指令。第 7 章将讨论的 OpenMP 并行指导性语句就是以 # 开头的语句, 如果编译器不支持 OpenMP, 预处理器就将其当做普通注释。这种做法提高了 OpenMP 代码的可移植性。

6.1.1.2 编译

这是生成可执行文件的第二个阶段, 输出文件的默认后缀为.s。其任务是实现词法分析、语法分析和语义分析, 确认 *.i 文件中所有指令都符合语法规则, 然后将其翻译成等价的中间代码表示或汇编代码。取决于编译选项, 这一过程还可包含**编译优化**。编译优化是一项比较艰深的技术, 不仅涉及编译技术本身, 还涉及开发平台的硬件环境。前者往往只针对中间代码而不依赖于具体计算机环境, 主要包括删除公共表达式、合并已知量、删除无用赋值等; 后者则包括如何充分利用存放于各寄存器的变量从而减少内存访问等。同时, 如何根据硬件指令的特点实现指令级并行等优化, 也是编译器优化的重要研究课题。

6.1.1.3 汇编

在这个阶段, 汇编语言代码被翻译成目标机器指令, 输出文件的默认后缀为.o[①]。相较于第二阶段, 本阶段比较简单, 只是根据汇编指令和机器指令的对应关系, 生成后缀为.o 的**目标文件** (object file) 。目标文件由段组成, 通常至少有代码段和数据段。前者包含的主要是程序的指令, 一般可读、可执行、但不

① Windows 下该类型文件的后缀一般为.obj。

可写; 后者主要存放程序中要用到的各种全局变量或静态数据, 一般是可读、可写、可执行的。

6.1.1.4 链接

这个阶段将必要的目标文件和库文件组合起来生成**可执行文件** (executable file)。根据对 6.3 节将要讨论的库函数的处理方式, 可将链接方式分为**静态链接**和**动态链接**。在静态链接方式下, 链接器将需要用到的库函数代码和其他库资源从其所在的静态库拷贝到可执行文件。当可执行文件被启动时, 静态库的代码和资源将被装入该进程 (process) 的虚拟地址空间。我们将在 6.3.2 节继续讨论静态链接库。有关进程和虚拟地址空间的概念, 读者可参考附录 C.3 节。与静态链接不同, 用动态链接方式时, 链接器只是把所需库函数和库资源的名字, 以及其他少量注册信息记录于可执行文件。当可执行文件被启动时, 动态链接库的代码和资源将被映射到相应进程的虚拟地址空间。我们将在 6.3.3 节继续讨论动态链接库。

6.1.2 ELF 格式的目标文件与可执行文件

目标文件和可执行文件都是以约定格式保存的二进制文件, 不同计算机系统的约定格式不一定相同。Windows 使用可移植可执行 (portable executable, PE) 格式, Mac OS–x 使用 Mach–O 格式, 现代 x86–64 Linux 和 Unix 使用可执行可链接格式 (executable and linkable format, ELF) 。目标文件的格式跟可执行文件一致, 只是没有经过链接处理, 因有些符号和地址没有被调整而无法真正运行。本书以 Linux 为主要运行环境, 因此主要讨论 ELF 格式。ELF 格式文件主要有以下四类。

(1) 可重定位文件 (relocatable file) , 有时也称为模块。链接器可将这种文件与其他可重定位文件合并生成可执行文件或共享目标文件。典型的可重定位文件是 Linux 的.o 文件, 对应 Windows 的.obj 文件。

(2) 可执行文件 (executable file) 。操作系统可加载这类文件所包含的二进制代码和数据创建进程。Linux 允许可执行文件被任何后缀修饰 [①], Windows 则一般缀以.exe 作为修饰。

(3) 共享目标文件 (shared object file) 。它是一种特殊的可重定位文件。一般使用它的方式有两种: 一是, 链接器用它与其他可重定位文件及共享的目标

① 例如系统命令一般都没有后缀。

文件创建另一个目标文件; 二是, 被动态加载到进程的虚拟地址空间。典型的共享目标文件是 Linux 下后缀为.so 的共享库文件, 对应着 Windows 下的.DLL 动态库文件。

(4) 核心转储文件 (core dump file) 。当进程意外终止时, 系统可将该进程中虚拟地址空间的内容及进程被终止时的一些信息保存下来, 保存这些信息的文件就是核心转储文件。Linux 下, 一般称之为 core dump。

> 使用 Linux 命令 file, 可方便地查看文件的格式。例如在 shell 下输入 $file/bin/bash, 就能查看位于目录/bin 中文件 bash 的格式。

图 6.2 给出了典型的 ELF 文件结构示意图。其中 ELF **头** (ELF header) 描述整个文件的组织结构, 是 ELF 文件的标识, 总是在文件的开头, 因此读取一个 ELF 文件总是从 ELF 头开始。ELF 头可分为两部分。起始的部分有 16 个字节, 描述了生成该文件的操作系统使用的字的大小和字节顺序。其中, 前面 4 个字节是所有 ELF 文件都相同的标识码, 分别是: 0x7F、0x45、0x4c 和 0x46, 这 4 个字节也被称为**魔数**; 接下来一个字节标识 ELF 文件是 32 位还是 64 位的, 0x01 表示 32 位, 而 0x02 表示 64 位; 第 6 个字节是字节序, 规定文件是大端还是小端, 读者可参考附录 B.1 了解字节序; 第 7 个字节给出了 ELF 文件的主版本号, 一般是 1, 因为 ELF 标准的最高版本目前是 1.2; 后面的 9 个字节目前没有定义, 一般显示为 0。ELF 头的剩余部分则包含解释文件的信息和帮助链接器实现语法分析的信息, 包括 ELF 头的大小、文件的类型 (可重定位、可执行还是共享的) 、计算机类型 (x86–64 还是其他) 、程序头的大小和个数、节头部表的文件偏移和节头部表的条目 (entry) 大小和数量。图 F–48 给出了使用 readelf 工具查阅 ELF 文件头的输出。**节头部表** (section header table) 包含了文件各个节的名字、长度、读写权限等属性信息, 以及相对于文件起始位置的偏移等。**程序头部表** (program header table) 描述文件中的各种段, 用来指导操作系统创建进程的虚拟地址空间。**节** (section) 从链接的角度, 而**段** (segment) 从运行的角度来描述 ELF 文件。简单地说, 节和段都是将代码与数据组织起来的方式, 节便于链接, 而段利于加载和执行。一个节或段表示一定长度的区域, 用于保存一段代码或具有某种相同属性的数据。

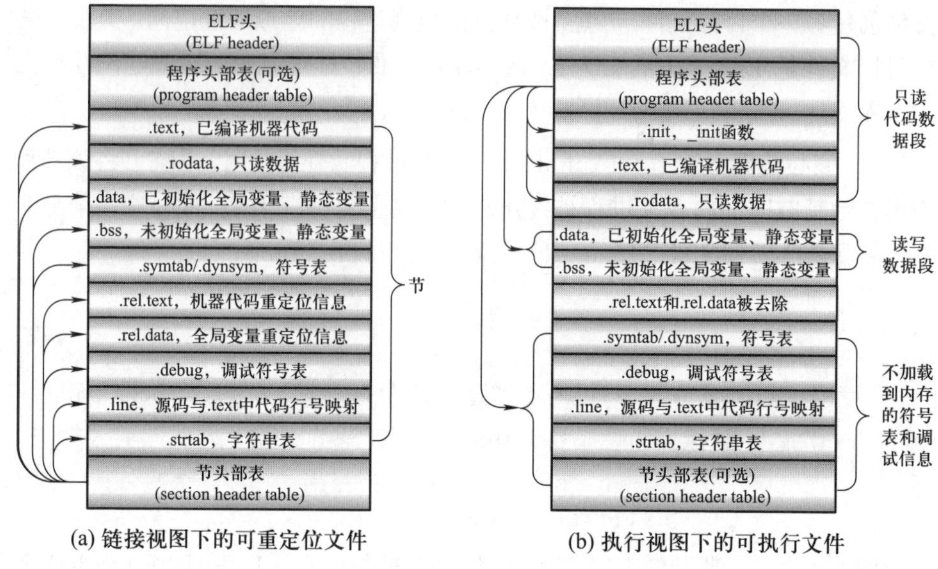

图 6.2 典型的 ELF 文件结构示意图

由于一般略去程序头部表, 可以重定位文件的 ELF 头和节头部表之间都是节, 它们一般包括以下部分。

(1) .text 节: 存放编译源码得到的机器代码。

(2) .rodata 节: 存放只读数据, 比如输出函数 printf () 使用的格式串和开关 (switch) 语句的跳转表。

(3) .data 节: 存放已初始化的全局变量和静态变量。局部变量在运行时被保存在栈中, 既不出现在.data 中, 也不出现在.bss 节中。

(4) .bss 节: 保存未初始化的全局变量和静态变量, 以及那些初值为 0 的全局和静态变量。这个节不占据实际存储空间, 仅是一个占位符①。

(5) .symtab 或者.dynsym 节②: 存放程序中被定义和引用的函数和全局变量的符号表 (symbol table) 。所谓的符号就是经过修饰了的函数名或者变量名, 不同编译器可能使用不同的修饰规则③。例如名为 global_static_a 的变量被修饰后可能变为符号 _ZL15global_static_a。和编译器中的符号表不同, .symtab

① 目标文件格式区分初始化和未初始化变量是为了提高空间效率。在目标文件中, 未初始化变量不需要占据实际存储空间。程序运行时才为.bss 中的变量分配存储空间并赋初值 0。

② .symtab 往往保存了所有符号, 而.dynsym 只保存与动态链接相关的符号。

③ 一些开发者错误地认为: 必须通过-g 选项来编译程序才得到符号表信息。实际上, 每个可重定位文件在.symtab 中都有一张符号表, 除非使用其他工具删除它。

不包含局部变量。

(6) .rel.text 节[①]: 保存代码段的重定位信息。辅助链接器修改该目标文件中.text 节机器代码的地址, 以把目标文件和其他文件链接起来。需注意, 调用本地函数的指令无须被修改, 同时可执行文件并不需要重定位信息, 因此通常被省略, 除非使用者显式地指示链接器包含这些信息。

(7) .rel.data 节: 存放所有全局变量的重定位信息。这些全局变量既可以是目标文件自定义的, 也可以是目标文件引用的。一般来说, 如果一个全局变量的初始值是一个全局变量的地址或者定义于外部的函数的地址, 那么该全局变量的定位信息就需要被修改以实现重定位。本节的作用就是提供重定位所需的信息。

(8) .debug 节: 存放调试符号。有些条目是程序中局部变量和型别的定义, 有些条目是程序中定义和引用的全局变量, 还有些是原始的 C 源文件。只有编译选项包含–g 时, 才会得到该节。

(9) .line 节: 保存原始 C 源代码的行号与.text 节中机器指令之间的映射。只有编译选项包含–g 时, 才会得到该节。

(10) .strtab 节: 存放字符串。其内容包括.symtab 和.debug 节的符号表, 以及节头部中的节名字。字符串表就是以 null 结尾的字符串序列。

(11) 节头部表: 包含了文件各个节的属性信息, 节区的信息, 比如大小、偏移等。

ELF 格式的可执行文件的结构与可重定位的类似, 这里不再一一列举细节。典型的 ELF 格式的可重定位文件和可执行文件分别在图 6.2 (a) 和图 6.2 (b) 中给出。

不管以何种格式保存目标文件, 显而易见的是, 文件应包含代码和数据。要让可重定位目标文件能够引用定义于外部的变量和函数等符号, 必须保存重定位信息和符号信息。同时, 文件还可能要保存一些可选数据, 如调试信息、硬件信息等。可重定位文件按照数据的属性将它们以**节**的形式分类保存, 无疑是个好办法。为此, 可重定位文件**必须**包含描述各个节信息的节头部表, 如图 6.2 (a) 所示。重定位可以被当做一种地址转换, 该转换给各模块分配不同的加载地址, 从而实现符号引用与符号定义的链接。编译和汇编生成的可重定位文件/模块都假定目标代码的地址从 0 开始。如果一个程序由多个子程序/模块组成, 就必须把所有模块加载到互不重叠的地址上。利用上面 ELF 文件保存的重定位信

① 有时不用.rel 而用.rela。.rel 中的条目等于重定位值加上代码地址的绝对值, 而.rela 则单独保存了代码的绝对地址。下面的.rel.data 也可以写成.rela.data, 两者间的区别同.rel.text 与.rela.text 的一样。

息, 操作系统能为模块分配加载地址实现重定位。显然, 在链接完毕后的可执行文件中, 重定位信息已经失去存在的意义, 因此可执行文件一般不会保留它们, 如图 6.2 (b) 所示。

如果说 ELF 格式的可重定位文件的核心功能是定位数据, 那么可执行文件的设计目标则主要是能方便地加载数据到内存并执行。从 6.2 节我们会了解到, 启动可执行文件时, 需把不同属性的代码和数据按片 (chunk) 加载到内存, 而**程序头部表**正是描述如何将这些片映射到内存空间的。链接生成可执行文件时, 可重定位文件不同节的数据有可能被放到同一个段内, 而程序头部表则描述了段与节的映射, 因此可执行文件要有程序头部表。相反, 可重定位文件不需保持段与节的映射关系, 因此可重定位文件中程序头部表为**可选**部分。

同理, 共享目标文件既要加载运行, 又要在加载时做动态链接, 所以**既有节头部表**, **又要有程序头部表**。

6.1.3 处理目标文件的工具

Linux 系统提供了一些处理目标文件的工具, 例如可运行在所有 Linux 系统的 binutils 包。表 6.1 列出了一些常用的工具。

表 6.1 常用的目标文件工具

工具	描述
ar	可通过从文档中增加、删除和提取单个文件 (模块) 来维护库文件, 通常用于创建和管理链接器使用的目标库文件
elfedit	更新 ELF 文件的 ELF 头
nm	列出目标文件中定义的符号
readelf	从 ELF 格式的目标文件显示信息, 包含了 size 和 nm 的功能
objcopy	将目标文件从一种二进制格式复制和翻译到另外一种
objdump	显示一个或多个目标文件中保存的多种不同信息
ranlib	给由 ar 命令创建的文档创建和添加索引, 链接器 (ld) 利用这些索引来定位库中的文件 (模块)
addr2line	给出一个可执行文件的内部地址, 它使用文件中的调试信息, 将地址翻译成源代码文件名和行号
size	列出目标文件中每个部分的名字和尺寸
strings	浏览所有类型的文件, 析取出用于显示的字符串
strip	从目标文件或文档库中去掉符号表, 以及其他调试所需的信息

操作案例

运行 nm 命令查阅文件 hello.c (F.82) 对应的目标文件, 其结果如图 F–45 所示。

$ nm hello.o

运行 readelf 命令查阅文件 hello.c (F.82) 对应的目标文件, 其结果如图 F–46 所示。

$ readelf –S hello.o

运行 objdump 命令查阅文件 hello.c (F.82) 对应的目标文件, 其结果如图 F–47 中上部的方框所示。

$ readelf –h hello.o

运行 objdump 命令查阅文件 hello.c (F.82) 对应的可执行文件, 其结果如图 F–47 中下部的方框所示。

$ readelf –h xhello

运行 objdump 命令查阅文件 hello.c (F.82) 对应的目标文件, 其结果如图 F–48 所示。

$ objdump –S hello.o

6.2 可执行文件的加载启动

下面以文件 hello.c (F.82) 对应的可执行文件 xhello 为例, 说明可执行文件的加载启动。

在 Linux 系统 bash 下输入命令行./xhello 后[①], bash 进程将启动 fork () 系统调用为具体执行 xhello 的指令创建一个用户进程, 这里称之为 xhello 进程。xhello 进程将通过系统函数 execve () 来调用加载器 (loader) **加载** xhello 可执行文件。所谓的加载, 就是把可执行文件的代码和数据复制到内存并开始执行的过程。可执行文件加载到内存后, 有一个类似于图 C–7 的虚拟地址空间[②]。在程序头部表的引导下, 可执行文件的片被复制到虚拟地址的内存空间的代码段和数据段。操作系统加载可执行文件后, 首先运行的指令并不是文件 hello.c (F.82)

① 这里假定 xhello 文件在当前文件夹。

② 附录 C.4 给出了关于进程虚拟地址空间的讨论。

的 main () 函数的第一行而是其他代码。这些代码负责准备好执行 main () 函数所需的环境并调用 main () 函数。用户进程 xhello 从 main () 函数返回后，这些代码记录 main () 函数的返回值，完成一些必要调用后结束进程。运行这些代码的函数被称为**入口点**或**入口函数**。对于我们的测试环境，入口函数在系统目标文件 crt1.o 中，它将调用打包于 libc.so 中的 __libc_start_main () 函数，初始化执行环境、调用 main () 函数、处理 main () 函数的返回值，并在需要时把控制返回给操作系统。结合图 6.3 可以看到，除了 crt1.o，加载运行一个可执行文件还需要其他一些系统函数的支持。这也就解释了为什么链接生成可执行文件时 gcc 会自动添加一些文件，下面 6.3.1 节将给出进一步说明。

```
0000000000000000 D __data_start
0000000000000000 W data_start
0000000000000030 T _dl_relocate_static_pie
                 U _GLOBAL_OFFSET_TABLE_
0000000000000000 R _IO_stdin_used
                 U __libc_csu_fini
                 U __libc_csu_init
                 U __libc_start_main
                 U main
0000000000000000 T _start
```

图 6.3　使用 nm 命令查看系统目标文件 crt1.o 的输出

如何把代码段映射到虚拟地址空间由 ELF 标准确定。由 C.3 节的虚拟内存技术知道，同一种操作系统中所有进程的虚拟地址空间不但基本结构类似，其起始地址也是相同的。当然，不同体系结构的操作系统往往使用特定的起始地址。例如 IA–32 系统代码段的起始地址为 0x08048000，与最低的可用地址 0x00000000 之间有大约 128 M 的空间，用于捕获 NULL 指针。其他体系结构也有类似缺口，例如 x86_64 系统的起始点为 0x0000000000400000[①]。

事实上，一个进程真正的虚拟地址空间中的堆、数据和代码段几乎不会跟图 C–7 一样相邻且连续分布，这里的图例只是为了展示方便。另外，如果当计算机运行时，每一个进程的各个段的起始虚拟地址都与图 C–7 完全一致，会带来安全漏洞。攻击者会根据进程中虚拟内存地址空间布局的一致性，

① 有时也称 IA–32 系统为 i386 系统或 x86 系统，称 x86_64 系统为 AMD64 系统。

摸索着猜测栈地址、库函数等的绝对地址。如果被攻击者猜对, 那么整个系统就处于没有防护的状态。为了避免这种攻击, 地址空间的随机排布方式逐渐流行起来。Linux 通过对栈、内存映射段、堆的起始地址加上随机的偏移量来打乱布局。不幸的是, 32 位操作系统的地址空间相当紧凑, 给随机化留下的空当不大, 削弱了这种技巧的效果。

要注意: 相对于静态链接的可执行文件, 启动动态链接的可执行文件还涉及另外一些环节, 6.3.3.1 节将进一步说明。

6.3 静态库与共享库

引入函数库是提高软件开发和运行效率的一个重要手段。按照链接生成可执行文件和加载执行过程的不同, 库又分为静态库和共享库[①]。为了具体理解使用函数库的好处, 我们首先看看不使用库会带来哪些问题。

6.3.1 不使用 C 的数学库生成 xhello 可执行文件

这里以文件 hello.c (F.82) 为例, 演示不使用 C 的数学库的情况下链接生成可执行文件的一般过程。Linux 系统一般会提供两种形式的 C 语言数学库: 静态库 libm.a[②]和共享库 libm.so, 它们都打包了函数 cosf () 。为了完成链接, 我们首先找到定义 cosf () 的目标文件及其所依赖的目标文件: s_cosf.o、s_cosf-sse2.o、s_cosf-fma.o、s_sincosf_data.o 和 math_errf.o[③]。从概念上讲, 使用 ld 链接器将所有目标文件链接起来就能生成可执行文件。但实际上, 现代 Linux 操作系统对库的依赖远比表面看到的复杂。编译和链接一个 C 程序不仅要用到 C 语言的标准库 libc.a, 还需要一些辅助性的目标文件和库。如果用 ld 链接生成可执行文件, 我们就要手动找到这些依赖。不过, 平常使用的 gcc 命令能

① Windows 下往往称为动态库。

② 在我们的测试操作系统下, /usr/lib/x86_64-linux-gnu/libm.a 是一个指向/usr/lib/x86_64-linux-gnu/libm-2.31.a 和/usr/lib/x86_64-linux-gnu/libmvec.a 的脚本文件。

③ 定位这些目标文件的一种方式是: 先通过 ar-xlibm-2.31.a 命令将库中 8 000 多个目标文件解压出来, 然后使用 objdump-t*.o 命令查看是否定义了 cosf () 函数, 通过逐渐缩小查找范围的方式找到所需目标文件。

自动处理这些依赖关系, 如图 6.4 中上部的方框所示。这也是平常人们更多使用 gcc 而不是 ld 实施链接的重要原因。为展示生成一个可执行文件对目标文件和库的隐式依赖, 我们给链接命令添加了 **--verbose** 选项, 图 6.4 中下面的方框给出了运行该命令所得的输出。不难看到, 所需添加的文件和库至少包括: crt1.o、crti.o、crtbeginT.o、libgcc.so libgcc_eh.so、libc.so①、crtend.o 和 crtn.o。还需注意, 图 6.4 中上面的方框中的编译选项 **-static** 必不可少, 否则编译会报错。

静态链接 hello.o 及函数 cosf() 所涉及的目标文件生成可执行文件 xhello 的命令

```
$gcc -static --verbose hello.o s_cosf.o s_cosf-sse2.o s_cosf-fma.o s_sincosf_data.o
math_errf.o -o xhello
```

运行上面方框的指令得到的输出

```
Using built-in specs.
COLLECT_GCC=gcc
COLLECT_LTO_WRAPPER=/usr/lib/gcc/x86_64-linux-gnu/9/lto-wrapper
OFFLOAD_TARGET_NAMES=nvptx-none:hsa
OFFLOAD_TARGET_DEFAULT=1
Target: x86_64-linux-gnu
Configured with: ../src/configure -v --with-pkgversion='Ubuntu 9.3.0-10ubuntu2'
--with-bugurl=file:///usr/share/doc/gcc-9/README.Bugs
--enable-languages=c,ada,c++,go,brig,d,fortran,objc,obj-c++,gm2 --prefix=/usr
--with-gcc-major-version-only --program-suffix=-9 --program-prefix=x86_64-linux-gnu-
--enable-shared --enable-linker-build-id --libexecdir=/usr/lib --without-included-gettext
--enable-threads=posix --libdir=/usr/lib --enable-nls --enable-clocale=gnu
--enable-libstdcxx-debug --enable-libstdcxx-time=yes --with-default-libstdcxx-abi=new
--enable-gnu-unique-object --disable-vtable-verify --enable-plugin --enable-default-pie
--with-system-zlib --with-target-system-zlib=auto --enable-objc-gc=auto --enable-multiarch
--disable-werror --with-arch-32=i686 --with-abi=m64 --with-multilib-list=m32,m64,mx32
--enable-multilib --with-tune=generic --enable-offload-targets=nvptx-none,hsa
--without-cuda-driver --enable-checking=release --build=x86_64-linux-gnu
--host=x86_64-linux-gnu --target=x86_64-linux-gnu
Thread model: posix
gcc version 9.3.0 (Ubuntu 9.3.0-10ubuntu2)
COMPILER_PATH=/usr/lib/gcc/x86_64-linux-gnu/9/:/usr/lib/gcc/x86_64-linux-gnu/9/:
/usr/lib/gcc/x86_64-linux-gnu/:/usr/lib/gcc/x86_64-linux-gnu/9/:/usr/lib/gcc/x86_64-linux-gnu/
LIBRARY_PATH=/usr/lib/gcc/x86_64-linux-gnu/9/:
/usr/lib/gcc/x86_64-linux-gnu/9/../../../x86_64-linux-gnu/:
/usr/lib/gcc/x86_64-linux-gnu/9/../../../../lib/:/lib/x86_64-linux-gnu/:/lib/../lib/:
/usr/lib/x86_64-linux-gnu/:/usr/lib/../lib/:
/usr/lib/gcc/x86_64-linux-gnu/9/../../../:/lib/:/usr/lib/
COLLECT_GCC_OPTIONS='-static' '-v' '-o' 'xhello_c' '-mtune=generic' '-march=x86-64'
 /usr/lib/gcc/x86_64-linux-gnu/9/collect2 -plugin /usr/lib/gcc/x86_64-linux-gnu/9/liblto_plugin.so
 -plugin-opt=/usr/lib/gcc/x86_64-linux-gnu/9/lto-wrapper -plugin-opt=-fresolution=/tmp/ccRAtmqZ.res
 -plugin-opt=-pass-through=-lgcc -plugin-opt=-pass-through=-lgcc_eh -plugin-opt=-pass-through=-lc
 --build-id -m elf_x86_64 --hash-style=gnu --as-needed -static -z relro -o xhello_c
 /usr/lib/gcc/x86_64-linux-gnu/9/../../../x86_64-linux-gnu/crt1.o
 /usr/lib/gcc/x86_64-linux-gnu/9/../../../x86_64-linux-gnu/crti.o
 /usr/lib/gcc/x86_64-linux-gnu/9/crtbeginT.o
 -L/usr/lib/gcc/x86_64-linux-gnu/9 -L/usr/lib/gcc/x86_64-linux-gnu/9/../../../x86_64-linux-gnu
 -L/usr/lib/gcc/x86_64-linux-gnu/9/../../../../lib -L/lib/x86_64-linux-gnu
 -L/lib/../lib -L/usr/lib/x86_64-linux-gnu -L/usr/lib/../lib
 -L/usr/lib/gcc/x86_64-linux-gnu/9/../../..
 hello_c.o s_cosf.o s_cosf-sse2.o s_cosf-fma.o s_sincosf_data.o math_errf.o --start-group
 -lgcc -lgcc_eh -lc --end-group /usr/lib/gcc/x86_64-linux-gnu/9/crtend.o
 /usr/lib/gcc/x86_64-linux-gnu/9/../../../x86_64-linux-gnu/crtn.o
COLLECT_GCC_OPTIONS='-static' '-v' '-o' 'xhello_c' '-mtune=generic' '-march=x86-64'
```

注: 为了显示方便, 图片输出的格式与实际情况有所不同。

图 6.4　静态链接生成 xhello 可执行文件的命令及其输出

① 我们马上将讨论, 这几个.so 共享库是通过选项-lgcc -lgcc_eh -lc 实现链接的。

上面的链接过程显示, 如果不使用 C 的数学库, 开发者需手动添加一些目标文件以解决依赖关系。如果说几乎所有科学计算程序都会用到标准数学库 libm.a, 那么几乎所有的 C 程序都会用到库 libc.a①。有兴趣的读者可尝试将文件 hello.c (F.82) 中的 cosf () 替换成 cos () , 然后在不使用数学库的情况下编译生成可执行文件。

一种比上面的方法稍微简单一些的链接方式是把 libm.a 中所有数学函数的源码放入一个 *.c 源文件。假定该文件名为 libm.c, 那么编译生成 libm.o 后就能与 hello.o 链接生成可执行文件。这个方案有一个很大的缺点: 可执行文件包含了库 libm.a 中所有函数的备份②。这将导致可执行文件变大, 浪费计算机磁盘/硬盘的空间。在执行过程中, 操作系统需要将可执行文件的副本拷贝至内存, 于是也会导致浪费内存。这在一些存储资源紧张的嵌入式系统是不可接受的。另外, 对库中函数的任何改变, 都要求开发人员重新编译整个源文件。当项目文件很多时, 编译过程将非常耗时。显然, 这些都使得程序的开发和维护变得困难。函数库就是为了克服上面的困难而引入的。

6.3.2 静态库

目前, 几乎任何编译器都会提供一种机制, 将一组目标文件打包成一个被称为**静态库**的单独文件。静态库的头部保存了每个成员目标文件的大小和位置信息。当编译生成一个可执行文件时, 链接器把静态库作为输入, 从中复制所需的目标模块, 例如函数、全局变量等。Linux 系统中静态库文件的后缀一般是.a, 遵从 ELF 格式。Windows 下, 静态库的后缀一般为.lib。同将所有库函数的源代码集中于一个源文件.c 的方案一样, 静态链接库避免了寻找依赖关系的烦琐过程。如图 6.5 所示, 一条简单的链接命令就能生成可执行文件 xhello, 开发者无须考虑 cosf () 所涉及的依赖关系。

```
$gcc -static hello_c.o /usr/lib/x86_64-linux-gnu/libm.a -o ./xhello
```

图 6.5 通过链接静态库 libm.a 生成可执行文件 xhello 的命令

① 更准确地说, 是会用到与 libc.a 和 libm.a 功能相当的静态库或者它们对应的共享库。

② 在我们的测试操作系统上, libm–2.31.a 大约为 3.2MB, 可认为 libm.o 所占空间也约为 3.2 MB。

可用 linux 工具 ar①来创建静态函数库文件。这里以文件 lib_test.c (F.84) 和 drv_lib_test.c (F.85) 为例, 说明静态库的创建与使用。假定两个源文件对应的目标文件分别为 lib_test.o 和 drv_lib_test.o, 把前者打包到静态库 libstatic_test.a 的命令如图 6.6 中上面的方框所示, 而通过链接静态库生成可执行文件 xstatic_lib_test 的命令在图 6.6 下面的方框中给出。如果 libstatic_test.a 不存在, 图 6.6 中上面方框所示的命令将创建它, 如果 libstatic_test.a 文件存在, 该命令则将目标文件 lib_test.o 添加到 libstatic_test.a 中。用 ar 命令创建静态库函数时, 还有其他一些可选参数。读者可以参考 ar 的使用帮助查阅这些参数, 这里不再赘述。

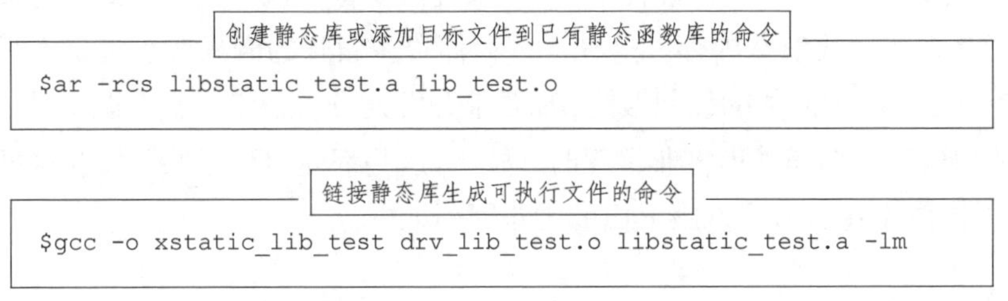

图 6.6　创建静态库及使用静态库链接生成可执行文件的命令

静态库也有缺点。一是浪费空间, 每个可执行文件都保存了所需目标文件的副本。例如, 假如 100 个可执行文件都调用 printf () 函数, 那么这 100 个文件都保存了 printf.o 的副本, 于是, 我们一共将保存 printf.o 的 100 个副本。二是不方便更新, 每次修改库函数的源码就需重新生成静态库和可执行文件。鉴于静态库的这些缺点, 人们更倾向于使用更为方便和灵活的共享库。不过, 在一些特定场景下人们依然倾向于使用静态库。这些场景包括: 保持与以前程序的兼容, 或者静态库造成的空间浪费可忽略。

6.3.3　共享库

为解决静态库浪费空间和更新烦琐这两个问题, 人们提出了共享库 (shared library) 的概念。在 Linux 环境下, 共享库一般以.so 为后缀。Windows 下, 与之相对应的库叫动态库 (dynamic link library) , 以.dll 为后缀。

① ar 是 archiver 的缩写。

6.3.3.1 动态链接

Linux 系统的共享库本身是一个 ELF 格式文件, 它本质上是一个目标模块 (ojbect module) 。在链接生成可执行文件和加载运行这两个阶段, 共享库以不同的方式工作。链接阶段, 链接器**仅复制**所需共享库的一些重定位信息和符号表信息, 而**不复制**任何代码和数据到可执行文件。于是, 与使用静态库那样把库的内容复制和嵌入到可执行文件不同, 引用相同共享库的所有可执行文件都共享该库文件。因为没有复制数据到可执行文件, 一般把动态链接生成的可执行文件称为**部分链接**的可执行文件。可以说, 使用共享库生成可执行文件时, 编译器按照函数/模块将可执行文件拆分成若干个相对独立的部分。在运行阶段, 共享库可以被加载到任意内存地址, 并和内存中的程序链接起来。这一过程被称为动态链接 (dynamic linking) , 由一个叫做动态链接器 (dynamic linker) 的程序实现。根据 6.2 节我们知道, 加载运行时, 用户进程将通过系统调用 execve () 加载部分链接的可执行文件。在这一环节中, 运行动态链接的可执行文件与运行静态链接的可执行文件完全相同。不过与后者不同, 接下来加载器将加载和运行本身就是共享目标文件的动态链接器 (ld–linux.so) 实施重定位, 将可执行文件的各个部分链接起来。最后, 系统调用得到可执行文件的入口函数, 退出系统调用且将控制转交给用户进程。

动态链接的一个优点是能避免目标文件的重复拷贝和加载。我们假设库 libx.so 中某个目标文件 xxx.o 被两个程序 prog1 和 prog2 调用。如果先启动 prog1, 再启动 prog2, 那么系统将先加载 prog1 和动态链接器, 系统调用发现 prog1 需要位于 libx.so 的可重定位目标 xxx.o 后便加载 xxx.o; 如果 prog1 和 xxx.o 还依赖于其他共享目标文件, 则将它们依次全部加载, 将所有目标模块链接起来且完成其他必要步骤后开始执行 prog1 的指令。启动 prog2 时, 系统以同样的方式加载 prog2 和动态链接器, 当发现 prog2 依赖于 xxx.o 且 xxx.o 已经存在于内存中时, 将不再重复加载而是把已加载于内存的 xxx.o 映射到 prog2 的虚拟内存空间, 在完成其他必要步骤后执行 prog2 的指令。显然, 动态库的使用避免了目标文件在可执行文件本身和加载执行过程中的重复拷贝。动态链接的另一个优点是更新方便。更新一个共享库只需重新生成库文件, 没有必要重新编译所有调用了该库的可执行文件, 系统会在可执行文件被运行时自动加载目标文件的新版本。与静态链接相比, 动态链接还能避免处理函数库间烦琐的依赖关系, 尤其是循环依赖。使用静态库链接生成可执行文件时, 开发者可能需要非常仔细地调整各个库出现的次序; 相反, 使用共享库时编译器大多数时候能自动处理这些依赖关系。于是, 人们开发调用了很多库函数的大型软件时, 往往优先使用共享库。动态链接也有缺点。因为把链接推迟到程序运行的时刻, 每次执行程序都要实施链接操作, 这会导致一定的性能损失。不过据估算, 动态链接和静态链接相比, 性能损失一般在 5% 以下。实践证明, 用这点性能损失换取空间上的节省, 以及在程序构建和升级方面的灵活性是值得的。

6.3.3.2 共享库的命名

为方便管理依赖关系, 创建或部署共享库时, 必须遵循统一约定的规则, 例如, 库的命名及其部署方式。Linux 系统下, 一个共享库一般有三个名字: 真名 (real name) 、soname 和链接名 (link name) 。图 6.7 给出了一个共享库**真名**的组成部分及不同部分代表的含义。其中 lib 和后缀.so 作为固定部分, 标记了该文件为共享库; name 一般可用来标记库的功能。真名包含三个版本号 x, y 和 z: x 是主版本号, y 是次版本号, z 则是可选的发行版本号 (也可称为发布版本号) 。版本号标记了库的版本信息, 一般来说, 高版本兼容低版本。所谓的 **soname** 往往是去掉了次版本号和发布版本号的共享库的真名。例如真名为 libfoo.so.3.5.1 的共享库的 soname 为 libfoo.so.3。图 6.7 中虚线框所示就是 soname。Linux 系统普遍采用 soname 来记录共享库的依赖关系, 每个共享库都有一个 soname。soname 相同的文件可以指向次版本号和发行版本号不同的共享库, 于是利用 soname, 开发者能实现共享库接口但屏蔽库函数。生成共享库时, 链接器会将 soname 嵌入到库内①。可执行文件被执行时, 系统调用查找库文件的依据是 soname 而不是真名, 从这一点看, 是 soname 而不是真名区分了不同的库。一般来说, soname 会指向版本号最大, 也就是最新的共享库。soname 使得所有依赖某个共享库的模块, 在编译链接和运行时, 都使用同一个 soname, 而不必关注库的详细版本。**链接名**是链接时链接器 ld 用到的名字。这个名字是去掉版本信息的 soname。对于真名为 libfoo.so.3.5.1 的库, 其链接名为 libfoo.so, 对应的编译选项为–lfoo。静态库和共享库对应的链接名有可能相同, 此时链接器会默认优先链接共享库; 而使用–static 编译选项后, 则表示我们强制链接器链接静态库。一般来说, 只有真名对应的文件才是真正保存

① 库的实际文件名可与 soname 不同, 所以库的实际文件名不一定被嵌入到该库的二进制文件中。

库函数的文件, soname 往往只是真正库文件的软链接①。例如目录/usr/lib/下, 真名为 libreadline.so.3.0 的库文件的 soname 为 libreadline.so.3, 后者为一个指向前者的软链接。同时, 该库还必须有一个链接名字, 本例为/usr/lib/下的 libreadline.so, 它也是一个软链接, 指向/usr/lib/libreadline.so.3。

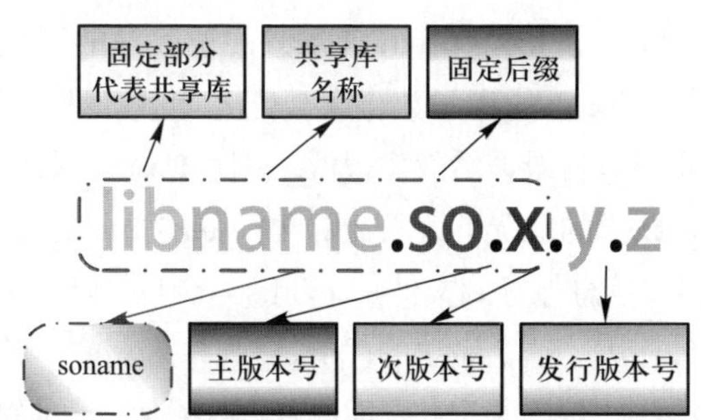

图 6.7 共享库名字的组成部分及不同部分的含义

管理和使用共享库的一个关键点是区分好库的三个文件名。简单地说, 可执行文件的生成和执行只需要库的链接名, 创建一个新共享库则需要库的真名, 系统调用查找一个库一般使用 soname。

6.3.3.3 函数库的部署

共享库文件必须存放在一些特定的目录中, 正确设置系统环境变量后应用程序才能找到并使用它们。遵循 GNU 的标准建议, 最好把用户创建的库文件放在/usr/local/lib 目录下, 把可执行文件放在/usr/local/bin 目录下②。文件系统层次化标准 FHS (filesystem hierarchy standard) 提到, 发行包中的库文件应该安装到/usr/lib 目录下, 但如果某些库在系统启动时就要被加载, 则应放到/lib 目录下, 而那些不是系统组成部分的库则放到/usr/local/lib 里面。这两个路径的不同并没有本质的冲突。GNU 的标准主要针对应用程序源码开发, 而 FHS 的建议则主要针对操作系统发行版。具体到 Ubuntu 操作系统, 可通过配置文件/etc/ld.so.conf 查看库函数保存于哪个目录。

① Linux 下可用命令 ln–s 源文件软链接名来创建软链接。软链接文件的内容就是它所指向的文件的路径。显然, 软链接的大小和路径长度有关, 路径越长, 软链接占用的空间越大。

② 这是习惯问题。虽然不强制要求, 但最好这样做, 以方便操作系统的维护。

6.3.3.4 共享库的使用

一般来说, 加载器读取/etc/ld.so.conf 文件确定默认搜索路径。用户可以修改这个文件, 加入一些特殊的路径要求。例如, 有些发行包的配置文件/etc/ld.so.conf 不包含/usr/local/lib 目录, 用户可手动修改/etc/ld.so.conf 加上这个条目。如果想覆盖某个库中的一些函数, 用特定函数替换它们, 同时保留该库其他函数的话, 可在配置文件/etc/ld.so.preload 加入想要替换的函数 (.o 结尾的文件), 这些预先加载 (preloading) 的库函数将会被优先加载。

程序启动时搜索所有目录显然效率很低, 现代 Linux 系统一般利用高速缓冲提高效率。ldconfig 缺省的情况下读取配置文件/etc/ld.so.conf, 设置适当的符号链接, 然后写一个缓冲信息保存到文件/etc/ld.so.cache, 以后/etc/ld.so.cache 可以被其他可执行文件使用。这个做法的代价是, 每次新增一个共享库都要运行 ldconfig 来更新这个 cache; 删除某个共享库或者更改了某个库的路径, 也要重新运行 ldconfig 以更新缓存文件。通常, 一些包管理器在安装新共享库时会运行 ldconfig。

Linux 系统中, 环境变量 LD_LIBRARY_PATH 通常用来指定共享库的查找路径。这个变量的一个条目记录了一个绝对路径, 不同条目由冒号分隔。操作系统将优先搜索这些路径, 然后再查找标准路径。环境变量 LD_PRELOAD 实际上列出了需要优先加载的库文件, 功能和/etc/ld.so.preload 类似。利用这个环境变量, 用户可以在调试一个新函数库或在特殊场合使用一个非标准库时, 将库的查找路径放在标准路径之前, 从而让系统优先加载用户指定的库。这些都是由/lib/ld–linux.so 这个加载器实现的。值得一提的是, LD_LIBRARY_PATH 可在大部分 UNIX 系统下正常工作, 但也有例外。例如 HP–UX 系统下对应的环境变量为 SHLIB_PATH, 而在 AIX 系统则为 LIBPATH。开发和调试过程中, LD_LIBRARY_PATH 经常被使用, 但也有争论认为不应过多使用该环境变量①

6.3.3.5 共享库的生成、安装与链接

从具体操作的角度看, 共享库的生成、安装和使用可以非常简单。这里以文件 lib_test.c (F.84) 和 drv_lib_test.c (F.85) 所示的源码为例, 说明共享库的生成、安装与调用。

① 该环境变量设置的是系统的默认搜索路径, 当不同程序需要一个库的不同版本才能正确运行时, 会导致混乱。不过, 可以通过下面的方式来绕过 LD_LIBRARY_PATH 环境变量: /lib/ld–linux.so.3–library–path PATH EXECUTABLE。

操作案例

首先编译生成目标文件,

$ gcc –g –c –Wall drv_lib_test.c

$ gcc –fPIC –g –c –Wall lib_test.c

然后, 生成共享库,

$ gcc –shared –Wl, –soname, libshared_test.so.1–o libshared_test.so.1.0.1 lib_test.o

创建库的链接名,

$ ln –s libshared_test.so.1 libshared_test.so

生成可执行文件,

$ gcc –o xshared_hello drv_lib_test.o–L./–lshared_test–lm–Wl, –rpath./

为了让链接了共享库的可执行文件正常运行, 可能还需要运行下面的命令,

$ ldconfig–n

最后, 可以测试可执行文件,

$./xshared_hello

生成目标文件时的–g 和–Wall 选项, 前者告诉编译器生成调试信息, 后者则让编译器显示所有警告。一般建议初学者加上–Wall 选项, 便于根据警告信息修改明显错误并且回避一些潜在的漏洞。软件发布时, 一般人们希望程序运行速度快, 把–g 选项替换成有利于生成高速运行代码的选项, 如–O2 等。

为了将目标文件打包到共享库, 编译生成可重定位文件.o 时, 必须使用–fPIC 或–fpic 选项。这两个选项告诉编译器生成与位置无关的代码 (position-independent code) , 得到的目标文件没有绝对地址, 全部使用相对地址, 使得代码可被加载到内存的任意位置。显然, 这是生成共享库所必须满足的条件。选项–fPIC 或–fpic 的区别在于: –fPIC 一般会生成与平台无关且体积更大的代码, 而–fpic 则会生成体积小, 但依赖平台的代码。如果要让代码不依赖于编译所在的平台, 应该使用–fPIC 选项。

生成共享库时, 使用了–Wl, –soname, libshared_test.so.1 选项[①]。–Wl 选项告诉编译器将后面的参数传递给链接器, –soname 则指定了共享库的 soname。根据 6.3.3 节我们知道, 每个库都有一个被写入二进制的库文件的 soname。对比图 6.8 和图 6.9, 可以看到该编译选项对生成的共享库的影响。

生成可执行程序时, 添加了–Wl, –rpath./选项。这样做的原因在于, 在某些情况下, 例如代码还在开发过程中, 需要进一步修改相关功能, 不希望把生成的共享库被放到 GNU 推荐的目录下, 同时也不希望设置 LD_LIBRARY_PATH 环境变量以避免可能导致的副作用。使用示例中的–rpath 选项后, 运行 xshared_hello 时系统会加载保存于当前目录下的共享库 libshared_test.so。事实上, 如果没有该选项, 虽然可以正确链接生成可执行文件 xshared_hello, 但却因为无法加载 soname 为 libshared_test.so.1 的库而执行 xshared_hello[②]。这一点可通过运行 xshared_hello 来辨识, 也可通过命令 ldd xshared_hello 来证实[③]。

```

Dynamic section at offset 0x2e00 contains 26 entries:
  标记        类型                         名称/值
 0x0000000000000001 (NEEDED)             共享库: [libm.so.6]
 0x0000000000000001 (NEEDED)             共享库: [libc.so.6]
 0x000000000000000e (SONAME)             Library soname: [libshared_test.so.1]
 0x000000000000000c (INIT)               0x1000
 0x000000000000000d (FINI)               0x11a4
 0x0000000000000019 (INIT_ARRAY)         0x3df0
 0x000000000000001b (INIT_ARRAYSZ)       8 (bytes)
 0x000000000000001a (FINI_ARRAY)         0x3df8
 0x000000000000001c (FINI_ARRAYSZ)       8 (bytes)
 0x000000006ffffef5 (GNU_HASH)           0x2f0
 0x0000000000000005 (STRTAB)             0x3f0
 0x0000000000000006 (SYMTAB)             0x318
 0x000000000000000a (STRSZ)              165 (bytes)
 0x000000000000000b (SYMENT)             24 (bytes)
 0x0000000000000003 (PLTGOT)             0x4000
 0x0000000000000002 (PLTRELSZ)           72 (bytes)
 0x0000000000000014 (PLTREL)             RELA
 0x0000000000000017 (JMPREL)             0x590
 0x0000000000000007 (RELA)               0x4e8
 0x0000000000000008 (RELASZ)             168 (bytes)
 0x0000000000000009 (RELAENT)            24 (bytes)
 0x000000006ffffffe (VERNEED)            0x4a8
 0x000000006fffffff (VERNEEDNUM)         2
 0x000000006ffffff0 (VERSYM)             0x496
 0x000000006ffffff9 (RELACOUNT)          3
 0x0000000000000000 (NULL)               0x0
```

图 6.8　使用–Wl, –soname, libshared_test.so.1 选项, 运行命令 readelf –d libshared_test.so.1.0.1 的输出

① 注意 Wl 中的 “l” 为字母, 且逗号前没有空格。

② –rpath 的另外一个作用是, 程序链接时, 在指定的目录中, 隐式地链接那些动态库所需要的链接库。

③ 出于安全原因, 不推荐使用 ldd 命令来查看不知道来源或不确定安全性的可执行文件。

```
Dynamic section at offset 0x2e10 contains 25 entries:
  标记         类型                           名称/值
 0x0000000000000001 (NEEDED)             共享库: [libm.so.6]
 0x0000000000000001 (NEEDED)             共享库: [libc.so.6]
 0x000000000000000c (INIT)               0x1000
 0x000000000000000d (FINI)               0x11a4
 0x0000000000000019 (INIT_ARRAY)         0x3e00
 0x000000000000001b (INIT_ARRAYSZ)       8 (bytes)
 0x000000000000001a (FINI_ARRAY)         0x3e08
 0x000000000000001c (FINI_ARRAYSZ)       8 (bytes)
 0x000000006ffffef5 (GNU_HASH)           0x2f0
 0x0000000000000005 (STRTAB)             0x3f0
 0x0000000000000006 (SYMTAB)             0x318
 0x000000000000000a (STRSZ)              145 (bytes)
 0x000000000000000b (SYMENT)             24 (bytes)
 0x0000000000000003 (PLTGOT)             0x4000
 0x0000000000000002 (PLTRELSZ)           72 (bytes)
 0x0000000000000014 (PLTREL)             RELA
 0x0000000000000017 (JMPREL)             0x580
 0x0000000000000007 (RELA)               0x4d8
 0x0000000000000008 (RELASZ)             168 (bytes)
 0x0000000000000009 (RELAENT)            24 (bytes)
 0x000000006ffffffe (VERNEED)            0x498
 0x000000006fffffff (VERNEEDNUM)         2
 0x000000006ffffff0 (VERSYM)             0x482
 0x000000006ffffff9 (RELACOUNT)          3
 0x0000000000000000 (NULL)               0x0
```

图 6.9 不使用–Wl, –soname, libshared_test.so.1 选项, 运行命令 readelf –d libshared_test.so.1.0.1 的输出

示例中, 运行 ldconfig –n 和 ln –s 时, 均将共享库 libshared_test.so 存放于当前目录。对于成熟的代码, 则一般需要按照 GNU 推荐的目录存放和管理共享库, 此时运行上述两条指令需要将示例中的目录改成相关的工作目录, 而且生成可执行文件 xshared_hello 时也不再需要–Wl, –rpath./选项。

一个系统可能有某个共享库的多个版本, 编译生成可执行文件时具体链接哪个库, 涉及所谓的**次版本号交会问题** (minor–revision rendezvous problems)。现代操作系统一般通过一些精巧的**符号版本**机制解决这个问题 [20], 这里不详细讨论。

除了在编译生成可执行文件时, 将共享库的链接信息打包到可执行文件里, 让程序启动时就加载共享库, 还可以在程序运行过程中加载它, 后者就是所谓的**显式运行时链接** (explicit runtime linking) 或者**运行时加载/动态加载**。由于动态加载可以在需要时才执行加载操作, 因此特别适合实现即插即用的场景。感兴趣的读者可阅读相关文献进一步了解动态加载 [20,21]。

6.4 软件的自动构建工具

对于只包含少数几个源文件的程序, 使用 6.1.1 节所示的指令就能完成编译。可随着源文件数目的增大, 手动编译生成可执行文件的方法变得非常烦琐。这里将介绍更为智能的三类自动构建工具: GNU make[1]、GNU 的自动构建工具包及 CMake。

为演示如何使用自动构建工具[2], 本节将文件 lib_test.c (F.84) 和 drv_lib_test.c (F.85) 的内容拆分到文件 drv_dsin.c (F.86) 、dsin.c (F.87) 、dsin.h (F.88)、output.c (F.89) 、output.h (F.90) 和 common.h (F.91) 。其中 common.h (F.91) 被三个.c 源文件包含, 而 dsin.h (F.88) 和 output.h (F.90) 则给出了相应.c 源文件中函数的申明。按照 6.1.1 节介绍的方法编译成一个可执行文件 xbuild_test, 需要的指令如图 6.10 所示。

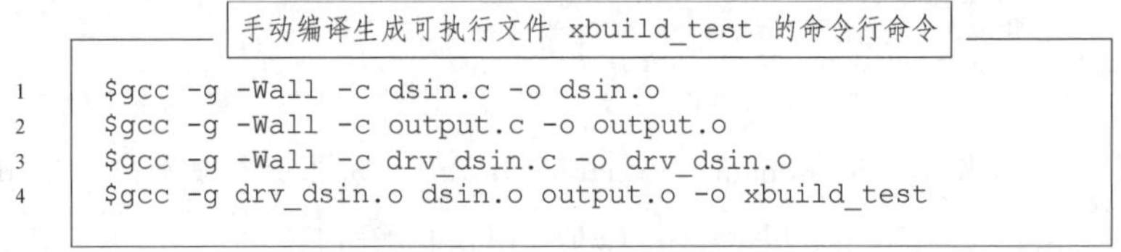
手动编译生成可执行文件 xbuild_test 的命令行命令

```
$gcc -g -Wall -c dsin.c -o dsin.o
$gcc -g -Wall -c output.c -o output.o
$gcc -g -Wall -c drv_dsin.c -o drv_dsin.o
$gcc -g drv_dsin.o dsin.o output.o -o xbuild_test
```

图 6.10 手动编译生成可执行文件 xbuild_test 的命令行命令

图 6.10 所示的编译方式存在一些问题。比如, 如果源文件数目变多, 对每个文件都执行一次编译命令很烦琐。而且一旦某个文件发生了变动, 那么需要重新编译该文件并重新链接生成可执行文件; 而如果某个头文件发生了变动, 那么要重新编译所有包含了该头文件的源文件。为解决这些问题, 人们开发了多种自动构建工具, 这里将分别介绍常用的 GNU make、GNU 的自动构建工具包和 CMake。

① make 最初是用来解决 C 语言编译问题的, 因此与 C 的关系特别密切。但作为一种解决编译问题的思路和方式却适合很多高级语言, 例如 Java。另外, make 所使用的 Makefile/makefile 格式并不统一, 不同 make 工具对细节的处理也不尽相同, 但其主要思想原理却是相通的。没有特别指出的话, 这里涉及的例子和细节基本是以 GNU 为主。

② 本节的构建工具也适用于 C++, 为了与本章前面的讨论保持一致, 本节还是以 C 语言程序为例。

6.4.1 GNU make 的基本使用

编译工具 GNU make 能根据源文件间的依赖关系，按照一定的规则完成编译工作 [22,23]。使用 make 一般要创建一个遵循 Makefile 或者 makefile 格式的文件①。这个文件列出了由源码文件生成目标文件的方式、目标文件间的依赖关系，以及生成所需库或/和可执行文件的方式。根据手动或自动生成的 Makefile 文件，make 将构建库或/和可执行文件，甚至安装部署它们。下面以编译生成可执行文件 xbuild_test 为例，讨论 make 的基本规则和使用方式。

6.4.1.1 第一个 Makefile 文件

这里将 Makefile 文件命名为 Makefile.1，其具体内容如图 6.11 中第一个方框所示。因为示例给出的文件名不符合默认规则，所以需用选项–f 显式地指定 Makefile，如图 6.11 中间的方框所示。不难发现，文件 Makefile.1 的第 2 到第 9 行实现了目标文件的编译和可执行文件的生成，而最后两行的功能是清理已有的目标文件和可执行文件。激活最后两行的命令行为 make clean –f Makefile.1，运行该命令的输出如图 6.11 中第四个方框所示。

规则 (rule) 是 Makefile 文件的一个要点。它描述了在何种情况下使用哪些命令来更新或构建一个或多个被称为**规则目标**的特定文件。除规则目标之外，罗列的其他文件为目标的**依赖**，规则中还包含了具体更新或创建规则目标的命令。图 6.12 的左半部分给出了规则的一般形式，右半部分则给出了规则的一条示例。其中，target 为目标，可以是一个目标文件或可执行文件，也可以是一个动作的名字，例如 Makefile.1 中执行清理的 clean，我们后面将继续讨论 clean; prerequisites 为目标依赖，即生成规则目标所需的文件或者其他目标; recipe 是 make 所需执行的命令，可以为任意 shell 命令。一个规则允许有多个命令行，每一条命令占一行。注意: 每个命令行**必须**以 [Tab] 字符开始，标志着一条命令行的开始。这是编写 Makefile 文件时容易产生的隐蔽性错误。不难看出，规则不

① 符合格式的文件一般被命名为 GNU Makefile、makefile 或 Makefile。执行 GNU make 命令后，系统会在当前目录下按照依次寻找这三个文件。GNU make 官方文档推荐使用 Makefile 为默认文件名，因为其首字母大写，使用 ls 命令查看当前目录时，它将先于以 makefile 为名的文件出现。相反，不推荐 GNUMakefile 这个命名，因为这个命名会导致一些兼容性问题。如果这三个文件都没有出现在当前目录，就要用–f 或–file 选项来指定使用哪个文件作为 Makefile 格式的文件。在下面的讨论中，在没有歧义的情况下，我们简称符合 Makefile 格式要求的文件为 Makefile 文件或者 Makefile。

Makefile.1 的内容

```
#Sample Makefile 1
xbulid_test : drv_disn.o dsin.o output.o
        gcc -o xbulid_test drv_disn.o dsin.o output.o -lm
drv_dsin.o : main.c common.h output.h dsin.h
        gcc -c drv_disn.c
dsin.o : dsin.c common.h        # example of a comment
        gcc -c dsin.c
output.o : output.c common.h
        gcc -c output.c
clean :
        rm xbulid_test drv_disn.o dsin.o output.o
```

使用 Makefile.1 文件来编译生成 xbuild_test 的 make 命令行命令

```
$make -f Makefile.1
```

运行 make 命令后的输出

```
gcc -c drv_disn.c
gcc -c dsin.c
gcc -c output.c
gcc -o xbulid_test drv_disn.o dsin.o output.o -lm
```

运行 make clean -f Makefile.1 命令的输出

```
rm xbuild_test drv_dsin.o dsin.o output.o
```

图 6.11　第一个 Makefile 文件示例, 运行 GNU make 的命令行命令, 以及相应的输出

仅包含了规则的目的, 即所需生成的规则目标, 还告诉了编译器生成规则目标过程中所依赖的文件和所要执行的命令。结合图 6.12 右边的示例, 容易知道文件 dsin.o 是规则目标; dsin.c 和 common.h 是生成规则目标 dsin.o 所依赖的文件; gcc –g –Wall –c dsin.c 是规则的命令, 描述了如何构建规则目标。上面的规则还隐含了两个意思。第一, 构建目标文件 dsin.o 的方式。示例规则使用了 gcc 编译器, 生成 dsin.o 依赖于 dsin.o 和 common.h。第二, 确定目标文件是否过期, 如过期则要重新构建。过期的情形有两种: 一是目标文件不存在; 二是从时间戳上看, 依赖文件是否晚于目标。对于目标 dsin.o, 如果生成该目标文件后, 又编辑了 dsin.c 或 common.h, 则 dsin.o 过期, 需要重新编译。

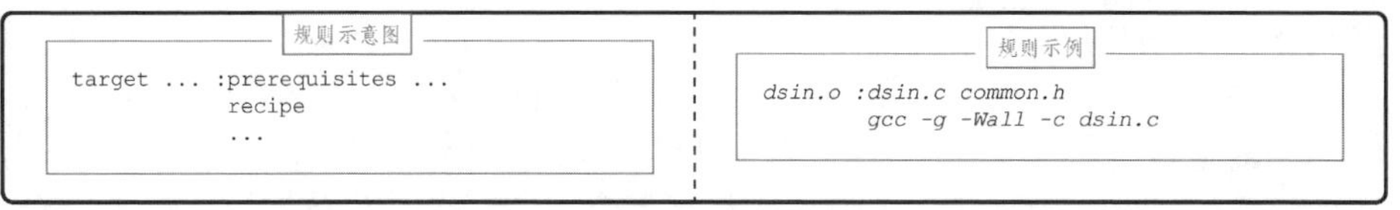

图 6.12 规则的一般形式和一个示例

一般来说, Makefile 主要包含五个要素: **显式规则** (explicitrule) 、**隐式规则** (implicitrule) 、**变量定义** (variable definition) 、**指示** (directive) 和**注释**。显式规则显式地罗列生成目标所依赖的文件和所采用的命令, 说明如何生成一个或多个规则目标。隐式规则利用 make 的自动推导功能, 隐式地说明如何生成**一类**目标。例如, 将 *.c 文件编译生成 *.o 文件。变量定义有点像 C 语言中的宏, 在需要时会被替换。变量一般都是字符串。**指示**告知 make 命令需要完成某些特别任务, 一般包括三个方面: 一是读入另外一个 Makefile 文件; 二是判断是否跳过 Makefile 中的一部分, 类似于条件编译; 三是定义一个跨行的字面量字符串。注释以字符 # 开始, 直到该行的结束。由于在 Makefile 文件中尾随反斜杠 (trailing backslash) \\ 符号表示忽略换行符, 所以符号 # 之后存在 \\ 时, make 将忽略该行的换行符。文件 Makefile.1 存在缺陷——不适合大型工程, 例如, 它只用到了显式规则, 而且需要明确地写出每个目标文件所依赖的文件。下面将逐步优化它。

6.4.1.2 自动确定依赖关系的 Makefile

很多时候确定依赖关系很烦琐, 使用一些自动工具能帮开发者更便捷地完成这个任务。图 6.13 给出了所需执行的命令和所得的输出。这里的编译选项-MM 把编译 drv_sin.o 所依赖的文件都列了出来, 如果想同时查看编译过程对系统文件的依赖, 则把–MM 选项改为–M 即可。由于编译器一般会自动处理对系统文件的依赖, 所以开发者无须关心这类问题。基于 Makefile.1, 我们编写一个名为 Makefile.2 的 Makefile, 其内容如图 6.14 的左半部分所示。除了自动处理依赖, Makefile.2 还使用了 make 提供的其他一些功能和技巧, 下面给出介绍。

```
$gcc -MM drv_sin.c
$drv_sin.o: common.h dsin.h output.h
```

图 6.13 获取依赖关系的编译指令及运行后的输出

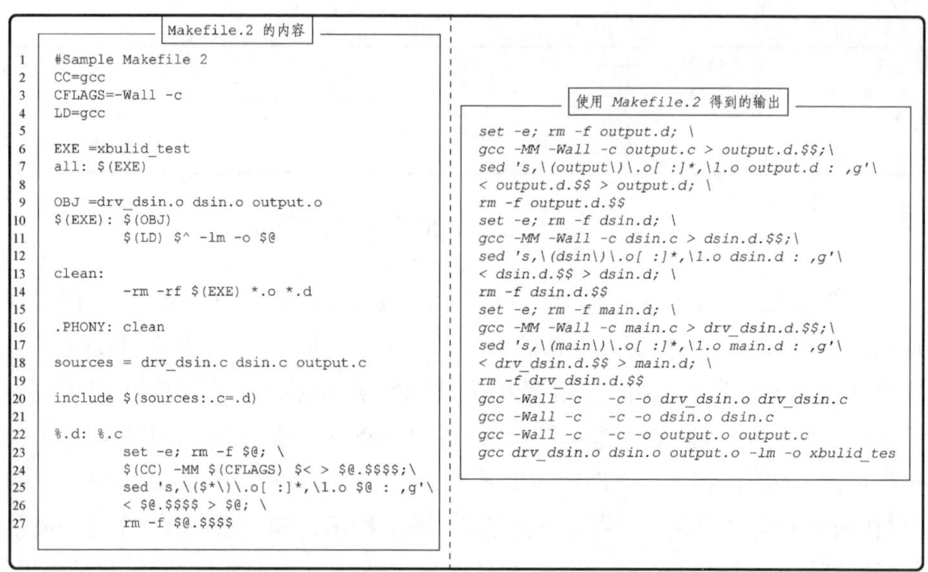

Makefile.2 的内容

```
1  #Sample Makefile 2
2  CC=gcc
3  CFLAGS=-Wall -c
4  LD=gcc
5
6  EXE =xbulid_test
7  all: $(EXE)
8
9  OBJ =drv_dsin.o dsin.o output.o
10 $(EXE): $(OBJ)
11         $(LD) $^ -lm -o $@
12
13 clean:
14         -rm -rf $(EXE) *.o *.d
15
16 .PHONY: clean
17
18 sources = drv_dsin.c dsin.c output.c
19
20 include $(sources:.c=.d)
21
22 %.d: %.c
23         set -e; rm -f $@; \
24         $(CC) -MM $(CFLAGS) $< > $@.$$$$;\
25         sed 's,\($*\)\.o[ :]*,\1.o $@ : ,g'\
26         < $@.$$$$ > $@; \
27         rm -f $@.$$$$
```

使用 Makefile.2 得到的输出

```
set -e; rm -f output.d; \
gcc -MM -Wall -c output.c > output.d.$$;\
sed 's,\(output\)\.o[ :]*,\1.o output.d : ,g'\
< output.d.$$ > output.d; \
rm -f output.d.$$
set -e; rm -f dsin.d; \
gcc -MM -Wall -c dsin.c > dsin.d.$$;\
sed 's,\(dsin\)\.o[ :]*,\1.o dsin.d : ,g'\
< dsin.d.$$ > dsin.d; \
rm -f dsin.d.$$
set -e; rm -f main.d; \
gcc -MM -Wall -c main.c > drv_dsin.d.$$;\
sed 's,\(main\)\.o[ :]*,\1.o main.d : ,g'\
< drv_dsin.d.$$ > main.d; \
rm -f drv_dsin.d.$$
gcc -Wall -c   -c -o drv_dsin.o drv_dsin.c
gcc -Wall -c   -c -o dsin.o dsin.c
gcc -Wall -c   -c -o output.o output.c
gcc drv_dsin.o dsin.o output.o -lm -o xbulid_tes
```

图 6.14 自动确定依赖关系的 Makefile 文件及使用它得到的输出

变量可以让 Makefile 变得灵活、简洁。除了用户自定义的变量, Makefile 系统有一些所谓的预定义变量或内嵌变量。例如 CC 对应着编译器, 其默认值就是 cc; CFLAGS 默认保存 C 的编译选项, CPPFLAGS 则默认保存 C++ 的编译选项。Makefile.2 利用**预定义变量** (predefined variable) CC 来指定所要使用的编译器 gcc①, 且利用另一个预定义变量 CFLAGS 保存编译选项 –wall –c –g。同时, Makefile.2 还定义了变量 EXE 和 OBJ, 分别替代可执行文件和目标文件。

通常, make 会检测规则中每一条命令的运行返回状态, 如果返回成功就执行下一条命令, 直到规则中所有命令都执行完成。如果规则中某个命令出错 (返回非 0 状态) , make 既可能放弃执行当前规则的后续命令, 也有可能终止所有规则的执行。通过字符–, 我们可告知 make, 即便命令返回了失败或错误, 也继续执行下一条命令。因此, 即便 Makefile.2 中第 14 行的 rm 命令失败, make 也继续执行。

Makefile.2 通过.PHONY 这个特殊目标将 clean 目标声明为**伪目标** (phony target) 。伪目标不代表一个真正的文件名, make 命令通过它来执行伪目标 clean 对应的规则中的命令, 有时也可以将一个伪目标称为**标签**。使用伪目标可

① 这里的变量与 C 语言中宏引用的方式相同, 因此有些 make 的版本也把变量称为“宏”。

避免名字冲突, 如果不把 clean 定义成伪目标, 那么当工作目录下有名为 clean 的文件时, 将会发生冲突。伪目标还有利于递归编译。有些项目需要递归地进入多个子项目实施构建, 此时利用伪目标能避免一些不易克服的困难, 并允许并行编译从而缩短 make 命令的执行时间。Makefile.2 中的伪目标发挥了第一个作用, 即避免与名为 "clean" 的文件发生冲突。关于伪目标的详细说明, 可参考 make 的说明文档 [23]。

Makefile.2 中 sources 变量包含了所有要编译的.c 文件。进一步, $ (sources: .c=.d) 使用变量替换, 把 sources 变量中每个.c 条目替换成.d 条目, 把 include drv_dsin.d dsin.d output.d 简写为 include $ (sources:.c=.d) 。类似于 C 语言的 # include 关键字, 这里 include 表示编译过程将包含三个符合 Makefile 格式要求的文件 drv_dsin.d、dsin.d 和 output.d。

Makefile.2 文件的最后是生成.d 文件的、占用四行的一条命令。make 只创建一个 shell 进程执行这条命令, 这条命令包含了 5 个用 ";" 号隔开的子命令, 为了美观, 使用了续行符 $$ 将命令拆成 4 行。其中使用的 sed 命令比较复杂, 该命令的主要功能是查找替换, 这里不详细讨论。有兴趣的读者可参考 sed 命令的帮助。

Makefile.2 文件还使用了 $< 自动变量 (automatic variable) 。自动变量的取值取决于所执行的具体规则, 包括所执行规则的目标和依赖关系。下面介绍一些常用的自动变量。

(1) $@, 表示规则目标的文件名。如果目标是一个静态库文件 *.a, 那么 $@代表这个库的文件名。在多目标模式规则中, 它代表了触发规则执行的目标对应的文件名。

(2) $%, 当规则的目标是一个静态库时, 代表静态库中的一个目标文件的文件名。如果目标不是静态库文件, 其值为空。

(3) $<, 规则依赖中第一个文件的文件名。如果目标使用了隐含规则, 则它代表由隐含规则加入的第一个依赖文件。

(4) $?, 用空格分隔的, 时间戳比规则目标大的所有依赖文件的文件名列表。如果目标是静态库文件名, 代表的是库成员文件, 即以.o 为后缀的文件。

(5) $ ^, 使用空格分隔的, 规则的所有依赖文件列表。如果目标是静态库文件, 那么文件列表只包含所有库成员的文件名。一个文件可重复出现在目标依赖中, 但变量 "$ ^" 只记录它的一次引用情况。也就是说, 变量 "$ ^" 会去除重复出现的依赖文件。

为了保证工作目录只有.c 文件、.h 文件和 Makefile 文件, 应该运行 make clean, 再使用 Makefile.2 来编译程序。执行 make 命令后得到的输出如图 6.14 中右半部分所示。从输出来看, 在执行完指令 rm –f drv_dsin.d.$$ 后, 输出的结果与 Makefile.1 的完全一致。实际上, 在此之前, 程序都是在执行生成.d 文件的命令。以生成 drv_dsin.d 为例, 获取.d 文件的步骤如下。

(1) set –e 命令设置当前 shell 进程状态。具体地, 如果它执行的任何一条命令失败则立刻终止, 不再执行后续命令。

(2) 把原来的 drv_dsin.d 删掉。

(3) 重新生成 drv_dsin.c 的依赖关系。假设当前 shell 进程的进程号是 1234, 保存到文件 drv_dsin.d.1234。注意: 因为 Makefile 中的 $ 有特殊含义, 如果要表示它的字面意思则需要写两个 $, 所以 Makefile 中的四个 $ 传给 shell 后变成了两个 $, 两个 $ 在 Shell 中表示当前进程的进程号, 一般用它给临时文件起名, 以保证文件名的唯一性。drv_dsin.d.1234 的内容应该是 drv_dsin.o:drv_dsin.c common.h dsin.h output.h, 经过 sed 处理之后存为 drv_dsin.d。

(4) 最后删除临时文件 drv_dsin.d.1234。

6.4.1.3 带有隐含规则的 Makefile

隐含规则为 make 提供了构建某些类型的目标的通用方法, 避免在 Makefile 中明确地给出构建特定目标所需要的细节描述。利用隐含规则, 可以在不出现任何关于源文件描述的情况下, 让 make 自动寻找规则并执行, 最终完成目标文件的构建。例如: 使用某个 C 编译器根据.c 源文件创建对应的.o 文件。当 Makefile 中出现一个.o 文件规则目标时, make 会使用隐含规则提供的通用方式将后缀为.c 的文件编译成.o 目标文件。因为 GNU make 内嵌的隐含规则在其所对应命令行中会使用到一些预定义变量, 所以可以通过改变这些变量的值来控制隐含规则的执行。例如: 预定义变量 CFLAGS 代表了 C 编译器编译源文件的编译选项。可以通过重新定义该变量从而改变编译所使用的编译选项。图 6.15 给出使用了隐含规则的 Makefile 文件及使用它编译后得到的输出。这里将对应的 Makefile 命名为 Makefile.3。显然, 其输出与使用 Makefile.1 得到的输出基本相同。

GNU make 还提供了很多实用的功能, 例如可执行文件的安装部署等, 可以完成大型软件的编译与发布。有兴趣的读者可参考 GNU make 的用户手册 [22,23]。

Makefile.3 的内容

```
#Sample Makefile 3
CC=gcc
CFLAGS=-Wall
LD=gcc
EXE = xbulid_test
all: $(EXE)

OBJ = dsin.o output.o drv_dsin.o
$(EXE): $(OBJ)
	$(LD) -o $@ $^ -lm

%.o: %.c
	$(CC) -c -o $@ $<

clean:
	-rm -rf $(EXE) *.o *.d

.PHONY: clean
```

使用 Makefile.3 得到的输出

```
gcc -c -o dsin.o dsin.c
gcc -c -o output.o output.c
gcc -c -o drv_dsin.o main.c
gcc  -o xbulid_test dsin.o output.o drv_dsin.o -lm
```

图 6.15 使用了隐含规则的 Makefile 文件及使用它得到的输出

6.4.2 GNU 的自动构建工具包

工具 GNU make 帮助开发者处理了编译工作中的大部分烦琐工作, 但它跨平台编译的能力却不强。跨平台需要面对的一个重要问题是不同平台有不同的习惯和约定。解决这种问题的一个方案是定义标准, 比如 POSIX 标准。在遵循 POSIX 标准的系统下, 很多底层功能函数的接口相同, 可以方便地实现跨平台编译。然而, 对于遵循不同标准的平台, 跨平台的问题依然存在。GNU make 提供的一个办法是让 Makefile 包含一个文件, 区分不同标准的差异。假定 windows_def.mk 和 linux_def.mk 文件分别为针对 Windows 和 Linux 的配置文件, 如果让 Makefile 能同时工作于 Windows 和 Linux, 应把图 6.16 所示内容添加到 Makefile 中。

```
#ifdef WINDOWS
    include windows_def.mk
#endif
#ifdef LINUX
    include linux_def.mk
#endif
……
```

图 6.16 实现跨平台编译需要添加到 Makefile 的语句

实际上, windows_def.mk 和 linux_def.mk 的主要功能是处理软件包运行环境的差异。只要运行环境不同, 就需要这样的文件, 尽管文件的取名可能不同。实际开发中, 因为涉及很多烦琐的细节, 编写类似于 windows_def.mk 和 linux_def.mk 的文件是一项让软件包维护者非常头疼的任务。本质上, 解决运行环境的不同是一个**自动化宏定义**问题，与 Makefile 关系不大。GNU 的自动构建工具就是从这个角度解决跨平台编译问题的。它的思路是生成一组脚本，自动检查要参与编译的平台的某些规范或标准，将软件包维护者从编写复杂宏定义的烦琐工作中解脱出来。

在 Linux 系统开发环境中，GNU 的自动构建工具包 (autotools suit) 可以完成手工编写 Makefile 的复杂任务 [24–26]。本节提到的 GNU 自动构建工具包由 GNU 编译系统 Autoconf、Automake 和 Libtool 三个包组成。其中，Autoconf 用于为工程创建配置脚本；Automake 用于创建具有一致性的 Makefile；Libtool 用于为共享库的可移植创建提供一个抽象；自动构建工具包为 C、C++、ObjectiveC、Fortran、Fortran77 等语言提供原生支持①。

可把 Autotools 的使用模式分为差异很大的软件包**发行者**模式和**使用者**模式。由于自动构建工具包依赖于 gettext、m4、sed、make 和 perl 等其他软件包的支持，软件包发行者必须在自己的系统上安装这些包。相反，由 Autotools 生成的编译发行包，则只依赖于编译过程本身所需的工具。也就是说，使用者的系统无须安装 Autotools，而只需一个符合 POSIX 标准版本的 make 和 shell 工具执行 Autotools 生成的配置脚本。当然，使用者的机器上必须安装编译软件所需的编译器、链接器和其他一些必要的工具来将源代码文件转换成可执行二进制文件、生成帮助文件和其他运行时所需资源。简而言之，Autotools 本身不要求使用者的计算机系统安装 Autotools。

构建和安装利用 Autotools 生成的软件包 (tarball)②，通常只需要如图 6.17 所示的操作。

```
1. 解压安装包并进入解压目录。
$gzip -cd hackers-delight-1.0.tar.gz | tar xvf -
$cd hackers-delight-1.0
2. 运行 configure 脚本生成 Makefile 文件和运行 make 指令编译生成可执行文件。
$./configure && make
3. 安装可执行文件。
$sudo make install
```

图 6.17　构建和安装利用 Autotools 生成的软件包

① 这里原生支持的意思是 Autotools 会直接编译、链接这些语言编码的程序，并进行源码级特性检查。

② 一般是以.tar.gz,.tgz,.tar.bz2 或其他扩展的压缩归档文件的形式发布的。

上面的 configure 是一个 shell 脚本, 它根据各种不同平台的特性自动创建合适的 Makefile 文件或 C 头文件, 方便开发者在不同平台上编译源程序。用 configure 脚本生成 Makefile 时, 可以通过在 configure 后面加上一些参数控制安装过程。比如./configure –prefix=/usr 就指示该软件将会安装在/usr 目录下。更具体地, 可执行文件将会被安装到/usr/bin 目录下, 而不是默认的/usr/local/bin 目录; 资源文件会被安装到/usr/share 而不是默认的/usr/local/share。同时, 通过指定–sys–config= 参数, 可设定一些软件的配置文件。有时, 还可加上 –with、–enable、 –without、 –disable 等参数控制编译器选项, 还可通过./configure –help 命令查看 configure 的详细说明和帮助。执行 make install 命令时, 如果可执行文件需要安装到 root 才有权限写入的目录, 则需要 sudo; 否则不需要。

总之, 编译和安装 Autotools 发行的软件包并不需要对这个工具本身有深入理解。对于软件包发行者来讲, 要了解的东西其实也不会太复杂。下面我们将在介绍自动构建工具包的几个工具后, 介绍软件包维护者需要掌握的自动构建工具的使用方式。

6.4.2.1 软件包 Autoconf

软件包 Autoconf 生成的配置脚本提供了一个通用的选项集, 对这些选项的选择保证了软件在 POSIX 系统上的可移植性。尽管 configure 的配置脚本很长, 而且很复杂, 但使用 Autotools 时, 我们只需指定一些变量。大多数变量是一些简单的选择, 例如编译系统在哪里可以找到库和头文件, 最终可执行文件将会被安装在哪里, 把哪些可选的组件构建进软件包。软件包开发/维护人员只需指定几个宏, 将其保存在 configure.ac 文件里, 然后使用 Autoconf 工具就可自动生成 configure 脚本。

软件包 Autoconf 提供多个工具, 包括: autoconf、autoheader、autom4te、autoreconf、autoscan、autoupdate 和 ifnames。autoconf 是一个简单的 shell 脚本, 其主要功能是确保当前 shell 包含必要的功能来执行 M4 宏处理器。该脚本的剩余部分解析命令行参数, 并执行 autom4te。autoheader 依据 configure.ac 里的各种结构, 生成一般被称为 config.h.in 的, 兼容于 C/C++ 的, 将会包含于软件发行包的头文件模板。执行 configure 脚本时, 自动构建工具会根据 config.h.in 生成 config.h。autom4te 为 m4 提供智能封装, 方便其他 Autotools 工具使用。它能使后续工具访问 configure.ac 的时间缩减 30%, 主要由 Autotools 的内部工具使用, 显示它是否被调用的唯一标志是运行 autoconf 或 autoreconf

之后，是否有一个 autom4te.cache 目录出现在工程的顶层目录中。autoreconf 是启动每个工程所要求的，包含在 autoconf、automake 和 libtool 软件包中的配置工具。当工程文件有变化时，就需重新编译软件包，autoreconf 工具将最大限度地减少再次编译的工作量。它试图保证以正确的顺序运行所有必要的 Autotools 工具，可把它看成是 Autotools 的智能引导工具。autoscan 为一个工程生成默认的 configure.ac 文件。也可用它检查一个已有 Autotools 工程的缺陷或不完善之处。对于一个不是基于 Autotools 实现编译的工程，autoscan 可以作为一个良好的工具将其转换到 Autotools。autoupdate 用于升级 configure.ac 或模板 (.in) 文件，以匹配当前 Autotools 版本所支持的语法。ifnames 是一个小工具，其功能是根据命令行源文件列表，在标准输出设备上显示 C 预处理器所定义的符号列表。根据这个输出，软件包发行者可以决定将哪些定义放入 configure.ac 和 Makefile.am 文件，保证软件发行包的可移植性。

扫描二维码可以了解使用上述工具生成 configure 可执行脚本和最终 Makefile 的基本过程。为了阅读方便，这里省略了部分内部过程①。根据这幅图，我们可以简单粗略地把 Autoconf 工具包想象成一个帮助软件包发行者生成可执行脚本文件 configure 的知识库。

6.4.2.2 软件包 Automake

软件包 Automake 的工作是将关于工程构建过程的简要说明转换为符合 Makefile 语法要求的模板，该模板能正常工作且提供了所期待的标准功能。它以 Perl 脚本的形式提供 automake 和 aclocal 两个工具。automake 根据名为 Makefile.am 的文件生成命名为 Makefile.in 的标准 Makefile 模板文件。输入文件 Makefile.am 基本上就是常规的 Makefile。即便 Makefile.am 只包含少数 Automake 宏或声明，也会得到可能多达几百行的参数化的 Makefile.in 文件。如果添加一些符合 make 语法的语句到 Makefile.am 文件，automake 会将这些语句移动到恰当位置，保证其功能被正确实现。也就是说，只要 Makefile.am 的语句合法，那么 automake 生成的 Makefile 文件必将能正确运行、完成用户所指定的任务。这方便了开发者满足用户的一些特定需求。aclocal 被 Automake 定义为一个为了弥补 autoconf 在某些方面灵活性不足的一种临时方案。通过支持一些被广泛使用的宏，它弥补了 autoconf 在被设计时没有考虑到的扩展。项目发行者自定义的宏将保存到名为 acinclude.m4 的文件，而不是直接添加到

① 注意：config.h.in 文件比较特殊，运行 automake 时需要它，发行包使用者运行./configure 时也需要它，为了区分它的用途，它在图中出现了两次。

aclocal.m4 中。根据 acinclude.m4 文件和 configure.ac 文件, aclocal 为发行包生成包含用户定义的宏和所有需要的 Automake 宏的文件, 即 aclocal.m4。

6.4.2.3 软件包 Libtool

软件包 Libtool 是一个通用库支持脚本, 将共享库的复杂性隐藏在统一、可移植的接口中, 从而允许用户在不同平台上创建并调用共享库。我们可以认为, Libtool 是 GCC 的一个抽象, 也就是说, 它包装了 GCC 或者其他的任何编译器, 用户无须知道细节, 只要告诉 Libtool 需要编译哪些共享库即可。这种抽象既存在于生成共享库的过程中, 也存在于使用该库的编程接口里。对于名字为 xx.so 的共享库, 它生成一个文本格式的、后缀名为 la 的、高层级抽象库 libxx.la, 并将该库对其他库的依赖关系, 都写入 la 文件。具体地, 该文件的 dependency_libs 记录该库依赖的所有库 (其中有些是以.la 文件的形式加入的) , libdir 则指出了库的安装位置, library_names 记录了共享库的名字, old_library 记录了静态库的名字。软件包 Libtool 提供了 libtool 和 libtoolize 两个工具、ltdl 静态和共享库和 ltdl.h 头文件。使用 libtool 只需要在 Makefile.am 和 configure.ac 文件中做出一些修改并在运行 automake 之前执行 libtoolize 即可。表 6.2 给出了 Libtool 支持的编程语言。

表 6.2 Libtool 支持的编程语言或者说 libtool 选项 –tag 选项

语言	–tag 选项
C	CC
C++	CXX
Java	GCJ
Fortran77	F77
Fortran	FC
Go	Go
Windows Resource	RC

操作案例

GNU 自动构建案例

以本节开始给出的源码为例, 这里介绍 GNU 自动构建的具体操作。图 6.18 的上部方框给出了编译前工作目录的文件。文件 Makefile.am 的内容在图 6.18 的下部方框给出。

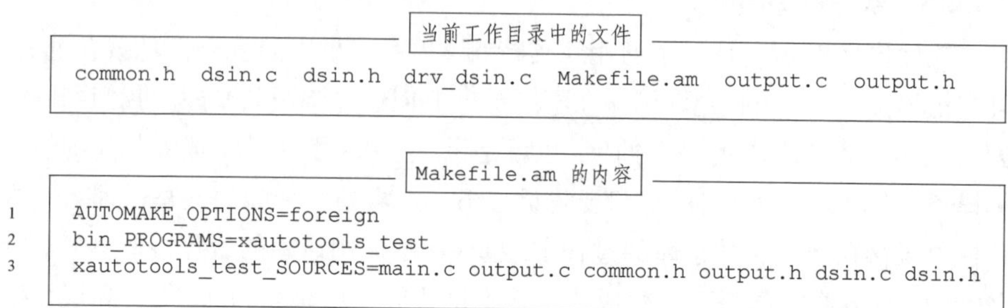

当前工作目录中的文件

```
common.h  dsin.c  dsin.h  drv_dsin.c  Makefile.am  output.c  output.h
```

Makefile.am 的内容

```
1 AUTOMAKE_OPTIONS=foreign
2 bin_PROGRAMS=xautotools_test
3 xautotools_test_SOURCES=main.c output.c common.h output.h dsin.c dsin.h
```

图 6.18　当前工作目录下的文件及 Makefile.am 的内容

文件 Makefile.am 中, AUTOMAKE_OPTIONS 设置了 automake 的选项。由于 GNU 对自己发布的软件有严格的规范, 比如必须附带许可证声明文件 COPYING 等, 否则 Automake 执行时会报错。Automake 提供了 foreign、gnu 和 gnits 这 3 种软件等级供用户选择, 默认等级为 gnu。本例使用 foreign 等级, 它只检测必需的文件。Makefile.am 中 bin_PROGRAMS 定义了要生成的可执行文件的名字。如要生成多个执行文件, 每个文件名之间应用空格隔开。同时, xautotools_test_SOURCES 定义了 xautotools_test 这个可执行程序所需要的原始文件。如果 xautotools_test 依赖于多个目标文件, 则必须将它们全部列出, 并用空格隔开, 如图 6.18 的下部方框中的第 3 行所示。模拟软件包发行者, 使用 Autotools 构建 xautotool_test 可执行文件可按下面 8 个步骤进行。

(1) 运行 autoscan 命令。此时工作目录新增了 autoscan.log 和 configure.scan 两个文件, 如图 6.19 中上部方框所示, 其中 configure.scan 的内容如图 6.19 中部方框所示。

(2) 将 configure.scan 文件重命名为 configure.ac 并修改部分内容, 如图 6.19 下部方框中第 14 行所示。该文件中以 # 符号开始的行表示注释。其余一些宏的含义为: 1) AC_PREREQ 宏指明要求的 autoconf 版本, 本例使用的版本为 2.69; 2) AC_INIT 宏用来定义软件的名称和版本等信息, 对比 configure.ac 与 configure.scan, 不难知道 FULL–PACKAGE–NAME 是软件包的名称, VERSION 是软件版本号, BUG–REPORT–ADDRESS 一般是软件作者邮件地址的 BUG 报告地址; 3) AC_CONFIG_SRCDIR 宏用来侦测所指定的源码文件是否存在, 以确定源码目录的有效性; 4) AC_CONFIG_HEADER 宏用于生成供 autoheader 使用的 config.h 文件; 5) AC_PROG_CC 用来指定编译器, 如果不指定, 则默认选用 gcc; 6) AC_OUTPUT 用来设定 configure 所要创建的文件, 如果是 Makefile, configure 会把它检查出来的结果代入 Makefile.in 文件, 创建合适的 Makefile。

运行了 autoscan 后工作目录下的文件

```
autoscan.log  common.h  configure.scan  dsin.c  dsin.h  drv_dsin.c  Makefile.am  output.c  output.h
```

configure.scan 文件

```
#                                               -*- Autoconf -*-
# Process this file with autoconf to produce a configure script.

AC_PREREQ([2.69])
AC_INIT([FULL-PACKAGE-NAME], [VERSION], [BUG-REPORT-ADDRESS])
AC_CONFIG_SRCDIR([common.h])
AC_CONFIG_HEADERS([config.h])

# Checks for programs.
AC_PROG_CC

# Checks for libraries.

# Checks for header files.
AC_CHECK_HEADERS([stdlib.h])

# Checks for typedefs, structures, and compiler characteristics.

# Checks for library functions.

AC_CONFIG_FILES([Makefile])
AC_OUTPUT
```

configure.ac 文件

```
#                                               -*- Autoconf -*-
# Process this file with autoconf to produce a configure script.

AC_PREREQ([2.69])
AC_INIT([xautotool_test], [1.0], [xmpan@bit.edu.cn])
AM_INIT_AUTOMAKE([Wall Werror foreign])
AC_CONFIG_SRCDIR([common.h])
AC_CONFIG_HEADERS([config.h])

# Checks for programs.
AC_PROG_CC

# Checks for libraries.
AC_CHECK_LIB([m], [sin])
# Checks for header files.
AC_CHECK_HEADERS([stdlib.h])

# Checks for typedefs, structures, and compiler characteristics.

# Checks for library functions.

AC_CONFIG_FILES([Makefile])
AC_OUTPUT
```

图 6.19 运行 autoscan 后目录的变化以及 configure.scan 和 configure.ac 文件的内容

(3) 运行 aclocal 命令。此时工作目录的变化如图 6.20 上部方框所示。

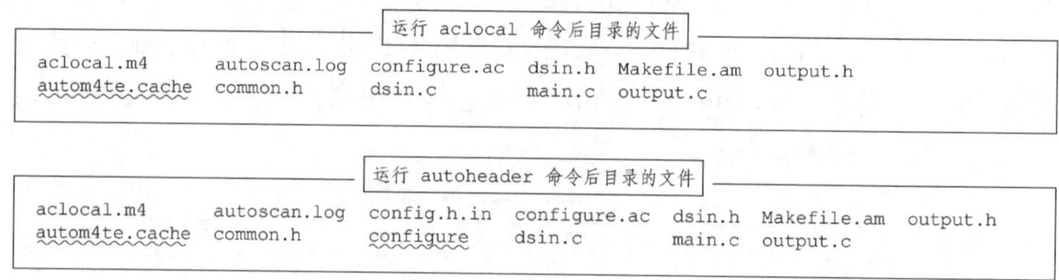

图 6.20 运行 autoscan aclocal 和 autoheader 命令后目录的变化

(4) 运行 autoheader, 生成 config.h.in, 其内容在文件 (F.92) 中给出。

(5) 运行 autoconf 命令。此时工作目录的变化如图 6.20 下部方框所示。

(6) 在工作目录下新建 NEWS、README、ChangeLog、AUTHORS 文件。按照实际需要填写这几个文件的内容即可。我们的测试表明, 让这些文件全部为空也能生成正确的 Makefile。

(7) 运行 automake –add–missing 命令①, 生成所需的构建文件。

(8) 运行./configure, 生成 Makefile 文件。接下来, 就可以进行一些常规操作, 包括: 1) 运行 make, 编译生成可执行文件; 2) 运行 make clean, 清除上次的编译, 删除目标文件和可执行文件; 3) 运行 make install, 编译并安装软件到指定目录, 该目录可在运行 configure 生成 Makefile 时指定。在默认情况下, 可执行文件会被安装到/usr/local/bin; 4) 运行 make dist, 打包生成 xautotool_test–1.0.tar.gz 发行包。

发行包使用者下载到发行包后, 解压, 运行./configure && make && make install 命令即可。当首次完成发行包自动构建后, 如果对某些配置文件做了调整, 那么运行 autoreconf 命令则可避免重复上面的整个操作过程。

为演示 Libtool 的使用, 这里将 output.c 的目标文件打包成一个共享库 liboutput.so.1.0.0, Libtool 将该共享库封装成一个高层级抽象的库 liboutput.la 后, 通过链接该抽象库生成可执行文件 xlibtool_test 可执行文件。为此, 需修改 Makefile.am 和 configure.ac 使得它们支持 libtool, 修改后的文件如图 6.21 所示, 其中数码带圈的行着重指出了所做的修改。与上面的示例不同, 这里 output () 函数通过 libtool 封装的 liboutput.la 来链接, 所以 Makefile.am 的

① 选项 –add–missing 能自动添加 compile、install–sh、missing、depcomp 文件, 简化操作。

第三行要删掉 output.c。除了这些修改, 为了让 Libtool 工作, 还需在执行 automake –add–missing 之前运行 libtoolize。

支持 Libtool 的 Makefile.am

```
1  AUTOMAKE_OPTIONS=foreign
2  bin_PROGRAMS=xlibtool_test
3  xlibtool_test_SOURCES=main.c common.h output.h dsin.c dsin.h
4
5  AM_CFLAGS = -O0 #-ggdb
6  AM_CXXFLAGS = -O0
⑦  ACLOCAL_AMFLAGS = -I m4
8
9  LT_CFLAGS = -O #-ggdb
10 LT_CXXFLAGS = -O
⑪  xlibtool_test_LDADD=liboutput.la
12
13 # Build a libtool library, liboutput.la for installation in libdir.
⑭  lib_LTLIBRARIES = liboutput.la
⑮  liboutput_la_SOURCES = output.c
16 liboutput_la_LDFLAGS = -version-info 1:0:0
```

支持 Libtool 的 configure.ac

```
1  #                                              -*- Autoconf -*-
2  # Process this file with autoconf to produce a configure script.
3
4  AC_PREREQ([2.69])
5  AC_INIT([xlibtool_test], [1.0], [xmpan@bit.edu.cn])
6  AM_INIT_AUTOMAKE([-Wall -Werror foreign])
7  AC_CONFIG_SRCDIR([common.h])
8  AC_CONFIG_HEADERS([config.h])
9
⑩  AC_CONFIG_MACRO_DIR([m4])
11
12 # Checks for programs.
13 AC_PROG_CC
⑭  AC_PROG_LIBTOOL
15
16 # Checks for libraries.
17 AC_CHECK_LIB([m], [sin])
18 # Checks for header files.
19 AC_CHECK_HEADERS([stdlib.h])
20
21 # Checks for typedefs, structures, and compiler characteristics.
22
23 # Checks for library functions.
24
25 AC_CONFIG_FILES([Makefile])
26 AC_OUTPUT
```

图 6.21 支持 Libtool 的 Makefile.am 文件和 configure.ac

图 6.22 上部方框给出了采用 autotools 和 libtool 自动构建工具后运行 make 的输出。观察该输出我们不难发现, libtool 新建了一个名为.libs 的隐藏目录①, 将目标文件 output.o、静态库 libout-put.a、共享库 liboutput.so.1.0.0 和可执行文件 xlibtool_test 等放入该隐藏目录, 而将抽象封装的 liboutput.la 放于工程的顶层目录。通过 file 命令查看 liboutput.la, 得到如图下部方框所示的结果。顶层目录也有一个名为 xlibtool_test 的可执行脚本文件, 而.libs 目录中同名的文件则是 ELF 格式的可执行文件。有兴趣的读者可通过 file 命令查看它们。

用 autotools 和 libtool 自动构建工具后运行 make 的输出

```
make  all-am
make[1]: 进入目录 "/home/xmpan/program/scientific_computing_code/linker_loader/mf_libtool"
gcc -DHAVE_CONFIG_H -I.    -O0  -g -O2 -MT main.o -MD -MP -MF .deps/main.Tpo -c -o main.o main.c
mv -f .deps/main.Tpo .deps/main.Po
gcc -DHAVE_CONFIG_H -I.    -O0  -g -O2 -MT dsin.o -MD -MP -MF .deps/dsin.Tpo -c -o dsin.o dsin.c
mv -f .deps/dsin.Tpo .deps/dsin.Po
/bin/bash ./libtool  --tag=CC   --mode=compile gcc -DHAVE_CONFIG_H -I.    -O0  -g -O2 -MT output.lo
-MD -MP -MF .deps/output.Tpo -c -o output.lo output.c
libtool: compile:  gcc -DHAVE_CONFIG_H -I. -O0 -g -O2 -MT output.lo -MD -MP -MF .deps/output.Tpo
-c output.c  -fPIC -DPIC -o .libs/output.o
libtool: compile:  gcc -DHAVE_CONFIG_H -I. -O0 -g -O2 -MT output.lo -MD -MP -MF .deps/output.Tpo
-c output.c -o output.o >/dev/null 2>&1
mv -f .deps/output.Tpo .deps/output.Plo
/bin/bash ./libtool  --tag=CC   --mode=link gcc -O0  -g -O2 -version-info 1:0:0  -o liboutput.la
-rpath /usr/local/lib output.lo  -lm
libtool: link: gcc -shared  -fPIC -DPIC  .libs/output.o   -lm  -O0 -g -O2
-Wl,-soname -Wl,liboutput.so.1 -o .libs/liboutput.so.1.0.0
libtool: link: (cd ".libs" && rm -f "liboutput.so.1" && ln -s "liboutput.so.1.0.0" "liboutput.so.1")
libtool: link: (cd ".libs" && rm -f "liboutput.so" && ln -s "liboutput.so.1.0.0" "liboutput.so")
libtool: link: ar cru .libs/liboutput.a  output.o
libtool: link: ranlib .libs/liboutput.a
libtool: link: ( cd ".libs" && rm -f "liboutput.la" && ln -s "../liboutput.la" "liboutput.la" )
/bin/bash ./libtool --tag=CC --mode=link gcc -O0 -g -O2 -o xlibtool_test main.o dsin.o liboutput.la -lm
libtool: link: gcc -O0 -g -O2 -o .libs/xlibtool_test main.o dsin.o   ./.libs/liboutput.so -lm
make[1]: 离开目录 "/home/xmpan/program/scientific_computing_code/linker_loader/mf_libtool"
```

运行 file liboutput.la 命令后的输出

```
liboutput.la: libtool library file, ASCII text
```

图 6.22 采用 autotools 和 libtool 自动构建工具后运行 make 的输出, 以及 liboutput.la 文件的属性

注: 为了显示的友好性, 上部方框对输出格式做了些许调整。

上面的讨论只给出了使用 GNU 自动构建工具包的基本流程, 没有涉及包括编译优化选项在内的一些更为精细的控制。实际上, GNU 自动构建工具包功能很强大, 能完成复杂大型软件的自动构建, 感兴趣的读者可参考文献 [24–26] 进一步学习。

6.4.3 CMake

CMake 是一个开源的交叉平台工具, 用于构建、测试和封装软件[27,28],

① Linux 中以 "." 开始的文件为隐藏文件。

是 Kitware 为了满足开发强大的交叉平台的开源软件而创建的。这些交叉平台软件包括 ITK (insight segmentation and registration toolkit) 、VTK (visualization toolkit) 等。CMake 广泛用于 C 和 C++, 也支持其他编程语言, 是一个可扩展的与编译器无关的自动构建生成工具。不同于其他跨平台工具, CMake 的设计理念是与本机构建系统一起使用。早期, CMake 主要用于生成支持不同平台的 Makefile; 现在, 它还可以为包括 Visual Studio 和 Xcode 在内的大型现代集成编程开发环境生成新兴小巧的 Ninja[29] 构建系统。通过每个源代码目录中名为 CMakeLists.txt 的简单配置文件, CMake 能为不同本地系统生成构建系统, 从而在本地编译代码, 生成库、可执行文件和封装器。由于支持原位和非原位构建①, CMake 可以为同一源码生成多个构建。它还支持图形化构建。运行过程中, CMake 生成缓存文件将很多信息收集起来, 包括用于定位文件、库和可执行文件的信息, 甚至一些可能会遇到的编译指令; 而用户在生成本地构建文件前可修改这个缓存文件。CMake 能处理目录结构复杂的存在多个库依赖的源码包。譬如, 源码包除了有一些源码文件, 还有多个工具包或库, 每个库都包含了好几个目录; 再如, 生成最终应用程序的条件是: 一些可执行文件按一定次序编译完成。由于开源特性, 用户可扩展 CMake, 使它支持新的功能。发展至今, CMake 可以被看成是一门语言。

6.4.3.1 CMake 的主要工具

可以说, 构建系统 (buildsystem) 描述的是如何使用一个构建工具自动地从项目源码生成可执行文件/库。常用的构建系统既包括 make 命令行工具, 也包括集成开发环境。CMake 能以抽象的方式指定构建系统, 从而避免维护多个构建系统。这种抽象是通过一系列符合 CMake 语法的配置文件来实现的, 根据这些文件 CMake 利用一个被称为生成器的编译器后端 (backend) 为不同用户生成适合本地工作环境的构建系统。CMake 目前提供三个命令行工具: cmake、ctest 和 cpack, 以及两个对话框工具, 分别是 cmake–gui 和 ccmake。

命令行工具 camke 是 CMake 交叉编译生成器的命令行接口, 提供的功能包括生成一个项目的构建系统 (generate a project buildsystem) 、构建一个项目 (build a project) 、安装一个项目 (install a project) 、打开一个项目 (open a project) 、运行脚本 (run a script) 、运行命令行工具 (run a command–line

① 6.4.3.1 节将详细说明, 一般把源码所在的目录结构称为源码树, 而构建系统所在的目录称为构建树。原位构建指构建树与源码树重叠, 而非原位则指这两个树不重叠。

tool) 、运行包寻找工具 (run the find–package tool) 和显示帮助 (view help) ，如图 6.23 所示。具体参数选项请参考 CMake 的官方手册 [27]。

```
Generate a Project Buildsystem
 cmake [<options>] <path-to-source>
 cmake [<options>] <path-to-existing-build>
 cmake [<options>] -S <path-to-source> -B <path-to-build>

Build a Project
 cmake --build <dir> [<options>] [-- <build-tool-options>]

Install a Project
 cmake --install <dir> [<options>]

Open a Project
 cmake --open <dir>

Run a Script
 cmake [-D <var>=<value>...] -P <cmake-script-file>

Run a Command-Line Tool
 cmake -E <command> [<options>]

Run the Find-Package Tool
 cmake --find-package [<options>]

View Help
 cmake --help[-<topic>]
```

图 6.23　cmake 命令行接口提供的功能

为了生成一个构建系统，必须设定**源码树** (source tree) 、**构建树** (build tree) 和**生成器** (generator) 三类信息。源码树是包含所有项目源文件的顶层目录。在顶层目录必须有一个名为 CMakeLists.txt 的文件，CMake 通过该文件采用特定方式访问一系列 CMake 配置文件，生成所需的构建系统。这些文件给出了需要构建哪些可执行文件/库，以及完成任务所要求的依赖关系。构建树是生成的构建系统所在的顶层目录。除了运行 make 后生成的可执行文件/库，该目录还保存了生成构建系统时的一些中间文件。CMake 在构建树的顶层目录下新建一个名为 CMake–Cache.txt 的文件，保存构建系统中的各种路径信息，以及构建系统的配置信息。将构建树目录下的文件和源码文件混叠在一起的构建方式称为源码内构建 (in–source build) 。一般为了保持干净、清晰的源码树目录，不鼓励采用这种方式，而是新建一个目录生成构建树。生成器决定了生成构建系统的类型。一个本地系统从 CMake 提供的备选中，选择一个生成器负责为本地构建系统生成输入文件。为了给集成开发环境生成工程文件，CMake 还允许额外选择一个生成器作为命令行构建工具的变体。因为生成器依赖于本地系统，不同生成器可能只能工作于本地系统。cmake 命令行选项–help 用于查看适合于本地的生成器，选项–G 用于指定生成器。同时，在 CMake 的图形界面，可用互动的方式选择适合于本地的构建树。CMake 只负责为本地创建构建系统，用户需要自行安装配置运行构建系统所需的所有工具。也就是说，当使用命令行工具时，CMake 默认本地已正确配置了这些工具。一般地，这些工具由编译器、链接器、解释器和调试器组成，可以看做是运行构建系统的工具链 (toolchain)。当为集成开发环境创建构建系统时，因为集成开发环境往往自带工具链，无须用户自行安装配置它们。

利用 enable_testing () 和 add_test () 给项目添加测试后，通过 CMake 得到的构建树提供了对项目进行测试的功能。ctest 是 CMake 的测试驱动程序，可以运行测试并报告测试结果。图 6.24 给出了 ctest 提供的功能和使用方式，具体参数选项请参考 CMake 的官方手册 [27]。

```
Run the Tests and Report Results
 ctest [<options>]
 ctest --build-and-test <path-to-source> <path-to-build>
       --build-generator <generator> [<options>...]
       [--build-options <opts>...] [--test-command <command> [<args>...]]
 ctest -D <dashboard> | -M <model> -T <action> | -S <script> | -SP <script>
       [-- <dashboard-options>...]
```

图 6.24 ctest 命令行接口提供的功能

工具 cpack 可以创建多种形式的安装包和源码包。对每种安装和打包格式，cpack 都有一个名为生成器的后端，负责创建对应的输入文件并激活特定的创建包的工具。需要特别指出：cpack 和 cmake 各自拥有独立的生成器。可通过 cpack–generators 手册查阅 cpack 所支持的生成器；这些信息可通过命令 cpack –help 在 shell 输出。用户既可利用变量 CPACK_GENERATOR，也可通过命令行参数选项–G，选择特定生成器。默认地，cpack 指令会从当前目录读入一个名为 CPackConfig.cmake，以 CMake 语言编写的配置文件，导引自己遵从用户的要求运行。用户可通过命令行选项 –config 来指定非默认的配置文件。依据 CMake 的标准工作流程，只要项目 CMakeLists.txt 文件包含了 cpack 模块，cmake 就会负责生成 CPackConfig.cmake 这个配置文件。图 6.25 给出了 cpack 提供的功能和使用方式，具体参数选项请参考 CMake 的官方手册 [27]。

```
Generates Installers and Source Packages
  cpack [<options>]
```

图 6.25 cpack 命令行接口提供的功能

图 6.26 和图 6.27 分别给出了 cmake–gui①和 ccmake 两个工具的使用方式, 前者是 CMake 的图形界面, 后者是 CMake 的 curses②接口。具体使用方式可参考相应的手册, 这里不详细介绍。

启动 cmake-gui 命令行的参数选项

```
Generate a Project Buildsystem Through GUI
  cmake-gui [<options>]
  cmake-gui [<options>] <path-to-source> | <path-to-existing-build>
  cmake-gui [<options>] -S <path-to-source> -B <path-to-build>
```

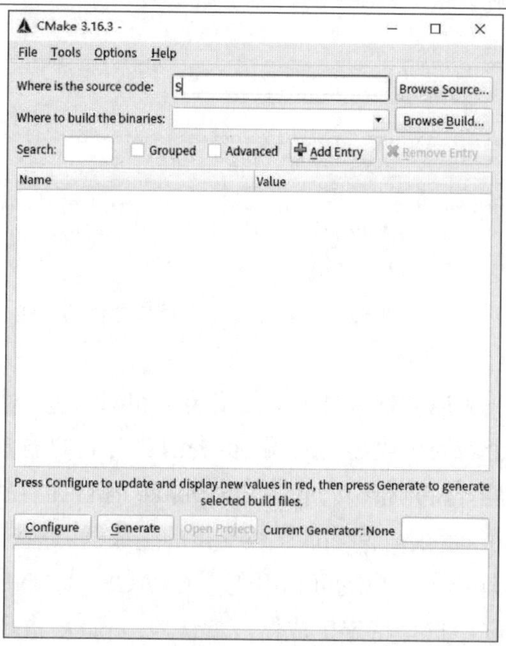

图 6.26 启动 cmake 图形界面的命令行参数选项与所得界面

① Ubuntu 下需要安装相关的图形界面, 例如通过命令 sudo apt–get install cmake–qt–gui 来安装 cmake 的图形界面后在命令行运行 cmake–gui 来启动它。

② curses 是一个在 Linux/Unix 下广泛应用的图形函数库, 作用是可以在终端内绘制简单的图形用户界面。

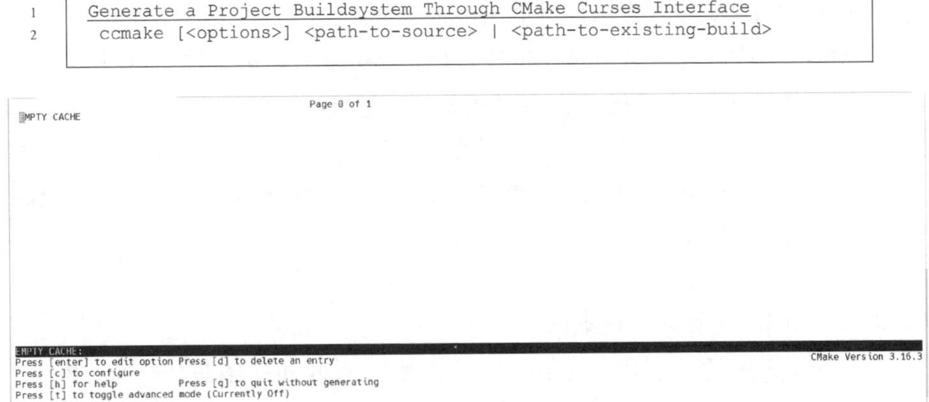

图 6.27 启动 ccmake 字符图形界面的命令行参数选项与所得界面

现代 CMake 围绕目标 (target) 和属性 (property) 来创建跨平台的构建系统。一个目标可以是可执行文件, 也可以是库。目标的属性包含的信息有: 从哪些源文件构建目标、构建目标的编译选项、需要链接哪些库等。从这个角度看, 属性可看成是构建目标所需的配置①, 像是在遵循面向对象程序设计 (object oriented programming, OOP) 的规则, CMake 通过目标来约束与编译、链接等相关的属性的作用域。例如, 如果把一个目标想象成类 CMake 的一个对象, 那么 add_executable () 和 add_library () 可以看成是构造函数; 成员函数则包括以下命令: 1) get_target_property ()、2) set_target_properties ()、3) get_property ()、4) set_property ()、5) target_compile_definitions ()、6) target_compile_features ()、7) target_compile_options ()、8) target_include_directories ()、9) target_link_libraries ()、10) target_sources ()。为使显示更简洁, 上述函数都省略了形参列表。

成员变量则是描述目标属性 (target property) 的变量, CMake 中这种变量很多, 这里不一一列举。目标的属性可以分为构建说明 (build specification) 和使用条件 (usage requirement) 两类, 前者指构建目标是所要用到的配置, 后者则是使用该目标所要用到的配置。从设计思想上看, 传统 CMake 采用手动输入命令的方式来设置构建说明和使用条件, 属性的作用域以目录为单位。而现代 CMake 以目标为单位设置属性, 通过关键字 PUBLIC、PRIVATE、INTERFACE 三种模式来确定属性的传递范围。具体地, **PRIVATE 模式**表示只有非

① 在下面的讨论中, 为了使语言流畅, 不同上下文分别用属性与配置来表示 property 的中文翻译。

INTERFACE 的属性才能被传递, **INTERFACE 模式**表示传递 INTERFACE 的属性, **PUBLIC 模式**表示传递上面两种属性。

CMake 的所有配置语句都写在名为 CMakeLists.txt 的文件中。编写 CMakeLists.txt 文件后, 可用 cMake 命令对相关的变量值进行配置。这个命令必须指向 CMakeLists.txt 所在的目录。配置完成之后, 应用 cmake 命令生成相应的 makefile (在 Unix like 系统下) 或者工程文件 (指定用 Windows 下的相应编程工具编译时) 。

6.4.3.2 CMake 自动构建案例

还是以前面的示例代码为例, 演示可执行文件和库函数的生成与链接。图 6.28 给出了手工编写的 CMake 配置文件 CMakeLists.txt, 当然也可采用 CMake 提供的图形配置工具。以下是对 CMakeLists.txt 文件的几点解释和说明。

```
## [main]

# Almost all CMake files should start with this.You should always specify a range with the newest and
# oldest tested versions of CMake. This will ensure you pick up the best policies.
cmake_minimum_required(VERSION 3.1...3.16)

# This is your project statement. You should always list languages;
# Listing the version is nice here since it sets lots of useful variables
project(ModernCMakeExample VERSION 1.0 LANGUAGES C)

# If you set any CMAKE_ variables, that can go here.
# (But usually don't do this, except maybe for C++ standard)

# Find packages go here.

# You should usually split this into folders, but this is a simple example

# This is a "default" library, and will match the *** variable setting.
# Other common choices are STATIC, SHARED, and MODULE
# Including header files here helps IDEs but is not required.
# Output libname matches target name, with the usual extensions on your system
add_library(MyLibExample output.c output.h)

# Link each target with other targets or add options, etc.

# Adding something we can run - Output name matches target name
add_executable(xbuild_test main.c dsin.c)

# Make sure you link your targets with this command. It can also link libraries and
# even flags, so linking a target that does not exist will not give a configure-time error.
target_link_libraries(xbuild_test PRIVATE MyLibExample m)

## [main]

# This part is so the Modern CMake book can verify this example builds. For your code,
# you'll probably want tests too
enable_testing()
add_test(NAME xbuild_test COMMAND xbuild_test)
```

图 6.28 使用 CMake 构建文件 (F.86) 到 (F.90) 给出的示例代码的 CMakeLists.txt

(1) 以字符 # 开始的部分为注释。

(2) 命令 cmake_minimum_required () 设定了对本地系统 cmake 的版本要求。如示例所示, 这里要求 cmake 的最低版本为 3.0, 而最高版本为 3.16[①]。调用 cmake_minimum_required () 时, 至少要给出一个指定 cmake 最低版本的参数, 而用于指定最高版本的参数为可选的。当本地 cmake 低于所要求的最低版本时, 将报错并退出运行; 当高于所允许的版本时, 则通过隐式调用命令 cmake_policy (VERSION) 将高于最高版本的那部分功能被屏蔽。

(3) 文件中第 9 行设置了项目名称、项目的版本号, 以及使用的编程语言。

(4) 文件中第 22 行通过 add_library () 建立名为 MyLibExample 的目标。该目标依赖于文件 output.cc 和 output.h 的库文件。截至 cmake 3.18, 命令 add_library () 支持四种类型的库目标, 具体可参考 cmake 官方文档。对于示例给出的普通 (Normal) 库目标, add_library () 支持三种选项: STATIC (静态)、SHARED (共享) 和 MODULE (模块) 。当没有显式给出 STATIC 或 SHARED 关键字时, cmake 根据变量 BUILD_SHARED_LIBS 的值自动裁决: 当 BUILD_SHARED_LIBS 为 ON 时, 生成共享库, 否则生成静态库。当生成共享库或模块时, 目标的属性 POSITION_INDEPENDENT_CODE 会被自动设置为 ON。

(5) 文件中第 27 行通过 add_executable () 建立一个名为 xbuild_Test 的目标。该目标为一个依赖于源文件 drv_dsin.c 和 dsin.c 的可执行文件。当通过 target_sources () 设定了目标所依赖的源文件时, 可以省去指定源文件的部分。取决于本地系统, 构建系统可能给可执行文件添加后缀, 例如 Windows 操作系统下, cmake 生成的构建系统会给可执行文件名添加后缀.exe。

(6) 文件中第 31 行通过 target_link_libraries () 给可执行文件 xbuild_Test 添加其所依赖的数学库 libm 和 MyLibExample 库。该命令一般用于指定链接生成一个目标所需要的库或标记 (flags) 。CMake 会让依赖关系传递, 即所谓的使用条件 (usage requirements) 的传递。具体地说, 当目标 a 依赖于库 libt, 而目标 b 依赖于目标 a, 那么也就意味着 b 也依赖于 libt。

(7) 文件中第 38 行通过 add_test () 让构建系统给项目添加一个名为 Cbuild_Test 的测试。当完成项目构建后运行 make test, 就能通过 ctest 工具启动构建时设定的测试。例如, 示例给出的测试就只是简单地运行可执行文件。

① Ubuntu 20.04 默认的 cmake 版本为 3.16。

为让构建树与源码树分离，在源代码所在目录下建立 build 目录。图 6.29 给出了进入 build 后运行命令 cmake 及得到的输出。图 6.30 给出了在 build 构建项目的命令行命令及得到的输出。图 6.31 给出了在 build 构建项目的命令行命令及得到的输出。

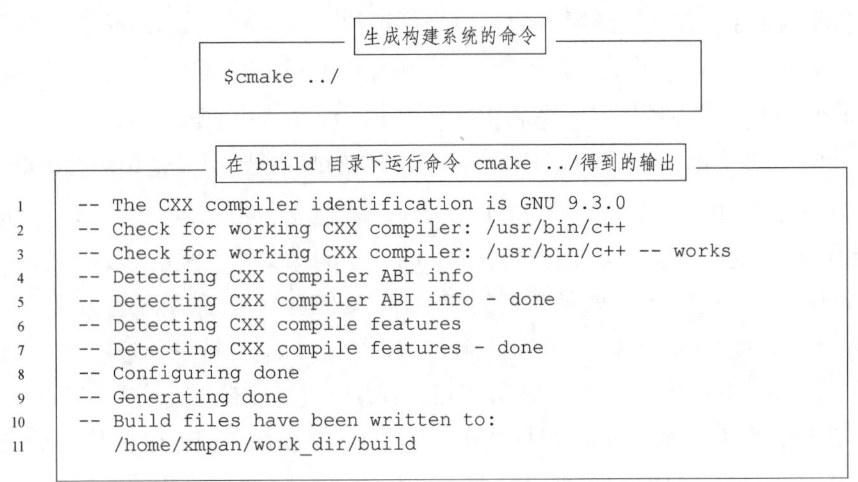

生成构建系统的命令

```
$cmake ../
```

在 build 目录下运行命令 cmake ../得到的输出

```
-- The CXX compiler identification is GNU 9.3.0
-- Check for working CXX compiler: /usr/bin/c++
-- Check for working CXX compiler: /usr/bin/c++ -- works
-- Detecting CXX compiler ABI info
-- Detecting CXX compiler ABI info - done
-- Detecting CXX compile features
-- Detecting CXX compile features - done
-- Configuring done
-- Generating done
-- Build files have been written to:
   /home/xmpan/work_dir/build
```

图 6.29 生成构建系统的命令行命令及得到的输出

注: 这里假定 work_dir 是工作目录。

在 build 目录下使用构建系统来构建项目的命令

```
$make
```

在 build 目录下运行命令 cmake ../得到的输出

```
Scanning dependencies of target MyLibExample
[ 20%] Building CXX object CMakeFiles/MyLibExample.dir/output.cc.o
[ 40%] Linking CXX static library libMyLibExample.a
[ 40%] Built target MyLibExample
Scanning dependencies of target xbuild_test
[ 60%] Building CXX object CMakeFiles/xbuild_test.dir/main.cc.o
[ 80%] Building CXX object CMakeFiles/xbuild_test.dir/dsin.cc.o
[100%] Linking CXX executable xbuild_test
[100%] Built target xbuild_test
```

图 6.30 在目录 build 下利用所得构建系统来构建项目的命令行命令及得到的输出

在 build 目录测试构建项目的命令

```
$make test
```

在 build 目录下运行测试得到的输出

```
Running tests...
Test project /home/xmpan/work_dir/build
    Start 1: xbuild_test
1/1 Test #1: xbuild_test ......................   Passed    0.01 sec

100% tests passed, 0 tests failed out of 1

Total Test time (real) =   0.01 sec
```

图 6.31 在目录 build 下运行测试的命令行命令及得到的输出

注: 这里假定 work_dir 是工作目录。

6.4.4 构建工具的比较

除了本节介绍的几种构建工具以外, 还有不少包括内嵌于集成开发环境的其他构建工具。限于篇幅, 这里不能逐一介绍。

比较而言, 上面讨论的三种构建工具中, 直接编写 Makefile 比较适合初学者开发简单的小型项目。选定一个规范而简洁的 Makefile 文件模板后, 很容易将其改造使其适合当前项目。更为重要的是, 手动编写 Makefile 能让初学者更深入理解编译的基本过程, 了解各种编译选项及其配置方式, 为开发大型项目打下良好基础。简单而强大的 Makefile 非常适合本书中短小的测试案例, 因此大多数时候, 我们使用手动编写 Makefile 的方式实现示例的编译。

GNU 的自动构建工具包 Autotools 和 Libtool 出现得比较早, 很多 GNU 大型开源软件都使用它们实现构建。对它们的学习和使用, 有助于开发人员快速安装部署一些存活时间很长的大型开源软件。

CMake 较晚才出现, 其作者有使用其他类似工具的经验, 因此能在设计开发该工具的过程中极力避免以往工具存在的问题。相对而言, CMake 的跨平台能力比较好, 可在很多平台上运行, 包括 Windows、Mac OS X, 以及大多数 UNIX 或类 UNIX 平台。

这里还需要强调一点: 这里介绍的仅限于本地编译, 而几乎没涉及当前逐渐兴起的云编译。对云编译感兴趣的读者可参考相应的资料。

课程设计

1. 以 6.4 节的源码为例, 编写一个 Makefile, 实现静态库、共享库和可执行文件的编译。

2. 从 6.4 节的源码文件出发, 把 drv_dsin.cc (F.86) 、dsin.ccF.87 和 output.c (F.89) 放在不同目录, 采用 Autotools 实现可执行文件的自动构建。

3. 在第 2 个课程设计的基础上, 采用 Autotools 和 Libtool 实现静态库的自动构建。

4. 在第 2 个课程设计的基础上, 采用 CMake 实现当源文件位于不同目录下的自动构建。

第 7 章 线程级并行及编程

并行是提升现代计算机计算能力的基本手段之一。一般来说, 并行可分为指令级并行 (instruction level parallelization, ILP)、数据级并行 (data level parallelization, DLP)、线程级并行 (thread level parallelization, TLP) 和进程级并行 (process level parallelization,PLP)。由于开发指令级并行和数据级并行的回报率日益变低, 而且单处理器的发展也遇到功率瓶颈, 人们转而发展多处理器/多核处理系统。从 20 世纪 90 年代起, 人们步入了计算机体系结构发展的新时代。从低端到高端的各个应用领域, 多核和多处理器系统都扮演了很重要的角色。现在, 多核系统不仅成为高性能计算的标准配置, 也几乎统治了所有桌面系统和智能手机系统。多处理器及多核处理器的普及让线程级并行的重要性持续提升。本章将主要讨论基于多核处理器的线程级并行。

7.1 多处理器系统与并行

7.1.1 多处理器系统

多处理器系统可以是集成于一个芯片内的多核系统, 也可以是多芯片系统, 而每个芯片可以有多个处理核心 [30−33]。依据多处理器系统中处理核心和处理器的数量, 以及由此决定的存储器的组织方式和互连策略, 可把多处理器体系结构大致分成两种：对称式多处理器和分布式共享存储多处理器。这样分类的根本原因在于, 共享地址空间并不意味着只有一块物理内存。

对称式多处理器 (symmetric multiprocessors, SMP) ①, 又叫集中式共享存

① 需要注意：SMP 在很多场合被当成共享存储处理器 (shared memory processor) 的缩写，这种说法并不恰当。

储多处理器 (centralized shared–memory multiprocessors)。其特点是核心数目较少, 一般不超过 32 个核心[①]。核心数目少, 带来的好处是所有核心可平等地访问一个共享的集中式存储器, 这就是**对称**一词的由来。多核心芯片, 一般采用集中式存储器, 因此 SMP 结构又被称为集中式共享存储多处理器系统。因为所有处理器访问存储器的时延都一样, 所以对称共享存储器多处理器系统又被称为一致存储访问 (uniform memory access,UMA) 系统。但要注意: 并不是所有的多核系统都是 SMP, 有些多核系统访问最外层缓存时, 采用了一种被称为非一致性访问的结构 (nonuniform cache access, NUCA)。这些系统即便只有一个主存, 也不是 SMP。例如, IBM Power 8 就是这样的系统, 它有分布式的、非一致性访问的 L3 缓存。

分布式共享存储多处理器 (distributed shared memory, DSM) 采用分布式存储, 多个核心/分布式存储器通过高速互联网络连接。共享存储指的是共享地址空间。当具有多核的处理器个数变得很多时, 往往需要为每个处理器配置单独的存储器, 否则存储系统无法在不大幅度增加时延的条件下为处理器提供足够大的存储带宽。随着处理器性能的快速提高, 数据带宽的问题变得越来越严重, 越来越多的多处理器系统优先采用这样的结构。这种结构中, 处理器访问局域 (即与自身处理器直接相连的) 存储器时, 速度快; 而访问非局域 (其他) 存储时速度会慢很多。当然, 一个处理器访问不同的非局域存储器也会有速度差异, 但这个差异远小于局域与非局域访问间的差异。并且访问非局域存储器的速度还与处理器间的网络拓扑有关。由于这种存储器访问时延上的差别, 人们又将这种结构称为非均匀存储器访问 (non–uniform memory access, NUMA)。将存储器分布于各个处理器有利于增加存储带宽, 减少局域存储访问的时延。分布式共享存储系统最大的缺点在于处理器间的数据通信变得复杂, 同时需要更为复杂的软件系统来挖掘因为分布式存储带来的存储带宽。出于对存储带宽的考虑, 目前多核多处理器系统大都采用分布式存储结构。这种多处理器系统需要关注分布式共享存储之间的一致性问题。

无论是对称共享存储器多处理器还是分布式共享存储系统, 线程间的通信是在同一个地址空间中进行的。也就是说, 一个地址引用可被拥有访问权限的所有处理器使用, 该地址可指向任何一个存储器的任意位置。其实, 这两类系统中**共享存储**就是表示地址空间的共享。与此相反, 集群和仓库级计算机系统

① 核心的数目多少随着技术的发展而变化。例如 10 年前, 典型 SMP 的核心数目不超过 8 个。

中，各个计算机是用网络连接的，一台计算机不能直接访问另外一台计算机的内存，只能通过专门的软件协议实现不同计算机间的数据交换，例如消息传递接口 (message passing interface, MPI)。

本章要讨论的线程级并行技术，它既可用于对称共享存储器多处理器系统，也可以用于分布式共享存储多处理器系统，因此在下面的讨论中，不严格区分它们。

7.1.2 线程级并行的挑战

线程级并行可基于两种模式：一种是运行一组紧耦合的线程，协同完成同一项任务，一般称这种方式为**并行处理** (parallel processing)；另一种方式则是运行由一个或多个用户发起的、多个相对独立的任务，一般称为**请求级并行** (request–level parallelism)。请求级并行可以由单个应用程序实现，也可以由多个应用程序实现，由于任务间数据耦合度较低，其并行相对简单。本章的主要讨论更具挑战性的第一种线程级并行。

线程级并行面临两方面的挑战。第一个方面与程序中可用的并行有关，第二个方面则源于通信的高成本。我们不妨思考这样一个问题：如果想用 100 个处理器核心获得 80 倍的加速比，那么原来计算任务中串行部分最大占比是多少？根据阿姆尔达定律，

$$S_p|_{n_p \to \infty} = \frac{1}{1 - a + a/n_p}, \tag{7.1}$$

其中，a 为并行计算部分所占比例，n_p 为并行计算单元个数。这样，当 $1 - a = 0$ 时，即没有串行只有并行时，最大加速比 $S_p = n_p$；当 $a = 0$ 时，即只有串行没有并行时，最小加速比 $S_p = 1$；当 $n_p \to \infty$ 时，极限加速比 $S_\infty \to 1/(1 - a)$，这也就是加速比的上限。简单起见，假定程序仅以两种模式运行，一种是并行方式，并行效率达到 100%；另一种是串行方式，仅有一个处理器核心运行任务。根据示例要求，$S_p = 80$, $n_p = 100$, 所求的量为 a，将这些参数代入式 (7.1)，有

$$80 = \frac{1}{1 - a + a/100}.$$

容易求得 $a = 0.997\,5$。也就是说，为了让 $n_p = 100$ 时，$S_p = 80$，计算任务中最多只能有 0.25% 的工作为串行。同时，这个估计中还假定并行任务的加速比达到 100。

第二个因素涉及访问非局域存储的大时延。当前共享存储多处理器系统,芯片内部不同核心间数据通信需要 30~50 个时钟周期, 而不同芯片间处理器核心的通信需要 300 以上个时钟周期, 处理器个数越多, 时延可能会越大。具体的通信时延跟通信机制、存储的连接网络和处理器个数有关。可以说, 大时延对并行效率的影响是根本性的。

这两个方面的挑战是多处理器应用中最大的问题。一般而言, 可用并行不高的问题可以通过软件设计和算法重构来解决。例如, 通过重新设计算法, 提高可并行部分的比例, 同时让所有的处理器/核心能够完全运行。非局域存储访问的时延问题则既可以在体系结构上做改进, 也可以通过程序员在软件方面进行调整。

> 虽然线程级并行中一个线程往往包含数百条甚至数百万条可并行执行的指令, 但线程级并行和指令级并行的本质区别不是并行粒度, 而是前者由软件系统或程序员在较高层级指定或确认, 而后者则是计算机系统自行优化。
>
> 利用线程级也可以实现数据级并行, 但其开销往往大于多媒体 SIMD 拓展和 GPU 的。也就是说, 线程级并行往往要求并行粒度足够大。例如, 向量体系结构和 GPU 都能对一些短向量实现高效并行; 但对短向量采用线程级并行时, 因为并行粒度过小、并行的开销过大, 并行效果可能会非常不理想。

7.2 多线程编程的主要方式与接口

多线程 (multithreading) 是一个交叉性的主题, 也是一个含混的概念。其原因在于不仅多个线程可同时在一个 CPU 核上运行, 多任务也可在一个 CPU 核上运行。多线程技术支持多个线程以重叠方式共享单个处理器的功能单元, 并不要求各线程独占 CPU 核心的所有资源。一般说来, 虽然每个线程拥有私有状态, 例如寄存器和程序计数器, 但多线程技术允许一组线程共享 CPU 核心的大部分功能单元。从这个角度看, 多线程技术在单核 CPU 上也能实现。不过线程级并行一般使用多处理器系统, 以便多个独立线程同时运行于不同的 CPU 核心。为记录线程的私有状态, 不同线程一般会有独立的寄存器、独立的程序计数器和独立的页表。显然, 切换线程时需要复制这些非共享资源。处理器硬件往往支持对不同线程的快速修改, 能让线程在较短时间内实现切换, 例如, 远小于进程切换的数百甚至上千个时钟周期。从软件编程的角度看, 基于共享存储的多线程编程技术层出不穷。截至目前, 一般采用 Pthreads、OpenMP、OpenCL 和 std::thread 等几种应用程序接口 (application programming interface, API) 实现多线程编程。

Pthreads 是 IEEE 委员会开发的一组线程接口。Pthreads 中的 P 表示 POSIX, 其全称为便携式操作系统接口 (portable operating system interface)。实际上, Pthreads 有时候也被称为 POSIX 线程。Pthreads 指定 API 来处理线程要求的大部分行为, 包括创建和终止线程、等待线程完成以及管理线程之间的交互。

OpenMP 的英文全称是 open multiprocessing, 是一种单进程多线程并行的实现方式。也可认为是共享存储结构上的一种编程模型, 其主体是一套编译指示性语句 (compiler directive)。在 OpenMP 之前主要操作系统使用完全不同的线程编程方法: UNIX 使用 Pthreads, Sun 使用 Solaris 线程, Windows 使用自己的 API, 而 Linux 则使用 Linux 线程。为解决这一问题, 1997 年人们开发了称为 OpenMP 的 API 规范①。自此以后, OpenMP 持续发展演化, 不断有新的结构和特性加入 [34].

OpenCL 全称为 open computing language。其主要特点是支持异构系统并行程序的开发, 例如包含了 CPU、GPU、DSP、FPGA 等硬件的异构系统。它是第一个面向异构系统并行编程的开放式、免费标准, 也是一个统一的编程环境, 便于软件开发人员为高性能计算服务器、桌面计算系统、手持设备编写高效轻便代码。2020 年 4 月, OpenCL 发布了 3.0 版本。

从 C++11 开始, C++ 语言提供了名为 std::thread 的线程库, 通过创建一个 thread 对象来管理 C++ 程序中的多线程。C++11 之前, Windows 和 Linux 平台分别有各自的多线程标准。例如, Windows 平台多采用专用 API 创建和管理多线程, Linux 下则使用 POSIX 多线程标准。于是, 使用 C++ 编写的多线程应用程序往往依赖于特定平台。使用 std::thread 线程库可编写跨平台的程序, 从这个角度看, thread 库可以视为对不同平台多线程 API 的一层 C++ 包装。

由于出现的时间早, 早期人们使用 Pthreads 较多, 相对而言现在 OpenMP

① 这里“开放”与多厂商支持的概念相关, 是指开放系统, 而不是开放源代码。

在高性能计算中更为流行。下面将分别介绍 Pthreads 和 OpenMP 的多线程编程技术。考虑到 C++ 在高性能科学计算和工程仿真中的重要地位, 我们也给出使用 std::thread 实现多线程编程的案例。

7.3 Pthreads 多线程并行

可以说, 使用 Pthreads 与使用其他库没有根本的不同。应用程序中必须包含头文件、申明/定义 Pthreads 数据结构、调用 Pthreads 中定义的函数。创建可执行文件时, 简单地使用–pthread 链接参数将 Pthreads 共享库链接到应用程序生成可执行文件。不过使用 Pthreads 实施多线程并行时, 开发人员必须为这一 API 编写专门的代码。从这个角度看, 采用 Pthreads 编程比较复杂, 而且最后的代码可能变得与串行代码完全不同。即便对一个只需要几步就能完成的任务, 采用 Pthreads 后, 代码中也会有大量的 Pthreads 调用。例如, 采用 Pthreads 实现一个简单的循环体, 程序员需要声明线程结构体, 创建和终止各个线程, 并为每个线程计算循环边界。如果循环计算中有数据交互, 那么涉及线程的代码会大量增加。

以曼德勃罗集合的生成为例, 这里给出使用 Pthreads 来实现多线程加速的一种方法。曼德勃罗集合是一个在复平面上的点集。有人认为曼德勃罗集合是"人类有史以来做出的最奇异、最瑰丽的几何图形", 曾被称为**上帝的指纹**。在 xy 平面上, 让一个点的 x 坐标和 y 坐标分别表示复数 $\boldsymbol{c}$ 的实部与虚部, 就可得到曼德勃罗集合对应的分形 (fractal) 图。将分形图无限放大后依然能包含精妙的细节, 而这瑰丽的图案可由式 (7.2) 这个简单的公式生成 [35]。

$$\begin{cases} \boldsymbol{z}_0 = 0, \\ \boldsymbol{z}_{n+1} = \boldsymbol{z}_n^2 + \boldsymbol{c}, \quad n = 0, 1, \cdots. \end{cases} \tag{7.2}$$

式 (7.2) 中 $\boldsymbol{c}$ 是复参数, 其实部和虚部分别为 xy 平面的坐标 x 和 y。根据参数 c 的具体取值, 序列 $\boldsymbol{z}_0, \boldsymbol{z}_1, \cdots, \boldsymbol{z}_{n+1}, \cdots$ 的值可以延伸到无限大, 也可能停留在半径有限的圆内。曼德勃罗集合就是使以上序列不延伸至无限大的所有 $\boldsymbol{c}$ 的集合。

示例源码文件如表 7.1 所示。图 F–49 给出由 Doxygen 生成的头文件依赖关系图和 main() 函数调用图。为了链接 pthread 库, 编译时需要加入–pthread 编译选项。假定编译后的可执行文件为 xpthreads_PNG_Mandelbrot, 运行该可执行文件得到的输出如图 F–50 所示。

表 7.1 采用双精度浮点数生成曼德勃罗集合的 Pthreads 版本

文件名	简要说明
drv_pthreads_mandelbrot.cc (F.93)	main() 函数所在文件
pthreads_generate_picture.cc(F.94) 和 pthreads_generate_picture.h(F.95)	调用不同版本生成曼德勃罗集合彩色图像
pthreads_mandelbrot_iteration.cc(F.96) 和 pthreads_mandelbrot_iteration.h(F.97)	曼德勃罗迭代过程的 Pthreads 多线程实现
seq_mandelbrot_iteration.cc(F.98) 和 seq_mandelbrot_iteration.h(F.99)	曼德勃罗迭代过程的串行实现
convert_iter_number_2_rgb.cc(F.100) 和 convert_iter_number_2_rgb.h(F.101)	转换曼德勃罗集合为颜色图片
image_region.h(F.102)	图片类的定义
utilities_sc.h(F.15)	计时与进度条

从总体结构看，文件 drv_pthreads_mandelbrot.cc(F.93) 定义的主函数 main() 从命令行获取图片像素点个数和曼德勃罗迭代的最大次数后，调用定义于文件 pthreads_generate_picture.cc(F.94) 的函数 PthreadsGeneratePicture() 生成以 PNG 图片格式输出的曼德勃罗集合。具体的，根据式 (7.2) 所描述的迭代过程得到各像素点对应的迭代次数，然后将迭代次数转换为 RGB 值并保存为 PNG 彩色图片。函数 PthreadsGeneratePicture() 分别调用迭代过程的串行和 Pthreads 并行实现。迭代过程的串行计算由定义于文件 seq_mandelbrot_iteration.cc(F.98) 的函数 SeqMandelbrotIteration() 完成; Pthreads 并行计算由文件 pthreads_mandelbrot_iteration.cc(F.96) 给出的函数 PthreadsMandelbrotIteration() 实现; 将迭代次数转换为 RGB 信息并以 PNG 图片保存的功能由定义于文件 convert_iter_number_2_rgb.cc(F.100) 的函数 ConvertIterationNumberToRgb() 完成。为简化编程，线程个数由定义在文件 pthreads_mandelbrot_iteration.cc(F.96) 的常量 kNumThreads 来设置。

定义于文件 seq_mandelbrot_iteration.cc(F.98) 的函数 SeqMandelbrotIteration() 是计算曼德勃罗集合的串行实现。正如前面所提到的，示例以二维图片展示曼德勃罗数据集。如果把图片看做一个 x 轴为行、y 轴为列的矩阵，矩阵的元素就是图片的像素。像素点的 RGB 颜色值则由计算过程中式 (7.2) 所允许的最大迭代次数转换而来。不难看到，函数 SeqMandelbrotIteration() 接收一个 std::function<ZPLX(ZPLX,ZPLX)> 对象作为参数。该对象实施式 (7.2) 所描述的计算, 示例利用 lambda 表达式给出它的具体定义, 如文件 pthreads_generate_picture.cc(F.94) 中以 auto IterationFunc 开始的那一行所示。

定义于文件 pthreads_mandelbrot_iteration.cc(F.96) 的函数 PthreadsMandelbrotIteration() 通过原型如表 7.2 所示的 Pthreads 库函数 **pthread_create()** 启动多个线程。由于 pthread_create() 规定线程运行函数只能接收一个 void* 型别的参数, 大多数时候需要定义一个结构体将运行函数所需参数打包。本示例中, 这个结构体名为 **PthreadsArgs**, 该结构体包含的成员数据如表 7.3 所示。特别指出, 结构体的变量 **__id__thread** 记录了线程号, 虽然示例比较简单无须访问它, 但足够复杂的多线程应用程序一般会用到它。

表 7.2 函数 int pthread_create() 的接口说明

接口形式	
int pthread_create(pthread_t*thread,const pthread_attr_t*attr,void*(*start_routine)(void*arg), void*arg);	
参数	简要说明
第一个参数	指向线程标识符的指针
第二个参数	用来设置线程属性
第三个参数	线程运行函数的地址, 该函数给出了多线程并行各个线程所要完成的任务
第四个参数	运行函数的参数

表 7.3 结构体 PthreadsArgs 的说明

参数	简要说明
_id_thread	无符号整型, 线程编号
_iter_max	无符号整型, 最大迭代步数
_y_idx_bgn,_y_idx_end	整型, 分配到各线程的像素点在 y 方向上的起始和终止索引
_x_min,_x_max	整型, 图片在 x 方向上的索引范围
_x_min_coord, _y_min_coord	双精度浮点数, 图片在 x 和 y 方向上坐标的最小值

循环往往是程序的**热点**, 即耗费大量 CPU 资源的区域。对热点实施并行加速可以有效减少运行时间。不难看到, 示例中生成曼德勃罗集合的循环是计算的热点, 这里的并行围绕相关循环展开。因为把图片看作一个 x 轴为行、y 轴为

列的矩阵, 示例多线程并行程序简单地把若干行分配到各线程, 实现线程的任务分配。简单地说, 并行中任务按行分配, 任务分配的粒度为行。图 7.1 上面方框给出了示例计算各线程任务量的具体方式。需要注意, 这里没有处理无法整除的情形。根据线程个数 kNumThreads, 程序定义了 std::vector<pthread_t> 数组 **threads** 和 std::vector<PthreadsArgs> 数组 **arg_pthreads (kNumThreads)** 分别保存函数 pthread_create() 所需的前两个参数, 如图 7.1 中下面的方框所示。容易知道, 任务分配信息保存在数组 arg_pthreads 中。这里也提醒读者, 把像素点当做任务分配的基本粒度也是一种常见的任务分配方式。函数 PthreadsMandelbrotIteration() 在第一个循环给数组 arg_pthreads 赋值, 在最后一个循环调用库函数 **pthread_join()**, 确认所有线程都完成任务。

计算每个线程分配到的行数

```
unsigned k=(pixels_in_region.GetYmax()-pixels_in_region.GetYmin())/kNumThreads;
```

保存各个线程信息的数组

```
vector<pthread_t> threads(kNumThreads);
vector<PthreadsArgs> arg_pthreads(kNumThreads);
```

图 7.1 分配任务相关源码

文件 pthreads_mandelbrot_iteration.cc(F.96) 中另一个函数 PthreadsIteration() 给出 Pthreads 环境下单个线程计算所分配任务的代码; 可把它看作是函数 SeqMandelbrotIteration() 的 Pthreads 版本。比较这两个函数不难看到, Pthreads 版本中, 循环的起始点和终止点由 arg_pthreads 给出的数据决定, 这显然是多线程任务分配的结果。由于 pthread_create() 规定, 运行函数, 即 PthreadsIteration(), 只能接收一个 void* 型别的参数。这个约束让传入 std::function<ZPLX(ZPLX,ZPLX)> 对象变得复杂, 因此, 函数 PthreadsIteration() 没有使用该对象实施具体计算。这在一定程度上说明, 应用 Pthreads 实施多线程并行时, 一般要对原串行代码做出较大的改动。

根据图 F–50 给出的运行时间, 可看到 Pthreads 能加速计算, 但并行效率并不太理想。主要原因在于计算每个像素点所需的时间差异可能很大, 而示例中均分像素点到各个线程的任务分配方式不能保证任务的均衡。我们采用主从模式来改进这一点, 即让不参与计算任务的主线程根据具体完成计算任务的从线程是否空闲来动态分配任务, 其代价是要编制更为复杂的程序。

从这个不复杂的示例我们可以感受到，实现一个串行代码的 Pthreads 并行加速往往并不那么直接和简单。可以想象，如果需要采用复杂的算法分配计算任务，或者计算任务本身更复杂，那么想要 Phreads 并行有良好的负载均衡，对代码甚至算法做出的调整一般会比较大。因此开发人员一直在寻找 Pthreads 的替代品。事实上，在工程仿真和科学计算领域，OpenMP 就是 Pthreads 的一个较好的替代品。

7.4 OpenMP 多线程并行

7.4.1 OpenMP 概述

最初，OpenMP 针对 C 和 Fortran 分别发布 API，2005 年以后两者合并，表 7.4 给出了 OpenMP 发行版本的历史 [34]。由于不必写诸如线程创建、结束之类的管理代码，使用 OpenMP 开发多线程并行程序要比 Pthreads 简单。而且 OpenMP 提供了丰富的指令，用于同步共享变量、负载分配等任务。随着共享内存系统逐渐成为主流，OpenMP 几乎是高性能计算必备的工具之一。

表 7.4 OpenMP 的版本发展历史

发布时间	版本
1997 年 10 月	Fortran 1.0
1998 年 10 月	C/C++ 1.0
1999 年 11 月	Fortran 1.1
2000 年 11 月	Fortran 2.0
2002 年 5 月	C/C++ 2.0
2005 年 5 月	OpenMP 2.5
2008 年 5 月	OpenMP 3.0
2011 年 7 月	OpenMP 3.1
2013 年 7 月	OpenMP 4.0
2015 年 11 月	OpenMP 4.5
2018 年 11 月	OpenMP 5.0

OpenMP 规范包括 API、一组**编译指示性语句** (compiler directives)，以及与 OpenMP 相关的环境变量。OpenMP 是**显式**地，但**非自动**地使用线程来实现并行，这就意味着程序员必须显式指定并行区域。对并行的控制一般通过在串行程序中插入编译指示性语句来实现。这些编译指示语句有的很简单，只有少

数几个指令的组合, 有的则可以很复杂。编译指示性语句是 OpenMP 特性之一, 利用它开发者简单修改单线程程序即可实现多线程并行。需要注意: OpenMP 标准只给出接口所支持的功能, 其具体实现方式由编译器厂商决定。

从程序执行的角度看, OpenMP 采用的是分叉–合并 (fork–join) 模型, 如图 7.2 所示。所有 OpenMP 程序都以单线程方式启动, 也就是说该进程只有一个被称为**主线程**的线程。主线程以串行方式执行任务, 遇到**并行区域** (Parallel Region)[①]时主线程执行所谓的**分叉** (fork) 操作, 也就是创建一组线程。这组线程以并行的方式执行并行区域的指令, 执行完并行区域的任务执并同步后, 通过所谓的**合并** (join) 操作终止除了主线程以外的所有线程。OpenMP 标准及其实现不限制并行块的个数和执行并行块任务的线程个数。

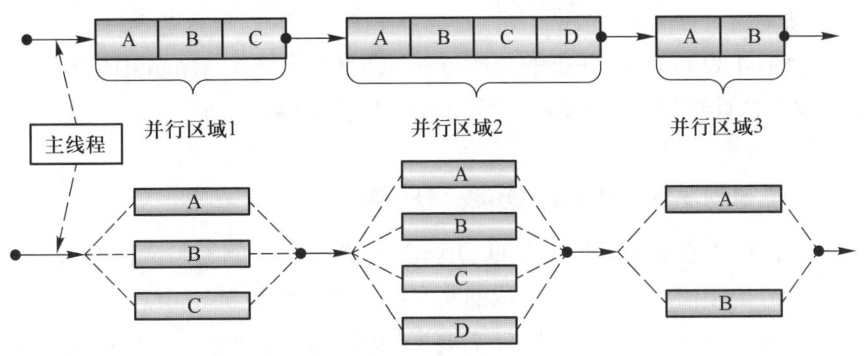

图 7.2 OpenMP 并行运行方式示意图

从数据访问模式看, OpenMP 提供一些指示性语句, 可显式地改变内存访问模式。例如, 当希望各个线程保存某个数据的一个私有备份, 那么就可将该数据设置为**私有**, 具体的可参考 OpenMP 官方网站 [34]、说明书、相关书籍或本书附录列举的相关指示性语句。

从 3.0 版本开始, OpenMP 支持嵌套并行, 允许将多个并行区域置于其他并行区域内。这方便了递归算法的 OpenMP 并行, 我们将在 7.4.2 节给出一个基于 OpenMP 的递归算法代码[②]。当前大多数厂商的 OpenMP 还支持**动态线程**, 即线程个数可随运行环境不同而动态调整, 以最大可能地调度计算机资源。

---

① 又称并行块。

② 也有些 OpenMP 版本并不支持嵌套并行, 读者需要确认所采用的 OpenMP 版本。

OpenMP 可以自动实现并行?

错误。

很多时候, 程序员自己并没有给代码添加 OpenMP 并行程序, 但却发现程序自动实现了并行。这与调用某些默认调用 OpenMP 库函数而实现 OpenMP 并行不矛盾。因为虽然程序员自己没有指定并行区域, 但库函数以某种方式显式地调用了 OpenMP。

7.4.2 OpenMP 并行示例

为了说明 OpenMP 并行的一般过程, 这里给出两个 OpenMP 并行示例: 曼德勃罗集合计算的 OpenMP 并行和归并排序的 OpenMP 并行。

7.4.2.1 曼德勃罗集合计算的 OpenMP 并行

这里给出曼德勃罗集合计算的 OpenMP 并行。示例源码文件如表 7.5 所示。图 F–51 给出由 Doxygen 生成的头文件依赖关系图和 main() 函数调用图。除了编译选项–O2 –std=c++17, 还需要添加–fopenmp 选项, 才能在 linux gcc–9 编译器中完成编译。假定可执行文件为 xOmp_PNG_Mandelbrot, 运行该可执行文件得到的输出如图 F–50 所示。示例程序结构与第 7.3 节给出的 Pthreads 并行版本非常类似, 文件 drv_omp_mandelbrot.cc(F.103) 提供了主函数, 定义

表 7.5 采用双精度浮点数生成曼德勃罗集合的 OpenMP 版本

文件名	简要说明
drv_omp_mandelbrot.cc (F.103)	main () 函数所在文件
omp_generate_picture.cc (F.104) 和 omp_generate_picture.h(F.105)	调用不同版本生成曼德勃罗集合的图像
omp_mandelbrot_iteration.cc (F.106) 和 omp_mandelbrot_iteration.h (F.107)	曼德勃罗迭代过程的 OpenMP 多线程实现
convert_iter_number_2_rgb.cc (F.100) 和 convert_iter_number_2_rgb.h (F.101)	转换曼德勃罗集合为颜色图片
image_region.h (F.102)	图片类的定义
utilities_sc.h (F.15)	计时与进度条

于文件 omp_generate_picture.cc(F.104) 的函数 OmpGeneratePicture() 调用了实现 OpenMP 加速的子函数。与 Pthreads 示例不同, 本示例可通过命令行参数设定线程个数。

同 Pthreads 并行一样, 这里 OpenMP 并行也针对生成曼德勃罗集合的循环开展。观察定义于文件 seq_mandelbrot_iteration.cc(F.98) 的函数 SeqMandelbrotIteration() 知道, 对应着图片的 x 和 y 两个方向, 串行计算采用两层循环实现式 (7.2) 给出的迭代过程。从逻辑流程看, 容易将两层循环合并为一个循环。为比较单层循环和两层循环对 OpenMP 并行的影响, 文件 omp_mandelbrot_iteration.cc(F.106) 给出了两种 OpenMP 并行实现, 分别对迭代过程的两层循环和单层循环实施 OpenMP 加速。具体的, 函数 TwoLoopsOmpMandelbrot() 是基于两层循环的 OpenMP 并行, 而函数 OneLoopOmpMandelbrot() 则基于单层循环。OpenMP 提供了 omp parallel for 编译指示性语句对循环结构实施并行①。事实上, 可以说, 这个指示性语句是 OpenMP 并行中使用最多最频繁的语句。C/C++ 中针对 for 循环的编译指示性语句的格式如图 7.3 上面方框所示, 其中方括号 [ ] 表示可选项, 一般是对并行进行必要设置以及精细控制。与函数 SeqMandelbrotIteration() 给出的串行版本相比, 实施 OpenMP 并行的修改包括: 一是在外层循环前添加 #pragma omp parallel for 编译指示语句, 二是调用 API 函数 omp_set_num_threads() 设置并行线程数, 三是对数组 colors 的索引方式也有所变化。函数 TwoLoopsOmpMandelbrot() 中 #pragma omp parallel for ··· 编译指示语句包含两个子句, 分别说明变量属性和工作任务的分配方式。**子句 private(pos)** 将变量 pos 的属性设置为私有, 表示每个线程独立保存变量 pos 的一个备份, 程序运行时各线程只能访问本线程的备份。假定有 t 个线程参与并行, 那么从存储的角度看, pos 变量占用的存储空间增加为原来的 t 倍。改变 colors 的索引方式并将索引变量 pos 设置为私有背后的原因在于 OpenMP 分配任务的方式。如果把像素点看成一个矩阵, 那么循环变量 i 的取值就对应着矩阵的行。函数 TwoLoopsOmpMandelbrot() 中 OpenMP 并行指示性语句意味着**按行**将计算任务分配给各个线程。由于示例代码将矩阵映射到一维数组 colors, 于是各线程需要一个变量记录分配到本线程的那些像素行的第一个元素在数组 colors 中的位置。**子句 schedule(dynamic,10))** 设置了任务分配的具体方法。schedule 子句的格式如图 7.3 下面的方框所示。参数

① 有两点需要说明。一是 OpenMP 3.0 之前不支持对 while 循环的并行。二是对于 Fortran, 针对循环并行的指示性语句为 omp parallel do。

type 指定任务分配方式, 是 static、dynamic、guided 或 auto 中的一个[①]。参数 chunk 表示分配并行任务的粒度。假设循环体的循环次数为 1 000, 将它分成 8 个并行块 (chunk), 每个并行块包括 125 次循环, 则并行时分配任务的粒度或单位就是 125 次循环, 即 chunk=125。参数 static 表示以静态方式分配各并行块到线程, 整个计算过程中并行块的大小保持不变。参数 dynamic 则表示任务是动态分配的, 默认的并行块大小为 1。参数 guided 表示以 OpenMP 规定的规则指示性地分配任务。具体地, 第一次分配任务时按 chunk 所指定的大小确定并行块, 后续任务分配时将递减并行块大小, 直到并行块大小为运行的最小值。采用参数 auto 时, 无须设置 chunk 参数, 此时任务队列由环境变量 OMP_SCHEDULE 来控制。

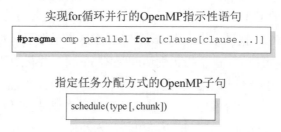

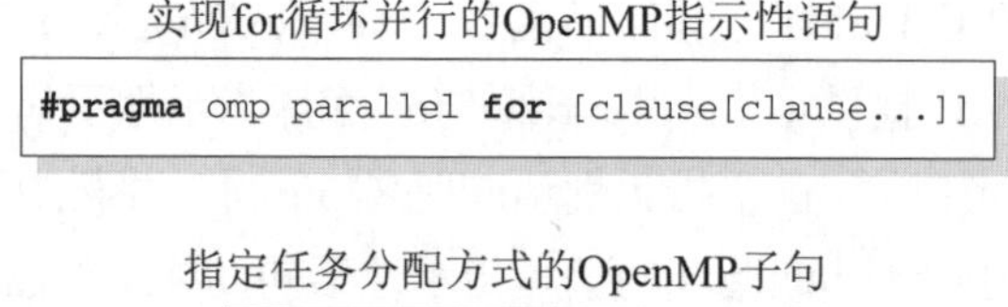

实现for循环并行的OpenMP指示性语句
#pragma omp parallel for [clause[clause...]]
指定任务分配方式的OpenMP子句
schedule(type [, chunk])

图 7.3　实现 for 循环 OpenMP 的指示性语句的格式和指定任务分配方式子句的格式

从计算量看, 迭代过程的两层或单层循环在实现上没有任何区别, 但它们对应的 OpenMP 线程任务分配的粒度可能不同。单层循环时任务粒度最小可以是单个像素点对应的计算负载。例如, 将 chunk 设为 1 时, 任务分配的粒度就是单个像素点。粒度小的好处是可以让负载在线程间分配得更为均衡, 但是因为单个并行块包含的像素点少, 分配任务的次数会变多, 从而导致并行开销变大。两层循环的最小任务粒度为一行像素的负载。将 chunk 设为 1 就表示任务粒度为一行像素点对应的负载。降低单层循环 OpenMP 任务分配开销的一个办法是将 chunk 设置为图片行长度的整数倍, 从而让单层循环与两层循环的任务分配开销在理论上相当。测试表明, 单层循环时使用 schedule(static,regionInPixel.width()), 而两层循环时使用 schedule(static,1), 能得到大致相同的并行加速效果, 与预期相符。

不同编译器中 OpenMP 的编译选项不同。表 7.6 列出了一些常用编译器的编译选项。如图 F–50 所示, 对比串并行运行的时间, 可看到 OpenMP 能较

① 其中 auto 是 OpenMP 3.0 添加的关键字。

好地将串行计算的加速, 达到很高的加速比。对比 Pthreads 加速, OpenMP 的实现非常简单, 对源码的改动非常小。需要指出, 曼德勃罗集合不同像素点对应的计算负载差异可能很大。想要进一步提升并行效率, 需合理使用 schedule 子句。

表 7.6 OpenMP 运行库函数的示例

编译平台	编译命令	编译选项
Intel Linux	icc icpc ifort	–qopenmp
GNU Linux IBM Blue Gene Sierra, CORAL EA	gcc g++ g77 gfortran	–fopenmp
PGI Linux Sierra, CORAL EA	pgcc pgCC pgf77 pgf90	–mp

7.4.2.2 归并排序的 OpenMP 并行

递归算法的并行化是一项非常有挑战性的任务。下面以文件 drv_mergesort_seq.cc(F.23) 和 mergesort_seq.h(F.24) 给出的递归归并排序为例介绍 OpenMP 对递归算法的并行化, 如文件 drv_omp_mergesort.cc(F.108) 和 omp_mergesort.h(F.109) 所示。当线程数为 1 时, OpenMP 并行退化为串行, 为此示例代码还调用了定义于文件 seq_mergesort.h(F.110) 的归并排序串行版本。当递归过程中子数组长度小于阈值 kSizeSequence 时, 调用串行归并排序以缩短整体计算时间。同其他需要计时的示例一样, 示例也调用了文件 utilities_sc.h(F.15) 的计时函数。图 F–53 给出由 Doxygen 生成的头文件依赖关系图和 main() 函数调用图。将可执行文件命名为 xomp_mergesort, 运行程序的方式和得到的输出如图 F–54 所示。可看到, 三种并行实现方式都能较好地加速归并排序, 对于超过 6 亿个双精度数的排序, 三种并行排序都能在 30 秒以内完成。注意虽然命令行输入显示 7 个线程将参与计算, 但函数 MergeSortByTaskDynamic() 计算中实际参与排序的线程数由 OpenMP 根据环境变量和硬件配置自动选择。

上述示例演示了 OpenMP3.0 以前的 section 并行模式和 OpenMP3.0 以上版本的 tasking 并行模式。在 OpenMP3.0 以前, section 模式是加速除了简单循环以外的其他结构化块 (structured block)[①]的唯一选择。Section 指示性语句属于非迭代型结构, 一般包含一组要分配到线程组内不同线程的结构化块, 其本质是**静态**并行, 往往需要使用嵌套 (nested) 技术来实现递归等复杂结构的并行。这里的任务块由指示性语句来定义, 并行运行时, 块内计算任务由线程组内的某个线程来承担。一般来说, 这种模式适合于 section 个数比较少, 各 section 的负载大致相当且任务类型比较单一的情况。与此不同, tasking 并行模式基于任务 (task), 它允许动态分配任务, 适用于复杂的、负载具有不确定性的应用。在 tasking 并行模式下, OpenMP 运行环境会建立一个任务队列, 每个动态任务生成后, 任务队列会新增一个任务条目, 直到被分配给空闲线程。也就是说, 任务的分割、记录以及分配都由 OpenMP 运行环境来控制。很多场景下, 这极大减轻了开发者的负担。

文件 drv_omp_mergesort.cc(F.108) 展示了如何进行参数合法性检查, 例如当输入的线程数不合理时程序自动将其调整到合理的范围内。具体的, 调用 OpenMP 接口函数 omp_get_max_threads() 获取当前计算平台下允许的**最大线程数**。根据 OpenMP 官方文档 [②], 这个**最大数量**是指在不使用 num_threads 子句的情况下, OpenMP 生成一个新并行组 (team) 所能包含的最大线程数目。函数 omp_get_max_threads() 的返回值由 omp_set_num_threads()、OMP_NUM_THREADS、编译器中线程数的默认值这三个因素确定; 一旦上下文 (即前面提到三个因素) 确定, 它的返回值就不变, 与该函数被调用的区域无关。例如, 在并行 section 调用 omp_get_max_threads() 和在串行区域调用它会得到相同的返回值。反过来, 上下文的改变会引起函数 omp_get_max_threads() 返回值的改变。

文件 omp_mergesort.h(F.109) 是 OpenMP 并行实现的主体。其中函数 OmpMergesortBySection() 给出了 section 并行模式的一种具体实现, 其主体如图 7.4 所示。指示性语句 #pragma omp parallel sections num_threads(threads) 表明随后的结构化块为 section 并行块, #pragma omp parallel section 则用于

---

① 这是 OpenMP 手册中经常使用的术语，特指一条语句或一对花括号内的所有语句。

② 英文手册原文为：The omp_get_max_threads() routine returns an upper bound on the number of threads that could be used to form a new team if a parallel construct without a num_threads clause were encountered after execution returns from this routine.

定义并行 section 结构化块。如源代码所示，这里有两个 #pragma omp parallel section 块，表明该 parallel sections 下有两个 section 结构化块。嵌套多线程并行中，每次递归调用函数 OmpMergesortBySection()，一个并行 section 块可能会被分为两个子并行 section 块并分配给两个线程，显然线程组中的线程会在任务分割过程中被耗尽，因此要通过条件判断语句 if (threads > 1) 控制是否继续开始下一层嵌套。需要说明的是，子句 num_threads(threads) 的功能是限定并行中线程的个数，等效于在结构化块外调用函数 omp_set_num_threads(threads)。

```
else if ( threads > 1)
{
#pragma omp parallel  sections  num_threads( threads )
    {
#pragma omp section
        {
            OmpMergesortBySection ( iterator_sorted ,  size  /  2,   iterator_temp ,  threads  /  2);
        }
#pragma omp section
        {
            OmpMergesortBySection ( iterator_sorted  +  size  /  2,  size  -  size  /  2,  iterator_temp  +  size  /  2,  threads  -  threads  /  2);
        }
    } // 结束 parallel section 块
    Merge (  iterator_sorted  ,  size ,  iterator_temp );
}     // if 条件结束
```

图 7.4 采用 section 并行模式的一种实现方式

文件 omp_mergesort.h (F.109) 还给出了归并排序 taksing 并行模式的两种实现。函数 OmpMergesortByTask() 是其中的一种，如图 7.5 所示。tasking 并行首先通过指示性语句 #pragma omp parallel 来定义并行结构化块，然后通过语句 #pragma omp single nowait 启动线程 T_S①，线程 T_S 依据定义于 #pragma omp task 的结构化块创建并行任务块，与此同时，由 OpenMP 运行环境管理的任务队列将新增与这些任务块相对应的新条目。运行过程中 OpenMP 自动将任务队列的任务/条目分配给空闲线程，该过程类似于 for 循环并行任务分配的动态 (dynamic) 或指导 (guided) 模式。上面语句中的 nowait 用于消除隐式 barrier 同步。如图 7.5 所示，一个 #pragma omp parallel 结构化块有两个 #pragma omp task，也就是说，每次递归调用函数 OmpMergesortByTask() 就新创建两个任务条目。注意到紧随两个 task 块的是 #pragma omp taskwait 语句，它强制 T_S 等待它所创建的两个任务结束。对于本例，该条语句意味着函数 Merge() 必须等待它前面的两个 task 块都被完成才开始执行。与 section 并行一样，这里也根据 if (threads>1) 条件语句决定是否终止递归。

① 首次调用函数主线程 OmpMergesortByTask 时 T_S 为主线程。

```
    else if (threads > 1)
    {
#pragma omp parallel num_threads(threads)
        {
#pragma omp single nowait
            {
#pragma omp task
                {
                    OmpMergesortByTask(iterator_sorted, size/2, iterator_temp, threads/2);
                }
#pragma omp task
                {
                    OmpMergesortByTask(iterator_sorted + size/2, size - size/2, iterator_temp + size/2, threads - threads/2);
                }
#pragma omp taskwait
                Merge( iterator_sorted , size , iterator_temp );
            }   // 结束 omp single 块
        }       // 结束 omp parallel 块
    }
```

图 7.5　采用 tasking 并行模式的第一种实现方式

函数 MergeSortByTaskDynamic() 给出了 tasking 并行模式的另一种实现方式。该实现由两部分代码块组成，分别出现在文件 drv_omp_mergesort.cc(F.108) 和 omp_mergesort.h(F.109) 之中，具体源代码如图 7.6 所示。函数 OmpMergesortByTask() 和 MergeSortByTaskDynamic() 给出的实现有两个明显不同。一是指示性语句 #pragma omp parallel 和 #pragma omp single

tasking并行的实现方式二：main()函数中使用的代码

```
#pragma omp parallel
    {
#pragma omp single nowait
        {
            MergeSortByTaskDynamic(sorted_by_task_dynamic.begin(), arr_len, arr_temp.begin());
        }
    }
```

tasking并行的实现方式二：MergeSortByTaskDynamic()中使用的代码

```
if( size>kSizeSequence )
{
#pragma omp task // 前半部分
    {
        MergeSortByTaskDynamic(iterator_sorted, size / 2, iterator_temp);
    }
    {             // 后半部分
        MergeSortByTaskDynamic(iterator_sorted + size / 2, size - size / 2, iterator_temp + size / 2);
    }
#pragma omp taskwait
    Merge ( iterator_sorted , size, iterator_temp );
}                 // if 条件结束
```

图 7.6　采用 tasking 并行模式的第二种实现方式

nowait 所在的位置不同。函数 OmpMergesortByTask() 给出的实现将这两个指示性语句都放在递归结构内部, 因此一次排序过程中它们出现的次数等于递归调用的次数; 而函数 MergeSortByTaskDynamic() 对应的实现中, 这两个指示性语句在递归结构外部, 也就是说, 它们在一次排序过程中只出现一次。二是控制递归深度的方式不同。函数 MergeSortByTaskDynamic() 预先设定的阈值为 kSizeSequence, 如数组长度小于该阈值, 则终止递归并调用串行归并排序; 函数 OmpMergesortByTask() 则通过传递到递归调用的变量 threads 来控制递归深度, 每进入递归一次, threads 就缩小为原来的一半。

本质上看, 递归深度决定了 section 代码块或 task 代码块的数量①。不难发现, 与 tasking 并行模式第一种实现一样, section 并行模式也是利用线程组的线程数目来确定递归深度。例如, 当 OpenMP 环境允许的最大线程数为 8 时, 递归深度为 3, OpenMP 并行最终生成 8 个 section 块。在我们的 OpenMP 测试环境下, 不采用任何方式显式或隐式指定线程数量时, 系统会自动将最大线程数设置为系统可用的最大值, 一般就等于物理上可用的核心数②。这样虽然可自动启用计算机硬件所能提供的全部计算能力, 但启动所有线程进行计算并不意味着更高的并行效率, 也不意味着计算时间会更短。

> 同一个应用的 OpenMP 并行计算中, 增加线程不意味着计算时间一定会变短。一般来讲, 线程数大于某个数值后, 并行效率会随着线程数的增加而下降, 整体计算时间有时甚至会变长。

7.5 std::thread 多线程并行

从 C++ 11 标准开始, C++ 语言提供线程库 std::thread, 让程序员创建一个 std::thread 对象以管理 C++ 的多线程。表 7.7 给出了类 std::thread 的构造函数。在遵从 POSIX 标准的平台下, 例如 Linux、Unix 等, std::thread 可被看出是 Pthreads 的一个简单封装, 其使用方式也非常类似③。相比使用 Pthreads, 基

① 可以说, section 或 task 代码块数量等于任务的个数。遗憾的是, 截至 OpenMP 5.0, 用户依然不能简单地获取 tasking 模式下任务的数量。

② 如果开启了超线程, 则最大线程数为物理核心个数的两倍。

③ 但同时也损失了一定的功能。

于 std::thread 的多线程并行开发的一个显著优势是可以跨平台。同时, std::thread 让参数传递变得简单, 无须把需要传递的参数封装到一个结构体中。

文件drv_std_thread_rand.cc(F.111)、seq_generate_rand_number.cc (F.112)、seq_generate_rand_number.h(F.113) 和 check_distribution.h(F.114) 给出了采用 std::thread 多线程并行生成随机数的示例程序。图 F–55 给出由 Doxygen 生成的头文件依赖关系图和 main() 函数调用图。将编译得到的可执行文件命名为 xrand_std_thread, 在命令行中运行及得到的输出如图 F–56 所示。从输出不难看到, 并行计算得到的随机数分布符合预期。由于线程间不需要通信, 使用 4 个线程的情况下, 加速比可达 4.0。观察输出还能看到, 检查随机数分布所耗费的时间比较多, 这一部分计算也可采用多线程并行加速, 这里不做过多讨论, 留作课程设计。关于 C++ 中随机数生成的基本方式, 请参考第 5.9 节, 这里不展开说明。

文件 drv_std_thread_rand.cc(F.111) 中 main() 函数的结构与之前的示例很类似, 根据读取的命令行参数来设置一些运行环境。示例最终给出要给服从正态分布的双精度随机序列, 其中 arr_len 为随机序列长度, threads 为线程个数, local 为每个线程所需生成的随机数的个数。为了简化编程, 并行中让每个线程需要生成的随机数的个数相等, 如图 7.7 上面的方框所示。示例生成的随机数服从正态分布。为了生成的正态分布的随机数的均值在 [1,6] 内均匀分布, 我们首先调用 uniform_int_distribution<int> 产生一个均匀分布, 将该分布的均值作为最终正态分布随机数的均值, 如文件 drv_std_thread_rand.cc(F.111) 中变量 mean 所示。

表 7.7　类 std::thread 的构造函数
(从 C++11 开始, C++ 支持表中所有构造函数)

构造函数	简要说明
thread() noexcept	默认构造函数, 创建一个不表示任何线程的线程对象
thread(thread&& other) noexcept	移动构造函数, 以移动方式根据一个线程对象创建一个新线程对象
template<class Function, class...Args>explicit thread(Function&& f, Args&&...args)	从一个可运行线程创建一个线程对象, 并关联两者; 可运行线程的实参的传递方式可以是传值, 也可为传引用
thread(const thread&) = delete	复制构造函数被禁止

保证各线程任务量相等的方式

```
size_t local = arr_len / threads;
arr_len = local * threads;
```

启动与结束线程的方式

```
vector<thread> threads_vec(threads);
for (int i=0; i< threads; i++)
{
    threads_vec[i]=std::thread(SeqGenerateRandNumber, std::ref(local_seeds), std::ref(mean),
    (arr_out_threads.data() + i*local), std::cref(local));
}

for (auto &t : threads_vec)
    t.join();
```

图 7.7 生成随机数的 std::thread 多线程并行实现的两个代码块

文件 seq_generate_rand_number.cc(F.112)和 seq_generate_rand_number.h (F.113) 基于 std::mt19937_64 随机引擎生成随机数。std::mt19937_64 是 std::mersenne_twister_engine 模板类的一种实现。为保证随机数的质量或者随机性，通过定义于文件 seq_generate_rand_number.h(F.13) 的函数 ProperlySeededRandomEngine() 创建 std::mt 19937_64 引擎对象。该函数是一个特例化的函数模板，使用者如果希望使用 std::mt19937，用 std::mt19937 替换掉 std::mt19937_64 即可。比 2.2.4 节生成随机数的方式更为复杂的是，函数 ProperlySeed edRandomEngine() 定义了一个长度为 T::state_size 的数组 random_data 用于保存随机数种子。生成并保存这些随机数种子的过程中，调用了 std::generate() 函数模板和 std::random_device 对象 source。在调用 std::seed_seq 的构造函数生成种子序列 seeds 之后，再调用随机数引擎的构造函数，创建引擎对象并返回。

函数 SeqGenerateRandNumber() 的功能是，根据输入的均值 mean，生成满足要求的 arr_len 个随机数保存于数组 arr_out，其中生成随机数的引擎对象由函数模板 ProperlySeededRandomEngine() 创建。

文件 drv_std_thread_rand.cc(F.111) 首先调用了函数 SeqGenerateRandNumber() 以串行方式生成随机数，然后利用 std::thread 演示对应的多线程并行。为了使用 std::thread，首先定义线程对象的 std::vector<thread> 数组 threads_vec；然后调用模板类的构造函数生成线程，也就是为各个线程分配任务；最后调用 std::thread 的成员函数 join() 等待各个线程的任务执行完毕。具体的代码如图 7.7 中下面的方框所示。从代码可以发现，与 Pthreads 的使用非常类似，需要手动给各个线程分配任务；不过比 Pthreads 简单的是，这里不需要对串行代码做过多改动，尤其是不需要打包所需传递的参数。

参考 C++ 网站 [36] 上的示例程序，示例在文件 check_distribution.h(F.114) 中定义了函数 CheckDistribution()，通过 std::map 统计随机数在不同区间的个数，并以字符的形式输出。

需要指出，C++ 提供的随机数生成器**不能保证线程安全**。根本原因在于，随机数生成过程中，生成当前随机数的过程依赖于生成上一个随机数的状态。示例给出的解决办法是，让各个线程私有随机引擎和分布，以保证各个线程状态的独立性。

库函数的线程安全性

在线程并行流行之前，人们开发了很多库。由于各种原因，有些库函数并不是**线程安全的**。所谓线程不安全的函数在单线程时能正常运行，但在多线程环境下会出现难以预料的结果。除了 C++ 中的随机数生成函数，还有其他一些库函数也不能保证线程安全。

课程设计

1. 参考 7.3 节曼德勃罗集合的 Pthreads 并行和 7.4.2.1 节 OpenMP 并行示例，给出对应的 std::thread 并行版本，并比较不同多线程加速技术的效率。

2. 使用 Pthreads 实现随机数生成的并行加速，比较与 7.5 节给出的基于 std::thread 的多线程并行实现的区别。实现过程中请注意线程安全性问题。

3. 使用 OpenMP 实现随机数生成的并行加速，比较与 Pthreads 和 std::thread 实现的区别与效率。将程序与 OpenMP 加速的归并排序结合，对随机数进行排序。

4. 在 7.5 节给出的产生随机数的示例中，使用多线程加速随机数的生成后，检查随机数分布的运算变成计算的瓶颈，请分别使用 OpenMP、Pthreads

及 std::thread 将这一个过程并行化, 并比较加速效果。

5. 分别使用 OpenMP 的 section 和 task 两种并行模式, 实现快速排序 (quicksort) 的加速, 比较两种模式并行编程方式和加速效率的区别。文件 seq_quicksort_part.h(F.115) 给出了快速排序的一种实现的主要代码片段, 供读者参考。

6. 编写程序, 使用 OpenMP 加速矩阵向量相乘。考查不同任务分配方式下并行效率的区别。

第 8 章 通用图像处理器及其并行编程

图形处理单元 (graphics processing unit, GPU) 是 SIMD(single instruction multiple data) 结构的三种变体之一。它独立于 CPU 而发展, 拥有自己的一套结构体系, 其祖先便是图形加速器, 也就是用于辅助 CPU 做图形处理的显卡。将显卡用于数据间耦合很少的应用, 就是所谓的通用 GPU 计算, 一般又被称为 GPGPU(general purpose computing on GPU), 就是把专门用于处理图形、图像显示的显卡用于通用计算。在发展过程中, GPGPU 融合了线程并行、指令并行、SIMD 数据并行等多种并行处理形式, 因此可以把通用图像处理器看成一个由多个多线程 SIMD 处理器组成的 MIMD 处理器。为了描述技术上的变化, GPGPU 形成了自己的专门术语。这些术语给 GPU 初学者带来较大的困扰, 而不同厂商使用的术语往往不太一样, 更增加了名词分辨上的难度和阻碍了对基本概念的理解。本章在介绍 GPU 一些基本概念的基础上, 讨论 GPU 并行加速的编程技术①。

8.1 GPU 的架构与基本编程思想

除了一些附属部件, GPU 几乎是由众多相同的部件复制组合而成。图 8.1 给出了一个 GPU 的内部结构示意图。图中显示, 该 GPU 有 6 个流多处理器 (streaming multiprocessors, SM)②, 每个流多处理器有 32 个流处理器 (streaming processors, SP)③, 于是这个 GPU 总共有 192 个 GPU 流处理器。每个流多处理器拥有独立的 L1 缓存, 而与全局存储系统相连的 L2 缓存被所有 192 个流

① 这里只使用 NVIDIA 官方术语进行表述。

② 也被翻译成流处理器簇。

③ 有时称为核心。

处理器共享。注意: 这里的全局存储器的数据访问速度要远远高于 CPU 系统的内存。同时, GPU 有一个精心设计的主机接口 (host interface) 负责与 PCI-E 总线相连, 是 GPU 与 CPU 相互通信的通道, 实现 GPU 与 CPU 间的数据交换。线程管理器将计算任务需求分配给流多处理器。与 CPU 相比, 显然 GPU 的硬件有不少变化。相应地, 用于通用计算的 GPU 在软件开发方面也有特殊之处。表 8.1 对比了在 CPU 上一个串行任务的执行过程和应用 GPU 对该任务并行加速的执行过程, 而图 8.2 则给出 GPU 计算的硬件视图与软件视图的对应关系。

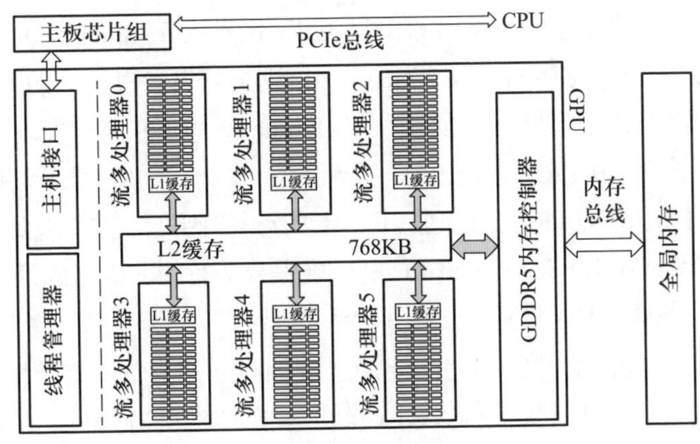

图 8.1 一个 GPU 的内部结构示意图

表 8.1 上一个串行任务在 CPU 上的执行过程和应用 GPU 对该任务并行加速的执行过程

CPU 串行	GPU 并行
在 CPU 端分配内存和初始化数据	在 CPU 上分配内存和初始化数据
在 CPU 上进行计算	在 GPU 端分配内存, 并将 CPU 端的数据传送到 GPU 分配的内存空间。
在 CPU 端输出计算结果并释放内存	调用只能在 GPU 上运行的核函数进行并行计算
—	调用同步函数, 如 cudaDeviceSynchronize, 让 CPU 和 GPU 设备同步
—	将数据从 GPU 设备拷贝回 CPU 端, 并释放 GPU 设备内存
—	在 CPU 端输出计算结果并释放内存

从表 8.1 不难看出, 使用 CPU 实现计算一般包含三步: 分配内存并初始化数据、实现计算和输出计算结果并释放内存等资源。而使用 GPU 加速计算则需更多步骤。

为了在 GPU 上运行程序, 需要调用只能在 GPU 端运行的一种被称为**核函数** (kernel) 的, 只能访问 GPU 本身存储的特殊函数, 所以在 CPU 端初始化数据后还要在 GPU 上分配内存, 并将 CPU 端的数据传送到 GPU 设备。不同于 CPU 端的内存申请函数, 如 malloc 等, GPU 只允许用 CUDA(compute unified device architecture) 专用 API 来申请内存, 如 cudaMalloc 等。数据在 CPU 与 GPU 间的传送也要调用 CUDA 的专用接口, 例如 cudaMemcpy。最新的 CUDA 支持统一内存 (unified memory), 支持开发者以统一的方式为 CPU 和 GPU 分配内存。当然, 这本质是 cudaMemcpy 的一种异步实现。与调用普通函数不同, 启动核函数时需通过符号 <<< $\cdots$ >>> 告知计算所需的 GPU 计算资源。为了让 CPU 确定传送到 GPU 上的计算任务已完成, 需要在 CPU 端调用同步函数 cudaDeviceSynchronize(), 确保或等待 GPU 完成计算任务。然后, 将计算结果从 GPU 设备传送回 CPU 端。

与编程模型相对应, 图 8.2 显示 GPU 硬件与软件的对应关系与 CPU 中的也不尽相同。后面我们将讨论到, GPU 线程共享资源的方式与 CPU 线程的不同。同时, 根据第 7 章我们知道, CPU 计算中线程几乎是共享存储并行时的主要调度单位, 而图 8.2 则显示线程似乎不是 GPU 并行的主要调度单位。事实上, 通过本章的讨论我们将看到, GPU 计算中调度比较复杂。下面我们将结合

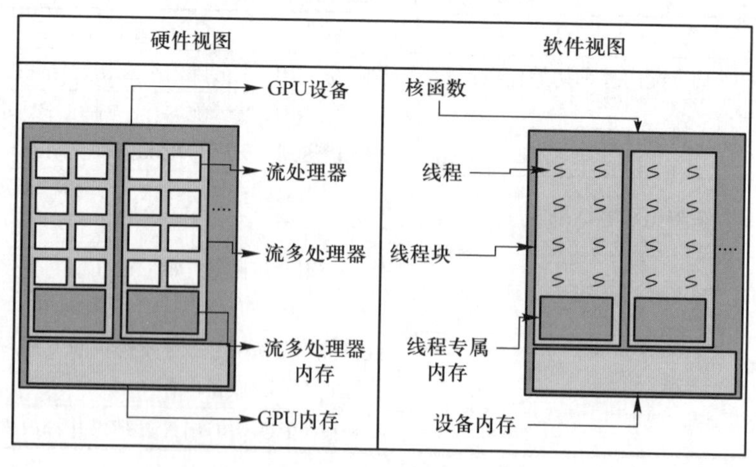

图 8.2　GPU 硬件视图与软件视图的对应关系

表 8.1 和图 8.2, 分别从计算单元和存储结构两个方面来学习 GPU 通用编程的基本概念和编程技术。

8.1.1 GPU 的计算单元与 SIMT 线程

我们可以把 GPU 看成一个以多线程流多处理器 (multithreaded SMs) 为基本单元的可扩展阵列, 每个流多处理器又包含若干个流处理器, 图 8.3 给出了简化的流多处理器的内部示意图。从图 8.3 可以看到, 流多处理器由一系列流处理器、线程束调度器 (warp scheduler)、寄存器文件 (register file)、共享内存 (shared memory, SMem)、特殊运算单元 (special function unit, SFU), 载入/存储器 (LD/ST)、本地共享存储 (shared memory)、纹理 (texture) 缓存、常量 (constant) 缓存和 L1 缓存组成。

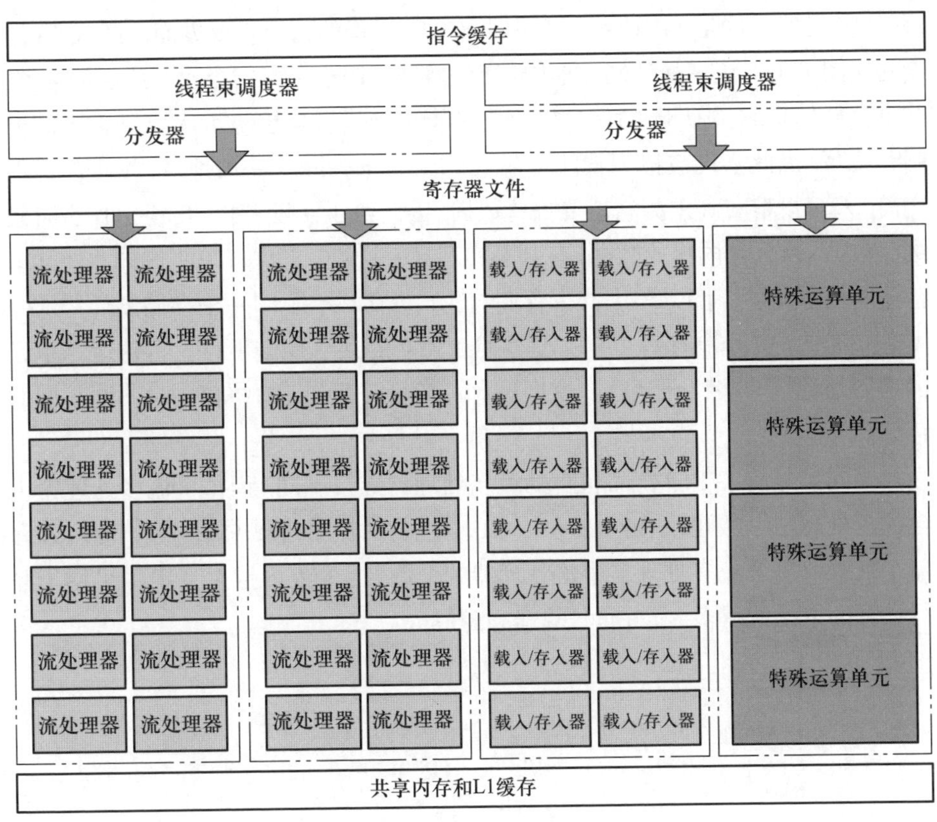

图 8.3 简化的流多处理器内部示意图

流处理器是 GPU 的算术逻辑运算单元 (ALU), 每个流处理器运行调度器分配给它的一个线程, 该线程就是所谓的单指令多线程 (single instruction multiple threads, SIMT) [37]。有些型号的 GPU 产品的流处理器还拥有双精度浮点运算单元。简单地看, 一个流处理器相当于运行一个 SIMD 线程的 CPU 核。然而, 正如下面将要讨论的, SIMT 与 SIMD 的工作方式有所不同。线程束调度器根据线程管理器发送到流多处理器的线程块启动要求, 将线程块转换成线程束, 并调度该流多处理器内的流处理器执行计算任务。在不同 GPU 中①, 一个流多处理器上的线程束调度器个数不同, 因此能同时启动的线程束个数也不同。流多处理器内的寄存器文件可看成是访问速度与流处理器运算速度相当的存储空间。不同型号的 GPU 产品, 它们的容量不尽相同, 但总体而言, 容量足够大, 让运行于流多处理器内的每个线程都可以拥有自己的寄存器空间。因此线程的上下文切换, 实际上只需要换一下寄存器文件对应的指针即可, 十分迅速。这是 GPU 线程有别于 CPU 线程的一个重要方面。载入/存储器对应图 8.3 中流多处理器方框中灰色的部分, 用于保存指令执行所需的数据。共享存储的功能类似于 L1 缓存, 但它完全由开发者来控制, GPU 硬件不能控制其读写, 因此它也被称为软件缓存 (software cache)。一般地, 一个程序运行之前, 人们很难准确预测它需要哪些数据, 因此给予开发者权力, 决定什么时候缓存数据, 什么时候释放数据, 有利于实现高效计算。这是 GPU 设计本地共享存储的根本初衷。图 8.3 中共享存储与 L1 缓存共享了同一个存储硬件; 这并不是必需的, 实际上有些 GPU 型号拥有独立的共享存储硬件。特殊运算单元的功能是进行一些特殊运算。纹理缓存、常量缓存和 L1 缓存则是不同类型的存储。

不同型号的 GPU 产品包含的流多处理器数目不同, 而每个流多处理器包含的流处理器个数也不相同。一个 GPU 包含的流处理器总数, 等于流多处理器个数乘以每个流多处理器中流处理器的个数, 这个数目越大, GPU 可用于并行计算的单元就越多, 其并行计算潜力就越大。

---

① 更准确地说, 是将在 8.3.3 节介绍的计算能力。

GPU 中魔数 (magic number)：32

GPU 编程中, 32 是一个奇特的数字。它源于硬件设计, 对软件的性能有很大影响。它等于一个线程束内线程的个数, 读者可将其想象成分配计算任务给一个流多处理器的基本任务粒度 (granularity)。以 32 个线程为单位分配任务, 一般会更为有效地使用 GPU 的硬件资源。当分配给一个线程束的活动线程数量小于 32 时, 比如只有 20 个, 那么 12 个流处理器将被空置, 从而导致计算资源的闲置。

GPU 一般采用 SIMT 管理和运行线程。SIMT 与 SIMD 很类似, 但无论从硬件架构看, 还是从软件开发看, SIMT 与 SIMD 均有不同 [31,33,37,38]。例如, SIMD 中的一条指令被用于处理多个不同数据, 从而实现向量化 (vectorization)。而 SIMT 中, 不同线程获取并执行相同的指令来处理不同数据。同时, 两者的调度方式也大不相同, CPU 线程本身就是调度单位, 而 GPU 一般以包含了 32 个 SIMT 的线程束为调度单位。这也是为什么 GPU 并行时线程个数为 32 会有利于提高并行效率。

GPU 流处理器数目一般很多, 启动的线程数目往往也很大, 为方便组织它们, CUDA **从逻辑上**将 SIMT 线程按照图 8.4 所示的方式组织起来。也就是说, 网格由一个或多个**线程块**组成；线程块由若干 **SIMT 线程**组成。开发者在编程时指定要启动多少个线程块, 而这些信息通过硬件处理后, 交由线程块调度器具体调度线程。线程、线程块、线程网格与 GPU 硬件的对应关系如图 8.2 所示。SIMT 线程在流处理器上运行。由于 GPU 的寄存器文件足够大, 而且基于硬件实现调度, SIMT 线程的切换速度比 SIMD 线程的快很多。一个线程块中所有的 SIMT 只能在同一个流多处理器上运行。当单个线程所需资源过多时 ①, 线程块可能无法被正常地分配到一个流多处理器, 此时, 要么减少单个线程所需资源, 要么减少线程块内的线程个数。一个线程块的启动与否不能依赖于其他线程块的计算结果。也就是说, 线程块间没有依赖, GPU 调度器能以任何次序调度线程块。当分配一个或多个线程块给流多处理器后, 每个线程块被分成若干个线程束, 这些线程束由内置于流多处理器中的线程束调度器管理。

① 比如核函数中定义了过多的局部变量，导致所需的寄存器数量很多。

当前 NVIDIA GPU 允许一个线程块最多拥有 32 个线程束, 也就是说, 一个线程块最多有 1 024 个 SIMT 线程。一个线程块内的线程可相互通信并同步。线程块由线程网格来组织。调用核函数时通过符号 <<<···>>> 同时指定了线程网格中线程块的组织方式和线程块中线程的组织方式。也就是说, 所有线程都在由若干个线程块组成的线程网格中。从某种角度看, 线程网格在逻辑上把当前 GPU 计算任务分配给各个线程块。线程网格能在 GPU 当前所有空闲流多处理器上运行。核函数启动时一般不可能同时启动线程网格中的所有线程块。

线程网格 → 线程块 → 线程

图 8.4 CUDA 中线程的逻辑组织形式

显然当应用程序的并行度足够时, 同时运行的线程个数越多并行加速效果就会越好。事实上, 并行加速效果由 GPU 硬件和软件中线程的逻辑组织形式共同决定。从软件看, 用户调用核函数时指定了线程总数及 GPU 工作任务的分配方式; 从硬件看, 一个线程束内的线程同时运行, 不同线程束能否同时运行由调度器根据执行任务过程中空闲资源的多少来确定。简而言之, 程序执行时具体有多少个线程同时运行跟同时运行的线程束个数成正比。

GPU 并行中线程、线程束、线程块和线程网格的区别与联系, 可以总结如下。

(1) SIMT 线程是 GPU 并行编程时的基本单位, 这跟 CPU 多线程编程一样。从这个角度看, SIMT 线程是**任务**的基本模块, 开发者可把线程作为并行任务的基本单位。

(2) 线程束是**代码执行**的基本模块, 这是因为 GPU 是以线程束为单位调度线程并实现并行计算的。一个线程块中的线程可被调度到多个线程束。一个线程束内的线程是并行执行的。一个流多处理器同一个时间能启动的线程束个数由计算能力的版本规定, 具体可查阅相关资料 [39]。

(3) 相对于 GPU 拥有的巨量流处理器数量, 不适合以线程束作为基本单位来启动 GPU 程序。事实上, GPU 以线程块为单位启动计算任务。从这个角度看, 线程块是**代码启动**的基本模块。一个线程块一般可以包含 32、64、128、256、512 和 1 024 个线程, 对应了 1、2、4、8、16 和 32 个线程束。线程块是并发 (concurrently) 执行的, 有多少个线程块并行地执行取决于 GPU 空闲的硬件资源。一个线程块内的所有线程或线程束必须被调度到同一个流多处理器, 而多个线程块可被调度到同一个流多处理器。

(4) 线程网格是以线程块为基本单位的, 是对线程的一种逻辑抽象和组织。

不言而喻, 线程 → 线程块 → 线程网格的逻辑结构和调度方式增加了程序开发的复杂度。开发者需选择合适的网格块大小和网格大小, 同时还要计算线程的全局索引。人们愿意接受这种复杂逻辑结构的原因在于, 它使得开发人员不用关心 GPU 硬件资源配置的情况, 只需关注应用本身的并行性。也就是说, 当一个 GPU 并行程序开发完成后, 可在很多不同的 GPU 产品上运行①。当应用的并行度足够时, 计算效率可随着计算资源的增长而线性增长。我们知道影响并行计算效率的一个重要因素是线程间的通信和同步。CUDA 允许同一个线程块内线程高效地同步和通信, 但不允许不同线程块间的线程进行通信或同步。这种机制使得线程调度器能让线程块被独立地调度。于是, GPU 可根据空闲硬件资源的多寡自动决定是否让更多线程或者说线程束同时被启动。

下面举一个简单的例子。假定将启动 8 个线程块、运行一个拥有足够多并行度的应用, 每个线程块包含了刚好可组成 1 个线程束的 32 个线程。显然这个计算任务需要 8 次线程束调度。同时假定有两片处于不同状态, 但其他硬件一致的 GPU, GPU–1 有 2 个空闲流多处理器, GPU–2 的有 4 个空闲流多处理器。这里让每个流多处理器有 32 个流处理器。当计算任务运行于 GPU–1 时, GPU 能让 2 个线程块的 2 个线程束同时启动, 因此有 2×32 个线程同时执行该任务；当任务在 GPU–2 上运行时, GPU 能让 4 个线程束同时启动, 同时执行该任务的线程数变为 4×32。与在 GPU–1 上运行相比, 将程序运行于 GPU–2 时, 理论上开发者可在无须修改程序的条件下得到 2 倍的并行加速。

8.1.2 GPU 存储的结构与管理

图 8.5 给出了 GPU 存储的硬件结构示意图, 图 8.6 则给出了数据从 CPU 到 GPU 的流动过程。图 8.5 最上方是主机端内存 (host memory), 指的就是我们常说的内存。一般主机端内存通过 PCI–E 总线与设备端存储交换数据, 数据交换的速度取决于 PCI–E 总线速度。全局内存 (global memory)、常量内存 (constant memory)、纹理内存 (texture memory)、本地内存 (local memory) 都位于 GPU 板上, 但不在片内 (即 GPU 芯片内), 相对片内的内存系统访问它们的速度较慢。另外, 常量内存和纹理内存对于 GPU 来说是只读的 [38]。GPU 上有 L2 缓存和 L1 缓存, 其中 L2 缓存被所有流多处理器共享, 而 L1 缓存则是每个流多处理器内

① 前提是软件开发使用的接口也兼容。

部共享。这里的缓存和 CPU 的缓存一样，完全由硬件管理，开发者无法显式地操控缓存。纹理缓存和常量缓存在流多处理器内部共享，在早期 1.x 计算能力的时代，这两种缓存是片上唯一的缓存，十分宝贵。而当费米 (Fermi) 架构出现后，普通的全局内存也具有了缓存，因此矛盾就不那么突出了。需要注意：纹理缓存为只读存储。共享内存 (shared memory, SMEM) 具有和 L1 缓存同样的速度，且可以被开发者显式控制，因此经常被用作存放一些需反复访问的数据。共享内存只能在一个流多处理器内共享，且对于 CUDA 编程模型来说，共享存储只能被同一个线程块内的线程共享，即使两个线程块被调度到了同一个流多处理器内，它们也无法互相访问对方名下的共享存储。GPU 的寄存器 (register) 和 CPU 的不一样，其空间非常巨大，以至于可以为每一个线程分配一块独立的寄存器空间。只能运行于设备上的函数——核函数 (kernel)——的局部变量保存于寄存器。因此，不像 CPU 那样切换进程时需要保存上下文，GPU 只需要修改一下寄存器空间的指针即可继续运行。可以说，巨大的寄存器空间，使得在 GPU 上线程切换成了一个几乎无消耗的操作。不过有一点需注意，寄存器的空间也不是无限大的。如果线程数过多，或一个线程使用的寄存器数量太多，例如局部变量过多，那么多出来的数据会被保存到缓慢的本地内存上，从而影响程序运行速度。这种情况一般被称为寄存器**溢出** (register spills)。

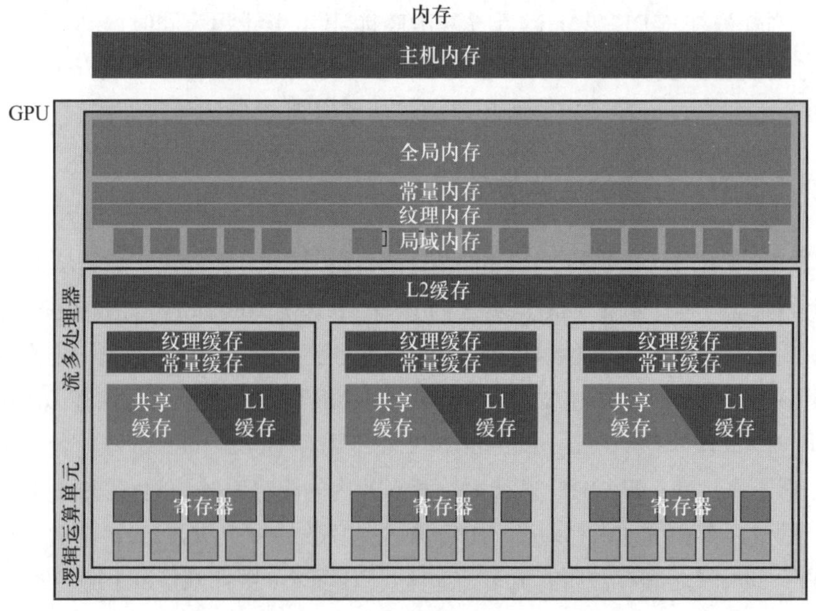

图 8.5 GPU 存储的硬件结构示意图

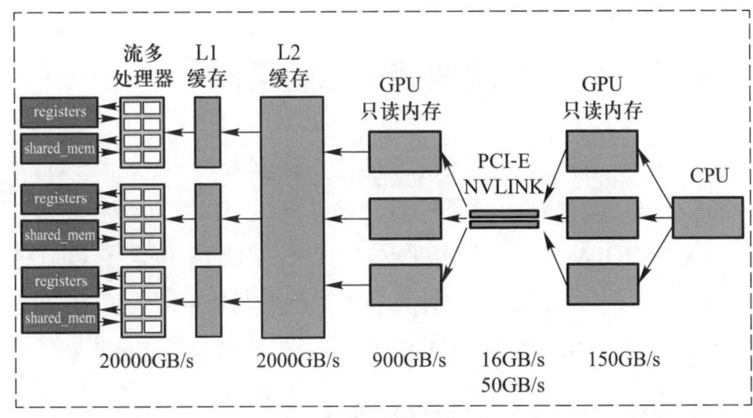

图 8.6 数据从 CPU 端流动到 GPU 计算单元的示意图

从图 8.5 和图 8.6 不难看出, 与 CPU 系统的存储一样, GPU 系统的存储也具有明显的层次结构。也就是说, 越靠近计算单元的存储, 其速度越快。需注意, GPU 的全局存储与我们常说的计算机内存不同, 它是配置在显卡上的特殊存储, 一般称为 GDDR(graphic double data rate) **显存**。GDDR 存储的访问速度和吞吐量远高于内存。表 8.2 给出了典型内存与线程访问速度和吞吐率的对比。

表 8.2 不同类型存储的数据的峰值吞吐率

内存类型	峰值吞吐率	引入时间	使用场景
Synchronous DRAM (SDRAM)	<2 000 MBps	1993	CPU 主存 外围设备存储
Double Data Rate (DDR) SDRAM	3 200 MBps	2000	
DDR2 SDRAM	8 533 MBps	2003	
DDR3 SDRAM	17 066 MBps	2007	
DDR4 SDRAM	25 600 MBps	2014	
GDDR3	10 ~ 30 GBps	2004	GPU 主存
GDDR5	40 ~ 350 GBps	2008	
GDDR5X	300 ~ 500 GBps	2016	
High Bandwidth Memory* (HBM, HBM2)	500 ~ 2 000 GBps	2016	

注：* 表示该存储类型还在发展中。

8.2 基于 CUDA 的图像旋转加速示例

为了展示 GPU 编程的基本概念和技术, 让读者对 GPU 加速计算有直观印象, 下面将给出图像处理中常见的旋转操作的 GPU 加速编程实现。示例将基于显卡厂商 NVIDIA 推出的运算平台 CUDA。CUDA 包含了 CUDA 指令集架构 (ISA) 以及 GPU 内部的并行计算引擎。开发人员可使用 C 语言为 CUDA 架构编写程序, 所编写出的程序可在支持 CUDA 的处理器上运行。

8.2.1 图像旋转任意角度的后向映射算法

首先介绍图像旋转的基本原理。假定位于 $x-y$ 平面的图像宽为 W, 高为 H, 一般认为图像应该绕着中心点旋转, 而图像原点在左上角, 计算时首先需要将左上角的原点移到图像中心。为了方便, 将原始图像上某个像素点坐标记为 $(x_0, y_0, 1)$(如图 8.7 所示), 经过坐标平移后得到的新坐标 $(x_1, y_1, 1)$ 可写为

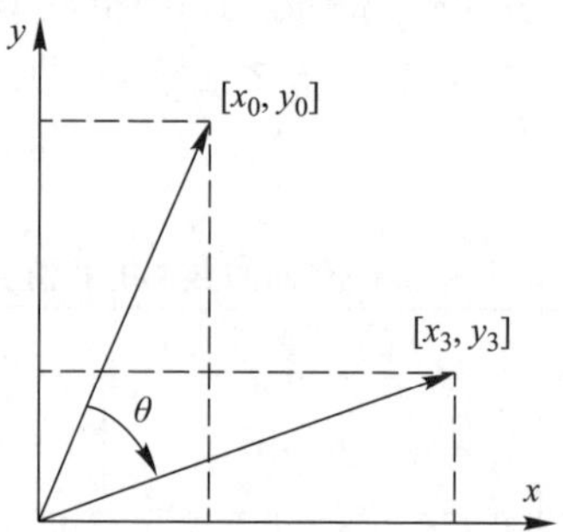

图 8.7 图像旋转示意图。图像顺时针旋转 θ 角度后像素点 $[x_0, y_0]$ 变成了点 $[x_3, y_3]$。为简化表示, 将 $[\cdot, \cdot, 1]$ 中的 1 省略

$$(x_1, y_1, 1) = (x_0, y_0, 1) \cdot \begin{pmatrix} 1 & 0 & 0 \\ 0 & -1 & 0 \\ -0.5W & 0.5H & 1 \end{pmatrix} \tag{8.1}$$

像素点 $[x_1, y_1, 1]$ 顺时针旋转 θ 后的坐标 $[x_2, y_2, 1]$ 可写为

$$(x_2, y_2, 1) = (x_1, y_1, 1) \cdot \begin{pmatrix} \cos\theta & -\sin\theta & 0 \\ \sin\theta & \cos\theta & 0 \\ 0 & 0 & 1 \end{pmatrix} \tag{8.2}$$

假定旋转后的图像的宽为 W', 高为 H', 那么将原点变换回左上角后, 像素点 $(x_2, y_2, 1)$ 的新坐标 $(x_3, y_3, 1)$ 可写为

$$(x_3, y_3, 1) = (x_2, y_2, 1) \cdot \begin{pmatrix} 1 & 0 & 0 \\ 0 & -1 & 0 \\ 0.5W' & 0.5H' & 1 \end{pmatrix} \tag{8.3}$$

综合式 (8.1)、式 (8.2) 和式 (8.3) 可以写出原始像素点 $(x_0, y_0, 1)$ 和顺时针旋转角度 θ 后对应点像素点 $(x_3, y_3, 1)$ 的关系:

$$(x_3, y_3, 1) = (x_0, y_0, 1) \cdot \begin{pmatrix} 1 & 0 & 0 \\ 0 & -1 & 0 \\ -0.5W & 0.5H & 1 \end{pmatrix} \cdot \begin{pmatrix} \cos\theta & -\sin\theta & 0 \\ \sin\theta & \cos\theta & 0 \\ 0 & 0 & 1 \end{pmatrix} \cdot \begin{pmatrix} 1 & 0 & 0 \\ 0 & -1 & 0 \\ 0.5W' & 0.5H' & 1 \end{pmatrix} \tag{8.4}$$

或者其等价的形式:

$$(x_0, y_0, 1) = (x_3, y_3, 1) \cdot \begin{pmatrix} 1 & 0 & 0 \\ 0 & -1 & 0 \\ -0.5W' & 0.5H' & 1 \end{pmatrix} \cdot \begin{pmatrix} \cos\theta & \sin\theta & 0 \\ -\sin\theta & \cos\theta & 0 \\ 0 & 0 & 1 \end{pmatrix} \cdot \begin{pmatrix} 1 & 0 & 0 \\ 0 & -1 & 0 \\ 0.5W & 0.5H & 1 \end{pmatrix} \tag{8.5}$$

其中, 式 (8.4) 一般被称为**前向映射**公式, 式 (8.5) 则被称为**后向映射**公式。从原理上看, 两者等价。但从编程实现看, 前者的并行化容易导致数据竞争, 而后者则不存在此问题。后面, 我们将通过代码更加具体地讨论这个问题。

在计算机中, 像素点坐标都是整数。可是无论采用前向映射还是后向映射, 坐标旋转后, 旋转后像素点的坐标不一定是整数。一种简单的处理方式是将旋转后像素点坐标取整, 其好处是编程简单, 但得到的图像往往有明显锯齿。为减少锯齿, 人们开发了很多技术, 例如将二维图像的旋转矩阵转换为三个剪切矩

阵 [40], 再如 B–spline 方法 [41]。而一些开源图像处理软件 [42–44] 则或多或少集成了抗锯齿技术。

为简化编程, 这里给出实现起来比较简单的双线性插值来缓解锯齿。双线性插值的原理在 3.6.1 节已经给出, 这里不再重复。图 8.8 给出了双线性插值条件下旋转前后像素点在前向映射与后向映射中的对应关系。根据一般读图习惯, 旋转后依然需要将坐标切换至水平和竖直方向, 如图 8.8 右边的虚线所示。从图中可看到, 使用双线性插值时, 前向映射中, 原始图像的一个像素点对旋转后图像的四个临近像素点有贡献; 后向映射中, 旋转后的图像的一个像素点由四个原始像素点的信息决定。当然, 对于边缘的像素点, 因为临近像素点可能缺失, 需做特殊处理。一般而言, 旋转后还需缩放图像, 保证旋转后图像的可视区与旋转前的相同。为简化显示, 图 8.8 未缩放旋转后的图像。

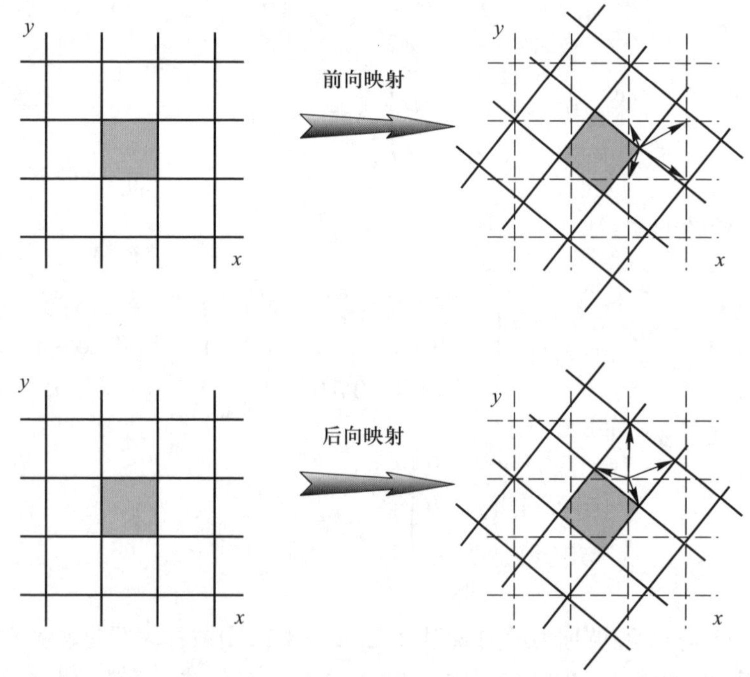

图 8.8 使用双线性插值时, 前向映射和后向映射像中素点的映射关系。前向映射时, 原始图像的一个像素点对旋转后图像的四个临近像素点有贡献; 后向映射时, 旋转后图像的一个像素点由四个原始像素点的信息决定。示意图未缩放旋转后的图像

8.2.2 图像保存格式

在开始讨论示例代码前, 还需说明图像在计算机中的存储格式。常见的存储的格式有 bmp、jpg、png、tif、gif、pcx、tga、exif、fpx、svg、psd、cdr、pcd、dxf、ufo、eps、ai、raw、WMF、webp 等。如文件 image_bmp.cc(F.121) 所示, 示例程序采用了 24 位的位图格式, 即 BMP 格式, 其全称为 BitMaP。它是一种与硬件设备无关的图像文件格式, 使用非常广泛。该格式基于位映射存储, 除了图像深度可选以外, 没有任何压缩, 因此, BMP 文件一般会占用较大空间。BMP 文件的图像颜色深度可选 1 位 (bit)、4 位、8 位及 24 位。存储数据时, BMP 图像的扫描方式是按从左到右、从下到上的顺序。BMP 文件的数据按先后顺序分别为 BMP 文件头 (BMP file header)、位图信息头 (bitmap information)、调色板 (color palette) 和位图数据 (bitmap data) 四个部分。**BMP 文件头**提供文件的格式、大小等信息; **位图信息头**提供图像数据的尺寸、位平面数、压缩方式、颜色索引等信息; **调色板**为可选, 如使用索引来表示图像, 调色板就是索引与其对应的颜色的映射表; **位图数据**就是图像数据。一般见到的图像以 24 位图像为主, 即 R、G、B 三种颜色各用 8 位来表示, 这样的图像称为真彩色, 这种情况下无须调色板, 也就是所谓的位图数据**紧跟**在图信息头后面①。

我们的示例程序读入图像后, 主要关心像素点旋转前后的映射, 与图像在存储设备上的保存格式关系不大, 因此我们不过多介绍图像的保存格式及格式的转换问题。感兴趣的读者可参照一些包括开源软件 [42−44] 在内的资源深入学习相关知识。

8.2.3 用 C++ 实现图像旋转

示例分别实现了后向和前向映射这两种图像旋转的实现方式。表 8.3 列出了对应的源码文件。图 F–60 给出由 Doxygen 生成的头文件依赖关系图和 main() 函数调用图。

① 位图文件从文件头开始偏移 54 个字节就是位图像素数据，其实说的是这种情况。

表 8.3 图像旋转前向和后向映射的 C++ 实现示例

文件名	简要说明
drv_forward_neighbor_rotate.cc(F.116) 和 drv_backward_rotate.cc(F.119)	前向映射和后向映射对应的 main() 函数所在文件
forward_neighbor_rotate.cc(F.117) 和 omp_backward_rotate.cc(F.120)	前向映射和后向映射的实现
image_bmp.cc(F.121) 和 image_bmp.h (F.122)	图像格式 BMP 类
set_scaler.cc(F.123) 和 set_scaler.h (F.124)	计算缩放因子
utilities_sc.h(F.15)	计时与进度条

文件 image_bmp.cc(F.122) 给出了一个图像类 ImageBmp 的定义。具体的，我们用一个名为 Pixel 的结构体保存单个像素点，该结构体包含三个 unsigned char 型别的成员，分别保存三原色值。因为每个原色占用 8 位，所以每个像素占用 24 位存储。图像类 ImageBmp 的数据成员包括图像尺寸、BMP 格式文件头，保存所有像素点的 std::vector<Pixel> 数组 pixel_mat_。因为示例程序把二维图像线性映射到一个一维数组，为了方便利用二维坐标索引像素，类 ImageBmp 重载了算符 operator()①。同时，类 ImageBmp 还提供了文件读写的方法：ImageBmp::ReadBmp() 和 ImageBmp::WriteBmp()。

前向映射的实现中，位于文件 drv_forward_neighbor_rotate.cc(F.119) 主函数 main() 在完成一些合法性检查后，调用定义于文件 forward_neighbor_rotate.cc(F.120) 的函数 ForwardNeighborRotate() 实现图像的前向映射旋转。为简化实现，前向映射时将旋转后像素点坐标取整作为像素点的新坐标，即不考虑像素点旋转后对周围其他像素点的贡献。函数 ForwardNeighborRotate() 最外层循环为重复旋转的次数②，是为统计时间方便而设定的。最内层的 for 循环中，按照式 (8.4) 计算出像素点 (row,col) 旋转后得到的，用浮点数表达的坐标 (y_rotated,x_rotated)，通过型别转换得到用整型数表达的新坐标 (row_index, col_index) 后，直接给旋转后像素赋值。这个过程还调用了定义于文件 set_scaler.cc(F.123) 的函数 SetScaler() 计算缩放因子。示例中，缩放的原则是保证旋转后的所有像素均位于原图像的可见区，且让旋转后的图像尺寸

① 示例给出了算符 operator() 的两个重载版本，分别用于读像素和写像素。

② 应该设置为奇数，否则输出的图像可能与原图像一致。

最大。

从提高计算性能的角度看, 文件 forward_neighbor_rotate.cc(F.117) 中的函数 ForwardNeighborRotate() 有提升空间。可通过把一些计算放到循环体外, 节省计算时间, 这些改进包括: 变量 width_half、height_half、scale_factor 在循环中不变, 可放到最外层循环外; 中间计算结果 sin(rotation_angle) 和 cos(rotation_angle) 在循环中保持不变, 可放到最外层循环外; 变量 Y 及中间计算结果 sin(rotation_angle)*Y 和 cos(rotation_angle)*Y 在关于 col 的循环中保持不变, 可放在该循环外。文件 cache_forward_neighbor_rotate.cc (F.118) 给出了应用上述改进后的函数 ForwardNeighborRotate()。

文件 backward_rotate.cc(F.120) 给出了后向映射的旋转实现, 即函数 BackwardRotate()。后向映射的示例代码使用了双线性插值以缓解锯齿效应, 当然这种去锯齿技术也能用在前向映射的实现中。为提高计算效率, 函数 BackwardRotate() 将一些在循环体内保持不变的计算放到了循环体外。对比源码文件 forward_neighbor_rotate.cc(F.117) 和 backward_rotate.cc(F.120), 可看出后向映射与前向映射的不同。首先, 本质上函数 ForwardNeighborRotate() 的循环变量 row 和 col 是像素点在图像旋转前的索引, 而在函数 BackwardRotate() 中它们则是像素点在旋转之后的索引。其次, 由于后向映射的转换矩阵是前向映射的逆矩阵, 所以两者计算旋转后像素索引的方式不同。另外, 函数 BackwardRotate() 可以非常简单、安全地实现多线程并行, 如文件 backward_rotate.cc(F.120) 所示, 直接在变量 row 的 for 循环前添加 OpenMP 指示性语句就能实现 OpenMP 并行。与此不同, 前向映射中, 一个原始像素点对多个旋转后的像素点有贡献, 因此不同 (row,col) 可能被映射到相同的 (row_index, col_index) 上, 导致多线程并行的数据竞争。如果像后向映射那样直接在 for 循环上面添加 OpenMP 指示性语句, 将出现多个线程同时更新某一个像素的情况。如果说文件 (F.117) 中的函数 ForwardNeighborRotate() 采用取整的方式映射新旧坐标使得即便存在数据竞争也能得到可接受的旋转结果, 那么使用了双线性插值后, 不处理数据竞争的并行实现会使旋转后的图像明显地失真。

8.2.4 示例程序的运行结果

假定编译所得的可执行文件名为 xbackward_rotate, 将一张曼德勃罗图像顺时针旋转 25° 的命令行命令及其输出如图 F–58 所示。图 F–59 给出了旋转前后的曼德勃罗图像。图 F–58 给出了 1 个 OpenMP 线程和 4 个 OpenMP 线程的输出。可以看到, 使用 4 个 OpenMP 线程时, 单个像素消耗的时间从 29 纳秒减少到了 10 纳秒.

示例代码只支持 BMP 格式的文件, 感兴趣的读者可以通过调用 FreeImage 等开源库让其支持其他图像格式。

8.2.5 图像旋转的 CUDA 加速

表 8.4 列出了第 8.2.3 节给出的图像旋转后向映射程序的 GPU 加速版本。从表中可看到, 我们用文件 image_bmp_eigen.cc(F.130) 替代了文件 image_bmp.cc(F.121)。两者的区别在于, 前者使用 Eigen 替代了 std::vector 来保存像素矩阵。依据 CUDA 的一般规则, 我们将调用了 CUDA 资源的源码文件的后缀由 cc 改为 cu。图 F–60 给出由 Doxygen 生成的头文件依赖关系图和 main() 函数调用图。从编写 Makefile 的角度看, 采用 CUDA 编程与 C++ 编程没有太大区别, 只不过如果不用 nvcc 替代 g++ 编译后缀为 cu 的文件, 一般会出现一些报错信息[①]。

表 8.4 利用 CUDA 加速后向映射图像旋转的示例

文件名	简要说明
drv_cuda_image_rotation.cc(F.125)	main() 函数所在文件
1d_case_launcher.cu(F.126) 和 2d_case_launcher. cu (F.132)	启动一维和二维线程网格、线程块的 CUDA 加速
rotation_with_1d_grid_1d_block.cu(F.127) 和 rotation_with_2d_grid_2d_block.cu(F.133)	一维和二维线程网格 CUDA 实现
common_cuda_rotate.h(F.128)	函数头文件
gpu_resource.cu(F.129)	根据 GPU 资源计算配置参数, 输出 GPU 信息等
image_bmp_eigen.cc(F.130) 和 image_bmp_eigen.h (F.131)	图像格式 BMP 类
set_scaler.cc(F.123) 和 set_scaler.h(F.124)	计算缩放因子

去掉表 8.4 中的文件 2d_case_launcher.cu(F.132) 和 rotation_with_2d_grid_2d_block.cu(F.133), 编译其他文件就得到实现一维线程网格、一维线程块的 GPU 加速对应的可执行文件, 这里将其命名为 xrotation_with_1d_grid_

① 例如找不到 CUDA 库函数等。

1d_block。类似地, 去掉表 8.4 中文件 1d_case_launcher.cu(F.126) 和 rotation_with_1d_grid_1d_block.cu(F.127), 编译其他文件就得到实现二维线程网格、二维线程块的 GPU 加速对应的可执行文件, 这里将其命名为 xrotation_with_2d_grid_2d_block。将一张曼德勃罗图像顺时针旋转 25° 的命令行命令及其输出如图 F–61 所示, 计算中设置每个线程块有 512 个线程。从输出可看到, 使用了 GPU 加速后, 单个像素的处理时间减少到了 2.5 皮秒左右, 与单 OpenMP 线程用时相比, 加速比超过了 10 000 倍。

与其他示例一样, 定义于文件 drv_cuda_image_rotation.cc(F.125) 的 main() 函数在一些合法性检查后, 调用实现图像旋转功能的函数 LaunchRotateKernel() 并输出结果。表 8.4 中文件 1d_case_launcher.cu(F.126) 和 2d_case_launcher.cu(F.132) 都定义了名为 LaunchRotateKernel() 的函数, 前者实现一维线程网格、一维线程块条件下 GPU 加速的计算, 后者则实现二维线程网格、二维线程块条件下的加速计算。

以文件 1d_case_launcher.cu(F.126) 为例说明函数 LaunchRotateKernel() 的具体实现。该函数首先调用定义于文件 gpu_resource.cu(F.129) 的函数 GpuResource(), 根据 occupancy API cudaOccupancyMaxPotentialBlockSize() 的计算结果, 调整命令行输入的**一个线程块内最大线程数**; 然后调用 CUDA API cudaEventCreate() 创建计时器; 接下来调用 CUDA API cudaMalloc() 和 cudaMemcpy() 在 GPU 设备上申请存储并将图像从主机内存拷贝到 GPU 设备; 紧接着, 让线程总数等于图像像素点总数, 根据线程块大小 block_size 计算出线程网格大小 grid_size 后, 启动定义于文件 rotation_with_1d_grid_1d_block.cu(F.127) 的核函数 RotationWith1dGrid1dBlock(), 开始一维线程网格、一维线程块情况下的图像旋转; 等待图像旋转计算完毕后再次调用 CUDA API cudaMemcpy() 从 GPU 端将旋转后的图像拷贝回 CPU 端; 最后输出一些计算信息后退出。

从结构和功能看, 定义于文件 2d_case_launcher.cu(F.132) 的函数 Launch RotateKernel() 与它在文件 1d_case_launcher.cu(F.126) 的同名函数完全相同。区别在于两点。一是, 前者调用的是定义于文件 rotation_with_2d_grid_2d_block.cu(F.133) 的核函数 RotationWith2dGrid2dBlock(), 实现二维线程网格、二维线程块的 GPU 加速计算。二是, 两者计算和设置线程网格、线程块的方式有所不同。

示例的 GPU 计算中, 并行任务分配的方式是**让每个线程负责一个像素点**

的计算任务。因此,匹配线程编号与像素点索引是核函数 RotationWith1dGrid1dBlock() 和 RotationWith2dGrid2dBlock() 的重要任务。由于线程网格和线程块逻辑组织方式不同，这两个函数将线程编号映射到像素索引的具体做法不同。

8.3　CUDA 编程模型和运行设置

CUDA 对 C/C++ 进行了拓展,使之适应 GPU 硬件环境。相应的,CUDA 的编程模型和运行设置也有别于单纯的 CPU 计算平台。下面将结合表 8.4 给出的示例源码具体介绍 CUDA 的编程模型和运行设置。

8.3.1　函数前缀修饰符与核函数

CUDA 称被 __global__ 修饰的函数为**核函数**。核函数在设备上执行,但一般只能通过主机启动①。图像旋转示例中,文件 rotation_with_1d_grid_1d_block.cu(F.127) 中的核函数 RotationWith1dGrid1dBlock() 和文件 rotation_with_2d_grid_2d_block.cu(F.133) 中的核函数 RotationWith2dGrid2dBlock() 就是这类函数。执行函数 RotationWith1dGrid1dBlock() 的设备是 GPU,启动它的则是 CPU。由于**设备和主机的内存系统相互独立**,在设备上执行的函数无法将数据直接返回给主机,所以核函数的返回值必须为 void。核函数启动后立即返回,不必等待设备完成函数体内的计算任务。与普通的 C/C++ 函数不同,核函数启动后会将任务分配给若干个 CUDA 线程以实现并行计算,于是,启动函数时必须指定所需的线程和内存等设备资源,我们将在 8.3.2.1 节讨论如何指定它们。

与核函数对应的是被 __device__ 和 __host__ 前缀修饰符修饰的函数。被 __device__ 修饰的函数在设备上执行且只能通过设备来调用,图像旋转示例中定义于文件 common_cuda_rotation.h(F.128) 的函数 SetPixel() 就是这类函数。被 __host__ 修饰的函数在主机执行,且只能通过主机来调用。如果主机是 CPU 系统,那么该类函数就是普通的 C++ 函数。通常我们省略这个修饰符,因此图像旋转示例中除了被上面两个修饰符修饰的函数以外的其他函数,都是 __host__ 类型的函数。

除了约定函数在主机还是在设备上运行，CUDA 还有一类函数修饰符:

① 在计算能力 3.2 或更高的版本中，此类函数也能被设备启动。

__noinline__ 和 __forceinline__, 用来指示编译器是否将函数当做内联函数。CUPA 的一些约定如下。

(1) 在编译器认为恰当的情况下, 会默认 __device__ 函数为内联函数。

(2) __noinline__: 表明在可能的情况下, 不要将函数作为内联函数。

(3) __forceinline__: 表明强制将函数作为内联函数。

(4) __noinline__ 和 __forceinline__ 函数修饰符不能同时修饰同一个函数, 它们中的任何一个都不能修饰一个内联函数。

8.3.2 软件与硬件的映射

8.3.2.1 计算单元的分配、映射与执行配置

线程是 CUDA 任务分配的最基本单元。根据第 8.1 节的讨论我们知道, 由于线程数目众多, 为了方便组织, 在逻辑上将其分三个层次: 线程 → 线程块 → 线程网格; 当然有时为了方便, 也将这种逻辑层次表达为: 线程网格 → 线程块 → 线程; 或者直接简称为**线程的三层逻辑结构**。图 8.9 的左边给出了线程的三层逻辑结构示意图, 而右边则显示了 CUDA 如何将逻辑结构映射到 GPU 硬件。在 CUDA 线程的三层逻辑结构中, 线程块内线程的具体组织方式由两个内置变量 blockDim 和 threadIdx 描述, 这两个变量的型别均为 CUDA 的内置型别 dim3。根据 8.3.4 节的介绍, 我们知道, dim3 型别的变量包含了三个整型数。于是, CUDA 允许线程的一维、二维和三维三种逻辑结构。对于一个有 N_b 个线程的线程块。

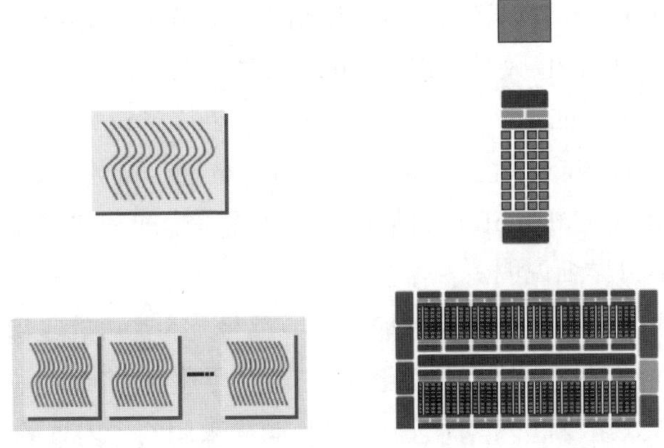

图 8.9 CUDA 线程与 GPU 硬件的映射关系示意图

(1) 当 blockDim.x=N_b, blockDim.y=blockDim.z=1 时, 线程块以一维方式组织线程;

(2) 当 blockDim.x=N_x, blockDim.y=N_y, blockDim.z=1 且 $N_x \times N_y = N_b$ 时, 线程块以二维方式组织线程;

(3) 当 blockDim.x=N_x, blockDim.y=N_y, blockDim.z=N_z 且 $N_x \times N_y \times N_z = N_b$ 时, 线程块以三维方式组织线程。

不难看出这三种组织方式分别适合向量、矩阵和体结构的计算。这三种组织形式对应的线程编号方式有所不同, 因此计算线程索引的方式也不同, 如图 8.10 所示。

```
threadIdx.x;                                                   // 一维
threadIdx.x+ threadIdx.y * blockDim.x;                         // 二维
threadIdx.x+ threadIdx.y * blockDim.x + threadIdx.z * blockDim.x * blockDim.y; // 三维
```

图 8.10 单个线程块中线程编号的计算方式

对于目前的 GPU, 每个线程块最多可包含 1 024 个线程。同时, 因为一个线程块内所有线程需要被调用到同一个流多处理器, 共享该流多处理的内存资源, 所以单个线程块中线程的数目还受到**硬件条件**的制约。计算每个线程块具体能包含多少个线程是件烦琐的任务。好在 CUDA 提供了所谓的 Occupancy API 帮助开发者完成该计算, 以减轻开发者的负担。图像旋转示例中, 定义于文件 gpu_resource.cu(F.129) 的函数 GpuResource() 就利用该 API 提供的工具修正了命令行输入的设定值。其具体做法是, 调用 API cudaOccupancyMaxPotentialBlockSize() 计算出 GPU 硬件所能允许的线程数 block_size_by_occupancy, 当命令行输入的 block_size 小于 block_size_by_occupancy 时, 保持 block_size 不变; 否则让 block_size 等于 block_size_by_occupancy。CUDA 还提供了一个名为 Occupancy Calculator 的工具用于计算单个线程块最多所能包含的线程数目。这里不再详细说明。

要确定 CUDA 给某个线程分配的唯一编号, 还需知道**线程块与线程网格**的逻辑关系。与线程块和线程的关系类似, 线程网格可将线程块以一维、二维和三维这三种方式组织起来。而且, CUDA 同样采用两个内置的、dim3 型别的变量 gridDim 和 blockIdx 来描述这种逻辑关系。参照图 8.10, 不难知道, 可用图 8.11 所示的方式由 gridDim 和 blockIdx 计算线程块的编号。

```
blockIdx.x;                                          // 一维
blockIdx.x+ blockIdx.y * gridDim.x;                  // 二维
blockIdx.x+ blockIdx.y * gridDim.x + threadIdx.z * gridDim.x * gridDim.y; // 三维
```

图 8.11 线程网格中线程块编号的计算方式

设定了 gridDim 和 blockDim 也就意味着确定了启动核函数时所需的线程资源，而且运行核函数的各个线程都有一个不与其他线程重复的、唯一的编号；该编号正是由 CUDA 的两组内置变量 gridDim 和 blockIdx、blockDim 和 threadIdx 通过图 8.10 和图 8.11 给出的方式获取。线程块和线程网格的逻辑结构相互独立，因此 CUDA 允许它们逻辑结构的各种组合。具体编程开发中，一般需根据实际情况选择合适的组合方式。当然，很多时候这并不是一件容易的任务。

图像旋转示例中，文件 1d_case_launcher.cu(F.126) 和 rotation_with_1d_grid_1d_block.cu(F.127) 给出了一维线程网格、一维线程块的组合方式。图 8.12 上面方框给出了线程网格、线程块逻辑结构的设定方式。其中，变量 block_size 设定了单个线程块所包含的线程的总数，变量 grid_size 则设定了线程网格中线程块的数目。前面提到，GPU 并行任务分配的方式是让每个线程负责一个像素点的旋转计算。从图 8.12 中上面的方框不难看出，任务分配过程中，先计算出一行像素点需要多少个线程块，然后通过像素的列数计算出整个图像所需线程块的数目，即线程网格中线程块的数目。因为一行像素点的数目不一定恰好能被 block_size 整除，计算时启动的 GPU 线程总数 grid_size×block_size 一般会大于像素总数。

启动核函数的一个重要环节是**执行配置** (execution configuration)。根据 CUDA 的约定，执行配置的完整形式是 <<<Dg,Db,Ns,S>>>，各参数的具体含义如表 8.5 所示，其中，Ns 和 S 属于可选参数。如图 8.12 中间方框所示，示例省略了 Ns 和 S 这两个参数，以 <<<grid_size,block_size>>> 语句实现一维网格、一维线程块的执行配置。观察仔细的读者不难发现，grid_size 和 block_size 不是 dim3 变量。事实上，针对这种情况，CUDA 会自动将变量转换为 dim3 型别。以 grid_size 为例，CUDA 将创建一个临时的 dim3 变量，让该临时变量的 x 成员等于 grid_size 的同时令它的 y 和 z 成员等于 1。

设置一维线程网络、一维线程块

```
// 像素矩阵的每一行需要多少个线程块来完成计算，不能被整除时，部分线程没有实际参与计算
int num_blocks_per_row = (image.GetWidth() + block_size  − 1 ) /  block_size ;
int  grid_size  = image.GetHeight() ∗num_blocks_per_row;
```

一维线程网络、一维线程块的执行配置

```
RotationWith1dGrid1dBlock<<<grid_size, block_size>>>(image_gpu_rotated, image_gpu_unrotated,
    image.GetWidth(), image.GetHeight(), scaler_cos , scaler_sin );
```

一维线程网络、一维线程块时匹配线程编号与像素索引

```
unsigned num_threads_per_block = blockDim.x;// 线程网格，一维网格时只有 x 维度 >1;
unsigned block_index = blockIdx.x;             // 当前线程块的索引
unsigned index_thread = threadIdx.x;           // 线程的索引

// 将线程索引转换成线性化的像素索引
unsigned pixel_index = num_threads_per_block ∗ block_index + index_thread ;

// 像素矩阵的一行需要多少个线程块
unsigned num_blocks_per_row = (width + num_threads_per_block − 1) / num_threads_per_block;

// 行索引与列索引
unsigned row_rotated = block_index / num_blocks_per_row;
unsigned col_rotated = pixel_index − row_rotated∗num_blocks_per_row∗num_threads_per_block;

// 列索引超过范围
if ( col_rotated >= width) return;
```

图 8.12　使用一维线程网格、一维线程块启动 GPU 计算的方式及计算像素行索引和列索引的方式

表 8.5　运行时配置运算符 <<<Dg,Db,Ns,S>>> 中参数的具体含义

参数名	简要说明
Dg	dim3 型别，用于定义整个线程网格的维度和尺寸，(Dg.x*Dg.y*Dg.z) 表示了网格中总的块数
Db	dim3 型别，用于定义一个线程块的维度和尺寸，(Db.x*Db.y*Db.z) 表示了块中总的线程数
Ns	size_t 型别，用于设置每个线程块除了静态分配的共享 (shared Memory) 以外，最多能动态分配的共享内存大小，单位为 byte，该内存需要用 _shared_ 来修饰。它是一个可选参数，不需要动态分配内存时该值为 0 或省略不写
S	cudaStream_t 型别，表示该核函数处在哪个流之中。它是可选参数，默认值为零

图 8.12 下面的方框给出了示例程序将线程编号映射到像素点索引的具体做法。基于线程块的一维逻辑结构可知：blockDim.x 等于线程块大小，且 block-

Dim.y=blockDim.z=1; 同时, blockIdx.x 等于当前线程块在线程网格中的索引。基于这些, 可根据该方框第 6 行语句将线程的全局编号转换为像素点的全局一维索引。方框第 12 和第 13 行的语句获取计算旋转需用到像素点的二维索引。考虑到一行像素点总数不一定能被线程块大小整除, 计算所得的列索引可能超出像素列索引范围, 方框最后一行用于处理这种情况。

8.3.2.2 线程的调度

一般来说, 基于 CUDA 的线程调度方式, 以及线程与硬件间的映射机制, 线程块的大小为 32 **的倍数**有利于提高并行效率。从图 8.9 右边的小图可看到: 一个流处理器负责一个线程的执行; 同一个流多处理器负责同一个线程块中所有线程的执行; 而整个 GPU 设备则负责线程网格的执行, 也就是完整计算任务的执行。一个线程如何被分配到某个流多处理器的某个流处理器, 是通过 GPU 的调度模块来实现的。线程调度可分为两个层次: 线程块和线程。首先看看线程块调度。当主机端启动核函数时, GPU 会根据线程网格中的线程块所需的寄存器和共享内存, 决定将线程块调度到哪个流多处理器上运行; 如果没有流多处理器有足够的资源运行该线程块, 则等待调度。只要资源足够, 一个流多处理器上可同时运行多个线程块。某个线程块运行完毕后, 就会退出流多处理器, 以供其他线程块使用该流多处理器。这里再次强调, 正如前面讨论的, 如果线程块需要的寄存器或共享内存太多, 以至于无法被调用到流多处理器时, 就会出现启动核函数失败的错误。

NVIDIA GPU 的线程调度以线程束为单位。当线程块被调度到流多处理器上后, 具体调度到哪个流处理器上运行, 取决于流多处理器内部的调度器。流多处理器将分配给它的每个线程块分为若干个线程束, 每个线程束包含 32 个线程。流多处理器通过线程束调度器管理这些线程束。例如, 当一个核函数启动后, 把包含有 256 个线程的一个线程块给分配给 SM0。注意, 这并不意味着 256 个线程将同时开始执行。事实上, 这些线程被分为 8 个线程束; 方便起见, 这里将这 8 个线程束命名为 warp0, warp1, warp2, ..., warp7。线程束调度器根据 SM0 当前流处理器的空闲状态, 决定何时开始启动 8 个线程束。需强调的是, 与 GPU 直观并行思维不一致, 线程束并不一定是以**并行方式执行的**。可并行执行的线程束个数取决于一个流多处理器中有多少个线程束调度器。由此可得到一个推论: 与使用小线程块相比, 使用大线程块会生成更多不能并行执行的线程束, 并不一定有利于提高并行效率。与此相反, 单个线程束内的 32 个线程是完全并行执行的, 所以让线程块包含的线程个数为 32 的倍数就不会浪费线程束的并行能力, 有利于提高计算效率。为此, 示例文件 gpu_resource.cu(F.129) 中对 OccupancyAPI 的输出做了处理, 保证一个线程块中线程的数量为 32 的整数倍。简单地说, 在当前 GPU 硬件条件下, 让线程块大小为 256 一般会获得比较好的并行效率。

启动核函数时 **CUDA 给各个线程的 blockIdx 和 threadIdx 赋值**。前面提到, CUDA 允许以多种逻辑结构将线程网格内的线程块和线程组织起来。一般地, 在结构上与计算任务匹配度高的组织方式能在简化编程的同时保证较高的并行效率。本质上看, 像素矩阵是个二维矩阵, 与一维形式相比, 线程网格和线程块的二维逻辑组织形式与像素矩阵的结构匹配度更高。文件 2d_case_launcher.cu(F.132) 和 rotation_with_2d_grid_2d_block.cu(F.133) 给出了使用二维线程网格、二维线程块实现图像旋转的代码。使用二维逻辑结构的线程网格和线程块可用图 8.13 描述, 而图 8.14 给出了图像旋转示例中使用的二维线程网格、二维线程块的具体设置。图 8.15 给出了源文件中设置二维线程网格和线程块的代码, 以及与之相匹配的计算像素行索引和列索引的方式。计算需要考虑整型数除法中不能被整除的情况。需注意, CUDA 默认以**列优先**方式保存多维数组, 当计算任务的索引为行优先时, 应小心处理索引间的转换。

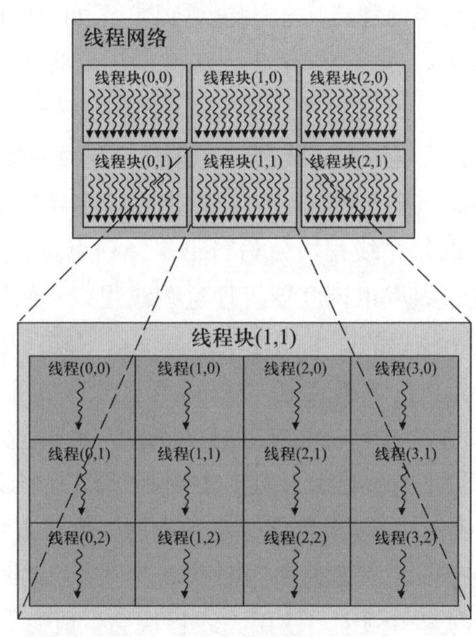

图 8.13 二维线程网格和二维线程块的逻辑结构示意图

线程块的设置

```
blockDim.x =32;
blockDim.y = block_size /blockDim.x;
blockDim.z = 1;
```

线程网络的设置

```
gridDim.x = image.GetWidth()/blockDim.x;
gridDim.y = image.GetHeight()/blockDim.y;
gridDim.z = 1;
```

图 8.14 图像旋转示例使用的二维线程网格、二维线程块的设置

设置二维线程网络和线程块，以及对应的执行配置

```
/* 设定2维线程网格和线程块，默认线程块在col方向(y)上有32个线程 */
// 线程块在 row 方向 (x) 方向上线程的个数
int num_threads_x_per_block = block_size /32,
    // 图片 col 方向 (y) 上需要多少个线程块
    num_blocks_per_col = (image.GetHeight() + 32 -1)/32,
    // 图片 row 方向 (x) 上需要多少个线程块
    num_blocks_per_row = (image.GetWidth() + num_threads_x_per_block -1)/num_threads_x_per_block;
// CUDA 默认列优先格式
dim3 grid_2d(num_blocks_per_col, num_blocks_per_row), block_2d(32, num_threads_x_per_block);

RotationWith2dGrid2dBlock <<<grid_2d, block_2d>>> (image_gpu_rotated, image_gpu_unrotated,
            image.GetWidth(), image.GetHeight(), scaler_cos, scaler_sin );
```

当线程网络和线程块均以二维方式组织时计算像素行索引和列索引的方式

```
unsigned row_rotated = blockIdx.x *blockDim.x + threadIdx.x;
unsigned col_rotated = blockIdx.y *blockDim.y + threadIdx.y;
```

图 8.15 使用二维线程网格、二维线程块启动 GPU 计算的方式及计算像素行索引和列索引的方式

对比文件 rotation_with_1d_grid_1d_block.cu(F.127) 和 rotation_with_2d_grid_2d_block.cu(F.133)，不难看出使用二维网格时能更方便地将线程编号映射到像素点的二维索引。由于二维线程网格和二维线程块的逻辑结构与像素矩阵形成了良好的匹配，线程与像素点索引的映射在函数 RotationWith2dGrid2dBlock() 中变得很简单，省去了函数 RotationWith1dGrid1dBlock() 中的一系列转换。这样带来的好处之一是减轻了单个线程的计算任务，有利于提高并行计算性能。

还需指出，为了提高代码可读性，定义于文件 rotation_with_1d_grid_1d_block.cu(F.127) 的函数 RotationWith1dGrid1dBlock() 使用了多个临时变量。这样做会增加寄存器的使用需求，可能导致单个线程块所能包含的线程数目变少。在我们的测试平台下，使用函数 RotationWith1dGrid1dBlock() 时单个线程块最多只能包含 640 个线程。将代码简单修改，例如去除部分临时变量并重复使用一些临时变量就能减少寄存器的使用，从而让单个线程块可容纳的

线程数增加到 1 024。

8.3.2.3 存储的分配与使用

除了计算单元, 还需让每个线程拥有足够的存储空间才能保证一定的计算效率。根据 8.1.2 节给出的存储的层次结构和图 8.9 的映射方式, 不难发现线程存储空间与存储器硬件的映射方式。图 8.16 具体给出这种映射的示意图。可以看到, 每个**线程**拥有只能被该线程访问的私有存储; 而每个**线程块**拥有能被该线程块所包含的所有线程访问的共享存储。除此之外, CUDA 还提供了所有线程均可访问的全局存储、常量存储、共享存储、表面 (surface) 存储和纹理存储。同时, CUDA 提供了不同的优化策略, 让线程以不同的方式访问不同类型的存储。例如, 纹理存储就提供了丰富的数据访问方式, 包括针对不同数据格式的非一致地址模式 (different addressing modes) 和数据过滤 (data filtering)。显然,

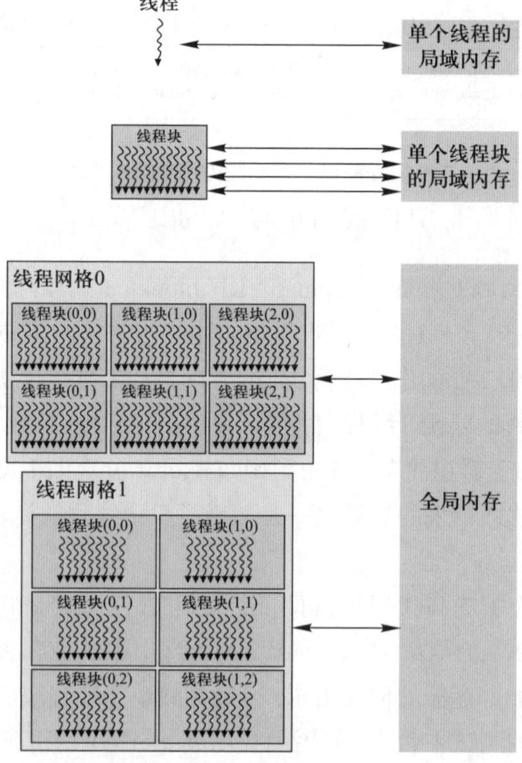

图 8.16 CUDA 线程存储空间与硬件的映射示意图

恰当地使用不同类型的存储, 可在很大程度上提高 CUDA 程序的效率, 其代价当然是更为复杂的编程。

上面的示例中, 我们主要使用了全局存储和寄存器。关于其他类型存储的使用, 读者可参考 CUDA 的说明文档。

一般来说, CUDA 编程模型假定程序以混合编程模式运行。具体的, 主机端 (host, 一般是 CPU 端) 执行串行代码, 然后调用核函数, 让设备端 (device, 即 GPU 端) 执行并行代码, 如图 8.17 所示, 主机端和设备端往往交错执行各自

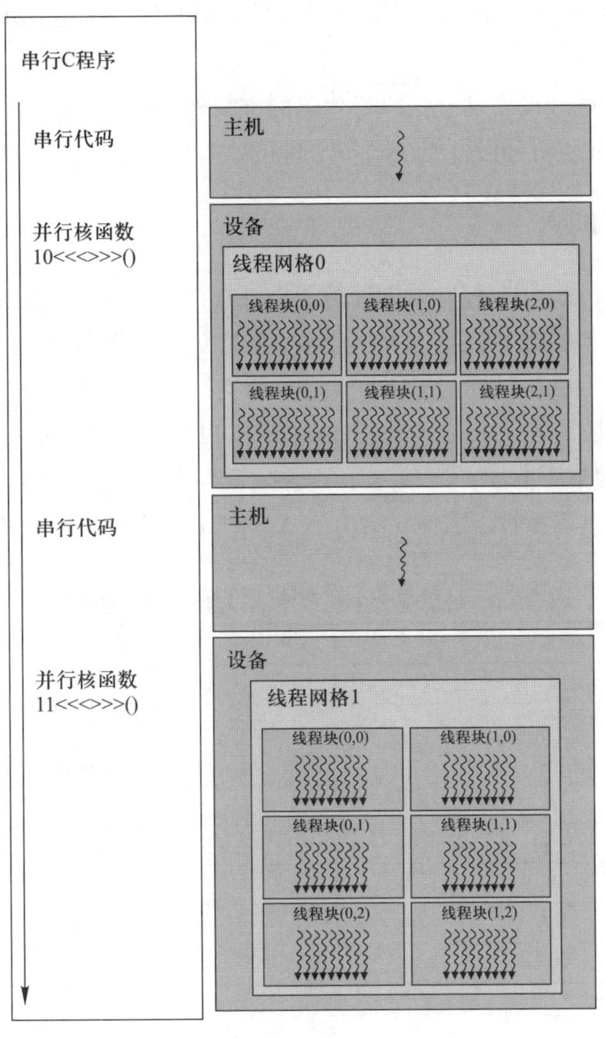

图 8.17 混合编程模型示意图

的任务。这个编程模型默认 CPU 和 GPU 的存储是独立的。因此在运行核函数前, 主机端需调用内存拷贝函数, 将数据通过 PCI–E 总线拷贝到设备端。核函数运行结束后, 主机端要再次调用内存拷贝函数, 将数据从设备端拷回。正是因为主机端内存与设备端内存的独立性, 导致编程时必须在主机端和设备端分别保存数据, 如 8.2 节的代码所示。

除了显式地在主机端和设备端交换数据, 从 CUDA6.0 开始, CUDA 还提供了设备端和主机端内存的统一地址, 避免开发者显式地在主机端和设备端间交换数据。但是, 从本质上看, 这简化了编程, 但并没有改变主机端和设备端内存相互独立的事实。

除了主机端和设备端交错执行代码的方式外, 还可利用事件 (event) 和流 (stream) 等, 让主机和设备能在同一时间同时工作, 提升整体效率。

8.3.3 计算能力

在 CUDA 编程中, 经常看到**计算能力** X.Y(compute capability X.Y) 这样的术语, 例如计算能力 6.0。它其实就是 GPU 的设备版本号, 也经常被称为流多处理器版本。版本号标记了 GPU 硬件所支持的特性, 应用程序通过该版本号获取当前 GPU 所支持的硬件特性或指令, 也可能是两者都获取。计算能力版本号的 X 为主版本号, 代表架构; Y 为次版本号, 代表在架构的基础上, 有一定改进或者一些新特性。表 8.6 给出了 X 与 GPU 架构的对应关系。

表 8.6 计算能力主版本号 X 与架构的对应关系

X	对应关系
1	Tesla
2	Fermi
3	Kepler
5	Maxwell
6	Pascal
7	Volta
7.5	Turing
8.0	Ampere

注意, 不要将 CUDA 的版本与 GPU 的计算能力版本混淆。CUDA 的版本, 例如 CUDA 8.0、CUDA 9.0 表示的是 CUDA 软件的版本。采用同一个 CUDA

版本开发的软件，可在不同计算能力版本的 GPU 上运行，包括还未被开发出的计算能力版本。

一般来说，最新的 CUDA 一般会支持最新的架构。从 CUDA 7.0 起，Tesla 架构不再被支持；从 CUDA 9.0 起，Fermi 架构不再被支持。

8.3.4 CUDA 的其他 C 语言拓展

除了前面介绍的一些语言拓展，CUDA 还定义了很多其他语言拓展，方便编程。本小节简要介绍其中一部分。

8.3.4.1 向量数据型别拓展

首先讨论 CUDA 对数据型别的拓展。CUDA 从基本的整型数和浮点数，拓展了一些向量型别，例如 int2、uint2、double4 等。这些向量数据型别都是利用一个构造器 make_<type name> 来创建的。图 8.18 给出了利用构造器创建一个名为 MyInt2 的，由两个整型数组成的向量型别。CUDA 一般约定这些型别是结构体，分别用 x、y、z 和 w 来访问第一、第二、第三和第四个元素。例如，假定 my_data 是一个 double4 型的数据，那么 my_data.x 表示其中的第一个双精度数，my_data.w 表示第 4 个双精度数。

```
MyInt2 make_int2(int x, int y);
```

图 8.18 利用构造器创建拓展数据型别

8.3.4.2 dim3 型别

它是基于 uint3 型别的一种数据型别，往往被用于定义数据的维度。其本质是由三个无符号整型数组成的结构体。当用它来定义一个变量时，变量中的三个无符号整型数都被初始化为 1。这种变量的一个用途是定义网格和线程块，例如文件 2d_case_launcher.cu(F.132) 表示二维网格和二维线程块的变量 grid_2d 和 block_2d 的型别就是 dim3。

8.3.4.3 内置变量

CUDA 内置了一些变量。下面介绍的内置变量用于指定启动核函数时线程网格和线程块的维度，以及当前线程块在线程网格中的索引和当前线程在线程块中的索引。它们仅在核函数中有效。

(1) gridDim, dim3 型别, 保存了网格的维度。

(2) blockIdx, uint3 型别, 保存了网格中块的索引。

(3) blockDim, dim3 型别, 保存了块的维度。

(4) threadIdx, uint3 型别, 保存了线程块中线程的索引。

(5) warpSize, int 型别, 保存了一个线程束中有多少个线程。

8.3.4.4 变量存储特性修饰符

CUDA 使用 __device__、__constant__ 和 __shared__ 修饰符告知编译器 GPU 变量的存储空间特性。

被 __device__ 修饰的变量位于设备。修饰符 _device_ 至多与下面将要介绍的几个修饰符中的一个联合, 说明变量的如下特性: 1) 变量存储于全局存储空间; 2) 变量的生存周期与创建该变量的 CUDA 上下文的周期相同; 3) 变量在每个设备中不相同; 4) 变量可被所在线程网格所有线程访问, 也可被主机通过动态库函数来访问, 这些动态库函数包括: cudaGetSymbolAddress()、cudaGetSymbolSize()、cudaMemcpyToSymbol()、cudaMemcpyFromSymbol()。

修饰符 __constant__ 可与 __device__ 一起使用来修饰一个变量, 表明: 1) 变量位于常量存储空间; 2) 变量的生存周期与创建该变量的 CUDA 上下文的周期相同; 3) 变量在每个设备中不相同; 4) 变量可被所在线程网格所有线程访问, 也可被主机通过动态库函数来访问。这些动态库函数包括: cuda GetSymbolAddress()、cudaGetSymbolSize()、cudaMemcpyToSymbol()、cuda MemcpyFromSymbol()。

修饰符 __shared__ 可与 __device__ 一起使用来修饰一个变量, 表明: 1) 变量位于一个线程块的共享存储空间; 2) 变量的生存周期与线程块的相同; 3) 变量在每个设备中不相同; 4) 变量只能被该线程块的线程访问; 5) 变量没有固定地址。

8.4 GPU 加速的 CUDA 库

在很多领域, 开发 CUDA 程序能极大提升计算效率, 但编写 CUDA 程序的成本可能很高, 限制了 CUDA 的应用。为缩短开发周期, 降低成本, NVIDIA 和其他一些机构提供了相当数量的 CUDA 库, 作为 CUDA 程序开发的基本模块。这些库由 CUDA 专家优化, 计算效率一般都相当高, 同时这些库提供的高级语言接口，让库函数变得易于使用且方便集成。一般说来，与手动编写代码相比，使用 CUDA 库有以下好处。首先，对于大多数应用，CUDA 库能达到可用性与性能的平衡。CUDA 库的接口一般都经过仔细设计，与一般标准库保持一致。于是，使用 CUDA 库与使用主机端的标准库在开发方式和代码风格上基本相同。也就是说，开发者不用改变太多就能获得高性能的程序。其次，受益于 CUDA 专家对最新 GPU 架构的深入理解，CUDA 库的性能往往远远高于基于主机端开发的库。这是 CUDA 库的根本优势，也是与手动编写 CUDA 代码相比的优势所在。可以说，对 CUDA 库的调用，让软件开发者毫不费力地将这些好处直接应用到所开发的或所继承的代码中。最后，使用 CUDA 库还能减少维护代码的开销。CUDA 库往往经过了严格测试，并由发布方管理。于是利用现有的、成熟的代码实现，软件开发者将测试、管理 CUDA 源码的工作转移给了库的开发者和维护者，从而极大降低了这方面的开销。当然，使用 CUDA 库时，一般需要对已有代码做必要修改。另外一些 CUDA 库也需进一步优化，进一步提升性能。

8.4.1 NVIDIA 提供的常用库

表 8.7 列举了当前一些常用的库。下面将简要介绍在高性能计算中常用的 cuBLAS 库、cuSPARSE 库、cuSolver、cuFFT 库和 cudnn 库。

表 8.7 一些 CUDA 函数库

库名	库描述
cuBLAS	基于 CUDA 的 BLAS 库，提供了 cuBLAS、cuBLASXt 和 cuBLASLt 三种 API
cuSPARSE	稀疏矩阵线性代数库
cuSolver	随机数库
cuSOLVER	矩阵分解和线性方程组求解库，既适用于稠密阵也可用于稀疏阵
cuFFT	FFT 库
cuDNN	深度神经网络库
NPP	图像和视频处理库，将被拓展到其他计算密集型应用领域

8.4.1.1 cuBLAS

cuBLAS 库是基于 NVIDIA 运行库而实现的 BLAS(Basic Linear Algebra Subprograms)。它方便了开发者充分利用 NVIDIA 的 GPU 计算资源。该库提

供了 cuBLAS、cuBLASXt 和 cuBLASLt 三类 API 接口。

CUDA 6.0 及以后版本均支持 cuBLAS 接口。使用 cuBLAS 接口时, 应用程序必须在 GPU 中申请内存保存矩阵和向量, 并给它们赋值, 在调用 cuBLAS 接口函数完成计算后, 将计算结果传回主机端。cuBLAS 也提供了一些辅助函数, 帮助在设备端写入并获取数据。

与 cuBLAS 接口一样, CUDA 6.0 及以后版本都支持 cuBLASXt 接口。使用 cuBLASXt 时, 应用程序只需在主机端控制数据, cuBLAS 库函数负责完成主机端与设备端的数据通信, 同时库函数根据用户需要, 将计算任务分配到主机上的一个或多个设备。

CUDA 10.1 及以后版本均支持 cuBLASLt 接口。cuBLASLt 是轻量级版本的库接口, 它通过灵活的接口实现通用矩阵相乘操作。通过一些参数, cuBLASLt 库函数增加了接口的灵活性, 支持不同的矩阵形式、输入类型、计算类型以及对算法实现的选择和参数的猜测。在对一系列关于通用矩阵相乘操作的参数进行初始选择之后, 它们可被其他计算任务重复使用。

8.4.1.2 cuSPARSE

cuSPARSE 库包含一组实现稀疏矩阵运算的基本线性代数函数/过程, 这些函数/过程可以被 C/C++ 调用。同 cuBLAS 一样, 它也是基于 NVIDIA 运行库实现的。cuSPARSE 使得开发者能便捷地使用 NVIDIA 的 GPU 计算资源, 但不能自动实现多 GPU 间的并行。它假定输入和输出数据都已存在于设备 (GPU) 端, 除非采用 DevHostPtr 显式地声明数据在其他存储空间。开发者需通过 cudaMalloc()、cudaFree()、cudaMemcpy() 和 cudaMemcpyAsync() 等内存管理函数, 手动分配/申请内存空间, 实现数据在主机端和设备端间的传递。

可将 cuSPARSE 库函数分为四类。第一类被称为 Level 1 库函数, 实现一个稀疏向量和一个稠密向量间的运算；第二类被称为 Level 2 库函数, 实现一个稀疏矩阵和一个稠密向量间的运算；第三类被称为 Level 3 库函数, 实现一个稀疏阵和一个稠密阵间的操作, 这里的稠密矩阵也可看成是一组稠密向量；第四类则实现矩阵不同保存格式间的转换。cuSPARSE 支持的矩阵压缩格式包括坐标三元组、行压缩、列压缩、行块压缩等。

8.4.1.3 cuSolver

cuSolver 库是基于 cuBLAS 和 cuSPARSE 的高层级软件包。其目标是, 以 GPU 并行的方式提供 LAPACK 所拥有的大部分功能, 包括一般的矩阵分解, 类似于 LU 分解的三角求解, 稀疏最小二乘求解, 以及特征值求解等。除此之外, cuSolver 还提供一组库函数, 能共享一个稀疏模式来分解/求解一系列矩阵。cuSolver 中, 工作于 GPU 端的函数都假定数据已经在设备端。开发者需要通过 cudaMalloc()、cudaFree()、cudaMemcpy() 和 cudaMemcpyAsync() 等内存管理函数, 手动分配/申请内存空间, 让数据在主机端和设备端传递。

cuSolver 将 cuSolverDN、cuSolverSP 和 cuSolverRF 三个可独立调用的包集成在一起。cuSolverDN 包含了稠密矩阵分解和求解的库函数。包含 LU、QR、SVD、LDLT, 以及矩阵和向量重排的函数。它提高类似于 LAPACK 中计算密集型的线性代数操作的效率。在不需要大幅度改动 LAPACK 的调用风格的基础上, 开发者使用 cuSolverDN 中的函数能极大提高那些计算密集型操作的效率。cuSolverSP 则主要提供基于稀疏 QR 分解的稀疏矩阵操作。GPU 并行不一定能为每个稀疏矩阵找到良好的稀疏模式, 从而实现高效率的并行, 针对这一情况, cuSolverSP 提供了基于 CPU 的一些串行计算函数; 而对于那些容易并行的稀疏矩阵, 则基于 GPU 加速以获得高的并行效率。cuSolverRF 提供了稀疏重复分解的库函数。当求解一系列具有相同稀疏模式的矩阵时, 使用该库能有效利用已经计算获取的稀疏模式, 从而提高计算效率。

8.4.1.4 cuFFT

cuFFT 库包含两个库: cuFFT 和 cuFFTW。前者是为了在 NVIDIA GPU 上获取高性能而开发的;后者则可以让 FFTW 用户以最小的代价实现 NVIDIA GPU 加速。FFT 通过分而治之的方式实现复数或实数的快速离散傅立叶变换, 在包括信号处理的数值仿真中有着非常重要的应用, 可以说是应用最广泛的算法之一。cuFFT 通过简单的接口, 在 NVIDIA GPU 上实现了 FFT, 从而让用户以方便的方式利用 GPU 的浮点运算能力和并行能力。cuFFTW 库提供了 FFTW3 API 来导入已有的 FFTW 应用。

cuFFT 库对长度可表示成 $2a\times 3b\times 5c\times 7d$ 的输入数据进行了优化。一般来讲, 输入长度为 2 的幂次方时, 效率最高。库函数的复杂度对所有输入都能达到 $\mathcal{O}(N\lg N)$, 这里 N 为数据的长度。cuFFT 支持多种精度的计算, 包括半精度 (16 位浮点数)、单精度和双精度。一般来说, 低精度的运算效率高于高精度的。cuFFT 支持复数和实数的输入与输出。实数输入或输出对应的运算效率高于复数的。支持的运算模式包括：1) 复数输入、复数输出，简称 C2C；2) 实数输入、复数输出，简称 R2C；3) 对称的复数输入、实数输出，简称 C2R。cuFFT 库支持一维、二维和三维变换，还能同时进行批量/多组一维、二维和三维变换。一般的，批量变换比单独变换的效率更高。库函数既支持原位变换，也支持非原位变换。cuFFT 能实现维度内和维度间的任意步进。库函数的数据布局还与 FFTW 的兼容。cuFFT 允许在多个 GPU 间并行的进行计算。同时，cuFFT 支持流式执行模式，具有非同步的计算和数据流动能力。

8.4.1.5 cuDNN

cuDNN 是 GPU 加速的深度神经网络 (deep neural network) 库。它提供高度优化过的，经常被深度神经网络应用调用的函数。这些函数包括：1) 前向和反向过程的卷积，以及交叉相关函数；2) 前向和后向过程的池化；3) 前向和后向过程的 Softmax；4) 前向和后向过程的激活，如 ReLU(rectified linear unit) 函数、Sigmoid 函数、双曲正切 (hyperbolic tangent,Tanh) 函数；5) 张量变换函数；6) 前向和反向过程的 LRN(local response normalization)、LCN(local contrastive normalization) 和批量正则化 (batch normalization) 函数等。

这些库函数的目标是在使用最少存储的条件下，获取最快的计算速度。cuDNN 的特征包括：用户可定制数据布局、灵活的索引方式、步长和四维张量的子区域划分等。这些灵活性让开发者很容易将 cuDNN 融入已有深度神经网络的实现，避免使用矩阵向量相乘算法加速计算时对矩阵/张量输入和输出格式的转换。

8.4.2 使用 cuBLASLt API 的示例

使用 CUDA 库能避免开发人员从底层代码开始编写一些基本的或常用的功能，极大地简化了编程。例如，调用 cuBLAS 可以在 GPU 上实现 BLAS 库所提供的功能，从而充分利用 GPU 的硬件并行能力。与 cuBLAS 和 cuBLASXt 接口相比，cuBLASLt 提供了一些自动调优功能，减轻了开发人员手动优化参数配置的负担。表 8.8 罗列的源文件调用 cuBLASLt 库函数，实现了单精度浮点数矩阵相乘并对关键参数实施了自动调优。图 F–62 给出由 Doxygen 生成的头文件依赖关系图和 main() 函数调用图。

表 8.8 使用 cuBLASLt API 函数完成矩阵乘法自动调优示例的源文件及其简要说明

文件名	简要说明
drv_cublasLt_AutoTuning.cc(F.134)	main() 函数所在文件
sample_cublasLt_LtSgemmSimpleAutoTuning.cu(F.135) 和 sample_cublasLt_LtSgemmSimpleAutoTuning.h(F.136)	调优测试函数所在文件
Lt_sgemm_optimized.cu(F.137) 和 (F.138) Lt_sgemm_optimized.h	使用调优的方式实现计算
reused_algo.h(F.139)	调优及保存调优后的 Algorithm 的类
device_mem.h(F.140)	定义设备存储的类

cuBLASLt 自动调优的基本思路是, 先根据用户输入, 程式化地猜测出需调优参数的初始值及其取值范围, 然后根据实际测试结果寻找出优化的参数组合。例如, 示例调用了 cuBLASLt 库函数 cublasLtMatmulAlgoGetHeuristic(), 根据矩阵形式、输入类型、计算类型等参数挑选出一些效率可能会比较高的算法实现和计算方式, 然后调用库函数 cublasLtMatmul() 实际测试, 根据测试结果给出优化的参数组合。函数 cublasLtMatmul() 实现如式 (8.6) 所示的矩阵相乘,

$$\boldsymbol{D} = \alpha \boldsymbol{A} \cdot \boldsymbol{B} + \beta \boldsymbol{C}, \tag{8.6}$$

其中 $\boldsymbol{A}$、$\boldsymbol{B}$ 和 $\boldsymbol{C}$ 是输入矩阵, $\boldsymbol{D}$ 为输出矩阵, CUDA 默认按列优先方式存储它们; α 和 β 为标量参数。函数 cublasLtMatmul() 支持原位 (in–place) 和非原位 (out–of–place) 计算。原位计算时 $\boldsymbol{C}$ 和 $\boldsymbol{D}$ 的内存地址相同; 非原位 (Out–of–place) 时, $\boldsymbol{C}$ 和 $\boldsymbol{D}$ 的地址不能重合, 但它们的主维度①可以不同, 不论是原位还是非原位, 函数 cublasLtMatmul() 要求矩阵的数据型别、行数、列数和存储格式相同。该函数的接口如图 8.19 所示。参数列表中的 lightHandle 型别为 cublasLtHandle_t, 是一个指向 CUDA 不透明 (opaque structure) 结构体②的指针, 该结构体包含了 cuBLASLt 库上下文。参数 computeDesc 的型别为 cublasLtMatmulDesc_t, 是一个指向描述矩阵相乘操作的不透明结构体的指针。参数 alpha 和 beta 分别对应着式 (8.6) 的 α 和 β。参数 Adesc

① 主维度的说明请参见附录 D.1.1。

② 不希望用户看到的结构体。

的型别为 cublasLtMatrixLayout_t, 指向描述 $\boldsymbol{A}$ 矩阵结构的不透明结构体的指针。参数 Bdesc、Cdesc 和 Ddesc 的型别与 Adesc 相同, 分别描述了矩阵 $\boldsymbol{B}$、$\boldsymbol{C}$ 和 $\boldsymbol{D}$。参数 A、B、C 和 D 则分别为指向式 (8.6) 中四个矩阵的指针, 需注意, 这些指针指向设备 (GPU) 而非主机的存储。参数 algo 的型别为 const cublasLtMatmulAlgo_t, 是一个指向描述矩阵相乘算法的不透明结构体的指针; 该指针为 nullptr 时, 函数 cublasLtMatmul() 会根据默认的搜索方式隐式地猜测并选择一个算法。参数 workspace 是指向临时工作空间的指针, 该空间的大小由参数 workspaceSizeInBytes 给出。参数 stream 的型别是 cudaStream_t, 表示处理 GPU 工作任务的 CUDA 流。函数 cublasLtMatmul() 返回一个型别为 cublasStatus_t 的变量, 其意义在表 8.9 中给出。

```
cublasStatus_t  cublasLtMatmul(
    cublasLtHandle_t                lightHandle,
    cublasLtMatmulDesc_t            computeDesc,
    const void                      *alpha,
    const void                      *A,
    cublasLtMatrixLayout_t          Adesc,
    const void                      *B,
    cublasLtMatrixLayout_t          Bdesc,
    const void                      *beta,
    const void                      *C,
    cublasLtMatrixLayout_t          Cdesc,
    void                            *D,
    cublasLtMatrixLayout_t          Ddesc,
    const cublasLtMatmulAlgo_t      *algo,
    void                            *workspace,
    size_t                          workspaceSizeInBytes,
    cudaStream_t                    stream);
```

图 8.19 函数 cublasLtMatmul() 的接口

表 8.9 函数 cublasLtMatmul() 的返回值及其简要说明

返回值	简要说明
CUBLAS_STATUS_NOT_INITIALIZED	未初始化 cuBLASLt 句柄
CUBLAS_STATUS_INVALID_VALUE	参数冲突, 例如 workspace 的大小不满足所选用的算法
CUBLAS_STATUS_NOT_SUPPORTED	当前设备不支持当前的参数选择
CUBLAS_STATUS_ARCH_MISMATCH	当前参数选择不能在当前设备上实现
CUBLAS_STATUS_EXECUTION_FAILED	CUDA 提交了运行失败的提示
CUBLAS_STATUS_SUCCESS	函数运行成功

从函数 cublasLtMatmul() 的接口不难看到, 除了输入矩阵的基本信息和 cuBLASLt 所需的必备信息之外, 所需调优参数主要是算法 algo 和临时工作空间。这正是文件 sample_cublasLt_LtSgemmSimpleAutoTuning.cu(F.135) 中函数 LtSgemmSimpleAutoTuning() 要完成的任务。利用函数 cublasLtMatmulAlgoGetHeuristic() 选取出若干个方案后, 依据实际计算的运行时间确定效率最高的方案。在测试前, 需配置运行函数 cublasLtMatmul() 和 cublasLtMatmulAlgoGetHeuristic() 所需的资源；这些配置过程包括：调用函数 cublasLtMatmulDescInit()、cublasLtMatmulDescSetAttribute() 来配置 operationDesc；调用函数 cublasLtMatrixLayoutInit() 和 cublasLtMatrixLayoutSetAttribute() 来配置 Adesc、Bdesc、Cdesc 和 Ddesc。读者可参考 CUDA 官网手册详细了解具体配置方式。

我们知道, 矩阵的存储方式有列优先和行优先两种, CUDA 默认使用前者。附录 D.1.1 的讨论证实, 可在没有额外开销的条件下, 用行优先的接口完成列优先矩阵的相乘, 反正亦然。这里的示例也给出类似实现, 进一步验证了附录 D.1.1 的讨论。文件 drv_cublasLt_AutoTuning.cc(F.134) 先后给出矩阵以列和行优先方式存储时矩阵相乘的实现。从程序输出可看到, 即便存储方式不同, 矩阵乘法的结果也是一致的。测试还表明, cuBLASLt 对行优先和列优先两种情形可能给出不同的优化计算方案。

课程设计

1. 文件 drv_distance.cc(F.141)、distance.cc(F.142) 和 distance.h(F.143) 给出的程序的功能是计算数组 in_arr 中的元素相对于 origin 的距离。其中函数 ScaleFloat() 以数组的长度为标尺, 将一个 int 型别的数转换到区间 [0,1], 函数 SetDistance() 具体实现距离的计算, 函数 SetDistanceArr() 则调用函数 SetDistance() 实现距离的计算, 并将结果保存到数组 out_arr 中。请完成以下任务：

(1) 实现代码的 GPU 加速；

(2) 调整数组的长度, 统计计算效率。注意标明所用 GPU 的型号和与性能相关的参数；

(3) 修改程序, 实现二维或三维空间距离的计算, 并用 GPU 加速, 分析性能。

2. 文件 drv_fd1d.cc(F.144)、fd1d_cuda.cu(F.145) 和fd1d_cuda.h(F.146) 给出了使用 CUDA 实现一维二阶微分操作 $\dfrac{\mathrm{d}^2 f(x_0)}{\mathrm{d}x^2}$ 的示例程序。为方便验证结果的正确性, 程序计算了函数 $f(x) = \sin x$ 的二阶微分。示例程序采用第 4 章式 (4.9) 所示的中心差分格式计算微分。参考示例程序, 请完成以下任务:

(1) 以 CPU 实现为参照, 测试代码 GPU 加速的效果;

(2) 将程序拓展到二维, 实现拉普拉斯算子的 CUDA 加速计算;

(3) 比较使用不同线程组织形式的条件下, CUDA 加速的变化。

3. CUDA 默认以列优先方式保存多维数组, 因此以二维逻辑结构组织线程网格和线程块时, 对线程也按列优先方式索引。8.2.5 节示例程序采用行优先方式保存图像矩阵, 因此, 将线程索引映射到像素索引时要处理列优先与行优先格式间的转换。避免因为使用不同存储方式导致的转换的一种方案是直接按列优先方式保存图像。请参考示例程序, 将示例代码图像按列优先存储, 实现二维线程网格、二维线程块的 GPU 加速计算。

4. 参照第 7 章中曼德勃罗集合的示例程序, 编写其 CUDA 加速版本。程序可考虑使用不同线程组织形式, 并比较它们的性能。

第 9 章 全连接人工神经网络

人工神经网络 (artificial neural network, ANN) 简称神经网络, 是基于生物学中神经网络的基本原理, 以网络拓扑知识为理论基础, 模拟人脑的神经系统对复杂信息的处理机制的一种数学模型。该模型具备并行分布处理能力, 容错性高, 能以自学习的方式将信息的加工和存储结合在一起。其独特的知识表示方式和智能化的自适应学习能力引起各学科领域的关注。我们可以把它看成是一个由大量简单元件相互连接而成的复杂网络, 具有高度的非线性, 能够进行复杂的逻辑操作的系统。本章将介绍全连接人工神经网络, 后续两章则分别介绍卷积神经网络和这两种人工神经网络的高效实现。

9.1 机器学习与人工神经网络

机器学习是研究怎样使用计算机模拟或实现人类学习活动的科学, 是人工智能中最前沿的研究领域之一。机器学习作为实现人工智能的途径, 在人工智能界引起了广泛的兴趣, 特别是近十几年来, 机器学习领域的研究发展很快, 已成为人工智能的重要课题之一。机器学习不仅在基于知识的系统中得到应用, 而且在自然语言理解、非线性推理、机器视觉、模式识别等很多领域也得到广泛应用。

基于学习方式的不同, 可把包括人工神经网络在内的机器学习分为：监督学习、无监督学习和强化学习。监督学习又被称为有导师学习, 它一般利用迭代, 通过样本集数据学习得到一个**代理**模型。代理模型可依据输入数据生成预测的输出, 很多情况下该代理模型可被视为一个插值函数。无监督学习又被称为无导师学习, 与监督学习不同, 此时样本集不包含输入数据所对应的正确输出。强化学习也被称增强学习, 它以环境反馈 (奖/惩信号) 为输入, 一般以统计和动态规划技术为指导得到一个模型。对于任意输入, 该模型产生一个被认为是最优化的响应。

监督机器学习中, 一般把样本数据集分为两部分：训练集 (training set) 和测试集 (test set)。前者用于获取描述模型的可训练参数, 后者则用于测试所得的模型。训练集的每个数据又包含样本的输入部分和与之对应的正确结果, 后者往往被被称为**标签**。应用监督学习解决问题的过程可分为**线下**训练和**线上**预测两个过程。前者指利用样本集学习出代理模型; 后者则根据输入给出预测结果, 此时的输入一般不包含于样本集。如果把样本当做案例, 那么基于监督学习的方法往往也被称为**基于案例**的方法或**学习驱动**的方法。

除了人工神经网络, 传统机器学习的研究方向还包括决策树、随机森林、贝叶斯学习等。本章及随后两章中, 我们以人工神经网络为例, 讨论机器学习及其高效实现。

9.1.1　感知器

为了解释人工神经网络是如何工作的, 首先来看看组成神经网络的基本单元**感知器** (perceptron)。基于沃伦 · 麦卡洛克 (W. McCulloch) 和沃尔特 · 皮兹 (W. Pitts) 的研究, 弗兰克 · 罗森布莱特 (F. Rosenblatt) 在 20 世纪 50—60 年代期间, 提出了感知器模型。罗森布莱特感知器接收多个输入, 这里记为 x_0, $x_1, \cdots$, 使用一组权重系数 $w_0, w_1, \cdots$ 将其线性组合后, 通过一个判别器, 产生一个二进制输出。其数学过程可以用下式来描述

$$y = \mathcal{F}(\beta) = \begin{cases} 0 & (\beta > t) \\ 1 & (\beta \leqslant t) \end{cases}, \tag{9.1}$$

其中 t 为一个预先定义的阈值, β 的计算方式如下,

$$\beta = \boldsymbol{w} \cdot \boldsymbol{x} = \sum_{j=1} x_j w_j, \tag{9.2}$$

式中, $\boldsymbol{x}$ 为由 $x_1, x_2, \cdots$ 组成的向量, $\boldsymbol{\omega}$ 为由 $\boldsymbol{\omega}_1, \boldsymbol{\omega}_2, \cdots$ 组成的向量。图 9.1 给出了接收三个输入的罗森布莱特感知器示意图。通常, 不同应用中 t 的取值不同, 为了方便处理, 可以把 t 当做 x_0, 其对应的权重固定为 w_0=1。于是式 (9.2) 可写为

$$\beta = \boldsymbol{w} \cdot \boldsymbol{x} = \sum_{j=0} x_j w_j. \tag{9.3}$$

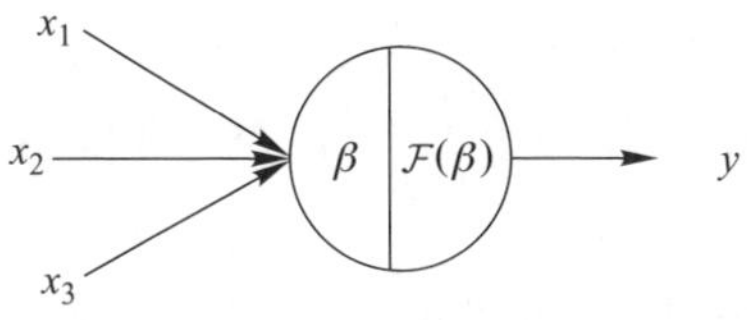

图 9.1 感知器示意图

实践表明, 由罗森布莱特感知器组成的网络中, $\boldsymbol{w}$ 的微小变化 $\delta\boldsymbol{w}$ 可能会导致 $\boldsymbol{y}$ 中很多元素由 1 变到 0, 或者相反, 也就是说, $\boldsymbol{y}$ 的变化 $\delta\boldsymbol{y}$ 很大。为此, 人们对罗森布莱特感知器加以改进, Sigmoid 感知器是一种常用改进。Sigmoid 感知器的基本形式与罗森布莱特感知器相同, 但其输出可以在 0 与 1 之间任意取值。具体地, 其输出由 Sigmoid 函数①决定的,

$$\mathcal{F}(z) = \sigma(z) = \frac{1}{1 + \mathrm{e}^{-z}}. \tag{9.4}$$

当 $z \to \infty$ 时, $\mathrm{e}^{-z} \to 0$, $\sigma(z) \to 1$; 当 $z \to -\infty$ 时, $\mathrm{e}^{-z} \to \infty$, $\sigma(z) \to 0$。于是, Sigmoid 函数的特性让感知器的输出在 0 到 1 之间。

人工智能文献往往把函数 $\mathcal{F}(\cdot)$ 称为**激活函数**。除了 Sigmoid 函数, 目前常用的激活函数还有: tanh 函数、整流线性单元 (ReLU) 函数、指数线性单元 (ELU)、渗漏型整流线性单元 (leaky ReLU)、扩展型指数线性单元 (SELU)、高斯误差线性单元 (GELU) 等 [47−50]。

9.1.2 典型的全连接网络

如图 9.2 所示的就是一个典型的全连接网络。这个网络有四层 (或者说列) 感知器, 分别为输入层、隐藏层和输出层。其中, **输出层**为第 0 层, 包含有五个感知器; **隐藏层**包含第 1 和第 2 两个层, 分别有三和四个感知器; 第 3 层为**输出层**, 有两个感知器。更为复杂的网络可以有数十、上百甚至更多隐藏层, 而且输入层、输出层和隐藏层中感知器的个数也可以很多。

推广图 9.1 对应的数学描述, 可得到第 1 层的输出为

$$\begin{aligned} \boldsymbol{\beta}^{(1)} &= \boldsymbol{W}^{(1)} \cdot \boldsymbol{x}^{(0)} \\ \boldsymbol{x}^{(1)} &= \mathcal{F}^{(1)}(\boldsymbol{\beta}^{(1)}), \end{aligned} \tag{9.5}$$

其中, $\boldsymbol{W}^{(1)}$ 是维度为 3×5 的, 保存了可训练权重系数的矩阵; $\boldsymbol{x}^{(0)}$ 是输入数据向量, 保存第 0 层所有感知器的数据, 即输入数据; $\boldsymbol{x}^{(1)}$ 则保存了第 1 层感知器

① Sigmoid 函数很多时候也被称为对数函数, 或者被错误地翻译为逻辑函数。

的输出数据; $\boldsymbol{\beta}^{(1)}$ 是一个长度为 3 的向量。式 (9.5) 用上标 (0) 和 (1) 分别表示第 0 和第 1 层。与此类似, 在下面的推导中, 我们用上标 (l) 表示第 l (l=1, 2, $\cdots$) 层。

可训练权重系数矩阵 $\boldsymbol{W}^{(1)}$ 的形式可推广到网络的其他层, 例如矩阵 $\boldsymbol{W}^{(l)}$, 其元素为 $w_{os}^{(l)}$, 是将第 $(l-1)$ 层感知器 s 的数据变换到第 l 层感知器 o 的可训练权重系数。有的文献中, 往往把 $\boldsymbol{W}^{(l)}$ 也称为权重矩阵、参数矩阵或系数矩阵。图 9.2 所示网络中, 各层输入输出数据为向量、可训练参数为一个矩阵。实际上, 可以依据网络特征选用适合的数据组织方式来描述输入、输出和可训练参数。例如卷积神经网络中, 输入图片和输出特征图一般为二维张量, 可训练的卷积核一般为三维或四维张量。此时, $\boldsymbol{W}^{(l)}$ 应该改写为对应的张量形式。

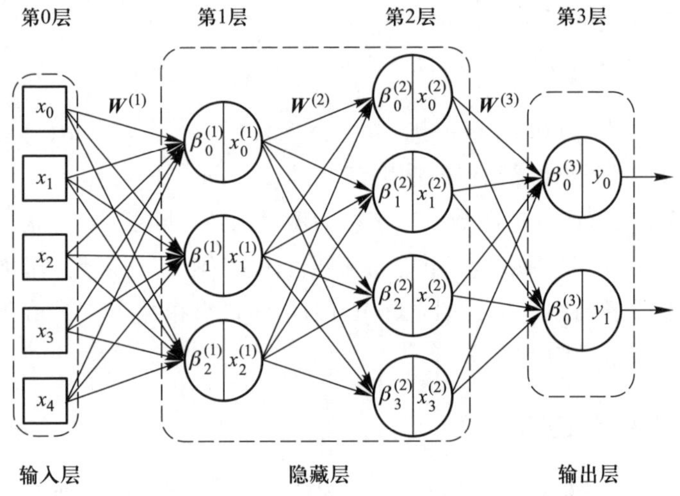

图 9.2　全连接网络示意图

注：图中没有给出 Softmax 层, 网络的输出为 $\boldsymbol{y}=\mathcal{F}(\boldsymbol{\beta}^{(3)})$。如果存在 Softmax 层, 则网络的输出为 $\boldsymbol{y}=S(\mathcal{F}(\boldsymbol{\beta}^{(3)}))$, 其中 $S(\cdot)$ 为 Softmax 函数。

同理, 隐藏层的输出可写为

$$\begin{aligned}\boldsymbol{\beta}^{(2)} &= \boldsymbol{W}^{(2)} \cdot \boldsymbol{x}^{(1)} \\ \boldsymbol{x}^{(2)} &= \mathcal{F}^{(2)}(\boldsymbol{\beta}^{(2)}),\end{aligned} \tag{9.6}$$

其中 $\boldsymbol{W}^{(2)}$ 为一个 4×3 的矩阵。

图 9.2 中网络的输出层只有两个神经元, 其输出对应着包含两个元素的向量, 可写为

$$\begin{aligned}\boldsymbol{\beta}^{(3)} &= \boldsymbol{W}^{(3)} \cdot \boldsymbol{x}^{(2)} \\ \boldsymbol{y} &= \mathcal{F}^{(3)}(\boldsymbol{\beta}^{(2)}),\end{aligned} \tag{9.7}$$

其中, $\boldsymbol{y}$ 是包含两个元素的向量, 依赖于函数 $\mathcal{F}^{(3)}(\cdot)$ 的具体形式, $\boldsymbol{y}$ 中元素的取值范围不同; $\boldsymbol{W}^{(3)}$ 则是输出层的权重系数矩阵, 其维度为 2×4。将式 (9.5)、式 (9.6) 和式 (9.7) 写到一起, 得到

$$\boldsymbol{y}=\mathcal{F}^{(3)}(\boldsymbol{W}^{(3)}\cdot\mathcal{F}^{(2)}(\boldsymbol{W}^{(2)}\cdot\mathcal{F}^{(1)}(\boldsymbol{W}^{(1)}\cdot\boldsymbol{x}^{(0)}))). \tag{9.8}$$

可以很容易地把式 (9.8) 推广到具有 n 个隐藏层的全连接网络, 可写为

$$\boldsymbol{y}=\mathcal{F}^{(n+1)}(\boldsymbol{W}^{(n)}\cdots\boldsymbol{W}^{(3)}\cdot\mathcal{F}^{(2)}(\boldsymbol{W}^{(2)}\cdot\mathcal{F}^{(1)}(\boldsymbol{W}^{(1)}\cdot\boldsymbol{x}^{(0)}))). \tag{9.9}$$

复杂大型神经网络可由多个不同功能的若干子网络组成, 子网络的基本结构可相同亦可不同。虽然允许各神经元的激活函数不同, 但这里为了表达的简洁, 假定子网络甚至整个网络的激活函数具有相同形式, 即 $\mathcal{F}^{(n)}(\cdot)(n=1,2,\cdots)$ 形式相同。这里将它们统一写为 $\mathcal{F}(\cdot)$, 此时式 (9.9) 可简化为

$$\boldsymbol{y}=\mathcal{F}(\boldsymbol{W}^{(n)}\cdots\boldsymbol{W}^{(3)}\cdot\mathcal{F}(\boldsymbol{W}^{(2)}\cdot\mathcal{F}(\boldsymbol{W}^{(1)}\cdot\boldsymbol{x}^{(0)}))). \tag{9.10}$$

分类问题中, 往往将 Softmax 层作为网络的输出层。这一层的功能是通过 Softmax 函数将多个神经元的输出映射到区间 (0, 1)。对于长度为 K 的向量 $\boldsymbol{v}$, 其计算可表达为

$$S(v_p)=\frac{\mathrm{e}^{v_p}}{\sum\limits_{k=0}^{K-1}\mathrm{e}^{v_k}},\quad p=0,1,\cdots,K-1, \tag{9.11}$$

其中 v_k 为向量 $\boldsymbol{v}$ 中索引为 k 的元素, $S(v_p)$ 为元素 v_p 对应的输出。为简化符号, 一般将 Softmax 函数作用到向量 $\boldsymbol{v}$ 的计算简写为 $S(\boldsymbol{v})$, 元素 v_p 对应的输出由式 (9.11) 给出。Softmax 函数把每个神经元的输入占当前层所有神经元输入之和的比值当做该神经元的输出, 从而更容易从概率的角度解释输出：神经元的输出值越大, 则该神经元对应的类别是真实类别的可能性更高。

如果把 Softmax 层添加到图 9.2 所示的网络作为输出层, 式 (9.8) 需要改写为

$$\boldsymbol{y}=\mathcal{S}(\mathcal{F}^{(3)}(\boldsymbol{W}^{(3)}\cdot\mathcal{F}^{(2)}(\boldsymbol{W}^{(2)}\cdot\mathcal{F}^{(1)}(\boldsymbol{W}^{(1)}\cdot\boldsymbol{x}^{(0)})))). \tag{9.12}$$

其中 $\boldsymbol{x}^{(0)}$ 和 $\boldsymbol{y}$ 为网络的输入和输出向量。也就是说, $\mathcal{F}^{(3)}(\boldsymbol{\beta}^{(3)})$ 为 Softmax 层的输入, 网络的输出为 $\boldsymbol{y}=\mathcal{S}(\mathcal{F}^{(3)}(\boldsymbol{\beta}^{(3)}))$。

另外, 一般网络还会给每个神经元一个偏置, 此时

$$\boldsymbol{\beta}^{(l)}=\boldsymbol{W}^{(l)}\cdot\boldsymbol{x}^{(l-1)}+\boldsymbol{b}^{(l)}, \tag{9.13}$$

其中, 向量 $\boldsymbol{b}^{(l)}$ 保存了第 l 层所有神经元的偏置。

9.2 损失函数与反向传播

全连接网络, 以及后面将要介绍的更为复杂的网络, 能够实现人们想要的功能的原因在于：它们能够根据输出与正确结果的偏差调整权重系数, 从而逼近正确的输出。根据式 (9.10) 或式 (9.12) 给出的数据在神经网络的流动过程, 可以利用一种被称为**反向传播** (backward propagation) 的算法根据**损失函数**计算权重函数的调整量 $\delta\boldsymbol{W}^{(l)}$。

9.2.1 损失函数

对于以 Softmax 层作为输出的网络, 使用交叉熵 (cross-entropy) 定义损失函数往往更能衡量两个分布间的距离, 该函数可写为

$$\varepsilon(\boldsymbol{d},\boldsymbol{y})=\varepsilon(\boldsymbol{d},S(x))=-\sum_{p=0}^{K-1}d_p\log\ S(x_p)=-\sum_{p=0}^{K-1}d_p\log\left(\frac{\mathrm{e}^{x_p}}{\sum\limits_{k=0}^{K-1}\mathrm{e}^{x_k}}\right),\quad(9.14)$$

其中 $\boldsymbol{d}$ 为保存了网络输入数据**标签**的向量, d_p 为该向量的第 p 个元素; 向量 $\boldsymbol{x}$ 为 Softmax 层的输入向量; 显然, 向量 $\boldsymbol{d}$、$\boldsymbol{x}$ 和 $S(\boldsymbol{x})$ 的长度相等, 这里将其记为 K。注意：$\boldsymbol{x}$ 的具体形式往往由网络本身决定。如果假定如图 9.2 所示的网络有 n 个隐藏层的网络, 那么

$$\boldsymbol{x}=\boldsymbol{x}^{(n+1)}=\mathcal{F}(\boldsymbol{W}^{(n)}\cdots\boldsymbol{W}^{(3)}\cdot\mathcal{F}(\boldsymbol{W}^{(2)}\cdot\mathcal{F}(\boldsymbol{W}^{(1)}\cdot\boldsymbol{x}^{(0)}))).\quad(9.15)$$

为了简化符号, 在不导致歧义的情况下, 下面将把 $\varepsilon(\boldsymbol{d},\mathcal{S}(\boldsymbol{x}))$ 简写为 $\varepsilon(\mathcal{S}(\boldsymbol{x}))$, 甚至 ε。

具体实施反向传播算法时, 一般先计算损失函数相对于网络各层神经元权重系数的微分 $\nabla_{\boldsymbol{W}_{(l)}}\varepsilon$, 然后再将它与某种特定优化方法结合, 更新权重系数, 完成人工神经网络的训练。与式 (9.9) 描述的前向过程相反, 反向传播算法从输出层开始计算梯度, 逐层向输入层的方向推进, 在整个计算过程中, 信息在网络中反向流动, 这正是它被称为反向传播算法的原因。

从式 (9.10) 知道, 人工神经网络的输出是一个复合多元函数, 因此反向传播中计算梯度的主要依据就是复合多元函数的**全微分法则**和**链式法则**。下面将从这两个基本法则出发, 给出一个有 n 个隐藏层的全连接人工神经网络的微分①。

① 附录 E 给出了微分计算的矩阵表达形式, 如式 (E−4) 所示。对于复杂网络, 例如卷积神经网络, 利用矩阵求导的方式描述反向传播更为方便。

从数学的角度看，反向传播算法要求网络满足一个条件，即第 $l(l=1, 2, \cdots)$ 层权重系数的微小变化 $\delta \boldsymbol{W}^{(l)}$，只会导致 $\boldsymbol{y}$ 的微小变化 $\delta \boldsymbol{y}$。本书假定所讨论的网络均满足这一条件。

9.2.2 Softmax 层的微分

反向传播中，需要计算式 (9.14) 的微分。根据求导的链式法则，损失函数对 Softmax 层输入的微分可写为

$$\nabla_{x_p}\varepsilon(\boldsymbol{d}, S(\boldsymbol{x})) = \frac{\partial\varepsilon(\boldsymbol{d}, \mathcal{S}(\boldsymbol{x}))}{\partial x_p} = \sum_{j=0}^{K-1}\frac{\partial\varepsilon}{\partial\mathcal{S}(x_j)}\frac{\partial\mathcal{S}(x_j)}{\partial x_p} = -\sum_{j=0}^{K-1}\frac{d_j}{\mathcal{S}(x_j)}\frac{\partial\mathcal{S}(x_j)}{\partial x_p}, \tag{9.16}$$

其中算符 ∇_{x_p} 表示相对于自变量 x_p 的微分。可以根据 j 是否等于 p 分两种情况计算式 (9.16) 中的 $\partial\mathcal{S}(x_j)/\partial x_p$。当 $j=p$ 时，

$$\frac{\partial\mathcal{S}(x_p)}{\partial x_p} = \frac{\partial}{\partial x_p}\left(\frac{\mathrm{e}^{x_p}}{\sum\limits_k \mathrm{e}^{x_k}}\right) = \frac{(\partial\mathrm{e}^{x_p}/\partial x_p)\sum\limits_k \mathrm{e}^{x_k} - \mathrm{e}^{x_p}\mathrm{e}^{x_p}}{\left(\sum\limits_k \mathrm{e}^{x_k}\right)^2} = S(x_p)(1-S(x_p)). \tag{9.17}$$

当 $j \neq p$ 时，

$$\frac{\partial\mathcal{S}(x_j)}{\partial x_p} = \frac{\partial}{\partial x_p}\left(\frac{\mathrm{e}^{x_p}}{\sum\limits_k \mathrm{e}^{x_k}}\right) = \frac{0\cdot\sum\limits_k \mathrm{e}^{x_k} - \mathrm{e}^{x_j}\mathrm{e}^{x_p}}{\left(\sum\limits_k \mathrm{e}^{x_k}\right)^2} = -\mathcal{S}(x_j)\mathcal{S}(x_p). \tag{9.18}$$

将式 (9.17) 和式 (9.18) 代入式 (9.16)，有

$$\begin{aligned}
\nabla_{x_p}\varepsilon(\boldsymbol{d}, \mathcal{S}(\boldsymbol{x})) = \frac{\partial\varepsilon(\boldsymbol{d}, \mathcal{S}(\boldsymbol{x}))}{\partial x_p} &= -d_p\frac{1}{\mathcal{S}(x_p)}\frac{\partial\mathcal{S}(x_p)}{\partial x_p} - \sum_{j\neq p} d_j\frac{\partial\mathcal{S}(x_j)}{\partial x_p} \\
&= -d_p(1-\mathcal{S}(x_p)) - \sum_{j\neq p} d_j\frac{1}{\mathcal{S}(x_j)}(-\mathcal{S}(x_j)\mathcal{S}(x_p)) \\
&= -d_p + d_p\mathcal{S}(x_p) + \sum_{j\neq p} d_j\mathcal{S}(x_p) \\
&= -d_p + \mathcal{S}(x_p)\sum_l d_l \\
&= \mathcal{S}(x_p) - d_p
\end{aligned} \tag{9.19}$$

上面推导过程中利用了恒等式 $\sum_{j=0}^{K-1} d_j \equiv 1$。

求出 ε 相对于所有 $x_p(p=0, 1, \cdots, K-1)$ 的微分，并将它们合并为向量形式，可得

$$\nabla_{\boldsymbol{x}}\varepsilon(\boldsymbol{d}, \mathcal{S}(\boldsymbol{x})) = \frac{\partial \varepsilon(\boldsymbol{d}, \mathcal{S}(\boldsymbol{x}))}{\partial \boldsymbol{x}} = \boldsymbol{y} - \boldsymbol{d}. \tag{9.20}$$

根据式 (9.11) 给出的 Softmax 函数的定义，不难看到，输入 $\boldsymbol{x}$ 中任何一个元素 x_p 发生变化，都会引起 $S(\boldsymbol{x})$ 向量所有元素发生变化。也就是说，Softmax 函数让输入向量的不同元素产生耦合。然而，从式 (9.19) 给出的微分结果看，通过交叉熵损失函数，输入 x_p 的变化只会导致 $S(x)$ 的第 p 个元素的微分产生变化，而对 $\nabla_{x_q}\varepsilon(d, \mathcal{S}(\boldsymbol{x}))(q \neq p)$ 无影响。这里把这一性质称为交叉熵损失函数对 Softmax 函数的**去耦效应**，下面将会看到，去耦效应给反向传播算法带来了很大方便。

9.2.3 输出层的微分

依据图 9.2 的编号方式，网络输出层的编号为 $l=n+1$。当存在 Softmax 层时，由式 (9.15) 知道，Softmax 层的输入为 $\boldsymbol{x}^{(n+1)}=\mathcal{F}(\boldsymbol{\beta}^{(n+1)})$。记 $w_{jk}^{(n+1)}$ 为权重矩阵 $\boldsymbol{W}^{(n+1)}$ 的第 j 行第 k 列的元素，即输出层第 j 个神经元对应的权重系数；根据式 (9.16) 和求导链式法则，可以写出 ε 相对于 $w_{jk}^{(n+1)}$ 的微分

$$\begin{aligned}\nabla_{w_{jk}^{(n+1)}}\varepsilon(\mathcal{S}(\boldsymbol{x}^{(n+1)})) &= \frac{\partial \varepsilon(\mathcal{S}(\boldsymbol{x}^{(n+1)}))}{\partial w_{jk}^{(n+1)}} \\ &= \frac{\partial \varepsilon(\mathcal{S}(\boldsymbol{x}^{(n+1)}))}{\partial \mathcal{S}(\mathcal{F}(\beta_j^{(n+1)}))}\frac{\partial \mathcal{S}(\mathcal{F}(\beta_j^{(n+1)}))}{\partial \mathcal{F}(\beta_j^{(n+1)})}\frac{\partial \mathcal{F}(\beta_j^{(n+1)})}{\partial \beta_j^{(n+1)}}\frac{\partial \beta_j^{(n+1)}}{\partial w_{jk}^{(n+1)}}.\end{aligned} \tag{9.21}$$

根据式 (9.6) 不难得到 $\beta_j^{(n+1)} = \sum_k w_{jk}^{(n+1)} x_k^{(n)}$，于是有

$$\frac{\partial \beta_j^{(n+1)}}{\partial w_{jk}^{(n+1)}} = x_k^{(n)}. \tag{9.22}$$

本质上, 式 (9.21) 第二行的前两项与式 (9.19) 给出的 $\nabla_{x_p}\varepsilon(\mathcal{S}(\boldsymbol{x}))$ 相同。利用这一事实和 $y_j{=}\mathcal{S}(x_j^{(n+1)})$, 然后将式 (9.19) 和式 (9.22) 代入式 (9.21) 可得

$$\nabla_{w_{jk}^{(n+1)}}\varepsilon(\mathcal{S}(\boldsymbol{x}^{(n+1)})) = \boxed{(y_j - d_j)\mathcal{F}'(\beta_j^{(n+1)})}\, x_k^{(n)} = \left(\nabla_{\beta_j^{(n+1)}}\varepsilon(\mathcal{S}(\boldsymbol{x}^{(n+1)}))\right) x_k^{(n)}, \tag{9.23}$$

其中 $\mathcal{F}'(\beta_j^{(n+1)}) = \partial\mathcal{F}(\beta_j^{(n+1)})/\partial\beta_j^{(n+1)}$。观察式 (9.23) 可看到, 式中右边方框内被简记为 $\nabla_{\beta_j^{(n+1)}}\varepsilon(\mathcal{S}(x^{(n+1)}))$ 的项只依赖于输出层神经元 j 的输出 y_j 和相应的激活函数的导数, 因此一般称其为**局域因子**。显然, 反向传播过程中, 输入神经元 k 的数据 $x_k^{(n)}$ 保持不变。因此, 式 (9.23) 表明, 一旦计算出 $(\nabla_{\beta_j^{(n+1)}}\varepsilon)$, 就能得到权重系数 $w_{jk}^{(n+1)}$ 的变化所导致的输出层神经元 j 对应输出的变化。

根据附录 E.1, 计算出所有 $\nabla_{w_{jk}^{(n+1)}}\varepsilon$ 就能得到 $\nabla_{\boldsymbol{W}^{(n+1)}}\varepsilon$, 即 ε 关于 $\boldsymbol{W}^{(n+1)}$ 的微分。根据式 (9.23) 可将 $\nabla_{\boldsymbol{W}^{(n+1)}}\varepsilon$ 写为

$$\nabla_{\boldsymbol{W}^{(n+1)}}\varepsilon = \nabla_{\beta^{(n+1)}}\varepsilon \cdot (x^{(n)})^{\mathrm{T}}, \tag{9.24}$$

其中,

$$\begin{aligned} \nabla_{\beta^{(n+1)}}\varepsilon &= \left[\nabla_{\beta_0^{(n+1)}}\varepsilon, \nabla_{\beta_1^{(n+1)}}\varepsilon, \cdots\right]^{\mathrm{T}} \\ x^{(n)} &= \left[x_0^{(n)}, x_1^{(n)}, \cdots\right]^{\mathrm{T}}, \end{aligned} \tag{9.25}$$

上式中, 上标 T 表示转置。显然, $\nabla_{\boldsymbol{W}^{(n+1)}}\varepsilon$ 依赖于由输出神经元决定的 $\nabla_{\beta^{(n+1)}}\varepsilon$。

使用误差平方和作为损失函数时输出层的微分

不使用 Softmax 作为输出层时, 一种常用的损失函数是误差平方和函数, 其具体形式可写为

$$\varepsilon(\boldsymbol{y}) = \frac{1}{2}||\boldsymbol{d} - \boldsymbol{y}||_2 = \sum_{j=0}^{K-1}(d_j - y_j)^2 = \sum_{j=0}^{K-1} e_j^2, \tag{9.26}$$

其中, y_j 和 d_j 分别是向量 $\boldsymbol{y}$ 和 $\boldsymbol{d}$ 中索引为 j 的元素; 且 $e_j{=}d_j{-}y_j$。由于没有 Softmax 层, 网络的输出为

$$\boldsymbol{y} = \mathcal{F}(\boldsymbol{\beta}^{(n+1)}). \tag{9.27}$$

根据式 (9.27), 类似于式 (9.21) 的推导, 可将输出层的微分写为

$$\frac{\partial \varepsilon}{\partial w_{jk}^{(n+1)}}=\frac{\partial \varepsilon}{\partial e_j}\frac{\partial e_j}{\partial y_j}\frac{\partial y_j}{\partial \beta_j^{(n+1)}}\frac{\partial \beta_j^{(n+1)}}{\partial w_{jk}^{(n+1)}}=\frac{\partial\left(\frac{1}{2}\sum_{j=0}^{K-1}e_j^2\right)}{\partial e_j}\frac{\partial e_j}{\partial y_j}\frac{\partial y_j}{\partial \beta_j^{(n+1)}}\frac{\partial \beta_j^{(n+1)}}{\partial w_{jk}^{(n+1)}},\tag{9.28}$$

上式推导中用式 (9.26) 代替了 ε。不难看出式 (9.28) 中,

$$\begin{aligned}&\frac{\partial\left(\frac{1}{2}\sum_{j=0}^{K-1}e_j^2\right)}{\partial e_j}=e_j,\\&\frac{\partial e_j}{\partial y_j}=-1,\\&\frac{\partial y_j}{\partial \beta_j^{(n+1)}}=\frac{\partial \mathcal{F}(\beta_j^{(n+1)})}{\partial \beta_j^{(n+1)}},\\&\frac{\partial \beta_j^{(n+1)}}{\partial w_{jk}^{(n+1)}}=x_k^{(n)}.\end{aligned}\tag{9.29}$$

将式 (9.29) 代入式 (9.28) 可得

$$\frac{\partial \varepsilon}{\partial w_{jk}^{(n+1)}}=\boxed{-e_j\frac{\partial \mathcal{F}(\beta_j^{(n+1)})}{\partial \beta_j^{(n+1)}}}\,x_k^{(n)}=\boxed{(y_j-d_j)\mathcal{F}'(\beta_j^{(n+1)})}\,x_k^{(n)}.\tag{9.30}$$

显然, 式 (9.30) 与式 (9.23) 完全一样。

9.2.4 隐藏层的微分

首先, 让我们看看最后一个隐藏层第 n 层的情况。根据求导链式法则, 有

$$\begin{aligned}\nabla_{w_{jk}^{(n)}}\varepsilon=\frac{\partial \varepsilon}{\partial w_{jk}^{(n)}}&=\sum_{m=0}^{K-1}\left(\frac{\partial \varepsilon}{\partial \mathcal{S}(\mathcal{F}(\beta_j^{(n+1)}))}\frac{\partial \mathcal{S}(\mathcal{F}(\beta_j^{(n+1)}))}{\partial \mathcal{F}(\beta_j^{(n+1)})}\frac{\partial \mathcal{F}(\beta_j^{(n+1)})}{\partial \beta_m^{(n+1)}}\frac{\partial \beta_m^{(n+1)}}{\partial w_{jk}^{(n)}}\right)\\&=\sum_{m=0}^{K-1}\left((\nabla_{\beta_m^{(n+1)}}\varepsilon)\frac{\partial\left(\sum_p w_{mp}^{(n+1)}x_p^{(n)}\right)}{\partial w_{jk}^{(n)}}\right),\end{aligned}\tag{9.31}$$

式 (9.31) 推导中, 将第二个等号右端项的前三项用式 (9.23) 中方框项替代, 并利用关系式 $\beta_m^{(n+1)} = \sum_p w_{mp}^{(n+1)} x_p^{(n)}$ 替代了第四项的 $\beta_m^{(n+1)}$。根据 $x_j^{(n)} = \mathcal{F}(\beta_j^{(n)})$ 和 $\beta_j^{(n)} = \sum_p w_{jp}^{(n)} x_p^{(n-1)}$, 可得

$$\begin{aligned}\frac{\partial(\sum_p w_{mp}^{(n+1)} x_p^{(n)})}{\partial w_{jk}^{(n)}} &= \frac{\partial(\sum_p w_{mp}^{(n+1)} \mathcal{F}(\beta_j^{(n)}))}{\partial w_{jk}^{(n)}} \\ &= w_{mj}^{(n+1)} \frac{\partial \mathcal{F}(\beta_j^{(n)})}{\partial \beta_j^{(n)}} \frac{\partial \beta_j^{(n)}}{\partial w_{jk}^{(n)}} \\ &= w_{mj}^{(n+1)} \mathcal{F}'(\beta_j^{(n)}) x_k^{(n-1)}.\end{aligned} \tag{9.32}$$

从前向计算可知, $w_{jk}^{(n)}$ 是输入 $x_k^{(n-1)}$ 对 $\beta_j^{(n)}$ 贡献的权重系数, 因为 $x_j^{(n)} = \mathcal{F}(\beta_j^{(n)})$, 于是通过操作 $y_m = \mathcal{S}\left(\mathcal{F}\left(\sum_j w_{mj}^{(n+1)} x_j^{(n)}\right)\right) (m = 0, 1, \cdots K-1)$, 权重系数 $w_{jk}^{(n)}$ 的变化会引起输出层所有神经元产生变化。这正是式 (9.31) 的求和 $\sum_{m=0}^{K-1}$ 必不可少的原因。上面推导还利用了一个事实, 即

$$\frac{\partial \sum_p w_{jp}^{(n)} x_q^{(n-1)}}{\partial w_{jk}^{(n)}} = \begin{cases} x_k^{(n-1)}, & 当\ p = k \\ 0, & \end{cases}. \tag{9.33}$$

将式 (9.32) 代入式 (9.31) 有

$$\begin{aligned}\nabla_{w_{jk}^{(n)}} \varepsilon &= \sum_{m=0}^{K-1} \left((\nabla_{\beta_m^{(n+1)}} \varepsilon) w_{mj}^{(n+1)} \mathcal{F}'(\beta_j^{(n)}) x_k^{(n-1)} \right) \\ &= \mathcal{F}'(\beta_j^{(n)}) \left(\sum_{m=0}^{K-1} (\nabla_{\beta_m^{(n+1)}} \varepsilon) w_{mj}^{(n+1)} \right) x_k^{(n-1)} \\ &= (\nabla_{\beta_j^{(n)}} \varepsilon) x_k^{(n-1)},\end{aligned} \tag{9.34}$$

其中,

$$\nabla_{\beta_j^{(n)}} \varepsilon = \mathcal{F}'(\beta_j^{(n)}) \left(\sum_{m=0}^{K-1} (\nabla_{\beta_m^{(n+1)}} \varepsilon) w_{mj}^{(n+1)} \right). \tag{9.35}$$

式 (9.35) 表明 $\nabla_{\beta_j^{(n)}} \varepsilon$ 由 $\mathcal{F}'(\beta_j^{(n)})$ 和 $\sum_{m=0}^{K-1} (\nabla_{\beta_m^{(n+1)}} \varepsilon) w_{mj}^{(n+1)}$ 两部分组成。前者

描述隐藏层神经元 j 的激活函数对数据变化的敏感程度, 完全取决于神经元 j 的激活函数的微分; 后者则描述了第 n 层所有输出神经元的变化对神经元 j 影响, 具体地说, 输出层每个神经元对 $\nabla_{\beta_j^{(n)}}\varepsilon$ 的贡献为 $(\nabla_{\beta_m^{(n+1)}}\varepsilon)w_{mj}^{(n+1)}$。

根据式 (9.34) 可写出

$$\nabla_{\boldsymbol{W}^{(n)}}\varepsilon = (\nabla_{\boldsymbol{\beta}^{(n)}}\varepsilon) \cdot (\boldsymbol{x}^{(n-1)})^{\mathrm{T}}, \tag{9.36}$$

其中, $\boldsymbol{x}^{(n-1)}$ 的定义同式 (9.25) 中 $\boldsymbol{x}^{(n)}$ 的类似, $\nabla_{\boldsymbol{W}^{(n)}}\varepsilon$ 中的元素 $\nabla w_{jk}^{(n)}\varepsilon = (\nabla_{\beta_j^{(n)}}\varepsilon)x_k^{(n-1)}$, 而 $\nabla_{\beta^{(n)}}\varepsilon$ 则可写为

$$\nabla_{\boldsymbol{\beta}^{(n)}}\varepsilon = \mathcal{F}'(\boldsymbol{\beta}^{(n)}) \odot [(\boldsymbol{W}^{(n+1)})^{\mathrm{T}} \cdot (\nabla_{\boldsymbol{\beta}^{(n+1)}}\varepsilon)], \tag{9.37}$$

其中 $\odot$ 是哈马德积 (Hadamard product), 即对应元素乘积。

参照式 (9.24) 和式 (9.36) 的推导过程不难写出 $(n-1)$ 层的微分

$$\begin{aligned}
&\nabla_{\boldsymbol{W}^{(n-1)}}\varepsilon = (\nabla_{\boldsymbol{\beta}^{(n-1)}}\varepsilon) \cdot (\boldsymbol{x}^{(n-2)})^{\mathrm{T}} \\
&\nabla_{\boldsymbol{\beta}^{(n-1)}}\varepsilon = \mathcal{F}'(\boldsymbol{\beta}^{(n-1)}) \odot [(\boldsymbol{W}^{(n)})^{\mathrm{T}} \cdot (\nabla_{\boldsymbol{\beta}^{(n)}}\varepsilon)].
\end{aligned} \tag{9.38}$$

式 (9.38) 中符号的定义与式 (9.25) 的类似, 这里不再重复。与式 (9.35) 和式 (9.37) 类似, $\nabla_{\boldsymbol{\beta}(n-1)}\varepsilon$ 表达式的右边第一项给出了当前层激活函数对数据变化的敏感程度; 方括号项则描述了第 $(n-1)$ 层所有神经元输出的变化对当前神经元的影响, 该变化从输出层反向传播到第 n 层才作用到当前神经元。

参照式 (9.36) 和式 (9.38) 可以写出所有隐藏层对应的 $\nabla_{\boldsymbol{W}^{(l)}}\varepsilon(l=1,2,\cdots)$ 和 $\nabla_{\boldsymbol{\beta}^{(l)}}\varepsilon(l=1,2,\cdots)$。

9.2.5 偏置的微分

参照上面的推导[①], 不难得到对于第 l 层的偏置 $\boldsymbol{b}^{(l)}$ 有

$$\nabla_{\boldsymbol{b}^{(l)}}\varepsilon = \sum_j (\nabla_{\beta_j^{(l)}}\varepsilon). \tag{9.39}$$

9.3 基于梯度的优化算法

基于梯度的优化算法是机器学习中常用到的优化算法。它主要解决最小值的求解或优化, 其基本思想是根据梯度方向让每次迭代不断地逼近最优点。监

① 读者亦可参照附录 E.1 得到式 (9.39)。

督机器学习的训练过程本质就是让模型基于样本不断地更新描述模型的可训练参数。对应的过程往往就是与 9.2 节讨论的反向传播算法结合，利用微分或者说梯度信息寻找可训练参数的最优解。

对于人工神经网络，任意损失函数 $\varepsilon(\boldsymbol{W})$①的优化问题就是寻找 $\boldsymbol{W}$ 的优化解 $\boldsymbol{W}^*$, $\boldsymbol{W}^*$ 满足

$$\varepsilon(\boldsymbol{W}^*) \leqslant \varepsilon(\boldsymbol{W}). \tag{9.40}$$

式 (9.40) 成立的必要条件为

$$\nabla\varepsilon(\boldsymbol{W}^*) = 0, \tag{9.41}$$

为简化符号和推导，下面只考虑没有隐藏层的神经网络，即 $\boldsymbol{W}$ 退化为一个矩阵；如果网络输出只有一个神经元 $\boldsymbol{W}$，就进一步退化为一个向量。优化过程一般会给出 $\boldsymbol{W}$ 的猜测值，这里记为 $\boldsymbol{W}(0)$，然后生成一系列 $\boldsymbol{W}(1)$, $\boldsymbol{W}(2)$, $\boldsymbol{W}(i)$, $\cdots$，使得损失函数 $\varepsilon(\boldsymbol{W})$ 不断减小，即

$$\varepsilon(\boldsymbol{W}(i+1)) < \varepsilon(\boldsymbol{W}(i)). \tag{9.42}$$

在所谓的**最陡梯度下降法** (steepest descent method) 中，由 $\boldsymbol{W}(i)$ 生成 $\boldsymbol{W}(i+1)$ 的方式可写为

$$\boldsymbol{W}(i+1) = \boldsymbol{W}(i) - \eta\left(\nabla_{\boldsymbol{W}(i)}\varepsilon(\boldsymbol{W}(i))\right) = \boldsymbol{W}(i) + \delta\boldsymbol{W}(i). \tag{9.43}$$

其中 η 为一个大于零的数，一般被称为**学习率**。

具体实施梯度下降的算法很多，例如**随机梯度下降法** (stochastic gradient descent,SGD)、**批量梯度下降法** (batch gradient descent, BGD) 和**小批量梯度下降法** (mini-batch gradient descent, MBGD)。**随机梯度下降法**的每个迭代步随机地从样本集中抽取一个样本计算 $\nabla_{\boldsymbol{W}(i)}\varepsilon(\boldsymbol{W}(i))$，然后调用式 (9.43) 进行更新。该方法每次更新的方向并不一定是整体最优方向，因此随机梯度下降法中学习率 η 不能太大，否则容易导致迭代在最优解附近**振荡**但始终无法接近最优解。不过，在损失函数局部极小值较多时，这种振荡能有效避免模型陷入局部最优解。**批量梯度下降法**计算所有样本 $\nabla_{\boldsymbol{W}(i)}\varepsilon(\boldsymbol{W}(i))$ 的总和之后再更新参数。因为遍历整个样本集之后才对参数进行更新，可以认为算法的下降方向最

① 神经网络损失函数 $\varepsilon(\boldsymbol{W})$ 中的 $\boldsymbol{W}$ 代表了网络中所有可训练参数，包括权重系数 $\boldsymbol{W}^{(l)}(l=1,2,\cdots,)$ 和偏置 $b^{(l)}$。为简化符号，在不产生混淆的情况下，我们不刻意区分权重系数、偏置和其他可能的可训练参数，并省略上标，忽略它们位于哪一层。

优, 从而该算法一般允许比随机梯度下降法更大的学习率。这种优化方法的缺点在于它每更新一次都需要遍历整个样本集, 效率比较低。**小批量梯度下降法**则每次随机地从样本集中抽取若干个样本计算 $\nabla_{\boldsymbol{W}(i)}\varepsilon(\boldsymbol{W}(i))$ 之和, 据此更新参数。该算法综合了随机梯度下降法和批量梯度下降法的优点, 既能提高模型所能收敛的精度, 又能提高算法的运行速度, 是工程应用中使用较多的方法。

除了上面几种方法, 机器学习中常用的梯度下降法还包括动量 (momentum) 梯度下降法、Nesterov 动量梯度下降法、AdaGrad 梯度下降法、RMSprop 梯度下降法和 Adam 梯度下降法 [51,52]。

9.4　过拟合及缓解过拟合的方案

9.4.1　欠拟合与过拟合

如果把样本看成某个函数 $y(x)$ 的**自变量- 函数值**序列, 那么描述样本信息的函数就可以看成为描述**正问题**的函数; 而使用机器学习方法优化参数 $\boldsymbol{W}$、根据样本信息得到函数 $y(x)$ 的近似表达 $y_0(\boldsymbol{W})$ 就是个**逆问题**。人们往往把函数 $y_0(\boldsymbol{W})$ 在训练集上的误差称为**训练误差** (training error), 而将其在测试集上的误差称为**测试误差** (testing error) 或者**泛化误差** (generalization error)。很多时候, 只有将模型真正应用于实际场景才能得到新输入的误差, 因此, 泛化误差往往被称为新输入的误差期望。一般来说, 网络模型的泛化误差小是指: 即便输入数据没有包含在训练集中, 模型也能给出较好预测结果。如果说优化问题中人们主要关注训练误差, 那么机器学习中人们则更关注测试误差或泛化误差。

可根据函数 $y_0(\boldsymbol{W})$ 的训练误差和泛化误差将无法正确拟合的情形可分为欠拟合 (underfitting) 和过拟合 (overfitting) 两种。欠拟合时, 函数 $y_0(\boldsymbol{W})$ 在训练集上的误差不能足够小。产生欠拟合的原因往往在于样本数据偏少, 不能充分反映函数 $y(x)$ 所能描述的特征, 导致所得模型 $y_0(\boldsymbol{W})$ 的复杂度低于实际模型 $y(x)$。例如, 用线性函数 $y_0(x) = x$ 作为非线性函数 $y(x)=x^2$ 的近似。过拟合时, 即便训练误差较小, 测试误差依然不能足够小。产生过拟合的原因往往在于, 样本提供数据虽然足够多但过于简单或单调或不全面, 使得模型过分地考虑噪声等导致的数据间非必要的关联, 得到的 $y_0(\boldsymbol{W})$ 虽然能很好地拟合测试数据集, 但对满足函数 $y(x)$ 的其他数据的拟合能力不强, 例如测试集的数据。出现过拟合时, 函数 $y_0(\boldsymbol{W})$ 或者说网络模型的**泛化**能力弱。

9.4.2 正则化

解决过拟合的一个常用办法是正则化[53] ①。人们普遍认为，吉洪诺夫 (Tikhonov)[54] 和菲利普斯 (Philips)[55] 独立地在 1963 年左右提出了正则化思想。正则化项②是给损失函数添加约束，对应的优化问题往往被称为**约束优化**问题，而式 (9.26) 对应的优化则被称为**无约束优化**问题。增加约束能缩小最优解的搜索范围或空间，从而加快搜索过程或避免得到不想要的解。当然，正则化项也可能让得到的解**偏离**正确解。从贝叶斯理论看，加入正则项相当于引入了一个参数的先验信息，即人为给参数的选择增加了一些往往来源于先验知识的规则，从而缩小解的搜索空间使拟合出错的概率变小，同时很大程度上避免出现满足问题的多个解。从奥卡姆剃刀原理③看，引入正则化项可让算法学习到更简单的模型。

正则化可分为**加性正则化** (additive regularization) 和**乘性正则化** (multiplicative regularization)[56]。假定 $R(\boldsymbol{W})$ 为正则项，应用了加性正则化的损失函数一般可写为

$$\varepsilon_\alpha(\boldsymbol{W}(i+1)) = \varepsilon(\boldsymbol{W}(i)) + \alpha\mathcal{R}(\boldsymbol{W}), \tag{9.44}$$

其中 α 为超参数。可以看到，新的优化问题将优化正则化项与原有损失函数之和。相应地，乘性正则化对应的损失函数一般可写为

$$\varepsilon_\alpha(\boldsymbol{W}(i+1)) = \varepsilon(\boldsymbol{W}(i))\mathcal{R}(\boldsymbol{W}). \tag{9.45}$$

机器学习中加性正则化常用的 $\mathcal{R}(\boldsymbol{W})$ 有 L_0 正则化、L_1 正则化和 L_2 正则化几种形式。采用 L_0 **正则化形式**时，$\mathcal{R}(\boldsymbol{W}) = ||\boldsymbol{W}||_0$，表示待优化参数的 L_0 范数，也就是非零可训练参数的个数。它的特点是可以使尽可能多的可训练参数为 0，保证 $\boldsymbol{W}$ 的稀疏性，与稀疏编码思想吻合。其缺点是该优化变成非确定的多项式 (non-deterministic polynomial, NP) 难题，因此实际应用中通常采用 L_1 正则化。采用 L_1 **正则化形式**时，$\mathcal{R}(\boldsymbol{W})=||\boldsymbol{W}||_1$，表示待优化参数的 L_1 范数。L_1 正则项等价于先验概率服从拉普拉斯分布。L_1 范数是 L_0 范数的最优凸近似，比 L_0 范数容易优化，而且也可很好地保持 $\boldsymbol{W}$ 的稀疏性，常被称为稀疏正则算子，因此相对 L_0 正则化更常用。同时 L_1 和 L_0 因为能让参数变得稀

---

① 也称为规则化。

② 很多文献也称其为惩罚项。

③ 其英文为 Occam's Razor 或 Ockham's Razor，该原理的含义是简单有效原则。

疏, 常用于特征选择。采用 L_2 **正则化形式**时, $\mathcal{R}(\boldsymbol{W})=||\boldsymbol{W}||_2$, 表示待优化参数的 L_2 范数。L_2 正则项等价于先验概率服从高斯分布。与 L_0、L_1 不同, L_2 正则化很难使某些参数变为 0, 而只能让它们接近 0。使用 L_2 正则的原因在于: 一方面通常想考察更多参数对问题的影响而不让 $\boldsymbol{W}$ 稀疏; 另一方面在优化时, L_2 范数有利于优化过程更快、更稳定。在有些任务中, 会同时使用 L_1 和 L_2 正则项。

使用加性正则化的一个关键问题是超参数 α 的选取。超参数过小时, 正则项的作用太弱以至于不能有效缓解过拟合问题; 超参数过大时, 数据误差项的作用太弱以至于问题的解不能很好地解释测试数据。对于线性逆问题来说, α 的选取通常有一些行之有效的方法, 如 L 曲线法 (L-curve method)、广义交叉验证法等。

9.4.3 缓解过拟合的其他办法

除了正则化, 解决过拟合问题还有以下几种办法。

通过数据增强缓解过拟合。可用重采样、上采样、增加随机噪声、生成式对抗网络 (generative adversarial networks, GAN) 等方式人为地增加数据的个数和多样性。例如, 针对图像的应用, 可以通过空间变换 (平移旋转镜像)、尺度变换 (缩放裁剪)、颜色变换、增加噪声、改变分辨率、对比度、亮度等方式增加数据量; 增加噪声方面, 可以在原始数据上直接加入随机噪声 (更接近真实环境), 也可以在权重上增加噪声, 从而增加数据的多样性。

直接降低模型复杂度缓解过拟合。其本质是减少模型可训练参数数量。例如: 对于逻辑回归 (logistic regression) 问题, 减少目标函数的因子数; 对于决策树 (decision trees), 减少树的深度、剪枝等; 对于深度神经网络, 减少网络层数和每层神经元的个数。

采用 dropout 方法缓解过拟合。其本质是间接减少可训练参数的数量, 也等价于数据增强。减少可训练参数个数相当于弱化了各个参数 (特征) 之间的单一联系, 使起作用的特征有更多组合, 从而让模型不过分依赖于某个特征。

通过提前停止训练缓解过拟合。一些研究表明, 理论上能够找到一个让泛化误差最小的训练程度。此时, 停止训练将能缓解过拟合。

利用多模型投票方法缓解过拟合。类似于集成学习的思想, 不同模型可能会从不同角度去拟合, 通过让这些模型互相之间取长补短, 即使单独使用某个模型已出现过拟合, 综合起来也有可能缓解过拟合, 起到正则作用, 提高泛化能力。一般来说, 使用多个非常简单的模型, 更有利于抑制过拟合。

9.5 一个全连接网络示例

下面将以手写体数字识别为例, 讨论全连接网络的一种实现, 涉及的源码文件如表 9.1 所示。作为监督学习, 我们需要一组训练数据, 而为了测试网络效果, 还需要一组测试数据。对于手写体数字识别, 这些数据可方便地从 MNIST (mixed national institute of standards and technology) 集获取。因此, 下面首先简要介绍该数据集。

表 9.1 用 C++ 实现手写体数字识别全连接神经网络的源文件

文件名	简要说明
drv_fcn.cc (F.147)	main() 函数所在文件
network.cc(F.148)和network.h (F.149)	类 Network
layer.cc(F.150) 和 layer.h(F.151)	抽象基类 Layer
fully_connected_layer.cc(F.152) 和 fully_connected_layer.h(F.153)	类 FullyConnectedLayer, 全连接层
activation_layer.cc(F.154) 和 activation_layer.h(F.155)	类 ActivationLayer, 激活层
softmax_layer.cc(F.156) 和 softmax_layer.h(F.157)	类 SoftmaxLayer, 激活层
blob.h(F.158)	保存网络可训练参数和特征图的基本数据结构
fcn_common.h(F.159)	网络中的一些常量或超参数
mnist_parser.h(F.160) 和 nn_error.h (F.161)	与 MNIST 数据集数据读写相关
utilities_sc.h(F.15)	时间和进度统计等

9.5.1 MNIST 数据集

MINST 数据库是杨立昆 (Yann LeCun) 等人创建的, 手写体数字的公开数据库 [57]。该数据库主要包含了 60 000 张训练图像和 10 000 张测试图像。数据库的图片都是 28×28 大小的灰度图, 图中每个像素值是一个 8 字节的无符号整数, 其范围为 0 ～ 255。为了正确解读图片, 还需记录各张图片对应的数字, 也就是所谓的标签, MNIST 数据集为每张图片保存了该信息。显然, 标签的范围为 0 ~ 9。图 9.3 给出了一组手写体数字示例。为了让训练集数据与测试集数据不重合, MNIST 数据集将这两部分数据分开保存。这样, MNIST 数据集以如表 9.2 所示的四个文件来保存上面提到的所有信息。这四个文件均是压缩文件, 解压后分别得到名为 train-images.idx3-ubyte、train-images.idx1-ubyte、t10k-images.idx3-ubyte、t10k-images.idx1-ubyte 的二进制文件。

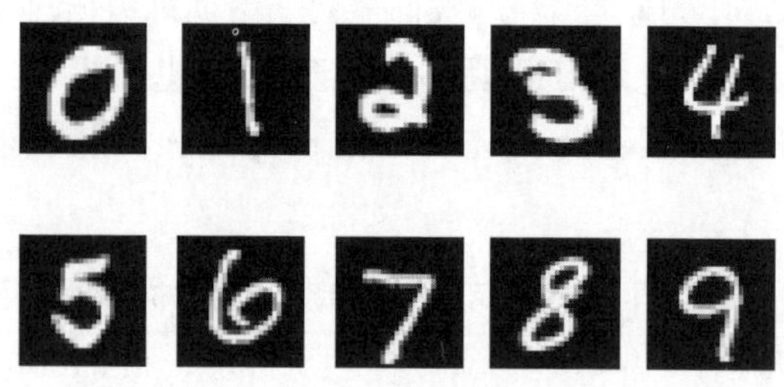

图 9.3　MNIST 数据集中手写体数字示例

表 9.2　MNIST 数据集包含的文件

文件名	描述
train-images-idx3-ubyte.gz	训练集图片 (9 912 422 字节)
train-labels-idx1-ubyte.gz	训练集图片标签 (28 881 字节)
t10k-images-idx3-ubyte.gz	测试集图片 (1 648 877 字节)
t10k-labels-idx1-ubyte.gz	测试集图片标签 (4 542 字节)

这几个文件的格式固定, 我们的示例参考 C++ 开源包 tiny-dnn[58] 的代码来读取这些文件。除去一些文本信息, 简单修改后得到文件 mnist_parser.h (F.160)。图 9.4 给出了该文件中的部分代码片段。图中第一个方框给出了函数模板 ReverseEndian(), 用于转换所读文件的字节顺序。MNIST 文件以大端格式保存 32 位数据, 读取后要调用函数 ReverseEndian() 将文件转换为 CPU 所需的小端模式。关于计算机中数字存储的字节顺序, 读者可参考附录 B.1。MNIST 数据集包含的四个文件结构基本相同, 均由两部分组成: 文件头和图片数据。图 9.4 的第二个方框给出了文件 mnist_parser.h(F.160) 处理文件头的结构体 MnistHeader。该结构体包含四个 32 位无符号整型数。其中, _magic_number 是文件协议的描述, 该变量为固定的 2049; _num_items 表示文件包含的图片总数; _num_rows 和 _num_cols 分别表示每张图片的行数和列数。读者可能

注意到, 结构体 MnistHeader 定义于名字空间 detail。除了 MnistHeader, detail 名字空间还定义了两个函数：ParseMnistHeader() 和 ParseOneMnistImage(), 如图 9.4 中第三个文本框所示。函数 ParseMnistHeader() 的功能是读取文件头; 而 ParseOneMnistImage() 则完成两个任务：一是读取一张图片; 二是根据缩放参数 scale_min 和 scale_max 将像素数据从三原色取值范围 [0,255] 归一化到一个浮点数。示例采用双精度数来存储转换后的像素信息, 并用别名 flt_type 替代 C++ 内置的 double, 方便将其改为其他型别, 例如 float。不同网络对图片数据有不同要求, 例如第 10 章介绍的卷积操作可能需要给图片**填白**①, 所以 ParseOneMnistImage() 还提供了填白的接口参数 x_padding 和 y_padding, 对应着行和列方向上的填白大小。

函数模板ReverseEndian()

```
template <typename T>
T *ReverseEndian(T *p)
{
    std :: reverse ( reinterpret_cast <char *>(p),  reinterpret_cast <char *>(p) + sizeof (T));
    return p;
}
```

结构体MnistHeader

```
struct MnistHeader
{
    uint32_t _magic_number;
    uint32_t _num_items;
    uint32_t _num_rows;
    uint32_t _num_cols;
};
```

定义于 detail 名字空间的两个函数

```
inline void ParseMnistHeader(std :: ifstream &ifs, MnistHeader &header);
inline void parse_one_image(std :: ifstream &ifs, MnistHeader const &header,
    flt_type const scale_min,   flt_type const scale_max,
    int const x_padding,        int const y_padding,       std :: vector< flt_type > &dst);
```

图 9.4 读取 MNIST 数据集的代码

① 填白的具体概念将在 10.3 节给出。

在 detail 名字空间之外, 文件 mnist_parser.h(F.160) 定义了两个均被外部函数调用的函数 ParseMnistLabels() 和 ParseMnistImages(), 分别读取标签和图片数据。函数 ParseMnistImages() 先调用 detail::ParseMnistHeader() 读取文件头, 然后调用函数 detail::ParseOneMnistImage() 逐个读取所有图片。示例采用一维 std::vector<flt_type> 数组来保存单张图片包含的像素信息, 并用别名 one_image 替代 std::vector<flt_type>。所有图片的像素信息保存于数组 std::vector<one_image>images 中。相比于函数 ParseMnistImages(), 读取标签的函数 ParseMnistLabels() 比较简单。这里用 32 位无符号整型数 uint32_t 存储标签, 并用别名 label_t 替代 unit32_t。所有的标签数据保存于 std::vector <label_t> 数组 labels 中, 显然该数组的长度为图片个数。

9.5.2 用 C++ 实现全连接网络

包含输入层, 示例代码给出的全连接网络共四层。定义在文件 drv_fcn.cc (F.147) 的 main() 函数完成以下四个功能。第一个功能是确保程序串行执行。示例代码使用了 CBLAS 库, 在诸多发行版中, 我们选择了 OpenBLAS 库函数。由于一些 OpenBLAS 库的发行版默认使用多线程并行加速计算, 为确保示例以串行方式计算, 我们加入图 9.5 上面的方框所示代码将线程数设置为 1。代码段中函数 openblas_get_parallel() 的返回值 0、1 或 2。0 表示 OpenBLAS 库以串行方式执行, 1 表示以当前平台默认的多线程接口自动加速, 2 表示以 OpenMP 并行方式自动加速。函数 openblas_get_threads() 返回当前默认的线程个数, 而函数 openblas_set_threads() 则设置计算中将使用的线程个数。第二个功能是调用定义于文件 mnist_parser.h(F.160) 中的函数 ParseMnistImages() 和 ParseMnistLabels(), 从 MNIST 数据集读取训练及测试数据和标签。第三个功能是初始化全连接网络, 调用定义于文件 network.cc(F.148) 的方法 Network::AddLayers() 给网络添加全连接层, 如图 9.5 下面的方框所示。第四个功能则是实施训练、测试网络并输出结果。该代码块的主体是一个针对常量 kEpoch 的循环。kEpoch 是一个超参数, 表示遍历数据集的次数, 要在计算开始前指定。

确保 openBLAS 以串行方式执行

```
if( openblas_get_parallel () !=0 )
{
    if( openblas_get_num_threads() > 1) openblas_set_num_threads(1);
}
```

添加网络的层

```
Network net;
net.AddLayers();
```

图 9.5 用 C++ 实现全连接网络的代码片段

除了 kEpoch, 表 9.3 列出了训练前需要定义的常量和指定的超参数。如文件 fcn_common.h(F.159) 所示, 示例定义一个名字空间 FCN 保存一些常量和超参数, 避免变量名称的混淆。具体地, 输入神经元的个数和网络输出神经元的个数分别保存于 FCN::kLengthOfMapAtLayer0 和 FCN::kNumClasses; 第一和第二个全连接层的输出神经元的个数分别保存于 FCN::kLengthOfMapAtLayer1 和 FCN::kLengthOfMapAtLay2。代码使用了小批量随机梯度下降法实现迭代优化。为了让训练更具灵活性, 每次遍历数据集时可重新设置 batch_size_train 的大小, 即迭代求解中批量的大小。同时, 通过乘以 0.85 让学习率随着遍历次数的增加而减小。

表 9.3 训练前需要定义的常量和指定的超参数

变量名	属性	简要说明
kEpoch	超参数	完整遍历全部训练数据的次数
learning_rate	超参数	学习率
batch_size_train	超参数	训练时的批大小
FCN::kNumClasses	常量	图像分类个数
FCN::kLengthOfMapAtLayer0	常量	28*28, 输入层神经元个数
FCN::kLengthOfMapAtLayer1	超参数	256, 第一层神经元个数
FCN::kLengthOfMapAtLayer2	超参数	128, 第二层神经元个数

定义于文件 network.cc(F.148) 和 network.h(F.148) 的类 Network 给出了全连接网络的整体逻辑结构和组织方式。表 9.4 列出了该类的数据成员和方法。类的私有成员除了 layers_、batch_size_、phase_和 std::Vector<Layer*>layers_, 全部是保存特征图、可训练参数及它们的微分的 std::vector<flt_type> 数组。

表 9.4 定义于文件 network.cc(F.148) 和 network.h(F.149) 的类 Network

数据成员与方法	简要说明
公有方法	
void Forward()	前向计算
void Backward(BlobIterator<label_t> const& label_of_one_image)	反向计算
void SetBatchSize(int const in)	设置批大小
int GetBatchSize ( ) const	返回批大小
void Update(flt_ type const& learning_ rate=0.02f)	更新可训练参数
int ObtainPredictionAccuracy(BlobIterator<label_ t> const& label_of_one_image , std:: vector <int> &confusion_matrix)	预测输入图片对应的数字
void AddLayers()	添加层
void SetWorkloadType(WorkloadType const & in)	设置任务模式
void Train(std::vector<one_image> const& train_sample, std::vector<label_t> const& train_label, flt_type const& learning_rate)	训练
void Predict(std::vector<one_image> &test_sample, std::vector<label_t> &test_label);	预测
void ObtainPredictionAccuracy(BlobIterator <label_t> const& label_of_one_image, std::vector <int> &confusion_matrix)	预测图片的分类
void InitMemoryPool(std::array<int, 3> const& shape_of_input)	初始化存储的组织
私有方法	
void Forward()	前向过程
void Backward(BlobIterator<label_t> const label_of_one_image)	反向过程
私有数据成员	
std::vector<flt_type> features_	指向特征图的指针
std::vector<flt_type> grad_features_	指向特征图微分的指针
std::vector<flt_type> grad_weights_	指向可训练权重参数微分的指针
std::vector<flt_type> grad_biases_	指向可训练偏置系数微分的指针
std::vector<flt_type> weights_	指向可训练权重参数的指针
std::vector<flt_type> biases_	指向可训练偏置参数的指针
std::vector<Layer *> layers_	指针数组, 数组元素指向组成网络的各个层
int batch_size_	批大小
WorkloadType phase_ {WorkloadType::inference}	任务模式, 训练或预测

这里的特征图指网络各层神经元的输出。从前面的描述知道，前向过程中网络某一层的输入是上一层输出的特征图。利用这个特性保存特征图可节省内存开销，避免层间的数据拷贝。做到这一点并不难。例如可让网络各层各自保存自己的输出特征图，并通过指针或迭代器指向前后层级的输出特征图。这里的示例采用了另一种方法，即将所有层的特征图及其微分存放于 std::vector<flt_type> 数组，各层只保存指向它们的指针或迭代器。具体实现中，网络各层（即类 Layer 的对象）通过 BlobIterator<flt_type>::iter_ 指向网络各层所操作的数据在 std::vector<flt_type> 数组的起始位置。在第 11 章我们将看到，这种处理方式有利于简化 OpenMP 并行。

除了相应的数据成员，类 Network 还需要为 std::vector<flt_type> 数组分配内存、初始化可训练参数；初始化网络各层的 BlobIterator<flt_type> 对象，让 BlobIterator<flt_type>::iter_ 指向 std::vector<flt_type> 数组的相应位置。这些功能由公用方法 void Network::InitMemoryPool() 提供。

还有一点需要强调，类 Network 数据成员数组 layers_ 保存的是指向 Layer 的指针。下面即将看到，Layer 是一个**抽象基类**，神经网络的计算由该类的多个子类来实现。示例利用 C++ 的**多态**技术，让数组 layers_ 保存的父类指针指向子类对象，调用定义于子类的方法。

定义于文件 layer.cc(F.150) 和 layer.h(F.150) 的抽象基类 Layer 给不同类型的层提供了接口封装，如表 9.5 所示。该类定义了 6 个 BlobIterator<flt_type> 属性为 protected 的对象，分别保存特征图、可训练参数和对应的微分数据在 Network 的数据成员 std::vector<flt_type> 数组的相应位置。另外两个 protected 属性的数据成员是 std::array<int,3> 数组 in_shape_ 和 out_shape_，保存输入和输出特征图的维度信息。抽象基类 Layer 还定义了若干个纯虚函数，为不同类型的层提供统一接口。

示例程序使用了三种类型的层：全连接层、激活层和 Softmax 层，分别由类 FullyConnectedLayer、ActivationLayer 和 SoftmaxLayer 来实现。这三个类均为抽象基类 Layer 的子类，具体实现了基类的纯虚函数。三个类分别在文件 fully_connected_layer.cc(F.152) 和 fully_connected_layer.h(F.153)、文件 activation_layer.cc(F.154) 和 activation_layer.h(F.155) 和文件 softmax_layer.cc (F.156) 和 softmax_layer.h(F.157) 中定义。显然，纯虚函数 ObtainPredictionAccuracy() 的功能是计算神经网络对单张图片的预测精度，仅与 Softmax 层相关。因此，类 Layer 给出该纯虚函数的一个默认实现，即输出警告信息后返

表 9.5　定义于文件 layer.cc(F.150) 和 layer.h(F.150) 的抽象基类 Layer

数据成员与方法	简要说明
公有方法	
virtual void Forward()=0	前向计算, 纯虚函数
virtual void Backward()=0	反向计算, 纯虚函数
virtual std::array<int, 3>InitFeatureShape (std::array<int, 3> const& input_size) =0	初始化输入和输出的维度, 纯虚函数
virtual void InitWeightsShape(std::vector <std::array<int, 3> > &w_p, std::vector <std::array<int, 3> > &b_p) =0	初始化可训练参数的维度, 纯虚函数
virtual int ObtainPredictionAccuracy (BlobIterator <flt_type> const& lable_of_one_image, std::vector <int> & confusion_matrix)=0	获得预测精度, 纯虚函数
std::string GetName()	获取层的名字
void SetName(std::string const& name_ in)	设置层的名字
保护属性方法	
virtual void SetLabel (BlobIterator <label_t> const label_of_one_image)=0	仅为 Softmax 层/输出层传送标签数据, 纯虚函数
virtual void SetScale(int const batch_size) =0	仅为 Softmax 层/输出层设置批次大小, 纯虚函数
void InitWeightsAndBiases()	初始化可训练参数,被Network类的对象调用
保护属性数据成员	
BlobIterator<flt_type>features_	指向特征图的指针
BlobIterator<flt_type>grad_features_	指向特征图微分的指针
BlobIterator<flt_type>grad_weights_	指向可训练权重参数微分的指针
BlobIterator<flt_type>grad_biases_	指向可训练偏置系数微分的指针
BlobIterator<flt_type>weights_	指向可训练权重参数的指针
BlobIterator<flt_type>biases_	指向可训练偏置参数的指针
std::array<int, 3>in_shape_, out_shape_	长度为 3 的整型数组, 保存网络的输入与输出维度
私有数据成员	
std::string name_	层的名字

回。类 FullyConnectedLayer 和 ActivationLayer 均调用 Layer 提供的这个实现, 如图 9.6 所示。为了在子类中调用定义于父类的方法, 必须在方法名前加上修饰符 Layer::。

```
virtual int ObtainPredictionAccuracy( BlobIterator <label_t> const& label_of_one_image,
    std :: vector<int> &confusion_matrix) override
{
    return Layer :: ObtainPredictionAccuracy(label_of_one_image, confusion_matrix);
}
```

图 9.6 纯虚函数 ObtainPredictionAccuracy()
在类 FullyConnectedLayer 和 ActivationLayer 的实现

将方法 Layer::ObtainPredictionAccuracy() 作为纯虚函数, 而不是类 Softmax 的独有成员方法的好处是, 避免将 Layer 指针转换为 Softmax 指针, 如图 9.7 上面的方框所示。假定我们在类 Softmax 中定义一个名为 ObtainPredictionAccuracyAtSoftmaxLayer() 的方法, 那么无须在类 Layer 定义纯虚函数 ObtainPredictionAccuracy()。不过调用 Softmax::ObtainPredictionAccuracyAt SoftmaxLayer() 时, 必须显式地将基类 Layer 指针转换为 Softmax 类指针, 图 9.7 给出了型别转换的一种实现方式。另外一种相对而言更为安全但开销也更大的型别转换方式是使用 std::dynamic_cast。读者可发现, 示例代码把方法 Layer::SetLabel() 设置为纯虚函数的原因与 Layer::ObtainPredictionAccuracy() 的一样, 这里不重复说明。

从方法 Network::Train() 和 Network::Predict() 对 Layer::ObtainPrediction Accuracy() 和 Layer::SetLabel() 的调用不难看出, 示例代码使用一个维度为 10(即 LeNet_5::kNumClasses) 的数组记录一张图片的标签。例如, 对于数字 2 的手写体图片, 该数组的第三个元素为 2, 其余元素为 0。而函数 ParseMnistLabels() 读取图片的标签时, 每张图片只保存非零值, 即图片对应的数字。也就是说, 示例代码使用了两种方式处理图片的标签信息。

这里特别指出, 可以把方法 Network::ObtainPredictionAccuracy() 和 Layer::ObtainPredictionAccuracy() 看做两个完全不同的方法。其原因在于它们定义在不同的类中, 所属名字空间不同。

示例代码采用虚函数获取预测精度的实现方式

```
int Network::ObtainPredictionAccuracy( BlobIterator <label_t> const& label_of_one_image,
    std :: vector<int> &confusion_matrix)
{
    Layer *layer = layers_.back();
    return layer->ObtainPredictionAccuracyAtSoftmaxLayer(label_of_one_image, confusion_matrix);
}
```

不采用虚函数获取预测精度的实现方式

```
int Network::ObtainPredictionAccuracy( BlobIterator <label_t> const& label_of_one_image,
    std :: vector<int> &confusion_matrix)
{
    Layer *layer = layers_.back();
    return static_cast <Softmax*>(layer)->ObtainPredictionAccuracyAtSoftmaxLayer(label_of_one_image, confusion_matrix);
}
```

图 9.7　获取预测精度的实现方式对比

本质上，网络前向计算涉及矩阵向量相乘、加偏置、激活和 Softmax 输出。为了简化编程，示例调用了 cblas 库的 cblas_dgemv() 函数实现矩阵向量相乘①。反向传播是完全按照 9.2 节的推导进行的。首先根据式 (9.35) 计算 $\nabla_{\boldsymbol{\beta}_{(l)}}\varepsilon(l=3,2,1)$，计算中依然调用 cblas 库的 cblas_dgemv() 函数实现矩阵向量相乘，然后依据式 (9.38) 和式 (9.39) 分别计算 $\nabla_{\boldsymbol{W}_{(l)}}\varepsilon$ 和 $\nabla_{\boldsymbol{b}_{(l)}}\varepsilon$。需要指出：正向传播时的矩阵向量相乘没有转置操作，而反向传播中则需要转置操作②。

9.5.3　运行结果

假定编译以上示例代码得到的可执行文件为 xfcn_serial，可通过图 F－65 的方式运行程序。由于代码的矩阵向量相乘调用了 CBLAS 库函数，链接时需添加相应的库。具体地，示例使用了 OpenBLAS 库，编译时链接的是 libopenblas 库。运行可执行文件所得输出也在图 F－65 中给出。从运行结果可看到，经过两次遍历后，全连接网络可达到 94% 以上的识别率。

① 示例程序的 flt_type 为 double 型别，所以应该调用 blas 库中双精度版本的矩阵向量乘函数。

② 也可以反过来，在正向传播过程使用转置的矩阵向量相乘，而反向传播的矩阵向量相乘则没有转置操作。

课程设计

1. 基于本章给出的全连接神经网络示例，给网络添加层数，通过数值实验验证代码的效率和精度变化。

2. 基于本章给出的全连接神经网络示例，尝试使用其他形式的激活函数，通过数值实验验证调整带来变化。

3. 学习当前主流基于梯度的优化算法，将它们与本章给出的其他全连接神经网络示例结合，通过数值实验测试不同优化算法的收敛特性。

第 10 章

卷积神经网络

结合了反向传播算法的多层全连接神经网络因为能够处理更为复杂的问题, 与包括支持向量机 (support vector machine) 的其他机器学习手段相比具有更大优越性。提升全连接网络学习能力的一种有效手段是增加隐藏层, 但随着层数的增加, 网络的可训练参数的数量快速增长, 存在容易发生过拟合、训练时间长的缺点。卷积神经网络能有效地解决多层全连接神经网络的一些困难, 其成功的原因在于局部连接和权值共享。通过这两个策略, 卷积神经网络一方面减少了可训练参数的数量, 使得网络易于优化, 另一方面降低了模型的复杂度, 也就缓解了过拟合的风险。本章将在介绍卷积神经网络基本概念的基础上, 基于手写体数字识别讨论网络的实现方式。

10.1 卷积神经网络的基本概念与卷积

由纽约大学的杨立昆于 1998 年提出的卷积神经网络 [1] 能有效地解决多层全连接神经网络中的一些困难。从本质上看, 卷积神经网络是一个共享权值的多层感知机 (multiple layer perceptron, MLP)。下面我们将通过**边缘检测** (edge detection) 或边界检测的一种简单实现方式来揭示卷积神经网络的基本概念。

如图 10.1 所示, 我们希望检测一个大小为 8×8 的图片中不同区域的分界线。为简单起见, 区域的分界线两边像素值分别为 10 与 0。为检测分界线, 使用如图 10.2 所示的维度为 3×3 的**滤波器** (filter) 或**内核** (kernel) ①作用在 8×8 图片上。如图 10.3 左边所示, 将滤波器作用到待检测图片的方式是, 按从上往下、自左向右的顺序, 让滤波器中心与 8×8 图片的各个像素重合, 得到一块跟滤波器一样大的区域之后, 对应元素相乘并求和; 去掉位于边缘而无法被滤波器覆盖的那

① 为了与 CUDA 环境下的核函数区分开, 我们一般称之为滤波器。

些像素，得到如图 10.3 最右边所示的图片。从图片不难看出，分界线已被成功找到。上面用滤波器覆盖所需检测的图片，并将对应元素相乘求和的操作就是**卷积** (convolution)。从神经网络的角度看，图 10.3 所示的操作就是卷积神经网络的基本操作。下面几个小节将着重介绍卷积神经网络的重要概念。

10	10	10	10	0	0	0	0
10	10	10	10	0	0	0	0
10	10	10	10	0	0	0	0
10	10	10	10	0	0	0	0
10	10	10	10	0	0	0	0
10	10	10	10	0	0	0	0
10	10	10	10	0	0	0	0
10	10	10	10	0	0	0	0

图 10.1　8×8 像素的示例图片

1	0	−1
1	0	−1
1	0	−1

图 10.2　3×3 的滤波器

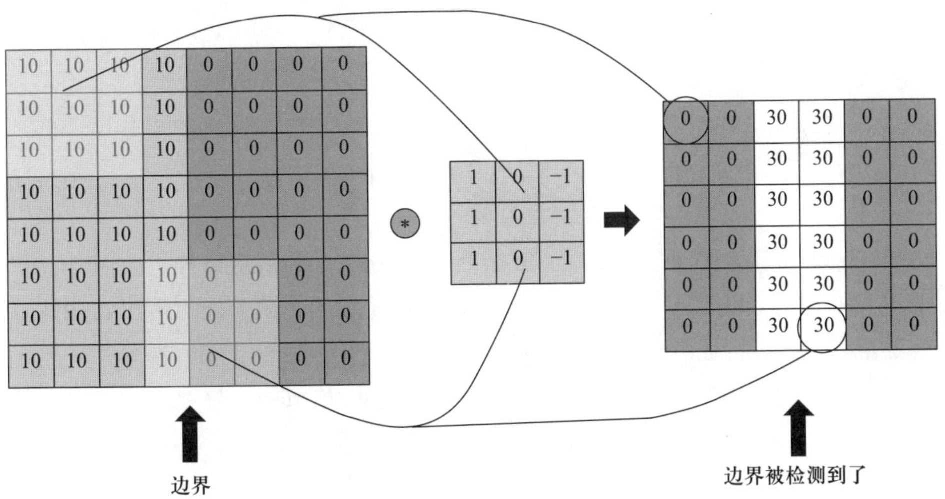

图 10.3　应用卷积神经网络得到的边缘检测结果

一个典型的卷积神经网络往往包括数据输入层 (input layer)、卷积计算层 (convolutional layer)、激活层 (activation layer)、池化层 (pooling layer) 和全连接层 (full connected layer)。其中，卷积计算层、激活层和池化层是卷积神经网络区别于其他网络的主要特征, 有些文献将它们组合到一起称为**卷积层** ①, 此时, 卷积计算层、激活和池化层分别被称为卷积级、激活级和池化级。一个卷积神经网络可以拥有多个卷积层。

从数学上看, 一维卷积可写为

$$s(t)=\int x(a)w(t-a)\mathrm{d}a \quad \text{或} \quad s(t)=(x\circ w)(t). \tag{10.1}$$

在卷积神经网络语境下, 函数 x 一般被称为**输入**; 函数 w 则是滤波器; 输出 s 有时被称为**特征映射**。计算机只能处理有限数量的离散数据, 所以我们更关心如下离散形式的卷积 ②,

$$s(t)=(x\circ w)(t)=\sum_{a=-N}^{N}x(a)w(t-a). \tag{10.2}$$

这里 a 和 t 均在离散点上取值, N 为大于零的整数。

在机器学习中, 很多时候要一次在多个维度上进行卷积运算, 例如一个二维卷积可写为

$$\boldsymbol{S}(i,j)=(\boldsymbol{F}\circ\boldsymbol{K})(i,j)=\sum_{m}\sum_{n}\boldsymbol{F}(m,n)\boldsymbol{K}(i-m,j-n), \tag{10.3a}$$

或

$$\boldsymbol{S}(i,j)=(\boldsymbol{F}\circ\boldsymbol{K})(i,j)=\sum_{m}\sum_{n}\boldsymbol{F}(i-m,j-n)\boldsymbol{K}(m,n). \tag{10.3b}$$

这里 $\boldsymbol{F}$ 为二维输入, $\boldsymbol{K}$ 为二维滤波器, i、j、m、n 为离散取样点。由于卷积的可交换性, 式 (10.3a) 和式 (10.3b) 等价。从上面两个式子还可看出卷积的滤波器**翻转** (flip) 特征, 例如式 (10.3a) 中随着 m 增大 $\boldsymbol{K}$ 的索引在减小。一般来说, 机器学习中滤波器的维度不大, 即 m 和 n 的取值范围一般远小于 i 和 j 的取值范围。一个与卷积很相似的函数是**互相关函数** (cross-correlation)

$$\boldsymbol{S}(i,j)=(\boldsymbol{F}\circ\boldsymbol{K})(i,j)=\sum_{m}\sum_{n}\boldsymbol{F}(i+m,j+n)\boldsymbol{K}(m,n). \tag{10.4}$$

---

① 杨立昆等人在 1998 年提出 LeNet5[1] 的原始文献中, 把卷积相关层分别称为 convolutional layer 和 subsampling layer。很多文献将它们分别称为卷积层和下采样层/降采样层。在不导致混淆的情况下, 我们并不严格区分这些命名方式。

② 很多文献用 * 表示卷积。考虑到本书很多地方的源代码中使用 * 表示乘法操作, 为避免混淆, 这里使用 ∘ 表示卷积。

不难看出, 与卷积相比, 互相关函数没有滤波器翻转。由于历史原因, 很多机器学习的文献或软件包往往把互相关函数也称为卷积。读者在实现卷积神经网络或使用已有库时, 需要注意的是: 基于式 (10.4) 实现的卷积神经网络与基于式 (10.3) 的神经网络互为翻转关系。

可把滤波器看成是**感受野** (receptive field) 概念的具体化和结构化。生物学研究表明, 从视网膜传递到脑中的视觉信息是通过多层次的感受野激发完成的。基于这一点, 人们提出了感受野的概念。粗略地看, 感受野告诉我们一个像素点的信息仅取决于上一层网络中若干相邻像素点, 而与其他像素点无关, 非常类似于人们经常提到的局域性。根据这一理解, 可通过卷积层的输出推算出感受野的大小, 即确定某个输出像素所需的输入像素所在的范围。只看卷积操作本身的输入与输出的关系, 感受野的大小就等于滤波器的大小。当然, 下面将看到, 卷积神经网络中输入和输出间的映射还依赖于池化与步长, 所以感受野大小也受池化函数和步长的影响。

一般来说, 要提取数据/图片的不同信息, 需要使用不同的滤波器。因此有些文献也把卷积层的输出称为特征图或特征数据。

10.2 池化

池化是使用**池化函数** (pooling function) 进一步调整输出。池化函数使用某一位置的相邻输出的总体特征作为网络在该位置的输出。一个常用的池化函数是**最大值池化** (max pooling), 用相邻区域的最大值作为输出; 另外一种常用的池化方式是取相邻区域的平均值, 称为**平均值池化** (average pooling); 其他池化方式包括取 L_2 范数等。图 10.4 给出了对一个 6×6 像素的图片进行 2×2 最大池化的例子。池化过程中, 把 6×6 的图片缩减为 $\frac{6}{2} \times \frac{6}{2}$ 的图片, 所得 3×3 图片中各个元素为各个 2×2 子图片中像素的最大值。

从图 10.4 给出的例子不难看出, 池化的一个效果是在保留所需图片特征的条件下缩减所需处理数据的规模, 从而降低机器学习的计算开销, 提高计算效率。池化的另一个效果是帮助保持输入某些特征的**不变性** (invariant)。这里的不变性是指, 不管采用什么样的池化函数, 当输入有少量平移时, 池化能保持输入的一些特征不变化。这个特征在一些应用中非常重要。譬如, 判断一张图片中是否包含人脸时并不需要知道眼睛所在的具体像素坐标, 只需知道两只眼睛在人脸的一左一右即可。

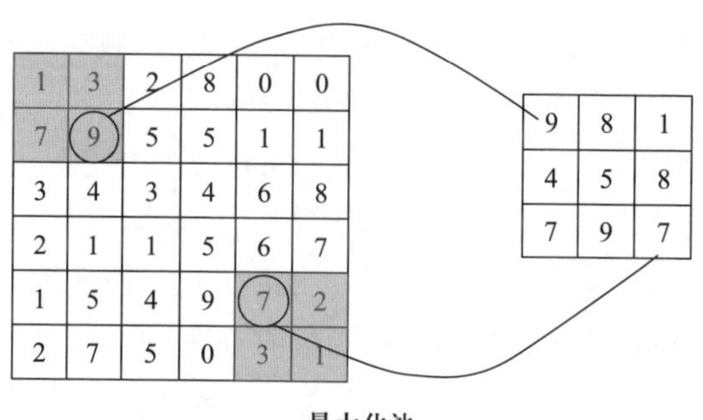

图 10.4 最大池化示意图

基本上每个卷积操作后边都会跟着一个池化操作来降低特征图的大小。常见的做法是让输出特征图的尺寸为输入的一半。当然, 池化在增加网络鲁棒性的同时, 把原来的描述变为了概略描述, 会造成部分信息丢失。池化层还可视为模糊滤波器, 可提取数据的二次特征。

10.3 卷积神经网络实现的一些考虑

10.3.1 填白

从图 10.1 给出的例子看, 当将原图片编号为 (0, 0) 的像素点作为中心时, 无法得到一个与滤波器大小完全匹配的像素区域, 该示例的输出图片舍弃了该像素。使用 3×3 的滤波器需舍弃原始图片最外围一圈像素点, 于是卷积的输出为一个 6×6 的图片。再执行一次卷积, 图片尺寸就缩小为 4×4。以这种方式实现卷积会导致两个问题: 一是每次卷积都会导致图像缩小, 如果卷积神经网络包含了多个卷积层, 那么图片可能会消失; 二是卷积过程中丢失了原始图片的边缘信息。

解决这两个问题的常用方案是**填白** (padding)。每次卷积操作前在图片周围都补一圈或若干圈值为零的像素, 即所谓的空白。这样卷积输出的特征图与输入图片的尺寸一样, 而且输入图片的边缘信息也不会在卷积过程中丢失。当然, 具体填白的大小需要根据滤波器大小来确定。

10.3.2 步长

卷积的步长 (stride) 指滤波器移动的步长, 即式 (10.3) 和式 (10.4) 中的 i 与 j 移动的步长。对于二维卷积, 当在两个维度上移动的步长均为 1, 则可记为 1×1。当两个维度上移动的步长分别为 s_1 和 s_2, 则对应的步长可写为 $s_1 \times s_2$。图 10.1 给出的示例默认步长是 1×1。

显然式 (10.3) 和式 (10.4) 默认步长为 1×1。更一般的, 步长为 $s_1 \times s_2$ 的二维卷积可写为

$$\boldsymbol{S}(i,j) = (\boldsymbol{F} * \boldsymbol{K})(i,j) = \sum_m \sum_n \boldsymbol{F}(i * s_1 - m, j * s_2 - n)\boldsymbol{K}(m,n). \quad (10.5)$$

当步长小于滤波器的尺寸时, 滤波器与原始输入数据可在空间区域上重叠; 滤波器移动步长与滤波器尺寸一致时, 就不会出现这种重叠。

10.3.3 多通道

图 10.5 给出了一个多输入通道、多输出通道卷积的示意图。从输入的角度看, 往往需要多个通道的特征图才能完整表征所要的信息。如果输入特征图的基本单位是以矩阵形式保存的图片, 则输入特征图的维度可写为 $h \times w \times c_i$, 其中 h 和 w 分别表示图片的长、宽, c_i 是输入通道数。对于图 10.5 所示的卷积, 我们有 h=w=7 和 c_i=2, 即单个输入通道的输入是一个 7×7 的图片, 而输入通道数为 2。单张二维图片需要二维滤波器进行卷积操作, 2 个输入通道则对应着 2 个二维滤波器。如果记二维滤波器的维度为 $k_1 \times k_2$, 其中 k_1 和 k_2 为滤波器在两个方向上的大小, 那么, c_i 个输入通道对应的滤波器维度可写为 $k_1 \times k_2 \times c_i$。一般来讲, 这 c_i 个二维滤波器的权重可相同, 亦可不同。很多时候, 我们把这个三维张量称为一个滤波器。假定图 10.5 中二维滤波器的维度为 3×3, 那么对应于 2 个输入通道的数据, 单个滤波器的维度为 3×3×2。从输出的角度看, 一般希望卷积神经网络能够输出携带输入数据不同特征的多张特征图, 从而方便从不同角度提取输入数据的特性。通常, 一个输出特征图对应着一个输出通道, 于是, c_o 张输出特征图就意味着 c_o 个输出通道。如图 10.5 所示, 卷积的输出为 4 通道, 也就是说 c_o=4。显然, c_o 个输出通道对应着 c_o 个维度为 $k_1 \times k_2 \times c_i$ 的滤波器。除了二维滤波器本身的维度, 每个输出通道的特征图的维度还取决于卷积步长和填白。假定卷积步长为 1, 填白为 0, 那么图 10.5 每个输出通道的二维特征图为 5×5 的矩阵。

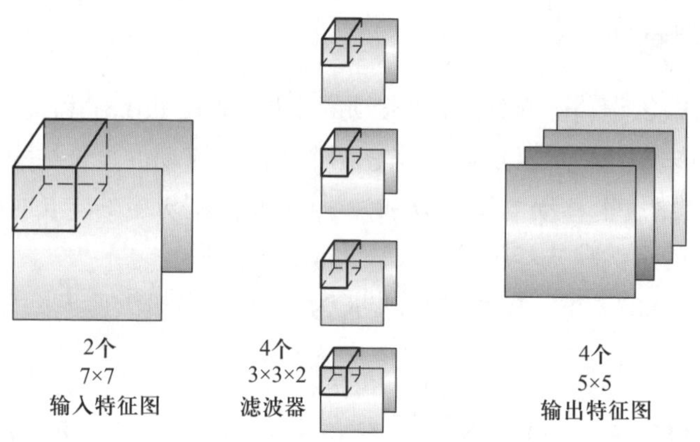

图 10.5　多通道示意图, 其中 $h=w=7$, $c_i=2$, $c_o=4$。

上面的讨论将矩阵当做数据的基本单位, 第三维度当做通道, 此种情形在图像处理非常常见。事实上, 上面多通道的讨论可推广到基本单位为任意维度的数据, 例如三维、四维等, 只需将 $h\times w$ 替换为相应的维度即可。读者还需注意, 按行优先, 还是列优先, 或者通道优先方式保存特征图, 不同软件包的做法不尽相同。组合调用不同软件包时, 需要仔细确认数据保存的方式。

多输出通道可以说是卷积神经网络能保证信息不丢失的关键。以图像处理为例说明。结合了池化操作的卷积的一个重要效果是将图片降维, 这显然会造成信息的丢失。卷积神经网络一般利用多输出通道, 把变换后的输入信息保存于多个维度变小的输出特征图。因此, 可以说, 一个设计恰当的卷积神经网络只是把图片所包含的信息转换到另外一个空间/域来保存, 而不会导致图片信息的丢失。有时候甚至可认为, 卷积神经网络的一个通道的输出对应着信号处理中离散傅立叶变换的一个频率成分 (展开基) 的信息。

10.4　一种手写体数字识别的卷积神经网络

本节对文献 [1] 提出的 LeNet–5, 其作出适当调整, 讨论卷积神经网络的 C++ 实现。同第 9.5 节讨论的全连接神经网络一样, 该网络的输入是来自 MNIST

数据集的手写体数字图片, 显然它们分属表示 0 到 9 数字的 10 个类别; 网络的输出是对图片分类/辨认的结果, 是 0~9 之间的一个数。

10.4.1 网络结构

显然 LeNet–5 是针对多分类问题的网络。如图 10.6 所示, 文献 [1] 提出的名为 LeNet–5 的网络总共包含 8 层 ①, 分别为: 输入层、卷积层 (C1)、池化层 (S2)、卷积层 (C3)、池化层 (S4)、卷积层 (C5)、全连接层 (F6)、输出层 (径向基层)。卷积层是卷积神经网络的核心, 它通过不同滤波器提取图片的不同特征。池化层的池化操作让图片空间分辨率变低的同时, 减少了单个卷积通道的计算量。单个卷积操作计算量的降低允许卷积神经网络使用更多的卷积通道, 从而输出比输入更多的特征图。例如 LeNet–5 第一个卷积层为每张输入图片生成 6 个特征图, 而下一个卷积层 C3 则在 6 个特征图的基础上生成 16 个特征图, 从而让网络以较小的开销获取更多特征信息。

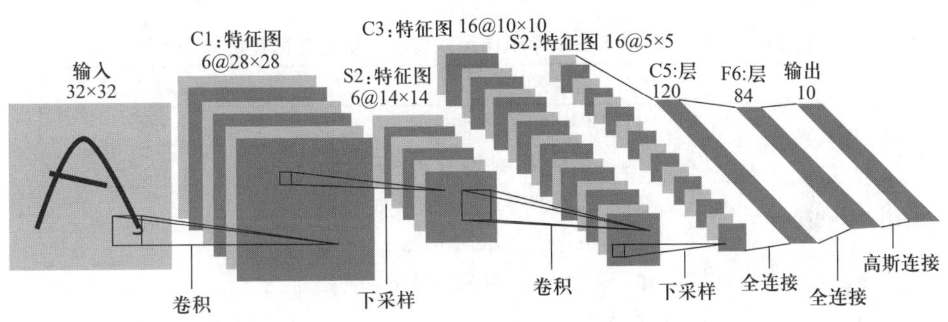

图 10.6 杨立昆教授提出的 LeNet–5 的网络结构图

类似于 LeNet–5, 这里给出一种手写体数字识别的卷积神经网络的实现。数据在网络中的流动如图 10.7 所示。与 LeNet–5 不同, 示例网络将包括卷积本身、池化、激活等不同操作都单独称为网络的一层, 方便添加和改变网络结构。显然, 示例网络由多种相同的层叠加而成, 这也是典型深度学习网络的结构。表 10.1 给出各层的简要说明和数据在不同层间流动变化。

① 注意: 为了与文献 [1] 的名称保持一致, 这里将卷积级称为卷积层, 将池化级称为池化层。

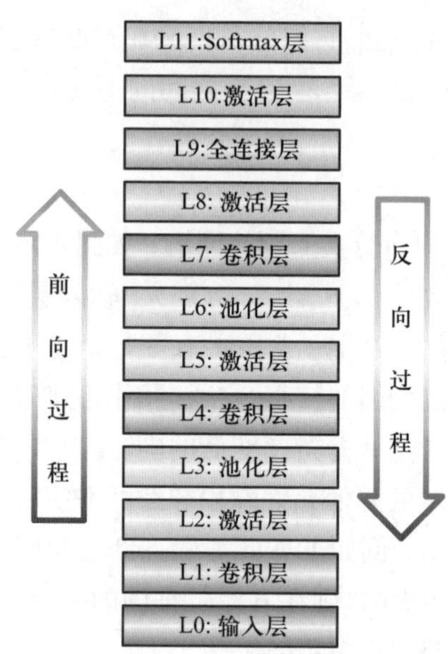

图 10.7 示例卷积神经网络的网络结构和数据在网络中的流动示意图

表 10.1 手写体数字识别卷积神经网络的各层及数据在层间的流动

层	简要说明	可训练参数的数量
L0: 输入层	从 MNIST 读入 28×28 的图片, 可把该图片看成为输入层的输出, 即, 一个特征图	—
L1: 卷积层	有 6 个 5×5 的滤波器, 卷积步长为 1, 填白为 2, 输出 6 张 28×28 的特征图	6×5×5+6=156
L2: 激活层	使用 tanh 函数激活, 输入与输出均为 6 张 28×28 的特征图	—
L3: 池化层	将 6 个特征图进行 2×2 的最大值池化, 输出 6 张大小为 14×14 的图片	—
L4: 卷积层	将 6 个输入通道的大小为 14×14 的特征图转换成 16 个大小为 10×10 的特征图, 滤波器大小为 5×5, 卷积步长 1, 填白 0。6 个输入特征图与 16 个输出特征图是全连接的关系	16×6×5×5+16=2 416
L5: 激活层	使用 tanh 函数激活, 输入与输出均为 16 张 14×14 的特征图	—
L6: 池化层	将 16 个特征图进行 2×2 的最大值池化, 输出 16 张大小为 5×5 的图片	—

续表

层	简要说明	可训练参数的数量
L7: 卷积层	将 16 个输入通道的大小为 5×5 的特征图转换成 120 个大小为 1×1 的特征图, 滤波器大小为 5×5, 卷积步长为 1, 填白为 0。16 个输入特征图与 120 个输出特征图是全连接的关系	120×16×5×5+120 =48 120
L8: 激活层	使用 tanh 函数激活, 输入与输出均为 120 张 1×1 的特征图	—
L9: 全连接层	该层对应的输入神经元个数为 120、输出神经元个数为 10。可看成 120 个输入通道的大小为 1×1 的特征图转换成 10 个大小为 1×1 的特征图, 滤波器大小为 1×1, 卷积步长为 1, 填白为 0。10 个输出通道对应着 10 个数字	10×120+10=1 210
L10: 激活层	使用 tanh 函数激活, 输入与输出均为 10 张 1×1 的特征图	—
L11: Softmax 层	使用 Softmax 函数计算 10 个输出的归一化值	—

下面从前向和反向两个过程说明网络的整体计算流程。相同类型的层涉及的计算操作基本相同, 只是输入和输出特征图的维度及其他网络配置参数不同, 因此这里只介绍不同类型层的计算。

10.4.2 前向计算过程

下面用小写英文字母或希腊字母表示标量, 向量、矩阵与张量均用黑斜体表示, 不再严格区分它们。没有特别说明时, 请读者根据数据的组织方式来确定黑体字母的具体维度。

10.4.2.1 输入层

卷积神经网络的输入层与全连接神经网络的基本相同, 除了读入 MNIST 数据集数据, 还将数据归一化。

10.4.2.2 卷积层

网络中共有三个卷积层, 其操作基本一致。不失一般地, 假定当前层为第 l

层, 那么卷积操作可写为

$$\boldsymbol{\beta}_p^{(l)} = \sum_q \left(\boldsymbol{X}_q^{(l-1)} \circ \boldsymbol{W}_{p,q}^{(l)} + \boldsymbol{b}_p^{(l)}\right) \quad p, q \in [0, 1, 2, \cdots], \tag{10.6}$$

式中 $\boldsymbol{X}_q^{(l-1)}$ 为输入特征图 q, $\boldsymbol{\beta}_p^{(l)}$ 为输出特征图 p; 滤波器 $\boldsymbol{W}_{q,p}^{(l)}$ 计算编号为 q 的输入特征图 $\boldsymbol{X}_q^{(l-1)}$ 对输出特征图 p 的贡献。偏置矩阵 $\boldsymbol{b}_p^{(l)}$ 的维度与输出特征图一致。由于矩阵 $\boldsymbol{b}_p^{(l)}$ 的一行只对一个输出神经元的输出有贡献, 也就是说该矩阵的一行可以用一个元素来替代, 具体编程时可将该矩阵当做向量来处理以节省内存。

网络中的所有卷积层步长均为 1, 滤波器大小为 5×5; 紧随输入层的卷积层中, 填白为 2, 其他两个卷积层填白为 0。示例网络的第二个卷积层 L4 层与 LeNet–5 的 C3 层类似, 均由 6 个特征图生成 16 个特征图。不同之处在于, 网络示例输入特征图与输出特征图间是全连接关系, LeNet–5 的 C3 层则不然。

一般来说, 卷积层之后会跟随一个激活层和池化层。需要注意的是, 示例网络的第三个卷积层 (L7) 输出的特征图大小为 1×1, 因此其后只有激活层, 没有池化层。

LeNet–5 的 C3 卷积层

LeNet–5 采用表 10.2 所示的连接关系从 6 个特征图生成 16 个特征图。图中的行表示输入特征图的编号, 列表示输出特征图的编号, 符号 X 表示对输出特征图有贡献。例如, 输出特征图 0 只依赖于输入特征图 0、1 和 2, 而输出特征图 15 则与所有的输入特征图有关。用矩阵 $\boldsymbol{Q}$ 表示表 10.2 所示连接关系, 卷积层 C3 的正向计算可表达为

$$\boldsymbol{X}_p^{(3)} = \sum_{\substack{q=0 \\ Q_{p,q} \neq 0}}^{q=5} \boldsymbol{X}_q^{(2)} \circ \boldsymbol{W}_{p,q}^{(3)} + \boldsymbol{b}_p^{(3)} \quad p \in [\,0,\,15\,], \tag{10.7}$$

其中 $\boldsymbol{b}_p^{(3)}$ 为输出特征图 p 的偏置矩阵, $\boldsymbol{W}_{p,q}^{(3)}$ 为 5×5 的滤波器, 计算输入特征图 q 对输出特征图 p 的贡献, $\boldsymbol{X}_p^{(3)}$ 为 10×10 的输出特征图。式 (10.7) 中 $\boldsymbol{Q}_{p,q}$ 为矩阵 $\boldsymbol{Q}$ 中的元素。实际编程中, 可让 $\boldsymbol{Q}_{p,q}$ 为 1 或 0, 其中 1 表示 X; 如果 $\boldsymbol{Q}_{p,q}$=1, 则表示输入特征图 i 对输出特征图 j 有贡献, 反之 $\boldsymbol{Q}_{p,q}$=0 则表示输入特征图 i 对输出特征图 j 没有贡献。文献 [1] 中网络的 C3 层需要 6×3+9×4+6=60 个滤波器, 每个滤波器大小为 5×5, 因此可训练参数为 60×25+16=1 516 个。

表 10.2　LeNet–5 中 C3 层中输入与输出特征图的连接关系

	0	1	2	3	4	5	6	7	8	9	10	11	12	13	14	15
0	X				X	X	X			X	X	X	X		X	X
1	X	X				X	X	X			X	X	X	X		X
2	X	X	X				X	X	X			X		X	X	X
3		X	X	X			X	X	X	X			X		X	X
4			X	X	X			X	X	X	X		X	X		X
5				X	X	X			X	X	X	X		X	X	X

10.4.2.3　激活层

网络有多个激活层, 其操作均可写为

$$\boldsymbol{X}_p^{(l)} = \mathcal{F}(\boldsymbol{\beta}_p^{(l-1)}) \quad p \in [0, 1, 2, \cdots], \tag{10.8}$$

其中, $\boldsymbol{\beta}_p^{(l-1)}$ 和 $\boldsymbol{X}_p^{(l)}$ 分别为输入和输出特征图, 函数 $\mathcal{F}(\cdot)$ 为激活函数。示例中所有激活层均采用 tanh 函数激活,

$$\mathcal{F}(z) = \frac{\mathrm{e}^z - \mathrm{e}^{-z}}{\mathrm{e}^z + \mathrm{e}^{-z}}. \tag{10.9}$$

当然, 可使用一般来说效果更好的 ReLU 函数或其他函数。

10.4.2.4　池化层

池化层也被称为下采样层, 其作用是缩小特征图的维度。示例网络有两个采用了最大值池化的池化层, 分别位于前面两个卷积层之后。两个池化层的池化窗口均为 2×2。第一个池化操作按照 2×2 的方式将 28×28 的特征图分块, 生成维度为 14×14 的特征图; 第二个池化操作按照 2×2 的方式将 10×10 的特征图分块, 生成维度为 5×5 的特征图。

示例网络的池化层没有可训练参数。

LeNet–5 的 S2 池化层

LeNet–5 采用了平均值池化, 具体地, 将块的平均值乘以一个可训练参数并与一个可训练的偏置参数相加, 得到的结果作为池化输出的像素值。

LeNet–5 的下采样层还包含一个 Sigmoid 函数的激活操作, 该层正向计算可写为

$$\boldsymbol{\beta}_p^{(2)} = \boldsymbol{w}_p \boldsymbol{X}_p^{(1)} \circ \boldsymbol{W}_p^{(2)} + \boldsymbol{b}_p^{(2)}$$

$$p \in [0,5] \tag{10.10}$$

$$\boldsymbol{X}_p^{(2)} = s(\boldsymbol{\beta}_p^2)$$

其中 $s(\cdot)$ 为如式 (9.4) 所示的 Sigmoid 函数, $\boldsymbol{X}_p^{(2)}$ 是输出特征图, $\boldsymbol{b}_p^{(2)}$ 为特征图 p 的偏置矩阵, 其中所有元素均等于 $b_p^{(2)}$, $\boldsymbol{W}_p^{(2)}$ 为元素全部为 1 的 2×2 的方阵, $\boldsymbol{w}_p$ 为可训练的权重参数。输出特征图 $\boldsymbol{X}_p^{(2)}$ 和偏置 $\boldsymbol{b}_p^{(2)}$ 的维度均是 14×14。池化层 C2 中可训练参数为 6+6=12 个, 分别为 6 个 $\boldsymbol{w}_p$ 和 $\boldsymbol{b}_p$。输出端的神经元有 6×14×14=1 176 个。

LeNet−5 中 C4 层也是池化层可训练参数为 16+16=32。

根据附录 E.4, 可将平均池化转换为卷积操作。LeNet–5 中 S2 层的池化可等价为滤波器是 2×2 且滤波器元素等于 1、步长为 2、填白为 0 的卷积。

10.4.2.5 全连接层

示例网络有一个全连接层, 其输入是 120 个 1×1 的特征图, 其输出为 10 个分类信息, 相应的计算可表达为,

$$\boldsymbol{\beta}^{(l)} = \boldsymbol{W}^{(l)} \cdot \boldsymbol{X}^{(l-1)} + \boldsymbol{b}^{(l)}, \tag{10.11}$$

其中, $\boldsymbol{b}^{(l)}$ 为长度为 10 的偏置向量, $\boldsymbol{W}^{(l)}$ 为 10×120 的矩阵, $\boldsymbol{X}^{(l-1)}$ 为 120×1 的输入, $\boldsymbol{\beta}^{(l)}$ 为 10×1 的输出矩阵。

全连接层有 10×120+10=1 210 个训练参数。

10.4.2.6 Softmax 层

这里的 Softmax 层与第 9 章的一样, 不重复介绍。

10.4.3 反向传播过程

本质上看, 卷积神经网络中反向传播的计算方式与 9.2 节的完全一致。不同在于, 除了矩阵向量相乘之外, 卷积神经网络还有卷积操作和池化操作, 让卷

积神经网络的反向传播相对而言更为复杂。为了使读者对反向传播有更深入的认知, 下面将具体给出各层反向传播的计算方式。

10.4.3.1 损失函数与 Softmax 层的微分

示例卷积神经网络损失函数的定义和 Softmax 层的微分与 9.2.1 节的完全一致。

10.4.3.2 激活层的微分

以示例网络反向传播遇到的第一个激活层——L8 层为例, 说明激活层的反向传播过程中微分的计算。如图 10.7 所示, L8 层的输入为全连接层输出的长度为 10 的向量 $\boldsymbol{\beta}$, 其正向计算可写为

$$\varepsilon(\boldsymbol{\beta}) = \varepsilon(\mathcal{S}(\mathcal{F}(\boldsymbol{\beta}))). \tag{10.12}$$

为方便推导, 这里记: $\boldsymbol{x}$=$\mathcal{F}(\boldsymbol{\beta})$, $\boldsymbol{y}$=$\mathcal{S}(\boldsymbol{d}, \boldsymbol{x})$, 其中 $\boldsymbol{d}$ 为标签。利用式 (9.19) 展示的去耦效应, 对于激活层的第 k 个输入 β_k 有,

$$\begin{aligned}\nabla_{\beta_k}\varepsilon(d, y) &= \frac{\partial\varepsilon(\boldsymbol{d}, \boldsymbol{y})}{\partial\beta_k} = \frac{\partial\varepsilon}{\partial y_k}\frac{\partial y_k}{\partial x_k}\frac{\partial x_k}{\partial\beta_k} \\ &= \boxed{\frac{\partial\varepsilon}{\partial y_k}\frac{\partial y_k}{\partial x_k}}\mathcal{F}'(\beta_k) \\ &= (y_k - d_k)\mathcal{F}'(\beta_k)\end{aligned} \tag{10.13}$$

其中, y_k 和 d_k 分别为向量 $\boldsymbol{y}$ 和 $\boldsymbol{d}$ 中的第 k 个元素。在式 (10.13) 的推导过程中, 用式 (9.19) 的结果替代了方框中的因子。观察仔细的读者能够发现, 把式 (9.21) 中因子 $\partial\beta_j^{(n+1)}/\partial\omega_{jk}^{(n+1)}$ 去掉, 就得到了式 (10.13)。

把式 (10.13) 写成矢量形式有

$$\nabla_{\boldsymbol{\beta}}\varepsilon(\boldsymbol{d}, \boldsymbol{y}) = \frac{\partial\varepsilon(\boldsymbol{d}, \boldsymbol{y})}{\partial\boldsymbol{\beta}} = (\boldsymbol{y} - \boldsymbol{d}) \odot \mathcal{F}'(\boldsymbol{\beta}). \tag{10.14}$$

这里 $\odot$ 为第 9 章定义的哈马德积。类比第 9 章关于反向传播的讨论, 可知式 (10.14) 中 $\mathcal{F}'(\boldsymbol{\beta})$ 是**局域因子**, 而 $(\boldsymbol{y} - \boldsymbol{d})$ 则是输出端反向传播回来的因子, 根据式 (9.20) 将其记为 $\nabla_x\varepsilon$。于是, 式 (10.14) 可写为

$$\nabla_{\boldsymbol{\beta}}\varepsilon = \nabla_x\varepsilon \odot \mathcal{F}'(\boldsymbol{\beta}). \tag{10.15}$$

不难分析, 其他激活层的反向传播可按类似方式得到。

对于示例网络使用的 tanh 激活函数, $\mathcal{F}'(\beta_k)$ 可写为

$$\mathcal{F}'(\boldsymbol{\beta}_p)=\frac{\partial\mathcal{F}(\boldsymbol{\beta}_p)}{\partial\boldsymbol{\beta}_p}=1.0-(\mathcal{F}(\boldsymbol{\beta}_p))^2. \tag{10.16}$$

10.4.3.3 全连接层的微分

该层结构与第 9 章介绍的全连接网络的相同, 反向传播过程也一样, 这里不再重复。

10.4.3.4 卷积层的微分

根据反向传播的递归形式, 可以写出类似于式 (10.15) 的表达式。当然, 由于卷积与全连接层的矩阵向量相乘有所不同, 所以还需计算该式中 $(\boldsymbol{X}^{(l-1)})^T$ 对应的量, 也就是卷积操作本身的微分。当然我们可以根据卷积的定义得到卷积操作的微分。不过, 另一种方式是根据附录 E.2 和 E.3 的讨论, 将卷积转换为矩阵乘积计算卷积层的微分。结合附录的讨论, 先写出卷积层对应的 $\nabla_{\boldsymbol{w}_{p,q}^{(l)}}\varepsilon$、$\nabla_{\boldsymbol{b}_p^{(l)}}\varepsilon$ 和 $\nabla_{\boldsymbol{\beta}_p^{(1-1)}}\varepsilon$:

$$\begin{aligned}
\nabla_{\boldsymbol{W}_{p,q}^{(l)}}\varepsilon&=\frac{\partial\varepsilon}{\partial\boldsymbol{W}_p^{(l)}}=\boldsymbol{X}_q^{(l-1)}\circ\nabla_{\boldsymbol{\beta}_p^{(l)}}\varepsilon,\\
\nabla_{\boldsymbol{b}_p^{(l)}}\varepsilon&=\frac{\partial\varepsilon}{\partial\boldsymbol{b}_p^{(l)}}=\sum_i\left(\underline{\nabla_{\boldsymbol{\beta}_p^{(l)}}\varepsilon}\right)_i,\\
\nabla_{\boldsymbol{\beta}_p^{(l-1)}}\varepsilon&=\frac{\partial\varepsilon}{\partial\boldsymbol{X}_p^{(l-1)}}=\left(\boldsymbol{W}_{p,q}^{(l)}\right)^T\circ\nabla_{\boldsymbol{\beta}_q^{(l)}}\varepsilon.
\end{aligned} \tag{10.17}$$

然后根据附录 E.2, 写出上式中 $\nabla_{\boldsymbol{W}_{p,q}^{(l)}}\varepsilon$ 和 $\nabla_{\boldsymbol{\beta}_p^{(l-1)}}\varepsilon$ 的矩阵向量相乘等价形式, 有

$$\begin{aligned}
\nabla_{\boldsymbol{W}_{p,q}^{(l)}}\varepsilon&=\frac{\partial\varepsilon}{\partial\boldsymbol{W}_p^{(l)}}=\boldsymbol{X}_q^{(l-1)}\cdot\nabla_{\boldsymbol{\beta}_p^{(l)}}\varepsilon,\\
\nabla_{\boldsymbol{\beta}_p^{(l-1)}}\varepsilon&=\frac{\partial\varepsilon}{\partial\boldsymbol{X}_p^{(l-1)}}=\left(\boldsymbol{W}_{p,q}^{(l)}\right)^T\cdot\nabla_{\boldsymbol{\beta}_q^{(l)}}\varepsilon.
\end{aligned} \tag{10.18}$$

其中, 式 (10.17) 和式 (10.18) 中其他符号的定义可参考附录 E.2.2。

10.4.3.5 池化层的微分

示例网络采用了最大池化, 没有可训练参数, 因此可以忽略 $\nabla_{\boldsymbol{W}_{p,q}^{(l)}}\varepsilon$ 和 $\nabla_{\boldsymbol{b}_p^{(l)}}\varepsilon$

的计算。对于 $\nabla_{\boldsymbol{\beta}_p^{(l-1)}}\varepsilon$, 根据附录第 E.5 节式 (E–49) 可写为

$$\nabla_{\boldsymbol{\beta}_p^{(l-l)}}\varepsilon = \left(\boldsymbol{W}_{p,q}^{(l)}\right)^T \circ \nabla_{\boldsymbol{\beta}_p^{(l)}}\varepsilon, \tag{10.19}$$

或

$$\nabla_{\boldsymbol{\beta}_p^{(l-1)}}\varepsilon = \left(\boldsymbol{W}_{p,q}^{(l)}\right)^T \cdot \nabla_{\boldsymbol{\beta}_q^{(l)}}\varepsilon.$$

其中, 第一行是微分操作的卷积表达, 而第二行则是对应的矩阵向量相乘表达; 其他符号的定义可参考附录 E.2.2。观察可知式 (10.19) 与上一小节中的式 (10.17) 和式 (10.18) 对应的表达基本一样。不过需要注意的是, 最大池化并不能在严格意义上等同于卷积操作, 因为各池化窗口的最大元素出现的位置不一定相同, 对应的滤波系数也就不同。因此, 式 (10.19) 只是让微分在数学描述上更为简洁。

10.5 手写体数字识别卷积神经网络的实现与结果

基于 9.5.2 节的全连接网络, 我们实现了卷积神经网络。对比全连接网络与卷积神经网络, 我们可以发现, 除了需要添加卷积和池化这两个操作, 以及一些相关的常数以外, 后者的实现与前者相差不大。表 10.3 给出了在 9.5.2 节中源文件的基础上所需添加和修改的文件。其中文件 drv_cnn.cc(F.162) 的结构与全连接网络的类似, 下面不再重复。

我们在全连接网络的基础上添加了两个类, 即类 Conv2D 和 Pooling, 前者实现卷积操作, 而后者则实现最大值池化操作。它们的具体定义和实现分别由文件 convolutional_layer.cc(F.163) 和 convolutional_layer.h(F.164), 以及文件 pooling_layer.cc(F.165) 和 pooling_layer.h(F.166) 给出。

按照定义直接实现卷积本身也不复杂, 但从高性能计算的角度看, 这样做有两个问题。一是计算中缓存命中率可能不高。每次卷积都需要从特征图提取一个窗口, 与滤波器对应元素相乘。根据存储的层级结构我们知道, 无论是按列优先格式存储特征图和滤波器, 还是按行优先格式保存它们, 当特征图比较大时 ①, 缓存命中率就可能比较低。第二个问题是, 虽然这里的卷积操作是对矩阵进行操作, 但却无法利用诸如 LAPACK 等常用矩阵库高效地实现计算。为避免以上缺陷, 这里介绍一种将多通道输入、多通道输出卷积转换为矩阵相乘的实现方式。

① 比如, 缓存无法完整地保存整个特征图时。

表 10.3　在 9.5 节全连接网络实现的基础上，实现卷积神经网络的源文件及其简要说明

文件名	简要说明
增加或修改的文件	
drv_cnn.cc(F.162)	main() 函数所在文件
convolutional_layer.cc(F.163)和 convolutional_layer.h(F.164)	卷积层, 新增文件
pooling_layer.cc(F.165) 和 pooling_layer.h (F.166)	池化层, 新增文件
im2col.cc(F.167) 和 im2col.h(F.168)	用矩阵向量乘实现卷积的辅助函数, 新增文件
lenet5_common.h(F.169)	示例中的常数, 替换了文件 fcn_common.h(F.159)
保持不变的文件	
network.cc(F.148) 和 network.h(F.149)	类 Network
layer.cc(F.150) 和 layer.h(F.151)	抽象基类 Layer
fully_connected_layer.cc(F.152) 和 fully_connected_layer.h(F.153)	类 FullyConnectedLayer, 全连接层
activation_layer.cc(F.154)和activation_layer.h (F.155)	类 ActivationLayer, 激活层
softmax_layer.cc(F.156) 和 softmax_layer.h (F.157)	类 SoftmaxLayer, Softmax 层
blob.h(F.158)	保存网络可训练参数和特征图的基本数据结构
mnist_parser.h(F.160) 和 nn_error.h(F.161)	与 MNIST 数据集数据读写相关
utilities_sc.h(F.15)	时间和进度统计等

根据附录第 E.2.2 节的讨论可以知道, 卷积的矩阵向量相乘形式有两种, 本示例基于式 (E–20) 所示的等价形式实现卷积, 具体转换过程可参考图 10.8。图中显示的是卷积有三个输入通道, 两个输出通道。两个输出通道表示卷积操作包含了两个不同的滤波器, 用于提取两类特征。输入特征图大小为 3×3, 滤波器大小为 2×2, 卷积步长为 1, 填白为 0。图 10.8 的上半部分是直接根据定义来实现卷积的示意图, 下半部分则给出了其等价的矩阵相乘方式。由此可知, 将卷积转换为等效的矩阵相乘前, 需要将输入特征图拼接为矩阵。

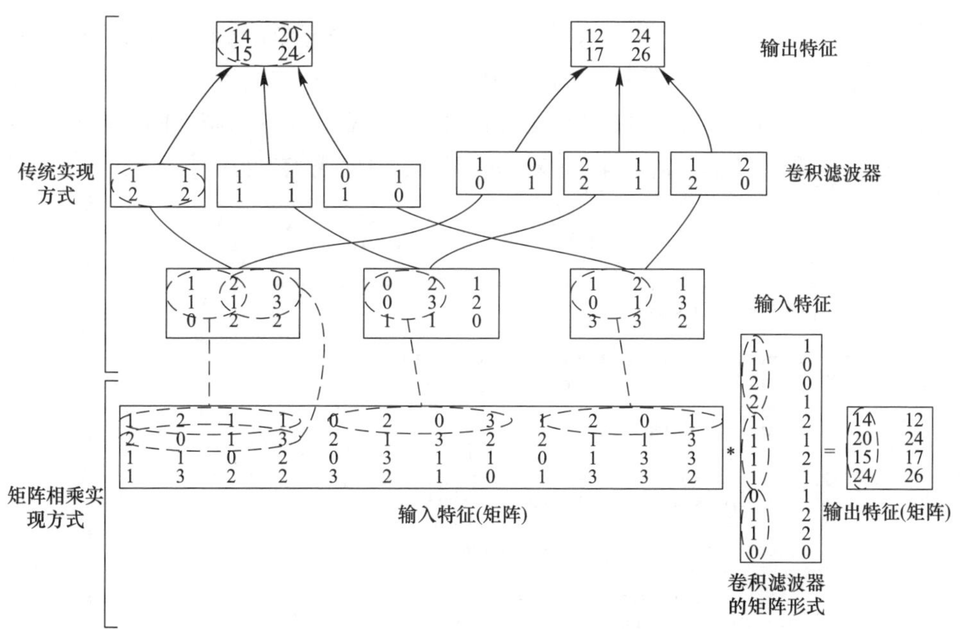

图 10.8 多输入通道、多输出通道卷积的矩阵相乘实现示意图

首先分析只有一个输入通道的情形。此时, 把每个卷积窗口对应的元素展开为一行, 并将所有窗口的元素组成一个矩阵即可。每个卷积窗口对应的一行有 4 个元素, 完整的卷积有 4 个卷积窗口, 于是得到一个 4×4 的矩阵, 对应着图 10.8 下半部分矩阵中最左边的 4×4 子矩阵。从本质上看, 该过程与附录 E.2.2 的式 (E–20) 描述的一样。当有多个通道时, 将不同通道的特征图按上面的展开方式生成矩阵的列。图 10.8 给出的卷积有三个输入通道, 因此展开后所得的完整矩阵有 3×4=12 列, 也就是说, 矩阵的维度为 4×12。

在示例代码中, 由定义在文件 im2col.cc(F.167) 的函数 GenerateMatrix-ForCnn() 实现了将卷积所需的特征图数据转换为矩阵。有了该矩阵, 示例代码就调用 CBLAS 库函数 cblas_dgemm() 完成卷积操作对应的矩阵相乘。图 10.9 所示的代码块给出了卷积操作的具体实现。观察细致的读者可能会发现, 即使将代码退化到只有一个通道的情形, 代码块所示的矩阵相乘与式 (E–20) 所描述的并不完全一致。导致这一不同的根本原因在于**转置操作**。显然, 式 (E–20) 中的 $\boldsymbol{w}_0$ 对应着一个滤波器, 而 $\boldsymbol{X}_0$ 则保存了特征图的数据。从式 (E–19) 和 (E–20) 可知, 卷积的矩阵向量相乘等价形式还涉及转置操作。然而, 图代码块中矩阵相乘调用的 cblas_dgemm() 并没有转置。当矩阵规模较大时, 矩阵转置操作会导致缓存命中率低下从而让计算低效，在高性能计算中应避免这样的操作。附录 D.1.1 中文件 F.196 给出了避免转置操作的一种实现方式。假定 $\boldsymbol{w}$ 为由多个输出通道对应的滤波器拼接而成的矩阵，$\boldsymbol{X}$ 为由输入特征图转换而来的矩阵，与卷积等价的矩阵相乘为 $\boldsymbol{X} \cdot \boldsymbol{w}$；那么，根据式 (E–20) 有，

$$(\boldsymbol{w}^{\mathrm{T}} \cdot \boldsymbol{X}^{\mathrm{T}})^{\mathrm{T}} = \boldsymbol{X} \cdot \boldsymbol{w} \tag{10.20}$$

```
void Conv2D::Forward()
{
    int K = kernel_size_ * kernel_size_ *input_.get_c();
    int N = output_.get_w() * output_.get_h();
    int M = output_.get_c();
    int lda = K, ldb = N, ldc = N;

    flt_type *current_map = input_.get_ptr();
    flt_type *forward_map = output_.get_ptr();

    for (int i = 0; i < M*N; i++) forward_map[i] = 0.0;

    std::vector<flt_type> gemm_mat(N * K);
    conv_gemm_mat(false, input_.get_c(), current_map
        input_.get_w(), input_.get_h(), kernel_size_,
        kernel_size_, padding_,
        output_.get_w(), output_.get_h(), gemm_mat);

    flt_type *forward_kernel = weights_.get_ptr();
    cblas_dgemm(CblasRowMajor, CblasNoTrans, CblasNoTrans, M, N, K, 1.0d,
        forward_kernel, lda, gemm_mat.data(), ldb, 1.0d, forward_map, ldc);

    flt_type *forward_bias = biases_.get_ptr();
    for (int i = 0; i < output_.get_c(); i++)
    {
        flt_type *out = forward_map + i * N;
        for (int n = 0; n < N; n++)
        {
            out[n] = out[n] + forward_bias[i];
        }
    }
}
```

图 10.9 前向计算中实现卷积的代码片段

其中，上标 T 表示转置。在我们的代码实现中，按行优先格式保存矩阵 $\boldsymbol{X}$ 然后做转置操作等价于在相同内存空间按列优先格式保存 $\boldsymbol{X}$。基于这个事实和式 (10.20)，就可避免刚才提到转置操作。前向计算中还需要偏置和激活操作，它们的实现相对容易，这里不详细说明。

卷积操作的反向传播跟正向过程的计算很类似，出于缓存命中率的考虑，示例尽量使用矩阵相乘替代直接卷积操作。

文件 im2col.cc(F.167) 实现了将卷积转换为矩阵相乘所需的将特征图数据拼接为矩阵的操作。图 10.8 在说明转换基本思路的同时, 也给出了转换的基本做法。对于二维卷积, 该转换可用 5 层循环来实现。这 5 层循环分别对应着输入通道数、卷积的两个维度上的大小和特征图两个维度上的大小。

同全连接网络实现一样, 文件 lenet5_common.h(F.169) 将一些常量放到一个头文件中, 如图 10.10 所示。示例中常量所在名字空间为 LeNet_5, 这些常量可分为三类:

(1) 网络本身的常量或用于设定网络结构的超参数。比如, kNumClasses 就是数字种类的个数, 固定为 10; 而紧接的两个常量则分别为卷积填白和滤波器大小。当然, 不同网络实现中可能需要为每个层单独设置填白与滤波器大小, 这里将它们作为整个网络的常量, 仅仅是简化网络和编程。

(2) 一旦网络结构和输入特征图的维度确定, 描述网络的参数在整个计算过程中就是常量。该头文件中第二部分常量则给出了各个层的特征图个数。

(3) 第三部分常量则是给出了保存网络各层特征图所需内存。特别强调: 从 17 行可看到, 代码将在输入层根据后续卷积操作的需要, 将 28×28 的图片扩增为 32×32。

```
1  namespace LeNet_5
2  {
3      int const kNumClasses= 10;        // 不同的数字个数
4      int const kPadding= 2;            // 卷积填白
5      int const kLengthOfKernel= 5;     // 卷积核一个维度的大小，本示例网络使用方形卷积核
6
7      // 各层输出的特征图个数
8      int const kNumOfInputMap   =        1;
9      int const kNumOfMapAtLayer1 =       6;
10     int const kNumOfMapAtLayer2 =       6;
11     int const kNumOfMapAtLayer3 =       16;
12     int const kNumOfMapAtLayer4 =       16;
13     int const kNumOfMapAtLayer5 =       120;
14     int const kNumOfOutputMap   =       10;
15
16     // 各层特征图的尺寸；用方形矩阵来描述，只需给出一个维度即可
17     int const kLengthOfMapAtLayer0 = (28 + 2*kPadding);
18     int const kLengthOfMapAtLayer1 = (kLengthOfMapAtLayer0 - kLengthOfKernel + 1);
19     int const kLengthOfMapAtLayer2 = (kLengthOfMapAtLayer1 >> 1);
20     int const kLengthOfMapAtLayer3 = (kLengthOfMapAtLayer2 - kLengthOfKernel + 1);
21     int const kLengthOfMapAtLayer4 = (kLengthOfMapAtLayer3 >> 1);
22     int const kLengthOfMapAtLayer5 = (kLengthOfMapAtLayer4 - kLengthOfKernel + 1);
23 };
```

图 10.10 手写体数字识别卷积神经网络中用到的常量

假定编译示例代码得到的可执行文件为 xcnn_serial, 可通过图 E–67 的方式运行程序。所得输出也在该图给出。可以看到, 遍历一次训练集之后卷积神经网络可得 94% 以上的识别率。

讨论网络结构时, 我们提到卷积神经网络有多个可变化的参数, 人们往往称其为**超参数**。在本示例网络中, 这些参数包括与网络结构无关的参数, 如每批次的样本数、学习率; 也包括与网络结构相关的参数, 例如滤波器大小、卷积填白和步长、全连接层中神经元个数等。调整与网络结构相关的参数, 或多或少需要对示例代码中网络做一些调整。而改变与网络结构无关的参数, 如每批次样本数和学习率, 则无须调整网络。通过调整批次样本数和学习率, 可以发现网络识别效果跟这两个超参数都密切相关。事实上, 如何选择合适的超参数往往并不容易, 需要根据经验并依据计算结果来调整。

课程设计

1. 卷积是很多深度神经网络的基本操作, 有时深度神经网络的单个输入数据规模很大, 例如一张图片达到百万像素。此时卷积操作的效率会极大影响神经网络的训练和使用效率。为此人们提出了多种方法来加速卷积操作, 10.5 节示例程序参考了附录 E 的讨论, 将卷积转换为矩阵向量相乘以加速计算, 这也是 Caffe/DarkNet/MxNet 等多种框架都使用的方法。请大家实现一个按卷积公式直接计算的版本, 改变图片尺寸、滤波器大小和卷积步长等参数, 与示例程序的版本比较内存消耗、计算时间。建议将示例的卷积操作提取出来作为一个小程序测试。

2. 文献 [59] 提出了另外一种卷积的高效实现方式, 请具体实现该方案并与课程设计 1 的测试做对比。

3. 以示例卷积神经网络为基础, 尝试添加卷积层、更换激活函数或以其他方式改变网络配置, 测试不同配置的卷积神经网络对手写体数字的识别效果。

第 11 章 人工神经网络的高性能实现

机器学习及人工智能技术能在 21 世纪初再次兴起, 一个根本原因在于计算机技术本身的快速发展和相关计算加速技术在人工智能算法中的应用。这些加速手段主要包括前面讨论的各种并行加速技术。本章将介绍手写体数字识别卷积网络的 CPU 线程级并行和 GPU 并行。

11.1 计算瓶颈分析

在讨论并行技术的相关章节, 如第 7 章中, 我们提到了在应用并行技术前需要分析热点, 观察哪些计算操作导致了计算瓶颈。Linux 下常用的性能分析工具有 perf、gprof、valgrind 和 vtune, 前三种是免费的, 后者是英特尔公司开发的付费工具。下面简要讨论利用 GNU 的 gprof 对手写体数字识别卷积网络程序进行热点分析。

使用 gprof 进行性能分析主要有三个步骤。第一步, 使用 –pg 参数编译程序[①]。第二步, 运行编译后的程序。需要注意, gprof 不支持对动态链接库 (共享库) 函数的性能分析, 如果需要分析相关函数的性能, 需要用静态库来替代动态链接库。第三步, 用 gprof 命令查看程序的运行信息。查看程序运行信息的命令 gprof 以 gmon.out 文件作为输入, 将 gmon.out 文件翻译成可读的形式展现给用户, 命令格式如图 11.1 上面方框所示。其中, 方括号包含的内容可省略。如果省略了**可执行文件名**, gprof 会在当前目录下搜索 a.out 文件作为可执行文件; 而如果省略了 gmon.out 文件, gprof 也会在当前目录下寻找 gmon.out。其他参数可以控制 gprof 输出内容的格式等。最常用的参数如表 11.1 所示。

---

① –pg 参数只能记录源代码中各个函数的调用, 但不能记录库函数的调用情况。

使用 gprof 查看程序运行信息的命令格式

```
gprof [可执行文件名] [gmon.out] [其他参数]
```

读取包含在 gmon.out 文件中的热点信息的方式

```
gprof xCNN_serial gmon.out
```

串行版本卷积网络的 gprof 输出的片段 1

```
Flat profile:

Each sample counts as 0.01 seconds.
  %   cumulative   self              self     total
 time   seconds   seconds    calls  us/call  us/call  name
 51.06     25.82    25.82   360000    71.72    79.40  Conv2D::Backward()
 19.30     35.58     9.76                             dgemm_kernel_BARCELONA
  5.91     38.57     2.99   840000     3.56     3.56  Activation::Forward()
  5.54     41.37     2.80                             dgemm_oncopy_BARCELONA
  4.47     43.63     2.26   780000     2.90     2.90  GenerateMatrixForCnn(...)
  3.48     45.39     1.76   240000     7.33     7.33  Pooling::Backward()
  3.40     47.11     1.72   240006     7.17     7.17  std::vector<...>::_M_default_append(...)
  2.73     48.49     1.38   420000     3.29     6.18  Conv2D::Forward()
  2.18     49.59     1.10                             dgemm_otcopy_BARCELONA
  0.63     49.91     0.32   280000     1.14     1.14  Pooling::Forward()
  0.57     50.20     0.29   720000     0.40     0.40  Activation::Backward()
  0.12     50.26     0.06                             dgemm_tn
  0.10     50.31     0.05   120000     0.42     0.42  FullyConnected::Backward()
  0.08     50.35     0.04      500    80.00    80.00  Network::Update(double)
  0.08     50.39     0.04                             ParseMnistImages(...)
  0.04     50.41     0.02   120000     0.17   255.86  Network::Backward(BlobIterator<unsigned int>&)
```

图 11.1 使用 gprof 命令的方式及串行版本卷积网络的 gprof 输出片段
(为显示方便, 图中调整了一些过长的行)

表 11.1 控制 gprof 输出内容的常用参数

参数选项	简要说明
−b	不再输出统计图表中每个字段的详细描述
−q	只输出函数的调用图 (call graph) 的那部分信息
−p	只输出函数的时间消耗列表
−e Name	不再输出函数 Name 及其子函数的调用图 (除非它们有未被限制的其他父函数)。允许有多个 −e 标志。一个 −e 标志只能指定一个函数
−E Name	不再输出函数 Name 及其子函数的调用图, 此标志类似于 −e 标志, 但它在总时间和百分比时间的计算中扣除了函数 Name 及其子函数所使用的时间
−f Name	输出函数 Name 及其子函数的调用图。允许有多个 −f 标志。一个 −f 标志只能指定一个函数
−F Name	输出函数 Name 及其子函数的调用图, 它类似于 −f 标志, 但它在总时间和百分比时间计算中仅计入所打印的函数的时间。允许有多个 −F 标志。一个 −F 标志只能指定一个函数。−F 标志覆盖 −E 标志
−z	显示使用次数为零的函数 (按照调用计数和累积时间计算)

这里还给出关于 gmon.out 文件的几点说明。首先, 这个文件名是固定的, 无法通过参数的设置来改变。如果程序目录中已经有一个 gmon.out, 那么它会被新的 gmon.out 覆盖掉。其次, 针对该文件所在的目录有以下约定: 程序退出时所运行的文件所在目录就是 gmon.out 文件所在的目录。如果一个程序执行过程中调用了另一个程序, 并在该程序的退出时终止, 那么 gmon.out 将被保存在后者所在的目录。另外, 当程序非正常终止时不会生成 gmon.out 文件, 因此也就没法查看程序运行信息。只有当程序从 main() 函数正常退出, 或者通过系统调用 exit() 函数退出时, 才会生成 gmon.out 文件; 而通过底层调用如 _exit() 等退出时不会生成 gmon.out。

假定可执行文名为 xCNN_serial, 读取包含在 gmon.out 文件中的热点信息的方式如图 11.1 上半部分所示。图 11.1 给出了读取 gmon.out 信息时输出的第一个片段。从图中可看到, 输入文件以表格的形式给出程序运行信息。每个输出片段之后都附有对输出条目的解释, 例如对于片段 1, 输出条目信息和解释如表 11.2 所示。根据表中对条目的解释, 我们可以发现串行版本的手写体数字识别程序中, 耗时超过或接近整个计算用时 5% 的有三个函数, 分别是 1) Con2D::Backward(): 卷积的反向传播; 2) Activation::Forward(): 激活操作; 3) GenerateMatrixForCnn(): 将卷积转换为矩阵向量相乘的操作。进一步观察发现, 从单次平均调用执行时间看, 用时最长的 Con2D::Backward() 也不到 100 微秒。这两个观察对选取并行方案和方式有重要影响。

表 11.2 gprof 输出第一部分输出项目说明

项目	简要说明
time	时间百分比, 表示执行此函数所占用的时间占程序总执行时间的百分比, 不包含调用的子函数的执行时间
cumulative seconds	本行及以上函数累计执行的时间 (单位: 秒)
self seconds	函数执行占用的时间 (单位: 秒)
calls	调用次数, 表示此函数被调用了多少次
self us/call	平均每次调用此函数的时间 (单位: 微秒), 不包含调用的子函数的执行时间
total us/call	平均每次调用此函数的时间 (单位: 微秒), 包含调用的子函数的执行时间
name	函数名

11.2 OpenMP 线程并行加速

采用 OpenMP 线程并行是提升计算效率的一个有效手段, 其优点是并行实现比较简单, 有时只需在源码上添加一些简单的指示性语句。甚至有时直接调用支持线程并行的库, 在编译时打开并行开关即可。但有些场景下高效的 OpenMP 并行也不那么简单。一般来说, OpenMP 并行需要考虑两个重要因素: 一是在何处实施并行, 二是如何保证不发生数据竞争。并行的实施则又可分为两个环节: 一是并行块的具体位置, 二是如何分配计算任务。很多时候, 确定 OpenMP 并行块的位置不仅要分析计算的逻辑, 也要考查并行粒度, 以及与之密切相关的任务分配方式。一些实践表明, OpenMP 线程并行的开销往往比较大, 只适合任务粒度比较大的场景, 所以人们一般在确保计算逻辑且不发生数据竞争的条件下, 尽量选择最外层循环实施 OpenMP 并行。一般而言, 数据竞争问题要具体问题具体分析。

对于手写体数字识别的卷积神经网络程序, 11.1 节的分析揭示了两个事实: 1) 卷积和激活计算是热点; 2) 单个函数调用的任务粒度很小, 例如开销最大、造成热点的函数 Conv2D::Backward() 的单次平均执行时间不到 100 微秒。因此, 直接对这些热点函数进行 OpenMP 并行化效果不会太好。可供选择的方案有两个: 一是改变计算逻辑, 增大卷积和激活计算的任务粒度后, 针对这两个热点函数展开并行; 二是不改变热点函数, 在合适的外层循环实现并行。第一个方案可能需要对程序实施较大调整, 为此, 我们选择相对简单的第二个方案。

在不改变程序基本计算过程的前提下, 提高任务粒度的办法是让一个 OpenMP 线程处理一张图片, t 个 OpenMP 线程同时进行 t 张图片的计算。也就是说, 在训练过程中, 选取针对 batch_size 的循环作为 OpenMP 并行块; 而在预测过程中, 则把针对图片的循环作为并行块。表 11.3 给出了对 10.5 节手写体数字识别卷积神经网络进行 OpenMP 并行化后的源文件列表。

表 11.3 对 10.5 节手写体数字识别卷积神经网络实现的 OpenMP 并行的源文件及其简要说明

文件名	简要说明
增加或修改的文件	
drv_cnn_omp.cc(F.170)	main() 函数所在文件
network_omp.cc(F.171) 和 network_omp.h (F.172)	对文件 network.cc(F.148) 和 network.h(F.149) 的小幅修改

续表

文件名	简要说明
blob_omp.h(F.173)	对文件 blob.h(F.158) 的 OpenMP 修改
lenet5_common_omp.h(F.174)	对文件 lenet5_common.h(F.174) 的小幅修改
保持不变的文件	
convolutional_layer.cc(F.163) 和 convolutional_layer.h(F.164)	卷积层
pooling_layer.cc(F.165) 和 pooling_layer.h (F.166)	池化层
im2col.cc(F.167) 和 im2col.h(F.168)	用矩阵向量乘实现卷积的辅助函数
layer.cc(F.150) 和 layer.h(F.151)	抽象基类 Layer
fully_connected_layer.cc(F.152) 和 fully_connected_layer.h(F.153)	类 FullyConnectedLayer, 全连接层
activation_layer.cc(F.154) 和 activation_layer.h(F.155)	类 ActivationLayer, 激活层
softmax_layer.cc(F.156) 和 softmax_layer.h(F.157)	类 SoftmaxLayer, 激活层
mnist_parser.h(F.160) 和 nn_error.h (F. 161)	与 MNIST 数据集数据读写相关
utilities_sc.h(F.15)	时间和进度统计等

阅读源码不难发现, 方法 Network::Train() 把训练集所有的样本, 也就是 MNIST 的 60 000 个样本, 分成了 batch_count_train 组, 每组 batch_size_train 个样本①。训练过程通过针对 batch_count_train 和 batch_size_train 的两重循环遍历这些样本。方法 Network::Test() 则直接对 test_sample.size() 个, 即 10 000 个测试图片样开展循环, 遍历所有测试样本。根据上面讨论的 OpenMP 并行方案, 训练过程的 OpenMP 并行块就位于针对 batch_size_train 的循环; 而测试过程则位于针对 test_sample.size() 的循环。事实上, 整个 OpenMP 并行也只在这两处显式使用了 #pragma omp parallel 并行指示性语句, 为方便讨论, 我们在代码 11.1 和代码 11.2 展示了这两处并行块。

① 代码没有处理 60 000 不是 batch_count 的整数倍的情况。

代码 11.1 训练的 OpenMP 实现——部分源码

```
void Network::Train(std::vector<one_image> &train_sample, std::vector<label_t> &train_label,
        flt_type learning_rate)
{
    std::vector<int> rand_perm(train_sample.size());
    for (size_t i = 0; i < train_sample.size(); i++) rand_perm[i] = i;
    int batch_size_train = this->get_batch_size();
    int batch_count_train = train_sample.size() / batch_size_train;
    std::vector<label_t> label(LeNet_5::kNumClasses*num_threads_, 0);          //
    BlobIterator<label_t> label_ptr(LeNet_5::kNumClasses, 1, 1, num_threads_);  //
    label_ptr.SetIterator(label.begin(), LeNet_5::kNumClasses);
    std::cout<<"Training stage: the number of batches = "<<batch_count_train<<",
        batch size = "<<batch_size_train<<"\n";
    int index = 0, progress = 0;
    for(int step = 0; step <batch_count_train; step++)
    {
#pragma omp parallel for num_threads(num_threads_)
        for(int j = 0; j < batch_size_train; j++)
        {
            // 与串行代码一样，完成单张图片的计算
        }
            // 与串行代码相同
    }
            // ...
}
```

代码 11.2 测试的 OpenMP 实现——部分源码

```
void Network:: Predict ( std :: vector<one_image> &test_sample, std :: vector< label_t> & test_label )
{
    std :: cout << "\nTesting stage: the number of samples = " << test_sample.size()
            << "\n";
    std :: vector< label_t> label (LeNet_5::kNumClasses * num_threads_, 0);
    BlobIterator < label_t> label_ptr (LeNet_5::kNumClasses, 1, 1, num_threads_);
    label_ptr . SetIterator ( label .begin () , LeNet_5::kNumClasses );
    std :: vector< std :: vector<int> > confusion_matrix ;
    for( int i=0; i< num_threads_ ; i++)
    {
        std :: vector<int> tmp(LeNet_5::kNumClasses * LeNet_5::kNumClasses, 0);
        confusion_matrix .emplace_back(tmp);
    }
    std :: vector<int> num_success(num_threads_, 0);
#pragma omp parallel for num_threads(num_threads_)
    for(auto step = 0; step < int ( test_sample . size () ); step++)
    {
        int thread_id = omp_get_thread_num();
        std :: copy( test_sample [ step ]. begin () , test_sample [ step ]. end () , this ->layers_[0]->input_.get_
                ptr() );
        label_ptr ( test_label [ step ]) = 1;
        this ->Forward();
        num_success[thread_id] += this ->ObtainPreditionAccuracy( label_ptr , confusion_matrix
                [ thread_id ] );
        label_ptr ( test_label [ step ]) = 0;
    }
```

```
    if (num_threads_ > 1)
    {
        for(int i=1; i< num_threads_; i++) num_success[0] += num_success[i];
        for(int i=1; i< num_threads_; i++) {
            for( size_t k = 0; k< confusion_matrix [0]. size (); k++)
                confusion_matrix [0][k] += confusion_matrix [i][k];
        }
    }
    std :: cout<<"accuracy: "<<num_success[0]<<"/"<< test_sample.size()<<"\n";
    // 下面略去的代码跟串行一样
}
```

对比方法 Network::Train() 的 OpenMP 实现和文件 network.cc(F.148) 给出的串行实现, 不难发现除了 #pragma omp parallel 这个 OpenMP 并行指示性语句以外, 还有一处变化, 如图 11.2 所示。该图对比了给保存标签的 std::vector<flt_type> 数组 label 分配内存的串行和并行实现。图中代码显示, 串行中数组 label 的长度为 LeNet_5::kNumClasses, 而并行时其长度增加为 LeNet_5::kNumClasses*num_threads_, 这里 num_threads_ 表示 OpenMP 线程个数。数组 label 长度增加的原因在于 label 的数据属性应该为**私有**, 每个线程需拥有自己独立的内存空间访问相应的标签数据。同时, 与在构造时就给类 BlobIterator 对象的迭代器赋初值的串行实现不同, OpenMP 并行中需调用方法 BlobIterator::SetIterator() 特别设置各线程对应迭代器的值。下面还将继续说明, OpenMP 版本 BlobIterator 类相对于串行版的变化。

相对而言, 方法 Network::Predict() 的 OpenMP 并行要稍稍复杂一点。除了要增加数组 label 的长度并让各线程正确地访问它们以外, 还需用类似方式处理矩阵 confusion_matrix 及变量 num_sucess。矩阵 confusion_matrix 和变量 num_sucess 分别记录了识别的具体结果和正确识别总数, 显然它们的属性应该为私有, 各线程需独立保存它们。对于变量 num_success, 这里也可使用 OpenMP 的 **reduction 归约子句**, 避免手动累加各线程的计算结果。

```
// 串行版本
std :: vector< flt_type > label (LeNet_5::kNumClasses, 0);
BlobIterator < flt_type > label_ptr (LeNet_5::kNumClasses, 1, 1, label .begin() );

// OpenMP 并行版本
std :: vector< flt_type > label (LeNet_5::kNumClasses*num_threads_, 0);
BlobIterator < flt_type > label_ptr (LeNet_5::kNumClasses, 1, 1, num_threads_);
label_ptr . set_iter ( label .begin() , LeNet_5::kNumClasses );
```

图 11.2 Network::Train() 方法中 OpenMP 并行与串行的代码片段对比

事实上, 除了上面提到的几个数组和变量需要在 OpenMP 并行中设置为私有, 还有一些数据应该设置为私有。使用多个 OpenMP 线程同时对不同的图片进行前向计算和后向计算过程中, 各线程需要独立的内存空间保存特征图 (包括输入图片)、特征图的微分和可训练参数的微分。也就是说, 除了可训练参数本身以外, 需要将保存特征图的数组、保存特征图微分和可训练参数微分的数组的长度都增加为串行的 num_threads_ 倍。这是方法 Network::InitMemoryPool() 的 OpenMP 并行版本与串行版本的重要变化之一。给各线程分配了内存保存这些数据后, 还需保证个线程能正确访问属于自己的存储空间。示例代码通过修改类 BlobIterator 来满足这一要求。与串行时的类相比, 并行化的修改包括以下内容。

(1) 添加了私有数据成员 num_threads_ 保存线程总数。

(2) 串行版本中数据成员 iter_ 为标量, 而并行版本则变成长度为 num_threads_ 的 std::vector<iter_type<T>> 数组, 用于指向各个线程的私有内存空间。这里 iter_type<T> 为别名。

(3) 构造函数不同, 串行实现中在构造函数中初始化了 iter_, 而并行版本则只根据 num_threads_ 为数组 iter_ 保留相应的内存空间。

(4) 并行版本通过方法 SetIterator() 为 iter_ 数组的元素赋值, 即让不同线程指向不同内存地址, 从而实现数据私有化。

(5) 示例代码给出了方法 SetIterator() 的两个重载版本, 分别用于 num_threads_ 等于 1 和大于 1 的情况。特别指出, 即便启动了 OpenMP 并行, 所有线程也共享可训练参数, 这是重载方法 SetIterator() 的根本原因。

(6) 为了获取当前的线程编号, 添加了方法 GetThreadID(), 该方法的属性为私有。

(7) 方法 GetPtr()、print() 和对操作符 operator() 的重载都体现了并行化的调整。正是对这三种方法的并行化调整隐藏了各个线程访问私有数据的细节, 从而 OpenMP 并行无须过多调整具体实现前向和后向计算的函数, 让它们几乎与串行代码完全相同。

OpenMP 并行化中, 还有一点需要注意, 由于权重系数的微分保存于各个线程的私有空间中, 要累加各线程的计算结果后才能更新可训练参数。因此方法 Network::Update() 的并行版本实现需要在串行版本的基础上添加累加操作, 示例代码如图 11.3 所示。

```
// 收集各个线程的微分数据
if(num_threads_ > 1)
{
    int len = weights_.size();
    for(int i=1; i< num_threads_; i++)
        for( int k=0; k< len; k++)
            grad_weights_[k] += grad_weights_[k + i*len] ;
        len = biases_.size();
        for(int i=1; i< num_threads_; i++)
            for( int k=0; k< len; k++)
                grad_biases_[k] += grad_biases_[k + i*len] ;
}
```

图 11.3　方法 Network::Update() 中 OpenMP 并行化调整

测试结果表明, 示例的 OpenMP 并行效果比较好, 在线程数超过 8 时, 并行效率都能在 80% 左右。当然, 并行效率与每个线程能分配到的计算任务的多寡密切相关。我们的测试表明, 当每个线程的任务量超过 5 张图片时, 并行效率比较好。

11.3　GPU 加速

可以说 GPU 等硬件加速是让人工神经网络计算能力突飞猛进的主要和常用手段。与 OpenMP 并行一样, 基于 GPU 的并行加速也需要在分析计算的热点之后选定并行方案。本质上看, GPU 的并行加速同 OpenMP 并行一样要在关于图片的循环上开展才能获得较高的并行效率。由于 NVIDIA 为深度学习提供的 cuDNN 库能极大方便卷积神经网络的并行, 这里将直接采用 cuDNN 库来实现手写体数字识别卷积神经网络的 GPU 加速。

表 11.4 列出了基于 cuDNN 的 GPU 并行的全部源码文件。图 F−68 给出由 Doxygen 生成的头文件依赖关系图和 main() 函数调用图。从程序结构看, 基于 cuDNN 的 GPU 并行的卷积神经网络与 10.4 节的串行实现和 11.2 节的 OpenMP 并行实现基本相同。但由于用 cuDNN 的库函数替换了 CPU 下的对应

函数, 需要调整一些基本数据结构, 因此与 OpenMP 并行相比, cuDNN 的 GPU 并行对代码改动较大。事实上, 除了 mnist_parser.h(F.160)、nn_error.h(F.161)、lenet_5_common.h(F.169) 和 utilities_sc.h(F.15) 以外, 其余全部为新增或修改的文件。下面对一些重要改动给予说明和讨论。

表 11.4 在 10.4 节卷积神经网络实现的基础上实现 GPU 并行的源文件及其简要说明

文件名	简要说明
保持不变的文件	
mnist_parser.h(F.160) 和 nn_error.h (F. 161)	与 MNIST 数据集数据读写相关
lenet_5_common.h(F.169)	示例中的常数
utilities_sc.h(F.15)	时间和进度统计等
增加或修改的文件	
drv_cnn_cuda.cc(F.175)	main() 函数所在文件
network.cu(F.176) 和 network.h(F.177)	类 Network, cuDNN 实现
layer.cu(F.178) 和 layer.h(F.179)	抽象基类 Layer, cuDNN 实现
convolutional_layer.cu(F.180) 和 convolutional_layer.h(F.181)	卷积层, cuDNN 实现
pooling_layer.cu(F.182) 和 pooling_layer.h (F.183)	池化层, cuDNN 实现
fully_connected_layer.cu(F.184) 和 fully_connected_layer.h(F.185)	全连接层, cuDNN 实现
activation_layer.cu(F.186) 和 activation_layer.h(F.187)	激活层, cuDNN 实现
softmax_layer.cu(F.188) 和 softmax_layer.h (F.189)	Softmax 层, cuDNN 实现
blob.h(F.190)	保存网络可训练参数和特征图的基本数据结构, CUDA 实现
cuda_context.h(F.191) 和 cuda_helper.h (F.192)	CUDA 及 cuDNN 相关功能性定义与函数

11.3.1 数据结构 Blob 的改变

因为 CUDA 目前不支持迭代器, 示例将 CPU 版本的 BlobIterator<T> 类名改为 BlobPointer<T> 以示区别。数据结构 Blob 主要用于保存指针或迭代器, 指向卷积操作的输入、输出、可训练参数和中间结果。在 GPU 加速版本中, 涉及卷积操作的所有计算均在 GPU 中进行, 所以只需在 GPU 设备端分配存储保存上述数据即可, 无须在 CPU 端重复保存它们。这一方面节省了 CPU 端的内存使用, 另一方面, 更重要的是, 避免了 GPU 与 CPU 端的数据交换。我们知道, 后者往往是导致 GPU 加速变得低效的重要原因。

表 11.5 列出了 GPU 版本与 CPU 版本 Blob 数据结构的主要不同。示例代码调用 cuDNN 库函数实现卷积操作, 很多操作需要批次大小作为参数, 因此我们给类 BlobPointer<T> 添加了新的数据成员整型 n_。同时, CPU 版本中迭代器型别的成员变量 BlobIterator<T>::iter_ 被替换为 flt_type 指针型别的成员变量 BlobPointer<T>::d_ptr_。为了区分内存位于 CPU 端还是 GPU 端, 代码使用前缀 d_ 表示存储位于 GPU 端。GPU 端代码还添加了一个型别为 cuDNN 内部结构体 cudnnTensorDescriptor_t 的变量 BlobPointer<T>::tensor_desc_, 用于保存一些必要信息。从提高效率的角度看, 应当尽量避免 CPU 端和 GPU 端之间的数据交换, 但本示例无法完全避免这种操作, 例如图片数据必须在 CPU 端读取才能传递给 GPU 端。为了方便, 示例代码添加了两组成员方法 BlobPointer::ToDevice() 和 BlobPointer::ToHost(), 前者将 CPU 端的数据拷贝到设备端, 后者则反之。每组成员方法包含了两个重载版本, 接收不同型别的参数。除了表中罗列的一些改变, 还有一些因为数据类型的变化而带来的变化, 这里不一一详述。

表 11.5　GPU 版本与 CPU 版本 Blob 数据结构的主要不同

改变的成员数据或方法	简要说明
成员数据	
int n_	新增, 保存批次大小 batch_size_
T*d_ptr_	设备端指针, 替代 iter_type iter_
cudnnTensorDescriptor_t tensor_desc_;	新增, cuDNN 内部结构体
成员方法	
cudaError_t ToDevice(T const*h_ptr,size_t const len)	从 CPU 端拷贝数据到设备端
cudaError_t ToDevice(std::vector<T>const & h_ptr)	从 CPU 端拷贝数据到设备端
cudaError_t ToHost(std::vector<T>& h_ptr)	从设备端拷贝数据到 CPU 端
cudaError_t ToHost(T*h_ptr,size_t const len)	从设备端拷贝数据到 CPU 端

11.3.2 类 Network 的改变

与数据结构 Blob 相似, 类 Network 也有一些针对 GPU 加速的调整, 如表 11.6 所示。不难看出, 这里采用指针替代了 std::vector<T>, 用于在设备端申请存储空间保存计算所需的各种数据。同时, 增加了两个成员变量 Network::length_weights_, Network::length_biases_ 分别保存可训练参数数组的长度和偏置参数数组的长度。成员变量 Network::cuda_ 也是新增的, 其型别是 CUDA 的内部结构体。新增的成员变量 Network::is_memory_for_weights_allocated_ 是个布尔型变量, 指示是否为可训练参数分配了存储。该变量成员被方法 Network::InitWeights() 调用, 指示当前可训练参数是否可用。

表 11.6 GPU 版本与 CPU 版本类 Network 的主要不同

改变的成员数据或方法	简要说明
成员数据	
CudaContext cuda_	新增, CUDA 内部结构体
size_t length_weights_, length_biases_	新增, 保存可训练参数个数和偏置个数
bool is_memory_for_weights_allocated_	新增, 可训练参数的存储是否分配
flt_type *d_features_,*d_grad_features_, *d_grad_weights_, *d_grad_biases_, *d_ weights_, *d_biases_	修改, 设备端保存特征图、可训练参数等的数组
成员方法	
void DescriptorsAndWorkspace()	新增, 为 GPU 计算和 cuDNN 调用申请内部存储
void AllocateMemoryForFeatures()	修改, 替换 void InitMemory-Pool(...)
void InitWeights()	修改, 替换 void InitMemory-Pool(...)

类 Network 的成员方法也有多处调整。1) 添加了给 cuDNN 分配内部调用所需临时空间的函数 Network::DescriptorsAndWorkspace(), 该函数还为一些 CUDA 和 cuDNN 内部结构体分配存储空间。2) 用两个成员方法 Network::AllocateMemoryForFeatures() 和 Network::InitWeights() 实现 CPU 版本方法 Network::InitMemoryPool() 的功能。我们知道, 进行训练时, 需将前一次遍历训练样本所得的可训练参数作为下一次遍历的初值; CPU 版本很容易就做到这

一点, 但 GPU 版本却需要采用特别的方式来实现这一操作。这是做出第二个调整的根源。3) 一些成员方法的接口有变化, 例如由 BlobIterator<T> 变为 BlobPointer<T>。

除了类的定义本身变化, 成员方法的实现也有多处调整。这些调整包括以下方面。

(1) 析构函数 Network() 添加了释放设备端内存的语句。

(2) 方法 Newwork::Backward() 的接口与实现均与 CPU 版本的不同。下面讨论类 Layer 时, 将就这些调整做进一步说明。

(3) 与 CPU 版本不同, GPU 加速版本的 Network::Update() 方法调用了 cuBLAS 库函数 cublasSaxpy() 更新可训练参数。

(4) 方法 Network::AddLayers() 的具体实现有所变化, 其原因在于 GPU 加速版本中, 层的构造函数多了一个 cuDNN 内置型别的参数, 用于描述层的属性。

(5) 方法 Network::Train() 的具体实现也有多处不同。

GPU 加速版本中, 需将训练图片在 CPU 端读入后调用 BlobPointer<T>::ToDevice() 方法将数据传入 GPU 设备端。

由于 GPU 加速时所有计算都在 GPU 端进行, 但所有标签必须在 CPU 端读入。前面提到, 每张图片的标签只需一个数来保存, 但在训练过程中却要将其拓展为一个长度为 10 的数组。显然, 既可以在 CPU 端完成拓展亦可在 GPU 端实现拓展。考虑到数组长度很短, 可以在 CPU 端拓展好图片标签数组后再传送给 GPU, 简化 GPU 端的编程。

除了 Blob 数据结构本身的不同之外, 细心的读者还能发现, CPU 版本中标签的数据型别为 label_t, 而 GPU 版本则将其当做 flt_type 型别保存。其原因在于, 后续计算中将标签数据以 flt_type 保存可避免在设备端转换数据型别。具体过程将在下面类 Layer 的具体实现中讨论。

(6) 方法 Network::Predict() 的调整方式与方法 Network::Train() 的类似。

(7) 方法 Network::AllocateMemoryForFeatures() 完成 CPU 版本中方法 Network::InitMemoryPool() 的部分功能, 即为成员变量 Network::d_features_ 和 Network::d_grad_features_ 分配存储空间。需要特别注意, 与 CPU 版本不同, 这里的存储是指 GPU 端的存储。从原理上看, 每次遍历训练集, 需要重新将 MNIST 数据馈入网络, 而将特征图对应的微分全部置零。为避免在 GPU 端手动置零这部分存储, 我们在开始新一轮遍历前释放 GPU 存储, 然后重新分配存储。

(8) 方法 Network::InitWeights() 完成了 CPU 版本中 Network::InitMemoryPool() 的另外一部分功能, 即为可训练参数分配 GPU 端存储。与特征图数据不同, 当前遍历需要使用前一次遍历所得的可训练参数, 成员变量 Network::is_memory_for_weights_allocated_ 显示了当前可训练参数是否可用, 从而让程序自动判断, 该为相应数组分配存储, 还是使用已经分配好的存储并使用已有可训练参数实施计算。

11.3.3 类 Layer 的改变

表 11.7 给出了 GPU 版本中类 Layer 的修改。成员数据方面, 除了增加几个成员变量保存 CUDA 和 cuDNN 库函数所需的一些内部结构体外, 还新增一个布尔型别的成员变量 Layer::gradient_stop_ 用于指示是否计算微分。同时, 因为 Blob 数据结构的改变, 指向特征图、可训练参数数组的指针型别也有变化。CPU 版本中 Layer::in_shape_ 和 Layer::out_shape_ 的长度为 3, 保存了输入通道数与输出通道数的乘积、卷积核的宽度和高度; 而 GPU 版本中, 这两个成员变量的长度为 4, 将输入通道数和输出通道数分开存储。

表 11.7 GPU 版本与 CPU 版本类 Layer 的主要不同

改变的成员数据	简要说明
成员数据	
std::array<int,4> in_shape_,out_shape_	修改, 对应 CPU 版本的型别为 std::array<int,3>
bool gradient_stop_	新增, 是否计算微分
CudaContext *cuda_	新增, CUDA 上下文内部结构体
cudnnTensorDescriptor_t input_desc_	新增, cuDNN 内部结构体, 保存输入信息
cudnnTensorDescriptor_t output_desc_	新增, cuDNN 内部结构体, 保存输出信息
BlobPointer<flt_type> input_, output_, grad_input_, grad_output_, grad_weights_, grad_biases_, weights_,biases_	修改, 指向特征图、可训练参数等的数组的指针, 对应 CPU 版本的型别 BlobIterator<flt_type>
成员方法	
void SetGradientStop()	新增, 设置成员变量gradient_stop_

续表

改变的成员数据	简要说明
virtual void DescriptorsAndWorkSpace()	新增, 设置一些 CUDA 和 cuDNN 的内部结构体, 分配必要的临时空间
void SetCudaContext(CudaContext* context)	新增, 设置成员变量 cuda_
virtual void Backward(BlobPointer<flt_type> const& labels)	修改, 改变了传递标签数据的方式, 对应 CPU 版本的 Backward()
virtual void SetLabel(BlobIterator<label_t>const& labels)	删除
virtual void SetScale(int const batch_size)	删除
virtual Layer()	修改, 在析构函数中添加了释放一些存储的代码

成员方法方面, 新增了 Layer::SetGradientStop() 用于设置成员变量 Layer::gradient_stop_。新增了方法 Layer::DescriptorsAndWorkSpace() 和 Layer::SetCudaContext(CudaContext*context), 用于初始化 CUDA 和 cuDNN 的计算环境。成员方法 Layer::Backward() 的修改和方法 Layer::SetLabel() 的删除是因为示例代码使用了另外一种方式将标签数据传递给 Softmax 层。GPU 版本中删掉成员方法 Layer::SetScale() 的原因则在于 batch_size 已经保存在成员变量 Layer::in_put_ 和 Layer::out_put_ 中, 即 BlobPointer<T>::n_。类 Layer 新增了型别为 CUDA 和 cuDNN 内部结构体的成员变量, 如 Layer::input_desc_ 等。由于有些新增的成员需要手动分配存储, 类 Layer 的析构函数相应地需要添加释放相应存储的操作。

11.3.4　类 Layer 的派生类

类 Layer 的派生类具体实现了卷积神经网络中的绝大部分计算。在 GPU 加速版本中, 这些计算基本都采用了 CUDA 或 cuDNN 来实现。相对而言, 这些派生类的改动较大。不过, 这些改动大都只是用 CUDA 或 cuDNN 库函数替换 CPU 对应的代码或函数。例如, 对于激活操作, GPU 加速版本调用了 cuDNN 库函数 cudnnActivationForward() 实现前向计算, 而调用 cudnnActivationBackward() 完成反向传播操作。卷积的前向过程则通过 cuDNN 库函数 cudnnConvolutionForward() 和 cudnnAddTensor() 来完成; 其反向传播过程则依次调用三个库函数: cudnnConvolutionBackwardBias()、cudnnConvolutionBackwardFilter() 和 cudnnConvolutionBackwardData()。相对于串行版本, GPU 加速版本的调试比 CPU 版本的烦琐, 示例程序在调用 CUDA 或 cuDNN 库函数时都检查函数是否正确返回, 为此示例参考 cuDNN 官网提供的示例程序, 在文件 cuda_helper.h(F.192) 中定义了几个输出错误信息提示的宏。

示例代码的全连接层调用了 cuBLAS 的 API 接口函数 cublasSgemm() 实现矩阵相乘。该接口不支持用户调整算法, 不利于计算效率的提高。对于较新的 GPU 架构, 例如 sm_80 或更新的, 读者可参考 8.4.2 节, 改用 cuBLASLt 的 API 接口实现矩阵相乘。

11.3.5 运行结果

假定编译示例代码得到的可执行文件名为 xcnn_cuda, 可通过图 F−69 的方式运行程序。所得输出也在该图中给出。可以看到, 经过 2 次遍历可得到 96% 以上的识别率。与 CPU 版本的 CNN 相比, 一次遍历的训练时间缩短到 0.2 秒左右, 加速比可超过 100。

课程设计

1. 采取与卷积神经网络 OpenMP 并行化类似的思路, 实现 9.5.2 节的全连接网络示例代码的 OpenMP 并行化, 并测试分析并行效率。

2. 增大任务粒度的另一种方式是把一个批次内的计算放在一起, 这样也能通过增大包括矩阵乘法等操作的规模而增大任务粒度, 于是可直接使用 OpenBLAS 的多线程矩阵乘法实现 OpenMP 并行。请以这个思路为基础, 开发相应的串行版本和 OpenMP 并行版本。

3. 神经网络训练过程中, 不同遍历计算时可改变批次大小, 从而提高收敛速度, 请修改 OpenMP 并行和 GPU 并行的卷积神经网络, 实现这一功能。

参考文献

附　录

附录 A　文献中常提到的算法

附录 B　数字在计算机中的存储

附录 C　存储器的层次、进程、线程及虚拟内存

附录 D　常用数值函数库

附录 E　机器学习中反向传播算法的一些具体推导

附录 F　各章的源代码及部分图表